国家科学技术学术著作出版基金资助出版

正规族理论及其新研究

王跃飞　常建明　著

科　学　出　版　社

北　京

内 容 简 介

本书系统地介绍了当代亚纯函数正规族理论的代表性研究成果, 尤其是最近数十年的主要新方法和新结果, 主要围绕 Zalcman 引理和 Zalcman-Pang 引理、Montel 定则和顾永兴定则的推广、涉及分担值的 Schwick 正规定则、与迭代不动点相关的杨乐正规族, 以及正规族对亚纯函数动力系统、复微分方程和值分布理论等的应用等问题展开.

本书适合于数学专业本科生与研究生阅读, 也可供相关教师参考.

图书在版编目(CIP)数据

正规族理论及其新研究/王跃飞, 常建明著. —北京：科学出版社, 2023.10
ISBN 978-7-03-076022-7

Ⅰ. ①正…　Ⅱ. ①王…　②常…　Ⅲ. ①正规族　Ⅳ. ①O153

中国国家版本馆 CIP 数据核字(2023) 第 135078 号

责任编辑: 胡庆家　孙翠勤 / 责任校对: 彭珍珍
责任印制: 张　伟 / 封面设计: 无极书装

科学出版社 出版
北京东黄城根北街 16 号
邮政编码: 100717
http://www.sciencep.com
北京天宇星印刷厂印刷
科学出版社发行　各地新华书店经销
*
2023 年 10 月第 一 版　开本: 720×1000　1/16
2024 年 8 月第二次印刷　印张: 20 1/2
字数: 413 000

定价: 148.00 元
(如有印装质量问题, 我社负责调换)

前　言

全纯或亚纯函数正规族的概念是由 P. Montel 在 20 世纪初引入的. 他首先讨论了函数族的紧性问题, 并把族中任何函数列都具有局部一致收敛子列的函数族称为正规的. 自然, 正规族的核心问题是建立正规定则, 即寻求适当条件使得在一个区域内满足该条件的函数族是正规族. 随后, 由于 Nevanlinna 理论的发展, 全纯或亚纯函数正规族的研究很快在复分析中占据了重要地位, 因此对正规族的研究有着重要的理论价值, 并且正规族还有重要的应用价值. 例如, 研究迭代函数列性质的复解析动力系统就是由 G. Julia 和 P. Fatou 利用正规族理论开创的. 正规族理论从 P. Montel 在 20 世纪初引入正规族的概念到现在经过 100 多年已经有了极大的发展, 成果斐然. 值得指出的是, 我国数学家, 从熊庆来、庄圻泰到杨乐、张广厚、顾永兴以及庞学诚等在亚纯函数值分布论, 特别是在正规族理论的研究中取得了一系列奠基性成果, 在国际上产生了重要影响而被称为"中国学派".

在正规族理论的开始阶段, P. Montel 首先将正规族与函数取值联系在一起, 利用模函数证明了现在以他名字命名的 Montel 定则: 在区域 D 上具有两个 Picard 例外值的全纯函数族是正规族. A. Bloch 以及 G. Valiron 随后将 Montel 定则推广到重值的情形. 特别是 A. Bloch 提出了现在称为 Bloch 原理的建立正规定则的指导性法则: 如果复平面 $\mathbb{C}$ 上满足某些性质的全纯 (亚纯) 函数只能是常值函数, 则在平面区域 $D \subset \mathbb{C}$ 上全体满足同样性质的全纯 (亚纯) 函数就形成一个该区域上的正规族. 然而模函数的特殊性限制了正规族的研究. 随着 20 世纪 20 年代 R. Nevanlinna 值分布理论的建立, 正规族的研究出现了转机, 不仅 Montel 定则、Bloch-Valiron 定则有了基于 Nevanlinna 理论的新证明, 而且 Nevanlinna 理论使得人们可以将函数族的正规性与导函数的取值联系在一起, 得到了 Miranda 定则、庄圻泰定则等. 这一阶段的研究主要是对全纯函数正规族展开的, 但是关于亚纯函数正规族的研究得到了 Marty 定则. 该定则是本书重点介绍的最近几十年中正规族理论之 Zalcman 方法的基石.

1959 年, W. K. Hayman 关于 Nevanlinna 理论的研究取得了一系列重要成果, 由此得到了很多的 Picard 型定理. 根据 Bloch 原理, 他提出了关于亚纯函数正规族的多个猜想. 最具有代表性的猜想当属由顾永兴证明的如下定则: 在区域 $D \subset \mathbb{C}$ 内不取 0 并且导数不取 1 的亚纯函数族于区域 D 正规. 到 20 世纪 80 年代, Hayman 猜想均已得到证实. 值得指出的是, 我国数学家杨乐、张广厚、顾永兴等作出了极为重要的贡献, Hayman 猜想也大多是由我国数学工作者证明的, 证明所用的方法是先建立界囿不等式再从中消去原始值的 Miranda 方法. 消去原始值的过程通常极富技巧而使证明相当复杂, 这也使得用 Miranda 方法去研究正规族理论到了一个瓶颈阶段.

为克服 Miranda 方法的局限性, 需要创新的方法. 1975 年, 以色列数学家 L. Zalcman 在一篇短小精妙的论文中根据 Marty 定则关于亚纯函数族正规性的充要条件, 给出了亚纯函数族不正规的充要条件. 该结果现在被称为 Zalcman 引理, 其直接将亚纯函数族的正规性与 Picard 型定理相挂钩. Zalcman 引理使得 Montel 定则的证明变得非常直接明了, 亦很好地诠释了 Bloch 原理对正规族研究具有强烈指导意义的原因. W. Bergweiler 借助 Zalcman 引理还证明了 Ahlfors 岛屿定理的正规族形式. 然而 Zalcman 引理在处理与导数取值有关的正规定则时, 尽管能够避免消去原始值但仍然需要借助界囿不等式, 这就限制了 Zalcman 引理的更进一步的应用. 直到 20 世纪 80 年代末, 庞学诚通过引入参数实质性地改进了 Zalcman 引理, 使得正规族理论的研究又进入了一个崭新的快速发展阶段. 不仅原有由 Miranda 方法获得的结果的证明得到了极大的简化, 而且得到了更多的用 Miranda 方法难以证明甚至无法证明的新结果. 现在, 这种通过 Zalcman 引理或由庞学诚改进的 Zalcman 引理去研究正规族理论的方法, 已经被称为 Zalcman 方法.

本书系统地介绍了当代亚纯函数正规族理论的代表性研究成果, 尤其是最近数十年的主要新方法和新结果, 其中包含了作者的部分研究工作. 本书围绕 Zalcman 引理和由庞学诚改进的 Zalcman 引理、 Montel 定则和顾永兴定则的推广、涉及分担值的 Schwick 正规定则以及与迭代不动点相关的杨乐正规族等问题展开, 主要内容包括 Ahlfors 定理和 Bergweiler-Eremenko 定理, 涉及例外函数、分担值、周期点等的亚纯函数正规族和拟正规族, 共形度量与广义正规族, 以及 Zalcman 方法在复解析动力系统、复微分方程、亚纯函数模分布和亚纯函数唯一性理论等中的应用, 球面密度与 Marty 型常数. 此外本书还对一些重要结果, 如关于顾永兴定则的例外函数推广等, 给出了简化证明.

全书共分 12 章. 第 1 章的内容是基础知识, 主要介绍复变函数列分别在欧氏距离和球面距离下的 (内闭) 一致收敛性的定义和性质, 引入亚纯函数正规族概念, 并证明 Marty 定则. 第 2 章是亚纯函数值分布理论简介, 包括 Nevanlinna 第一和第二基本定理以及 Hayman 不等式. 亚纯函数值分布理论是证明 Picard 型定理的重要工具. 第 3 章是 Bloch 原理. 先证明 Zalcman 引理, 并给出 Montel 定则的证明和顾永兴定则的基于 Zalcman 引理和 Nevanlinna 理论相结合的证明. 再证明庞学诚对 Zalcman 引理所做的推广并给出顾永兴定则的基于 Zalcman-Pang 引理的简化证明, 初步体现 Zalcman-Pang 引理的作用. 第 4 章是 Ahlfors 定理和 Bergweiler-Eremenko 定理, 主要介绍由 W. Bergweiler 所给出的 Ahlfors 岛屿定理的正规族形式, 以及由 W. Bergweiler 和 A. Eremenko 所做的关于有穷级超越亚纯函数的临界值与渐近值的工作, 以及在此基础上得到的对 Hayman 定理的初步加强: 零点均至少 3 重的超越亚纯函数的导数取任意有穷非零复数无穷多次. 由此可看出, Bergweiler-Eremenko 定理在建立涉及导数的 Picard 型定理过程中所起的重要作用. 第 5 章主要讨论与例外值相关的正规族, 给出了 Hayman 关于正规族的系列猜想的证明, 将顾永兴定则推广到具有重零点、导数具有重值等情形. 第 6 章主要讨论与例外函数相关的正规族, 先将 Montel 定则推广到三个例外函数之情形. 然后将第 5 章中顾永兴定则的推广再推广到导数具有例外函数的情形. 第 7 章主要讨论与分担值相关的正规族, 先从 Schwick 定理开始分别讨论函数与导数具有两个分担值、具有一个分担值集时的正规定则, 再给出函数与导数、导数与导数具有分担值的正规定则. 最后再讨论同族函数间或异族函数间具有分担值的正规定则. 第 8 章主要讨论拟正规族, 主要介绍庞学诚和本书作者等所证明的拟正规定则, 也介绍了涉及对数导数的正规定则与拟正规定则. 第 9 章主要讨论与周期点相关的正规族, 主要介绍了 M. Essén 和伍胜健关于杨乐的迭代函数没有不动点时的全纯函数正规族猜想所建立的正规定则以及 W. Bergweiler 的涉及函数周期点的全纯函数拟正规定则, 也给出了与相应的亚纯函数正规族问题相对应的正规定则. 第 10 章主要介绍正规族的共形度量方法, 并涉及从几何的角度对正规族的审视以及对满足一致 Lipschitz 条件的一般 (未必解析) 函数族正规性的研究. 第 11 章主要讨论正规族理论之 Zalcman 方法在复解析动力系统、复微分方程、亚纯函数模分布和亚纯函数唯一性理论等中的应用. 第 12 章主要讨论由正规族引申出的 Marty 型常数问题, 主要介绍了 M. Bonk 和 W. Cherry 利用球面密度给出的关于单位圆内不取 0, 1 的全纯函数之球面导数的最小上界估计.

本书得到了国家自然科学基金的资助. 在写作过程中, 常熟理工学院季春燕教授提供了很多帮助, 在此表示衷心的感谢.

因限于作者水平, 不足之处难免, 敬请读者批评指正.

作　者

2022 年 9 月

目　录

第 1 章　基础知识

本章给出的是正规族理论的基础知识, 主要介绍复变函数列的一致收敛性定义以及一致收敛函数列的性质, 引入亚纯函数正规族概念以及证明 Marty 定则.

1.1　全纯函数列的一致收敛

我们先讨论映复平面 $\mathbb{C}$ 上区域 $D \subset \mathbb{C}$ 到复平面 $\mathbb{C}$ 的复变量函数形成的函数列. 由于复平面 $\mathbb{C}$ 上有自然的欧氏度量, 因此收敛性也就自然地在欧氏度量下来考虑.

1.1.1　欧氏距离及复数列的收敛性

复平面 $\mathbb{C}$ 上任一点 (复数) z 可唯一地表示为 $z = x + iy$, 这里 x, y 为实数, $i = \sqrt{-1}$ 为虚数单位. 因此可自然地定义复平面 $\mathbb{C}$ 上任意两点 $z_1 = x_1 + iy_1$ 和 $z_2 = x_2 + iy_2$ 之间的距离为实平面 $\mathbb{R}^2$ 上两点 (x_1, y_1) 和 (x_2, y_2) 之间的欧氏距离, 即复数差 $z_2 - z_1$ 的模

$$|z_2 - z_1| = \sqrt{(x_2 - x_1)^2 + (y_2 - y_1)^2}. \tag{1.1.1}$$

定义 1.1.1　对复平面 $\mathbb{C}$ 上复数列 $\{z_n\}$, 如果存在复数 $a \in \mathbb{C}$ 使得对任何 $\varepsilon > 0$, 存在正整数 N 使得当 $n > N$ 时有 $|z_n - a| < \varepsilon$, 则称复数列 $\{z_n\}$ 收敛 (于 a), 同时数 a 称为复数列 $\{z_n\}$ 的极限, 记作 $z_n \to a\ (n \to \infty)$.

由此定义, 不难看出收敛复数列的极限是唯一的, 并且复数列 $\{z_n = x_n + iy_n\} \subset \mathbb{C}$ 收敛当且仅当两实数列 $\{x_n\}$ 和 $\{y_n\}$ 都收敛. 因此借助实数列的 Cauchy 收敛准则, 就容易得到如下判别复数列是否收敛的 Cauchy 准则.

定理 1.1.1　复数列 $\{z_n\} \subset \mathbb{C}$ 收敛当且仅当对任何 $\varepsilon > 0$, 存在正整数 N 使得当 m, $n > N$ 时有 $|z_m - z_n| < \varepsilon$.

1.1.2　函数列的一致收敛和内闭一致收敛

设数集 $E \subset \mathbb{C}$ 以及设 $\{f_n: E \to \mathbb{C}\}$ 是一列复变量函数. 我们称函数列 $\{f_n\}$ 于 E 收敛, 如果对任何给定的 $z \in E$, 相应的函数值形成的数列 $\{f_n(z)\}$ 都是收敛的. 设每个函数值列 $\{f_n(z)\}$ 的极限为 $f(z)$, 则由对应 $z \mapsto f(z)$ 定义的函数称为收敛函数列 $\{f_n\}$ 的极限函数. 显然, 收敛函数列的极限函数是唯一的.

我们着重关注的是所谓的一致收敛性.

定义 1.1.2 对一列函数 $\{f_n : E \to \mathbb{C}\}$, 如果存在函数 $f:\ E \to \mathbb{C}$ 使得对任何 $\varepsilon > 0$, 存在正整数 N 使得当 $n > N$ 时对任何 $z \in E$ 有

$$|f_n(z) - f(z)| < \varepsilon,$$

那么我们称函数列 $\{f_n\}$ 于数集 E 一致收敛 (于函数 f).

根据数列收敛的 Cauchy 准则 (定理 1.1.1), 可得判断函数列一致收敛的 Cauchy 准则.

定理 1.1.2 函数列 $\{f_n : E \to \mathbb{C}\}$ 于 E 一致收敛的充要条件为: 对任何 $\varepsilon > 0$, 存在正整数 N 使得当 $n,\ m > N$ 时对任何 $z \in E$ 有

$$|f_n(z) - f_m(z)| < \varepsilon.$$

证明 必要性由定义 1.1.2 立得. 下证充分性. 首先, 由数列收敛的 Cauchy 准则 (定理 1.1.1), 函数列 $\{f_n\}$ 于 E 收敛, 设极限函数为 $f(z)$. 现在在条件中固定 n, 而让 $m \to \infty$ 就知, 对任何 $\varepsilon > 0$, 存在正整数 N 使得当 $n > N$ 时对任何 $z \in E$ 有 $|f_n(z) - f(z)| \leqslant \varepsilon$. 于是由定义 1.1.2 知 $\{f_n\}$ 于 E 一致收敛于函数 f. □

下面我们定义函数列的内闭一致收敛性, 此时函数列通常定义在某个开集或区域 $D \subset \mathbb{C}$ 上.

定义 1.1.3 设 $\{f_n : D \to \mathbb{C}\}$ 是一列函数, 如果对区域 D 的任一有界闭子集 E, 函数列 $\{f_n\}$ 于 E 一致收敛, 则称函数列 $\{f_n\}$ 于区域 D 内闭一致收敛.

显然, 如果函数列 $\{f_n : D \to \mathbb{C}\}$ 于区域 D 内闭一致收敛, 则极限函数 f 也于 D 有定义. 我们用

$$f_n \underset{D}{\longrightarrow} f$$

来表示函数列 $\{f_n : D \to \mathbb{C}\}$ 于区域 D 内闭一致收敛于函数 $f : D \to \mathbb{C}$. 在不引起混淆的情况下, 也常简记为 $f_n \longrightarrow f$.

为了以后的方便, 我们引入函数列在一点处一致收敛的概念.

定义 1.1.4 设 $\{f_n : D \to \mathbb{C}\}$ 是一列函数, z_0 为 D 内一点. 我们称 $\{f_n\}$ 在 z_0 处一致收敛, 如果存在 z_0 的某个闭邻域 $\overline{\Delta}(z_0) \subset D$ 使得 $\{f_n\}$ 于 $\overline{\Delta}(z_0)$ 一致收敛.

根据 Heine-Borel 有限覆盖定理, 我们不难得到

定理 1.1.3 函数列 $\{f_n : D \to \mathbb{C}\}$ 于区域 D 内闭一致收敛当且仅当函数列 $\{f_n : D \to \mathbb{C}\}$ 在 D 内每点处一致收敛.

证明 条件的必要性显然. 下证充分性. 设 $E \subset D$ 为一有界闭集. 根据条件, 对任何 $w \in E$, $\{f_n\}$ 于点 w 的某个闭邻域 $\overline{\Delta}(w) \subset D$ 一致收敛, 即对任

何 $\varepsilon > 0$, 存在某个 $N(w) \in \mathbb{N}$ 使得当 $m, n > N(w)$ 时对任何 $z \in \overline{\Delta}(w)$ 有 $|f_m(z) - f_n(z)| < \varepsilon$.

因 E 是有界闭集, 由有限覆盖定理知, E 的开覆盖 $\{\Delta(w) : w \in E\}$ 中存在有限开覆盖 $\{\Delta(w_i) : 1 \leqslant i \leqslant k\}$. 于是若取 $N = \max\{N(w_i) : 1 \leqslant i \leqslant k\}$, 则当 $m, n > N$ 时对任何 $z \in E$ 有 $|f_m(z) - f_n(z)| < \varepsilon$. 此即证明 $\{f_n\}$ 于 D 内闭一致收敛. □

1.1.3 内闭一致收敛连续函数列的性质

一致收敛函数列的极限函数能传承函数列的好性质, 例如连续性、全纯性等. 但是存在一致收敛的函数列, 其极限函数连续而函数列本身不连续. 因此, 一致收敛一般而言不传承 "坏" 性质.

定理 1.1.4 如果连续函数列 $\{f_n : D \to \mathbb{C}\}$ 于区域 D 内闭一致收敛, 则极限函数 f 也于区域 D 连续.

证明 设 $z_0 \in D$ 为任一点, 则存在正数 δ_0 使得 $\overline{\Delta}(z_0, \delta_0) \subset D$. 根据条件, 函数列 $\{f_n\}$ 于 $\overline{\Delta}(z_0, \delta_0)$ 一致收敛于 f. 于是, 对任何正数 ε, 存在正整数 N 使得当 $n > N$ 时对任何 $z \in \overline{\Delta}(z_0, \delta_0)$ 有 $|f_n(z) - f(z)| < \varepsilon$.

又由于 f_{N+1} 在 z_0 处连续, 故存在正数 $\delta < \delta_0$ 使得当 $z \in \Delta(z_0, \delta)$ 时有

$$|f_{N+1}(z) - f_{N+1}(z_0)| < \varepsilon.$$

于是, 当 $z \in \Delta(z_0, \delta)$ 时有

$$\begin{aligned}&|f(z) - f(z_0)| \\ \leqslant &|f(z) - f_{N+1}(z)| + |f_{N+1}(z) - f_{N+1}(z_0)| + |f_{N+1}(z_0) - f(z_0)| < 3\varepsilon.\end{aligned}$$

这就证明了极限函数 f 于点 z_0 连续. □

根据定理 1.1.4, 利用连续函数在有界闭集上的有界性和一致收敛的定义, 立即可得如下两个推论.

定理 1.1.5 如果连续函数列 $\{f_n : D \to \mathbb{C}\}$ 于区域 D 内闭一致收敛, 则函数列 $\{f_n\}$ 于区域 D 内闭一致有界, 即对任何有界闭集 $E \subset D$, 存在正数 M 使得对任何 $z \in E$, 每个 f_n 都满足 $|f_n(z)| \leqslant M$.

定理 1.1.6 如果两连续函数列 $\{f_n : D \to \mathbb{C}\}$ 和 $\{g_n : D \to \mathbb{C}\}$ 于 D 分别内闭一致收敛于 f 和 g, 则函数列 $\{af_n + bg_n\}$ 和 $\{f_n g_n\}$ 于 D 都内闭一致收敛, 分别收敛于 $af + bg$ 和 fg, 这里 a, b 为常数. 又若进一步有 $g \neq 0$, 则函数列 $\{f_n/g_n\}$ 于 D 也内闭一致收敛于 f/g.

1.1.4 内闭一致收敛全纯函数列的性质

定理 1.1.4 表明一致收敛连续函数列的极限函数也连续. 本节要说明对一致收敛的全纯函数列, 其极限函数具有更好的性质. 这就是如下的 Weierstrass 定理.

定理 1.1.7 如果全纯函数列 $\{f_n : D \to \mathbb{C}\}$ 于区域 D 内闭一致收敛, 则极限函数 f 也在区域 D 上全纯, 并且对任何正整数 k, 其 k 阶导函数列 $\{f_n^{(k)}\}$ 也于 D 内闭一致收敛于 $f^{(k)}$.

证明 设 $z_0 \in D$ 为任一点, 则存在正数 δ_0 使得 $\overline{\Delta}(z_0, \delta_0) \subset D$. 由于 $\{f_n\}$ 内闭一致收敛于 f, 因此对任何正数 ε, 存在正整数 N 使得当 $n > N$ 时对任何 $z \in \overline{\Delta}(z_0, \delta_0)$ 有 $|f_n(z) - f(z)| < \varepsilon$. 另外, 由定理 1.1.4 知, 极限函数 f 于区域 D 连续.

现在定义函数

$$F(z) = \frac{1}{2\pi i} \int_{|\zeta - z_0| = \delta_0} \frac{f(\zeta)}{\zeta - z} d\zeta, \quad z \in \Delta(z_0, \delta_0).$$

由于 f 于区域 D 连续, 用定义可验证 F 在 $\Delta(z_0, \delta_0)$ 全纯, 并且对 $k \in \mathbb{N}$ 有

$$F^{(k)}(z) = \frac{k!}{2\pi i} \int_{|\zeta - z_0| = \delta_0} \frac{f(\zeta)}{(\zeta - z)^{k+1}} d\zeta, \quad z \in \Delta(z_0, \delta_0).$$

由于 f_n 是全纯的, 因此由 Cauchy 公式有

$$f_n^{(k)}(z) = \frac{k!}{2\pi i} \int_{|\zeta - z_0| = \delta_0} \frac{f_n(\zeta)}{(\zeta - z)^{k+1}} d\zeta, \quad z \in \Delta(z_0, \delta_0), \quad k = 0, 1, 2, \cdots.$$

于是对 $z \in \overline{\Delta}(z_0, \delta_0/2)$, 当 $n > N$ 时有

$$\begin{aligned} |f_n^{(k)}(z) - F^{(k)}(z)| &\leqslant \frac{1}{2\pi} \int_{|\zeta - z_0| = \delta_0} \frac{|f_n(\zeta) - f(\zeta)|}{(|\zeta - z_0| - |z - z_0|)^{k+1}} |d\zeta| \\ &< \frac{k! 2^{k+1}}{\delta_0^k} \varepsilon. \end{aligned}$$

这表明对 $k = 0, 1, 2, \cdots$, 函数列 $\{f_n^{(k)}\}$ 于 $\overline{\Delta}(z_0, \delta_0/2)$ 一致收敛于 $F^{(k)}$. 特别地, 对 $k = 0$ 得到 $\{f_n\}$ 于 $\overline{\Delta}(z_0, \delta_0/2)$ 一致收敛于 F. 极限函数的唯一性就保证了在 $\overline{\Delta}(z_0, \delta_0/2)$ 上有 $f(z) = F(z)$, 因而 f 在 $\Delta(z_0, \delta_0/2)$ 是全纯的, 并且 $\{f_n^{(k)}\}$ 于 $\overline{\Delta}(z_0, \delta_0/2)$ 一致收敛于 $F^{(k)} = f^{(k)}$.

最后, 由 z_0 的任意性和定理 1.1.3, 定理 1.1.7 得证. □

第二个重要性质是 Hurwitz 定理, 揭示了一致收敛全纯函数列的极限函数的零点个数与函数列中函数的零点个数之间的紧密关系.

定理 1.1.8　设 $\{f_n: D \to \mathbb{C}\}$ 是一列全纯函数, 于 D 内闭一致收敛于 f 并且 f 不恒为 0. 如果 f 有 k 重零点 $z_0 \in D$, 则对任何充分小的 $r > 0$, 存在正整数 $N = N(r) > 0$ 使得当 $n > N$ 时每个 f_n 在 $\Delta(z_0, r)$ 内恰有 k 个零点 (计重数).

证明　由于 f 不恒为 0, 因此存在 z_0 的一个闭邻域 $\overline{\Delta}(z_0, \delta_0) \subset D$ 使得对 $z \in \overline{\Delta}(z_0, \delta_0) \setminus \{z_0\}$ 有 $f(z) \neq 0$. 于是, 对任何 $0 < r < \delta_0$, 由于 f 于 D 连续, $|f|$ 在圆周 $|z - z_0| = r$ 上有最小值 $m > 0$. 再根据 $\{f_n\}$ 在圆周 $|z - z_0| = r$ 上一致收敛于 f, 就知存在 $N = N(r)$ 使得当 $n > N$ 时在圆周 $|z - z_0| = r$ 上有 $|f_n(z) - f(z)| < m \leqslant |f(z)|$. 于是由 Rouché 定理, f_n 和 f 在圆 $\Delta(z_0, r)$ 内有同样多的零点, 从而 f_n 在 $\Delta(z_0, r)$ 内恰有 k 个零点. □

第三个性质则体现了一致收敛全纯函数列具有某种延拓性.

定理 1.1.9　设 $\{f_n: D \to \mathbb{C}\}$ 是一列全纯函数, z_0 为 D 内一点. 如果 $\{f_n\}$ 于 $D \setminus \{z_0\}$ 内闭一致收敛于函数 $f \not\equiv \infty$, 则函数 f 可全纯延拓到整个 D, 并且 $\{f_n\}$ 于 D 内闭一致收敛于 f.

证明　设 E 为 D 的任一有界闭子集. 如果 z_0 不属于 E , 则 $E \subset D \setminus \{z_0\}$, 故据条件, $\{f_n\}$ 于 E 一致收敛. 下设 $z_0 \in E$. 因 D 是区域, 故可选取一条简单闭曲线 $\Gamma \subset D$ 使得 E 包含于 Γ 的内部. 由于 z_0 不在 Γ 上, 由条件知 $\{f_n\}$ 于 Γ 上一致收敛, 从而由 Cauchy 收敛准则, 对任何 $\varepsilon > 0$, 存在正整数 N 使得当 $m, n > N$ 时对任何 $z \in \Gamma$ 有 $|f_m(z) - f_n(z)| < \varepsilon$. 由于 f_n 在 D 上全纯, 故由最大模原理知, 对 Γ 的内部的任何点, 特别地, E 中的任何点 z 有 $|f_m(z) - f_n(z)| < \varepsilon$. 于是仍由 Cauchy 收敛准则, $\{f_n\}$ 于 E 一致收敛. 这就证明了 $\{f_n\}$ 于 D 内闭一致收敛. 从而, 极限函数 f 可全纯延拓到整个 D. □

1.1.5　函数列的一致紧发散

定义 1.1.5　设 $\{f_n: E \to \mathbb{C}\}$ 是一列复变量函数. 我们称 $\{f_n\}$ 于 E 一致紧发散于 ∞, 记作 $f_n \to \infty$, 如果对任何 $M > 0$, 存在正整数 N, 使得当 $n > N$ 时, 对任何 $z \in E$ 有 $|f_n(z)| > M$.

显然, 若 $\{f_n\}$ 于 E 一致紧发散, 则当 $n > n_0$ 时, 在 E 上有 $f_n \neq 0$, 并且 $\{1/f_n\}$ 于 E 一致收敛于 0.

类似地, 可定义函数列 $\{f_n\}$ 的内闭一致紧发散性, 仍用 $f_n \to \infty$ 记之.

1.2　亚纯函数列的一致收敛

现在我们来讨论映复平面 $\mathbb{C}$ 上区域 $D \subset \mathbb{C}$ 到扩充复平面 $\overline{\mathbb{C}} = \mathbb{C} \cup \{\infty\}$ 的

复变量函数列. 此时讨论函数列的收敛性时, 由于允许函数值为 ∞, 欧氏距离不再适用, 故以球面距离来代之.

1.2.1 球面距离

扩充复平面 $\overline{\mathbb{C}}$ 上两点之间的球面 (弦) 距离是通过球极平面投影来定义的. 考察实三维空间的球面

$$S^2 : x^2 + y^2 + \left(w - \frac{1}{2}\right)^2 = \frac{1}{4}.$$

其与复平面 $\mathbb{C}$ (实平面 $\mathbb{R}^2$) 相切于原点 $z = 0$. 于是复平面 $\mathbb{C}$ 上任一点 $z = x + iy$ 与球面 S^2 上的北极点 $N(0,0,1)$ 的连线与球面 S^2 有且仅有一个异于北极点的交点 P. 该交点叫做 z 的球像. 容易计算出 $z = x + iy$ 的球像的坐标为

$$P\left(\frac{x}{1+|z|^2}, \frac{y}{1+|z|^2}, \frac{|z|^2}{1+|z|^2}\right).$$

再规定 ∞ 的球像为北极点 $N(0,0,1)$.

现在我们定义 $\overline{\mathbb{C}}$ 上两点 z_1, z_2 之间的弦距离为它们的球像在三维欧氏空间 $\mathbb{R}^3$ 下的欧氏距离, 记作 $\chi(z_1, z_2) = |z_1, z_2|$. 由此定义并通过计算, 对两有穷复数 z_1, z_2 有

$$|z_1, z_2| = \frac{|z_1 - z_2|}{\sqrt{1+|z_1|^2}\sqrt{1+|z_2|^2}}.$$

有穷复数 z 与 ∞ 以及 ∞ 与 ∞ 间的弦距离则分别为

$$|z, \infty| = |\infty, z| = \frac{1}{\sqrt{1+|z|^2}}, \quad |\infty, \infty| = 0.$$

显然, 弦距离函数 $|z_1, z_2| : \overline{\mathbb{C}}^2 \to \mathbb{R}$ 于 $\overline{\mathbb{C}}^2$ 连续, 并且满足

(i) $0 \leqslant |z_1, z_2| \leqslant 1$, $|z_1, z_2| = 0$ 当且仅当 $z_1 = z_2$;

(ii) $|z_1, z_2| = |z_2, z_1|$;

(iii) $|z_1, z_3| \leqslant |z_1, z_2| + |z_2, z_3|$;

(iv) $|z_1, z_2| = \left|\dfrac{1}{z_1}, \dfrac{1}{z_2}\right|$.

值得注意的是, 弦距离意义下, ∞ 与有穷复数处于平等的地位. 弦距离与欧氏距离之间有如下关系: 对复平面 $\mathbb{C}$ 上两点 z_1, z_2 有

$$|z_1, z_2| \leqslant |z_1 - z_2| = \frac{|z_1, z_2|}{|z_1, \infty||z_2, \infty|}. \tag{1.2.1}$$

同时, 我们可定义 $\overline{\mathbb{C}}$ 上两点 z_1, z_2 之间的球面距离为球面 S^2 上连接它们的球像的最短大圆弧长, 记为 $s(z_1,z_2)$. 不难验证有

$$\chi(z_1,z_2)\leqslant s(z_1,z_2)\leqslant \frac{\pi}{2}\chi(z_1,z_2),$$

因此两者在 $\overline{\mathbb{C}}$ 上产生相同的拓扑, 即从拓扑的角度, 两者可以混用而不区分.

1.2.2 球面距离意义下数列的收敛性

定义 1.2.1 设 $\{z_n\}$ 是扩充复平面 $\overline{\mathbb{C}}$ 上一点列. 如果存在 $a\in\overline{\mathbb{C}}$ 使得

$$\lim_{n\to\infty}|z_n,a|=0,$$

则称点列 $\{z_n\}$ 按球距收敛 (于 a), 记为 $z_n\xrightarrow{\chi}a$.

由 (1.2.1) 知, 若复平面 $\mathbb{C}$ 上数列 $\{z_n\}$ 常义 (即按欧氏距离) 收敛, 则也一定按球距收敛, 并且极限相同. 于是有如下的 Bolzano-Weierstrass 致密性定理.

定理 1.2.1 扩充复平面 $\overline{\mathbb{C}}$ 上任一点列 $\{z_n\}$ 都有按球距收敛的子列.

我们亦有点列按球面距离收敛的 Cauchy 准则:

定理 1.2.2 扩充复平面 $\overline{\mathbb{C}}$ 上点列 $\{z_n\}$ 按球距收敛的充要条件为: 对任何 $\varepsilon>0$, 存在正整数 N 使得当 m, $n>N$ 时有 $|z_m,z_n|<\varepsilon$.

证明 必要性显然. 下证充分性. 由定理 1.2.1, $\{z_n\}$ 有按球面距离收敛的子列 $\{z_{n_k}\}$, 并设其极限为 $a\in\overline{\mathbb{C}}$. 于是存在正整数 K 使得当 $k>K$ 时有 $|z_{n_k},a|<\varepsilon$. 取定 $k>K$ 使得 $n_k>N$, 则当 $n>N$ 时有

$$|z_n,a|\leqslant|z_n,z_{n_k}|+|z_{n_k},a|<2\varepsilon.$$

此即说明 $\{z_n\}$ 按球距收敛于 a. □

1.2.3 球面距离意义下函数列一致收敛的定义及 Cauchy 准则

首先, 函数列 $\{f_n:\ E\to\overline{\mathbb{C}}\}$ 的按球距收敛性定义可通过在每个点 $z\in E$ 处的函数值列 $\{f_n(z)\}$ 的按球距收敛性来给出. 显然极限函数也是唯一的. 现在给出按球距一致收敛的定义.

定义 1.2.2 设 $\{f_n:E\to\overline{\mathbb{C}}\}$ 是一列复变量函数. 如果存在函数 $f:E\to\overline{\mathbb{C}}$ 使得对任何 $\varepsilon>0$, 存在正整数 N 使得当 $n>N$ 时对任何 $z\in E$ 有 $|f_n(z),f(z)|<\varepsilon$, 我们就称函数列 $\{f_n\}$ 于 E 按球距一致收敛于 f, 并且记为

$$f_n\xrightarrow[E]{\chi}f,\quad \text{或简记为}\quad f_n\xrightarrow{\chi}f.$$

注意, 在球面距离意义下, 我们允许极限函数 $f \equiv \infty$. 由定义, 容易看出, 如果复变量函数列 $\{f_n : E \to \mathbb{C}\}$ 于 E 按欧氏距离一致收敛或一致紧发散, 则于 E 按球距也一致收敛. 但反之未必. 例如: 函数列 $\left\{f_n(z) = 1\Big/\left(|z| + \dfrac{1}{n}\right)\right\}$ 于 $\overline{\Delta}(0,1)$ 按球距一致收敛于 $f(z) = 1/|z|$, 但按欧氏距离既不一致收敛也不一致紧发散.

判断函数列是否按球面距离一致收敛也有如下的 Cauchy 准则, 其证明亦与欧氏距离下一致收敛的 Cauchy 准则相仿.

定理 1.2.3　函数列 $\{f_n : E \to \overline{\mathbb{C}}\}$ 于 E 按球距一致收敛当且仅当对任何 $\varepsilon > 0$, 存在正整数 N 使得当 $m, n > N$ 时对任何 $z \in E$ 有

$$|f_m(z), f_n(z)| < \varepsilon.$$

定义 1.2.3　设 $\{f_n : D \to \overline{\mathbb{C}}\}$ 是一列复变量函数. 如果 $\{f_n\}$ 于区域 D 的任一有界闭子集按球距一致收敛, 则称 $\{f_n\}$ 于 D 按球距内闭一致收敛.

当 $\{f_n : D \to \overline{\mathbb{C}}\}$ 于 D 按球距内闭一致收敛于函数 f 时, 我们仍然记为

$$f_n \xrightarrow[D]{\chi} f, \quad \text{或简记为} \quad f_n \xrightarrow{\chi} f.$$

我们也引入函数列在一点处按球面距离一致收敛的概念.

定义 1.2.4　设 $\{f_n : D \to \overline{\mathbb{C}}\}$ 是一列复变量函数, z_0 为 D 内一点. 如果 $\{f_n\}$ 于 z_0 的某个闭邻域 $\overline{\Delta}(z_0) \subset D$ 按球距一致收敛, 则称 $\{f_n\}$ 在 z_0 处按球距一致收敛.

根据 Heine-Borel 定理, 我们同样有

定理 1.2.4　函数列 $\{f_n : D \to \overline{\mathbb{C}}\}$ 于 D 按球距内闭一致收敛当且仅当 $\{f_n\}$ 在 D 内每点处按球距一致收敛.

证明　条件的必要性显然. 下证充分性. 设 $E \subset D$ 为一有界闭集. 根据条件, 对任何 $w \in E$, $\{f_n\}$ 于 w 的某个闭邻域 $\overline{\Delta}(w) \subset D$ 按球距一致收敛, 即对任何 $\varepsilon > 0$, 存在某个 $N(w) \in \mathbb{N}$ 使得当 $m, n > N(w)$ 时对任何 $z \in \overline{\Delta}(w)$ 有 $|f_m(z), f_n(z)| < \varepsilon$.

由于 E 为有界闭集, 因此 E 的开覆盖 $\{\Delta(w) : w \in E\}$ 中存在有限开覆盖 $\{\Delta(w_i) : 1 \leqslant i \leqslant k\}$. 于是若取 $N = \max\{N(w_i) : 1 \leqslant i \leqslant k\}$, 则当 $m, n > N$ 时对任何 $z \in E$ 有 $|f_m(z), f_n(z)| < \varepsilon$. 此即证明 $\{f_n\}$ 于 D 按球距内闭一致收敛. □

1.2.4　按球面距离一致收敛连续函数列的性质

首先, 我们称函数 f 在点 z_0 处按球距连续, 记为 χ-连续, 如果 f 在 z_0 的某邻

域内有定义, 并且

$$\lim_{z \to z_0} |f(z), f(z_0)| = 0.$$

于是当 $f(z_0) \neq \infty$ 时, 函数 f 在 z_0 处 χ-连续当且仅当常义 (即按欧氏距离) 连续.

显然, f 在点 z_0 处 χ-连续当且仅当 $1/f$ 在点 z_0 处 χ-连续, 因此有局部有界性: 如果 f 在点 z_0 处 χ-连续, 则当 $f(z_0) \neq \infty$ 时 f 在点 z_0 的某邻域内有界; 当 $f(z_0) = \infty$ 时 $1/f$ 在点 z_0 的某邻域内有界.

如果函数 f 在区域 D 内每一点处 χ-连续, 则称函数 f 在区域 D 内 χ-连续.

现在, 我们给出一致收敛 χ-连续函数列的若干性质.

定理 1.2.5 如果区域 D 内的 χ-连续函数列 $\{f_n\}$ 于 D 按球距内闭一致收敛于函数 f, 则极限函数 f 在区域 D 上也 χ-连续.

证明 设 z_0 为 D 内任一点. 由于 $\{f_n\}$ 按球距内闭一致收敛于 f, 因此存在 $\Delta(z_0)$, 对任何 $\varepsilon > 0$, 存在正整数 N 使得当 $n > N$ 时对任何 $z \in \Delta(z_0)$ 有 $|f_n(z), f(z)| < \varepsilon$, 特别地有 $|f_{N+1}(z), f(z)| < \varepsilon$. 又由于 f_{N+1} 在 z_0 处 χ-连续, 因此存在正数 δ 使得当 $|z - z_0| < \delta$ 时有 $|f_{N+1}(z), f_{N+1}(z_0)| < \varepsilon$. 于是, 我们有

$$\begin{aligned} &|f(z), f(z_0)| \\ \leqslant &|f(z), f_{N+1}(z)| + |f_{N+1}(z), f_{N+1}(z_0)| + |f_{N+1}(z_0), f(z_0)| < 3\varepsilon. \end{aligned}$$

这就证明了 f 在 z_0 处 χ-连续. □

定理 1.2.6 设区域 D 内的 χ-连续函数列 $\{f_n\}$ 于 D 按球距内闭一致收敛于 f, z_0 为 D 内一点. 如果存在趋于 z_0 的点列 $\{z_n\}$ 使得 $f_n(z_n) \to 0$, 则极限函数 f 在 z_0 处取 0 值: $f(z_0) = 0$.

证明 此性质由

$$0 \leqslant |0, f(z_0)| \leqslant |0, f_n(z_n)| + |f_n(z_n), f(z_n)| + |f(z_n), f(z_0)| \to 0$$

立得. □

定理 1.2.7 设区域 D 内的 χ-连续函数列 $\{f_n\}$ 于 D 按球距内闭一致收敛于 f. 若 $\infty \notin f(D)$, 则函数列 $\{f_n\}$ 于 D 也按欧氏距离内闭一致收敛于 f.

证明 由定理 1.2.5 知函数 f 于 D 按球距连续. 由于 $f \neq \infty$, 因此 f 也常义连续. 现在设 E 为 D 的有界闭子集, 则 f 在 E 上有界: $|f(z)| \leqslant M$, 从而

$$|f(z), \infty| \geqslant \frac{1}{\sqrt{1 + M^2}}.$$

由于 $\{f_n\}$ 于 E 按球距一致收敛于 f, 存在 N_0 使得当 $n > N_0$ 时有

$$|f_n(z), f(z)| < \frac{1}{2\sqrt{1+M^2}},$$

从而

$$|f_n(z), \infty| \geqslant |f(z), \infty| - |f_n(z), f(z)| > \frac{1}{2\sqrt{1+M^2}}.$$

于是当 $n > N_0$ 时 $f_n \neq \infty$, 并且有

$$|f_n(z) - f(z)| = \frac{|f_n(z), f(z)|}{|f(z), \infty||f_n(z), \infty|} \leqslant 2(1+M^2)|f_n(z), f(z)|.$$

由此即知 $\{f_n\}$ 于 E 按欧氏距离一致收敛于函数 f. □

定理 1.2.8 设两连续函数列 $\{f_n : D \to \overline{\mathbb{C}}\}$ 和 $\{g_n : D \to \overline{\mathbb{C}}\}$ 于 D 按球距分别内闭一致收敛于 f 和 g, 则

(1) 对任何常数 $c \in \mathbb{C}$, 函数列 $\{cf_n\}$ 于 D 按球距内闭一致收敛于 cf;

(2) 当 $f^{-1}(\infty) \cap g^{-1}(\infty) = \varnothing$ 时, 和函数列 $\{f_n + g_n\}$ 于 D 按球距内闭一致收敛于 $f + g$;

(3) 当 $f^{-1}(0) \cap g^{-1}(\infty) = \varnothing$ 并且 $f^{-1}(\infty) \cap g^{-1}(0) = \varnothing$ 时, 积函数列 $\{f_n g_n\}$ 于 D 按球距内闭一致收敛于 fg;

(4) 当 $f^{-1}(0) \cap g^{-1}(0) = \varnothing$ 并且 $f^{-1}(\infty) \cap g^{-1}(\infty) = \varnothing$ 时, 商函数列 $\{f_n/g_n\}$ 于 D 按球距内闭一致收敛于 f/g.

证明 (1) 是显然的. 我们来证明 (2)、(3)、(4). 根据定理 1.2.4, 只需要证明各函数列于 D 内任一点 z_0 处按球距一致收敛. 首先由定理 1.2.5 知, 函数 f 和 g 于 D 按球距连续. 证明按如下步骤完成:

第一步 先证明当 $f(z_0)$, $g(z_0) \neq \infty$ 时 (2) 成立. 此时函数 f 和 g 在 z_0 处连续, 从而存在 z_0 的一个邻域 $\overline{\Delta}(z_0, \delta) \subset D$ 使得在其上 f, $g \neq \infty$. 于是由定理 1.2.7, 函数列 $\{f_n\}$ 和 $\{g_n\}$ 于 $\overline{\Delta}(z_0, \delta)$ 按欧氏距离分别一致收敛于 f 和 g. 于是由定理 1.1.6 知函数列 $\{f_n + g_n\}$ 于 $\overline{\Delta}(z_0, \delta)$ 按欧氏距离, 从而也按球面距离一致收敛于 $f + g$.

第二步 证明当 $f(z_0)$, $g(z_0) \neq \infty$ 时 (3) 成立. 由于 f 和 g 于 D 按球距连续, 存在 z_0 的一个邻域 $\overline{\Delta}(z_0, \delta) \subset D$ 使得在其上 f 和 g 有界, 因此由定理 1.2.7, 函数列 $\{f_n\}$ 和 $\{g_n\}$ 于 $\overline{\Delta}(z_0, \delta)$ 按欧氏距离分别一致收敛于 f 和 g. 进而由定理 1.1.6 知函数列 $\{f_n g_n\}$ 于 $\overline{\Delta}(z_0, \delta)$ 按欧氏距离, 从而也按球面距离一致收敛于 fg.

第三步 证明当 $f \equiv 1$ 时 (4) 成立. 这显然.

第四步 证明当 $f(z_0)$, $g(z_0)$ 中有一个为 ∞ 时, (2) 成立. 设 $f(z_0)=\infty$, 则按条件, $g(z_0)\neq\infty$. 记 $\phi_n=1/f_n$ 及 $\phi=1/f$, 则 $\phi(z_0)=0$, 并且由第三步知函数列 $\{\phi_n\}$ 在 z_0 处按欧氏距离一致收敛于 ϕ, 再由第一、二步知 $\{1+\phi_n g_n\}$ 在 z_0 处按欧氏距离一致收敛于 $1+\phi g$. 由于 $(1+\phi g)(z_0)=1$, 因此 $\left\{\dfrac{1}{1+\phi_n g_n}\right\}$ 在 z_0 处按欧氏距离一致收敛于 $\dfrac{1}{1+\phi g}$. 于是由

$$\frac{1}{f_n+g_n}=\frac{\phi_n}{1+\phi_n g_n}$$

及第二步知 $\{1/(f_n+g_n)\}$ 于 z_0 处按欧氏距离一致收敛于 $\dfrac{\phi}{1+\phi g}=\dfrac{1}{f+g}$, 从而 $\{f_n+g_n\}$ 于 z_0 处按球面距离一致收敛于 $f+g$.

第五步 证明当 $f(z_0)$, $g(z_0)$ 中有一个为 ∞ 时, (3) 成立. 设 $f(z_0)=\infty$, 则按条件, $g(z_0)\neq 0$. 此时由第三步知函数列 $\{1/f_n\}$ 和 $\{1/g_n\}$ 在 z_0 处按欧氏距离分别一致收敛于 $1/f$ 和 $1/g$, 从而由第二步知函数列 $\{1/(f_n g_n)\}$ 在 z_0 处按欧氏距离一致收敛于 $1/(fg)$. 于是, $\{f_n g_n\}$ 于 z_0 处按球面距离一致收敛于 fg.

第六步 证明 (4). 这可由

$$\frac{f_n}{g_n}=f_n\cdot\frac{1}{g_n}$$

得到. □

要注意的是定理 1.2.8 中 f, g 所满足的条件是需要的. 例如函数列

$$\left\{f_n(z)=\frac{n}{nz-1}\right\}\ \text{和}\ \left\{g_n(z)=\frac{n}{nz+1}\right\}$$

都按球距内闭一致收敛于 $f(z)=g(z)=\dfrac{1}{z}$, 但 $\left\{f_n(z)+g_n(z)=\dfrac{n^2z}{(nz)^2-1}\right\}$ 在原点的任何邻域内按球距都不一致收敛.

1.2.5 按球面距离一致收敛亚纯函数列的性质

现在我们讨论按球距一致收敛亚纯函数列的基本性质. 由定理 1.2.7 和 Weierstrass 定理 (定理 1.1.7) 立得下述结论.

引理 1.2.1 设 $\{f_n: D\to\overline{\mathbb{C}}\}$ 是一列亚纯函数, 在 $z_0\in D$ 处按球距一致收敛于函数 f, 则在 z_0 的某邻域内 f 或者恒为 ∞ 或者亚纯. 当 $f(z_0)\neq\infty$ 时, $\{f_n\}$ 在 z_0 处按欧氏距离一致收敛于函数 f; 当 $f(z_0)=\infty$ 时, $\{1/f_n\}$ 在 z_0 处按欧氏距离一致收敛于函数 $1/f$.

由此引理 1.2.1, 我们可有如下两个重要性质.

定理 1.2.9　如果区域 D 上的亚纯函数列 $\{f_n\}$ 于 D 按球距一致收敛于函数 f, 则极限函数 f 或者恒为 ∞ 或者也在区域 D 上亚纯.

定理 1.2.10　如果区域 D 的亚纯函数列 $\{f_n\}$ 于 D 按球距一致收敛于函数 f, 并且极限函数 f 在区域 D 上全纯, 则 $\{f_n\}$ 于区域 D 内闭一致全纯并且按欧氏距离内闭一致收敛; 若极限函数 f 恒为 ∞, 则 $\{f_n\}$ 于区域 D 按欧氏距离内闭一致紧发散.

这里, 内闭一致全纯函数列的定义见定义 1.2.6.

上述定理 1.2.10 说明当极限函数 f 全纯时, 我们由 Weierstrass 定理知导函数列 $\{f_n'\}$ 在区域 D 也内闭一致收敛于 f'. 但当极限函数 f 亚纯时, 一般而言, $\{f_n\}$ 的导函数列 $\{f_n'\}$ 在区域 D 上按球面距离不再内闭一致收敛. 当然, 如果内闭一致收敛, 则极限函数必为 f 的导函数 f'.

例 1.2.1　考虑复平面 $\mathbb{C}$ 上的亚纯函数列

$$f_n(z)=\frac{1}{z^2-\dfrac{1}{n}},\quad n=1,2,\cdots.$$

我们有

$$\left|f_n(z),\frac{1}{z^2}\right|=\left|\frac{1}{f_n(z)},z^2\right|=\left|z^2-\frac{1}{n},z^2\right|\leqslant\frac{1}{n},$$

因此 $\{f_n\}$ 在 $\mathbb{C}$ 上按球面距离内闭一致收敛于 $\dfrac{1}{z^2}$. 但是由于

$$f_n'(z)=-\frac{2z}{\left(z^2-\dfrac{1}{n}\right)^2},\quad n=1,2,\cdots,$$

导函数列 $\{f_n'\}$ 在原点处按球面距离不一致收敛, 这可由

$$\left|f_{2n}'\left(\frac{1}{n^2}\right),f_n'\left(\frac{1}{n^2}\right)\right|=\left|-\frac{2}{\left(\dfrac{1}{2}-\dfrac{1}{n^3}\right)^2},-\frac{2}{\left(1-\dfrac{1}{n^3}\right)^2}\right|$$
$$\to|-8,-2|=\frac{6}{5\sqrt{13}}$$

及 Cauchy 准则 (定理 1.2.3) 得出.

下面的定理准确地刻画了当极限函数 f 亚纯时, 导函数列 $\{f_n'\}$ 在区域 D 上按球面距离内闭一致收敛的条件.

定理 1.2.11 设 $\{f_n : D \to \overline{\mathbb{C}}\}$ 是一列亚纯函数, 于 D 按球面距离内闭一致收敛于亚纯函数 f, 则导函数列 $\{f_n'\}$ 也于 D 按球面距离内闭一致收敛 (于亚纯函数 f') 的充要条件为 $\{f_n\}$ 的极点集列 $\{f_n^{-1}(\infty)\}$ 于 D 内闭一致离散, 即对任意 $z_0 \in D$, 存在一正数 δ 使得每个 f_n 在 $\Delta(z_0, \delta) \subset D$ 内至多只有一个极点 (不考虑重数).

证明 由条件和定理 1.2.10 知函数列 $\{f_n\}$ 于 $D \setminus f^{-1}(\infty)$ 内闭一致全纯并且按欧氏距离内闭一致收敛于 f. 于是由 Weierstrass 定理, 导函数列 $\{f_n'\}$ 于 $D \setminus f^{-1}(\infty)$ 按欧氏距离内闭一致收敛于 f'.

先证条件的充分性. 我们要证明 $\{f_n'\}$ 于 f 的每个极点处按球面距离一致收敛于 f'. 设 $z_0 \in D$ 是 f 的一个 p 重极点. 于是存在正数 δ 使得 f 在 $\overline{\Delta}^\circ(z_0, \delta)$ 上全纯并且在 $\overline{\Delta}(z_0, \delta)$ 非零. 换句话说, 函数 $F = 1/f$ 在 $\overline{\Delta}(z_0, \delta)$ 全纯, 只有一个零点 z_0, 其重数为 p.

由于 $\{f_n\}$ 于 $\overline{\Delta}(z_0, \delta)$ 按球面距离一致收敛于 f, 函数列 $\{F_n = 1/f_n\}$ 也于 $\overline{\Delta}(z_0, \delta)$ 按球面距离一致收敛于 F. 由于 F 于 $\overline{\Delta}(z_0, \delta)$ 全纯, 故由定理 1.2.10 可知 $\{F_n\}_{n>N}$ 于 $\overline{\Delta}(z_0, \delta)$ 为全纯函数列, 并且按欧氏距离一致收敛于 F. 于是由 Hurwitz 定理, 可设 F_n $(n > N)$ 在 $\overline{\Delta}(z_0, \delta)$ 上有 p 个零点 (计重), 它们均趋于 z_0. 从而 $f_n = 1/F_n$ $(n > N)$ 在 $\overline{\Delta}(z_0, \delta)$ 上没有零点但有 p 个趋于 z_0 的极点 (计重数).

根据定理 1.2.11 的条件, 可设这 p 个极点重合, 因而是一个 p 重极点 z_n 满足 $z_n \to z_0$. 于是, 当 n 充分大时, f_n 于 $\overline{\Delta}(z_0, \delta) \setminus \{z_n\}$ 全纯. 现在令

$$g_n(z) = (z - z_n)^p f_n(z).$$

则当 n 充分大时, g_n 在 $\overline{\Delta}(z_0, \delta)$ 上全纯并且不取 0. 又由定理 1.2.8 和定理 1.1.9 知, $\{g_n\}$ 在 $\overline{\Delta}(z_0, \delta)$ 上按欧氏距离一致收敛于 $g(z) = (z - z_0)^p f(z)$. 从而由 Weierstrass 定理, $\{g_n'\}$ 在 $\overline{\Delta}(z_0, \delta)$ 上按欧氏距离一致收敛于 g'. 由于 $f_n(z) = (z - z_n)^{-p} g_n(z)$, 容易计算得

$$f_n'(z) = (z - z_n)^{-p-1} H_n(z), \quad H_n(z) = (z - z_n) g_n'(z) - p g_n(z).$$

易见, $\{H_n\}$ 在 $\overline{\Delta}(z_0, \delta)$ 上按欧氏距离一致收敛于全纯函数

$$H(z) = (z - z_0) g' - p g.$$

由于 $H(z_0) \neq 0$, 则可设 H 在 $\overline{\Delta}(z_0, \delta)$ 上没有零点, 从而 H_n $(n > N)$ 在 $\overline{\Delta}(z_0, \delta)$ 上也没有零点. 于是 $\{1/H_n\}$ 在 $\overline{\Delta}(z_0, \delta)$ 上按欧氏距离一致收敛于全纯函数 $1/H$,

从而全纯函数列 $\{1/f_n'(z)=(z-z_n)^{p+1}/H_n(z)\}$ 在 $\overline{\Delta}(z_0,\delta)$ 上按欧氏距离一致收敛于全纯函数 $(z-z_0)^{p+1}/H(z)=1/f'(z)$. 这就证明了 $\{f_n'\}$ 在 $\overline{\Delta}(z_0,\delta)$ 上按球面距离一致收敛于 f'.

现在再证条件的必要性. 设 z_0 为 D 内任一点. 我们要证明存在正数 δ 使得每个 f_n 在 $\Delta(z_0,\delta)$ 内至多有一个极点.

如果 z_0 不是 f 的极点或 z_0 是 f 的单级极点, 则证明是容易的, 故将之留给读者.

下设 z_0 是 f 的 $p\geqslant 2$ 重极点. 于是存在正数 δ 使得 f 在 $\overline{\Delta}^{\circ}(z_0,\delta)$ 上全纯并且在 $\overline{\Delta}(z_0,\delta)$ 非零. 由上充分性的证明知, f_n $(n>N)$ 在 $\overline{\Delta}(z_0,\delta)$ 上没有零点但有 p 个趋于 z_0 的极点 (计重).

因此, 我们只要证明这 p 个极点实际上是一个 p 重极点. 我们用反证法. 设有 $\{f_n\}$ 的一个子列, 不妨设仍为 $\{f_n\}$, 其每个函数均至少有两个不同的趋于 z_0 的极点. 由于 f_n 的不同极点数以及相应的重数都不能超过 p, 因此通过选取子列的方法, 可以设每个 f_n 有 $q\geqslant 2$ (与 n 无关) 个不同的趋于 z_0 的极点 $z_{n,1},\cdots,z_{n,q}$, 其相应的重数为 $p_1,\cdots,p_q$ (与 n 无关) 满足 $p_1+p_2+\cdots+p_q=p$. 于是函数

$$g(z)=(z-z_0)^p f(z),\quad g_n(z)=f_n(z)\prod_{i=1}^{q}(z-z_{n,i})^{p_i}$$

都在 $\overline{\Delta}(z_0,\delta)$ 上全纯并且没有零点. 由定理 1.1.9 知, $\{g_n\}$ 在 $\overline{\Delta}(z_0,\delta)$ 上按欧氏距离一致收敛于 g, 从而由 Weierstrass 定理, $\{g_n'\}$ 在 $\overline{\Delta}(z_0,\delta)$ 上按欧氏距离一致收敛于 g'.

由于 $f_n(z)=g_n(z)\prod_{i=1}^{q}(z-z_{n,i})^{-p_i}$, 因此

$$f_n'(z)=\Phi_n(z)\prod_{i=1}^{q}(z-z_{n,i})^{-p_i-1},\tag{1.2.2}$$

这里

$$\Phi_n(z)=g_n'(z)\prod_{i=1}^{q}(z-z_{n,i})-g_n(z)\sum_{i=1}^{q}p_i\prod_{j\neq i}(z-z_{n,j}).$$

由于 $\{g_n\}$ 和 $\{g_n'\}$ 在 $\overline{\Delta}(z_0,\delta)$ 上按欧氏距离分别一致收敛于 g 和 g', 全纯函数列 $\{\Phi_n\}$ 在 $\overline{\Delta}(z_0,\delta)$ 上按欧氏距离一致收敛全纯函数

$$\Phi(z)=g'(z)(z-z_0)^q-pg(z)(z-z_0)^{q-1}.$$

由于 $\Phi(z_0)=0$ 并且 Φ 不恒为 0, 根据 Hurwitz 定理, 当 n 充分大时, Φ_n 至少有一个零点 $z_n^*\to z_0$. 由于 $\Phi_n(z_{n,i})\neq 0$, 因此 $z_n^*\neq z_{n,i}$, 从而由 (1.2.2) 知 $f_n'(z_n^*)=0$. 由于 $\{f_n'\}$ 于 z_0 处按球面距离内闭一致收敛于 f' 且 $z_n^*\to z_0$, 我们得到 $f'(z_0)=0$. 这与 z_0 为 f 的极点矛盾. 条件必要性亦证毕. □

根据定理 1.2.11, 我们立即得到下述推论.

定理 1.2.12 设区域 $D\subset\mathbb{C}$ 上亚纯函数列 $\{f_n\}$ 于 D 按球距内闭一致收敛于亚纯函数 f. 如果 $\{f_n\}$ 的极点集列 $\{f_n^{-1}(\infty)\}$ 于 D 内闭一致离散, 则任何 k 阶导函数列 $\{f_n^{(k)}\}$ 于 D 按球面距离内闭一致收敛于亚纯函数 $f^{(k)}$.

定理 1.2.13 设区域 $D\subset\mathbb{C}$ 上亚纯函数列 $\{f_n\}$ 于 D 按球距内闭一致收敛于亚纯函数 f. 如果 f 没有重级极点, 则任何 k 阶导函数列 $\{f_n^{(k)}\}$ 于 D 按球面距离内闭一致收敛于亚纯函数 $f^{(k)}$.

最后, 我们给出下面亚纯函数列的 Hurwitz 定理, 其是辐角原理的直接推论.

定理 1.2.14 设 $\{f_n\}$ 是一列在区域 $\Delta(0,R)$ 上的亚纯函数, 其于 $\Delta^\circ(0,R)$ 按球面距离内闭一致收敛于 $\Delta(0,R)$ 上的亚纯函数 f. 如果在 $\Delta^\circ(0,R)$ 上 $f\neq 0,\infty$, 则对任何 $0<r<R$, 存在正整数 N 使得当 $n>N$ 时有

$$n\left(r,\frac{1}{f_n}\right)-n\left(r,f_n\right)=n\left(0,\frac{1}{f}\right)-n\left(0,f\right). \tag{1.2.3}$$

这里, $n(r,1/f)$ 及 $n(r,f)$ 分别表示 f 在圆 $\Delta(0,r)$ 内的零点数和极点数, 重零点和重极点均按重数计. 特别地, $n(0,1/f)$ 表示 0 为 f 的零点时的重数 (当 $f(0)\neq 0$ 时, $n(0,1/f)=0$). 类似地, $n(0,f)$ 表示 0 为 f 的极点时的重数 (当 $f(0)\neq\infty$ 时, $n(0,f)=0$).

证明 由于在 $\Delta^\circ(0,R)$ 上 $f\neq\infty$, 因此由定理 1.2.10 知 $\{f_n\}$ 于 $\Delta^\circ(0,R)$ 内闭一致全纯并且于 $\Delta^\circ(0,R)$ 按欧氏距离内闭一致收敛于 f. 从而由 Weierstrass 定理, $\{f_n'\}$ 于 $\Delta^\circ(0,R)$ 按欧氏距离内闭一致收敛于 f'. 特别地, 对任何 $0<r<R$, $\{f_n\}$ 和 $\{f_n'\}$ 于圆周 $|z|=r$ 按欧氏距离分别一致收敛于 f 和 f', 而且由于在 $\Delta^\circ(0,R)$ 上 $f\neq 0,\infty$, 每个 f_n (n 充分大) 于圆周 $|z|=r$ 没有零点和极点. 于是

$$\lim_{n\to\infty}\frac{1}{2\pi i}\int_{|z|=r}\frac{f_n'(z)}{f_n(z)}dz=\frac{1}{2\pi i}\int_{|z|=r}\frac{f'(z)}{f(z)}dz.$$

由辐角原理, 即得

$$\lim_{n\to\infty}\left(n\left(r,\frac{1}{f_n}\right)-n\left(r,f_n\right)\right)=n\left(r,\frac{1}{f}\right)-n\left(r,f\right).$$

由于上式左端极限号后的量是一个整数, 并注意到在 $\Delta^\circ(0,R)$ 上 $f \neq 0,\infty$, 就知存在 N 使得当 $n > N$ 时有 (1.2.3) 式. □

作为本小节的结尾, 我们指出对亚纯函数列而言, 没有和定理 1.1.9 完全相对应的结论. 例如函数列 $\{1/(nz)\}$ 于 $\mathbb{C}^*$ 内闭一致收敛于 0, 但它及它的任何子列在原点处都不按球距内闭一致收敛. 但是对不取 0 的亚纯函数列有和定理 1.1.9 相对应的结果.

定理 1.2.15 设 $\{f_n : D \to \mathbb{C}\}$ 是一列亚纯函数, 满足 $f_n \neq 0$, z_0 为 D 内一点. 如果 $\{f_n\}$ 于 $D \setminus \{z_0\}$ 按球距内闭一致收敛于不恒为 0 的函数 f, 则或者 $f \equiv \infty$ 或者函数 f 可亚纯延拓到整个 D, 并且 $\{f_n\}$ 于 D 按球距内闭一致收敛于 f.

证明 对函数列 $\{1/f_n\}$ 应用定理 1.1.9 即得. □

1.2.6 一个注记

有时, 我们会碰到定义域或亚纯 (全纯) 的区域不尽相同的函数列. 为此, 我们引入如下定义.

定义 1.2.5 设 $\{f_n : D_n \to \overline{\mathbb{C}}\}$ 是一列复变量函数. 我们称 $\{f_n\}$ 于区域 D 内闭一致有定义, 如果对区域 D 的任一有界闭区域 $\overline{U}$, 存在正整数 $N = N(E)$ 使得当 $n > N$ 时有 $D_n \supset \overline{U}$.

例如, 由如下函数

$$f_n(z) = e^{\frac{1}{z-n}}, \quad z \in D_n = \Delta(0,n)$$

形成的函数列 $\{f_n\}$ 于 $\mathbb{C}$ 内闭一致有定义.

由此定义, 我们看到同样可定义于区域 D 内闭一致有定义的函数列的内闭一致收敛性.

定义 1.2.6 设 $\{f_n : D_n \to \overline{\mathbb{C}}\}$ 是一列复变量函数. 我们称 $\{f_n\}$ 于区域 D 内闭一致全纯 (亚纯), 如果对区域 D 的任一有界闭区域 $\overline{U}$, 存在 $N = N(E)$ 使得当 $n > N$ 时有 f_n 于 U 全纯 (亚纯).

于是, 于区域 D 内闭一致全纯 (亚纯) 的函数列同样有上面所说的性质. 例如, 上面例中的函数列 $\{e^{\frac{1}{z-n}}\}$ 于 $\mathbb{C}$ 内闭一致全纯, 而且于 $\mathbb{C}$ 内闭一致收敛于 1.

更一般地, 有时我们会称函数列 $\{f_n : D_n \to \overline{\mathbb{C}}\}$ 于区域 D 内闭一致地具有某种性质, 如果对区域 D 的任一有界闭区域 $\overline{U}$, 存在 $N = N(E)$ 使得当 $n > N$ 时有 f_n 于 U 具有这种性质. 例如函数列 $\{z - n\}$ 于 $\mathbb{C}$ 内闭一致地不取 0, 函数列 $\left\{z - \dfrac{n}{n+1}\right\}$ 于单位圆 $\Delta(0,1)$ 内闭一致地不取 0.

1.3 亚纯函数正规族的基本概念

本书研究的对象是由定义在某个区域 $D \subset \mathbb{C}$ 上的函数构成的函数族, 通常用花体字母 $\mathcal{F}, \mathcal{G}$ 等表示. 如果族中函数于 D 都全纯 (亚纯), 则称为区域 D 上的全纯 (亚纯) 函数族.

1.3.1 定义及基本性质

定义 1.3.1 如果区域 D 上的函数族 $\mathcal{F}$ 中的任一函数列 $\{f_n\}$ 都包含一个在区域 D 上按球面距离内闭一致收敛的子列 $\{f_{n_j}\}$, 我们就称函数族 $\mathcal{F}$ 在区域 D 上正规.

定义 1.3.2 设 $\mathcal{F}$ 是区域 D 上函数族, z_0 为 D 内一点. 如果 $\mathcal{F}$ 在 z_0 的某邻域 $\Delta(z_0) \subset D$ 上正规, 我们就称函数族 $\mathcal{F}$ 在点 z_0 处正规.

利用 Heine-Borel 定理和对角线法则, 我们可以得到函数族在一个区域上的正规性与该区域上逐点正规性之间是等价的, 从而说明正规性是一局部性质. 我们将看到这给判断函数族是否正规提供了很大的方便.

定理 1.3.1 区域 D 上的函数族 $\mathcal{F}$ 在区域 D 上正规当且仅当 $\mathcal{F}$ 在区域 D 内每一点处正规.

证明 条件的必要性显然. 下证充分性. 设 $\{f_n\}$ 为 $\mathcal{F}$ 中任一函数列. 我们要证明 $\{f_n\}$ 有子列, 其于 D 按球距内闭一致收敛.

先证明对 D 的任一有界闭子集 E, $\{f_n\}$ 有子列, 其于 E 按球距一致收敛. 根据条件, 对 E 中每一点 w, $\mathcal{F}$ 在 w 的某邻域 $\Delta(w, \delta_w) \subset D$ 上正规. 由于 $\{\Delta(w, \delta_w/2) : w \in E\}$ 为有界闭集 E 的开覆盖, 因此可从中选出 E 的有限开覆盖 $\{\Delta(w_i, \delta_{w_i}/2) : 1 \leqslant i \leqslant k\}$.

由于 $\mathcal{F}$ 于 $\Delta(w_1, \delta_{w_1})$ 正规, 因此 $\{f_n\}$ 有子列, 不妨仍设为 $\{f_n\}$, 其在 $\overline{\Delta}(w_1, \delta_{w_1}/2)$ 上按球距一致收敛. 同样的原因, 该子列有子列, 不妨仍设为 $\{f_n\}$, 其在 $\overline{\Delta}(w_2, \delta_{w_2}/2)$ 上按球距一致收敛. 当然, 此子列在 $\overline{\Delta}(w_1, \delta_{w_1}/2)$ 上按球距仍一致收敛. 依次继续, 我们就得到 $\{f_n\}$ 的一个子列, 不妨仍设为 $\{f_n\}$, 其于每个 $\overline{\Delta}(w_i, \delta_{w_i}/2)$ 按球距一致收敛. 由于 $\{\Delta(w_i, \delta_{w_i}/2) : 1 \leqslant i \leqslant k\}$ 是 E 的有限开覆盖, 该子列于 E 按球距一致收敛.

现在我们证明 $\{f_n\}$ 有子列, 其于 D 按球距内闭一致收敛. 首先, 由于 D 是区域, 因此存在一列有界区域 $\{D_k\}$ 使得 $\overline{D}_k \subset D_{k+1} \subset D$ 并且 $\bigcup_{k=1}^{\infty} D_k = D$; 例如, 可取

$$D_k = \{z \in D : \mathrm{dis}(z, \partial D) > 1/k\} \cap \Delta(0, k).$$

这里 $\mathrm{dis}(z, \partial D)$ 表示点 z 和 D 的边界 ∂D 的距离. 由上知, $\{f_n\}$ 有子列, 记为

$\{f_{n,1}\}$, 其于 $\overline{D}_1$ 按球距一致收敛; $\{f_{n,1}\}$ 有子列, 记为 $\{f_{n,2}\}$, 其于 $\overline{D}_2$ 按球距一致收敛; $\cdots$; $\{f_{n,k}\}$ 有子列, 记为 $\{f_{n,k+1}\}$, 其于 $\overline{D}_{k+1}$ 按球距一致收敛; $\cdots\cdots$.

于是, 对角线序列 $\{f_{n,n}\}$ 是 $\{f_n\}$ 的子列, 其于每个 $\overline{D}_k$ 按球距一致收敛. 由于对 D 的任一有界闭子集 E, 存在某个 D_{k_0} 使得 $E\subset\overline{D}_{k_0}$, 因此子列 $\{f_{n,n}\}$ 于 E 按球距一致收敛. 这说明子列 $\{f_{n,n}\}$ 于 D 按球距内闭一致收敛. □

1.3.2 等度连续函数族

在复动力系统以及代数动力系统中, 也用等度连续性来定义正规族, 因此我们在此介绍等度连续函数族并证明对连续函数族而言, 其与正规族是等价的.

定义 1.3.3 设 $\mathcal{F}=\{f:E\to\mathbb{C}(\ \overline{\mathbb{C}})\}$ 是一族复变量函数. 如果对任意正数 ε, 存在正数 $\delta=\delta(\varepsilon)$ 使得对任何 $f\in\mathcal{F}$ 和 E 中任何两点 z_1, z_2, 只要 $|z_1-z_2|<\delta$ 就有

$$|f(z_1)-f(z_2)|<\varepsilon\quad(|f(z_1),f(z_2)|<\varepsilon),$$

就称函数族 $\mathcal{F}$ 于 E 等度连续 (按球距等度连续).

根据球面距离和欧氏距离的关系, 容易看出对一致有界函数族而言, 等度连续与按球距等度连续是等价的. 另外, (按球距) 等度连续函数族中每个函数都是 (按球距) 连续的.

定理 1.3.2 设 $\mathcal{F}=\{f:D\to\overline{\mathbb{C}}\}$ 是一族按球距连续的函数, 则 $\mathcal{F}$ 于 D 正规当且仅当 $\mathcal{F}$ 于 D 按球距内闭等度连续, 即于 D 的任一有界闭子集按球距等度连续.

证明 先证必要性. 设 $\mathcal{F}$ 于 D 正规. 如果 $\mathcal{F}$ 于 D 不按球距内闭等度连续, 即 $\mathcal{F}$ 于 D 的某有界闭子集 E 不按球距等度连续, 那么由定义 1.3.3, 存在 $\varepsilon_0>0$, 函数列 $\{f_n\}\subset\mathcal{F}$ 和 E 中两点列 $\{z_{1,n}\}$ 和 $\{z_{2,n}\}$, 满足 $|z_{1,n}-z_{2,n}|<1/n$, 使得

$$|f_n(z_{1,n}),f_n(z_{2,n})|\geqslant\varepsilon_0.\tag{1.3.1}$$

由于 E 为有界闭集并且 $\{z_{1,n}\}\subset E$, 故 $\{z_{1,n}\}$ 有收敛的子列, 从而可设 $\{z_{1,n}\}$ 收敛于 $z_0\in E$. 于是由 $|z_{1,n}-z_{2,n}|<1/n$ 同样也有 $z_{2,n}\to z_0$. 另一方面, 由于 $\mathcal{F}$ 于 D 正规, 故函数列 $\{f_n\}$ 有于 E 按球距一致收敛的子列, 从而可设函数列 $\{f_n\}$ 本身于 E 按球距一致收敛于函数 f. 由于 $\{f_n\}$ 是按球距连续的函数列, 极限函数 f 于 E 也按球距连续, 并且

$$\lim_{n\to\infty}|f_n(z_{1,n}),f_n(z_{2,n})|=|f(z_0),f(z_0)|=0.$$

此与 (1.3.1) 相矛盾.

再证充分性. 设 $\mathcal{F}$ 于 D 按球距内闭等度连续, 我们要证 $\mathcal{F}$ 于 D 正规. 为此只要证明 $\mathcal{F}$ 中的任一函数列 $\{f_n\}$ 含有于 D 按球距内闭一致收敛的子列. 现记 A 为 D 内的所有有理点 (实部与虚部均为有理数) 形成的集合, 则 A 可数, 故由 Bolzano-Weierstrass 定理 (定理 1.2.1), 利用对角线方法, 可知存在 $\{f_n\}$ 的子列, 不妨仍设为 $\{f_n\}$, 其在 A 中每一点处都按球距收敛.

下面我们证明 $\{f_n\}$ 于 D 按球距内闭一致收敛. 设 E 为 D 的任一有界闭子集, 则 E 到 D 的边界 ∂D 有正距离 $d = d(E, \partial D)$. 记 $d_0 = \min\{d/2, 1\}$ 并记 $F = \{z \in D : d(z, E) \leqslant d_0\}$, 则 F 是有界闭域, 并且 $E \subset F$. 由于 $\mathcal{F}$ 从而 $\{f_n\}$ 于 D 按球距内闭等度连续, 对任何正数 ε, 存在正数 $\delta < d_0$ 使得对任何 f_n 和 F 中任何两点 z_1, z_2, 只要 $|z_1 - z_2| < \delta$ 就有 $|f_n(z_1), f_n(z_2)| < \varepsilon/3$.

由于集合 A 在 D 内稠密, 因此邻域族 $\{\Delta(z, \delta) : z \in A \cap F\}$ 形成了 E 的一个开覆盖, 从而根据 Heine-Borel 定理, 存在有限个点 $z_1, \cdots, z_k \in A \cap F$ 使得

$$E \subset \bigcup_{j=1}^{k} \Delta(z_j, \delta). \tag{1.3.2}$$

由于 $\{f_n\}$ 在点 $z_1, \cdots, z_k \in A$ 处收敛, 因此由 Cauchy 准则 (定理 1.2.2), 存在 N 使得当 m, $n > N$ 时对 $j = 1, 2, \cdots, k$ 都有 $|f_m(z_j), f_n(z_j)| < \varepsilon/3$. 于是对任何 $z \in E$, 由 (1.3.2) 知存在 $j_0 = j_0(z) \in \{1, 2, \cdots, k\}$ 使得 $z \in \Delta(z_{j_0}, \delta)$, 再注意到 $z, z_{j_0} \in F$, 就有

$$\begin{aligned}
&|f_m(z), f_n(z)| \\
\leqslant &|f_m(z), f_m(z_{j_0})| + |f_m(z_{j_0}), f_n(z_{j_0})| + |f_n(z), f_n(z_{j_0})| \\
< &\varepsilon.
\end{aligned} \tag{1.3.3}$$

再由 Cauchy 准则 (定理 1.2.3), 即知函数列 $\{f_n\}$ 在 E 上按球距一致收敛. □

1.3.3 内闭一致有界函数族与 Montel 定则

定义 1.3.4 设 $\mathcal{F}$ 是区域 D 上的函数族. 我们称 $\mathcal{F}$ 在区域 D 上内闭一致有界, 如果对 D 的任何有界闭子集 E, 存在正数 $M = M(E)$ 使得对任何 $f \in \mathcal{F}$ 和 $z \in E$ 都有 $|f(z)| \leqslant M$.

我们称 $\mathcal{F}$ 在区域 D 上内闭一致有正下界, 如果对 D 的任何有界闭子集 E, 存在正数 $m = m(E)$ 使得对任何 $f \in \mathcal{F}$ 和 $z \in E$ 都有 $|f(z)| \geqslant m$.

下述属于 Montel 的定理 1.3.3 是亚纯或全纯函数正规族的基本准则. 事实上, 正规族研究中广泛使用的 Miranda 方法正是基于 Montel 的这个定理.

定理 1.3.3 区域 D 上内闭一致有界的亚纯函数族于 D 正规; 区域 D 上内闭一致有正下界的亚纯函数族于 D 正规.

证明 后一结论由前一论断立得, 故只证前一结论. 我们只需要证明区域 D 上内闭一致有界的亚纯函数族 $\mathcal{F}$ 于 D 内每一点 z_0 处正规. 取正数 δ 使得 $\overline{\Delta}(z_0,\delta)\subset D$. 由于存在正数 M 使得对任何 $f\in\mathcal{F}$ 和 $z\in\overline{\Delta}(z_0,\delta)$ 有 $|f(z)|\leqslant M$, 因此任何 $f\in\mathcal{F}$ 在 $\overline{\Delta}(z_0,\delta)$ 上全纯, 并且由 Cauchy 公式对任何 $z\in\overline{\Delta}(z_0,\delta/2)$ 有

$$|f'(z)|=\left|\frac{1}{2\pi i}\int_{|\zeta-z|=\delta/2}\frac{f(\zeta)}{(\zeta-z)^2}d\zeta\right|\leqslant\frac{2M}{\delta}, \tag{1.3.4}$$

从而对 $\overline{\Delta}(z_0,\delta/2)$ 上任何两点 z_1,z_2 有

$$|f(z_1)-f(z_2)|=\left|\int_{\overline{z_1z_2}}f'(z)dz\right|\leqslant\frac{2M}{\delta}|z_1-z_2|. \tag{1.3.5}$$

这表明函数族 $\mathcal{F}$ 于 $\overline{\Delta}(z_0,\delta/2)$ 等度连续. 于是由定理 1.3.2 知 $\mathcal{F}$ 于 z_0 处正规. □

定理 1.3.3 有如下重要推论. 事实上, 应用 Nevanlinna 理论和 Miranda 方法来研究正规族时大都基于这一结论. 读者可参考 [87, 145, 163].

定理 1.3.4 区域 D 上亚纯函数族 $\mathcal{F}$ 于 D 正规当且仅当对任一点 $z_0\in D$, 存在 z_0 的闭邻域 $\overline{\Delta}(z_0)\subset D$ 和正常数 M 使得每个 $f\in\mathcal{F}$ 在该闭邻域上要么有上界 M 要么有下界 $1/M$.

1.3.4 球面导数与 Marty 定则

现在, 我们来给出并证明 Marty 定则. 对区域 D 上的亚纯函数 f, 我们称

$$f^{\#}(z):=\lim_{\Delta z\to 0}\frac{|f(z+\Delta z),f(z)|}{|\Delta z|} \tag{1.3.6}$$

为 f 在点 $z\in D$ 处的球面导数. 容易验证

$$f^{\#}(z)=\frac{|f'(z)|}{1+|f(z)|^2}, \tag{1.3.7}$$

并且 $f^{\#}(z)=\left(\dfrac{1}{f}\right)^{\#}(z)$, 因而 $f^{\#}$ 于 D 连续.

引理 1.3.1 设函数 f 于区域 D 亚纯, z_1, z_2 为 D 内两点使得连接它们的线段 $\overline{z_1z_2}\subset D$, 则有

$$|f(z_1),f(z_2)|\leqslant\int_{\overline{z_1z_2}}f^{\#}(z)|dz|. \tag{1.3.8}$$

证明 该引理从几何的角度看是显然成立的, 这是由于 (1.3.8) 左端是球面 S^2 上连接 $f(z_1)$ 和 $f(z_2)$ 的球像的弦距离, 右端是球面 S^2 上连接 $f(z_1)$ 和 $f(z_2)$ 的球像的弧长度. 我们给出一个分析证明. 首先不妨设 f 在线段 $\overline{z_1z_2}$ 上没有极点. 记 $z(t)=z_1+t(z_2-z_1)$, $0\leqslant t\leqslant 1$ 及 $h(t)=f(z(t))$. 则对任何 $n\in\mathbb{N}$ 有

$$|f(z_1),f(z_2)|=|h(0),h(1)|\leqslant\sum_{k=1}^{n}\left|h\left(\frac{k-1}{n}\right),h\left(\frac{k}{n}\right)\right|. \tag{1.3.9}$$

由于存在 $\xi_k\in\left[\dfrac{k-1}{n},\dfrac{k}{n}\right]$ 使得

$$\begin{aligned}\left|h\left(\frac{k-1}{n}\right),h\left(\frac{k}{n}\right)\right|&=\frac{\left|h\left(\frac{k-1}{n}\right)-h\left(\frac{k}{n}\right)\right|}{\sqrt{1+\left|h\left(\frac{k-1}{n}\right)\right|^2}\sqrt{1+\left|h\left(\frac{k}{n}\right)\right|^2}}\\&=\frac{1}{n}\cdot\frac{|h'(\xi_k)|}{1+|h(\xi_k)|^2}+o\left(\frac{1}{n}\right),\end{aligned} \tag{1.3.10}$$

因此由 (1.3.9) 有

$$|f(z_1),f(z_2)|\leqslant\frac{1}{n}\sum_{k=1}^{n}\frac{|h'(\xi_k)|}{1+|h(\xi_k)|^2}+o(1). \tag{1.3.11}$$

令 $n\to\infty$ 即得

$$|f(z_1),f(z_2)|\leqslant\int_0^1\frac{|h'(t)|}{1+|h(t)|^2}dt=\int_{\overline{z_1z_2}}f^{\#}(z)|dz|. \tag{1.3.12}$$

当 f 在线段 $\overline{z_1z_2}$ 上有极点时可通过取极限来得到 (1.3.8). □

现在我们可以来证明如下的 Marty 定则[111].

定理 1.3.5 区域 D 上亚纯函数族 $\mathcal{F}$ 于 D 正规当且仅当球面导数族 $\{f^{\#}(z):f\in\mathcal{F}\}$ 在区域 D 上内闭一致有界.

证明 先证条件的必要性. 设 $\{f^{\#}(z):f\in\mathcal{F}\}$ 在区域 D 上不内闭一致有界, 则由定义知, 存在 D 的某有界闭子集 E, 一列亚纯函数 $\{f_n\}\subset\mathcal{F}$ 以及一列点 $\{z_n\}\subset E$ 使得 $f_n^{\#}(z_n)\to+\infty$. 由于 E 为有界闭集, 因此 $\{z_n\}$ 有收敛的子列, 其极限仍在 E 中. 我们不妨设 $z_n\to z_0\in E$. 取定 z_0 的一个闭邻域 $\overline{\Delta}(z_0,\delta_0)\subset D$.

由于 $\mathcal{F}$ 于 D 正规, 故 $\{f_n\}$ 有子列, 不妨仍设为 $\{f_n\}$, 其在 $\overline{\Delta}(z_0,\delta_0)$ 上按球距一致收敛于亚纯函数 f 或 ∞.

如果 $\{f_n\}$ 在 $\overline{\Delta}(z_0,\delta_0)$ 上按球距一致收敛于亚纯函数 f 并且 $f(z_0)\neq\infty$, 则由引理 1.2.1 知, f 在某邻域 $\overline{\Delta}(z_0,\delta)\subset\overline{\Delta}(z_0,\delta_0)$ 上全纯, 并且 $\{f_n\}$ 在 $\overline{\Delta}(z_0,\delta)$ 上一致收敛于 f. 从而由连续函数的性质知 $\{f_n^{\#}\}$ 在 $\overline{\Delta}(z_0,\delta)$ 上一致收敛于 $f^{\#}$. 特别地, 当 n 充分大时, 函数列 $\{f_n^{\#}\}$ 在 $\overline{\Delta}(z_0,\delta)$ 上一致有界. 这与 $f_n^{\#}(z_n)\to+\infty$ 相矛盾.

如果 $\{f_n\}$ 在 $\overline{\Delta}(z_0,\delta_0)$ 上按球距一致收敛于以 z_0 为极点的亚纯函数 f 或者按球距一致收敛于 ∞, 则 $\{1/f_n\}$ 在 $\overline{\Delta}(z_0,\delta_0)$ 上按球距一致收敛于亚纯函数 g, 这里 $g=1/f$ 或者 $g=0$. 缩小邻域使得 g 和 $1/f_n$ (n 充分大) 在其上全纯. 因此由前述情形知, $\{(1/f_n)^{\#}\}$ 在 z_0 的该小邻域上一致有界. 但因 $f_n^{\#}=(1/f_n)^{\#}$, 故这也与 $f_n^{\#}(z_n)\to+\infty$ 相矛盾.

现在来证明充分性. 只要证明 $\mathcal{F}$ 于 D 内任何一点 z_0 处正规. 取定 z_0 的一个闭邻域 $\overline{\Delta}(z_0,\delta)\subset D$. 则由条件, 存在正数 M 使得对任何 $f\in\mathcal{F}$ 和 $z\in\overline{\Delta}(z_0,\delta)$ 有 $f^{\#}(z)\leqslant M$. 从而由引理 1.3.1, 对任何 z_1, $z_2\in\overline{\Delta}(z_0,\delta)$ 有

$$|f(z_1),f(z_2)|\leqslant\int_{\overline{z_1z_2}}f^{\#}(\zeta)|d\zeta|\leqslant M|z_1-z_2|.$$

这表明函数族 $\mathcal{F}$ 于 $\overline{\Delta}(z_0,\delta)$ 按球距等度连续. 于是由定理 1.3.2 知 $\mathcal{F}$ 于 z_0 处正规. □

我们指出, 在早期的正规族研究中, 由于较难直接判断球面导数的有界性, Marty 定则没有得到像 Montel 定则那样的广泛应用. 但是, 随着 L. Zalcman 的研究, 由 Marty 定则所产生的新方法在正规族的研究中带来了一系列用 Miranda 方法难于证明的结果. 本书所介绍的结果大多如此.

第 2 章　亚纯函数值分布理论简介

由 R. Nevanlinna 建立的亚纯函数值分布理论在正规族理论的发展过程中起着极为重要的作用. 一方面, C. Miranda[115] 成功地直接将 Nevanlinna 理论用于正规族的研究, 不仅重新证明了 Montel 的不取 0, 1 的全纯函数族是正规的这一定理, 还证明了函数不取 0 并且导数不取 1 的全纯函数族是正规的这一由 P. Montel 提出的重要猜想[145]. 事实上, 借助于 Nevanlinna 理论, 由 W. K. Hayman 提出的关于正规族的系列猜想均已经得到了证实. 另一方面, Nevanlinna 理论可用于证明许多 Picard 型定理, 例如 Hayman 定理: 在复平面 $\mathbb{C}$ 上不取 0 并且导数不取 1 的亚纯函数是常值函数. 而根据 Bloch 原理, 由这样的 Picard 型定理往往就能得到一个正规定则.

本章的目的是扼要地介绍 Nevanlinna 的亚纯函数值分布理论. 主要参考 [93, 96, 163].

2.1　Poisson-Jensen 公式

Nevanlinna 理论的出发点是如下的 Poisson-Jensen 公式.

定理 2.1.1　设函数 f 在圆 $\Delta(0,R)$ 内亚纯并且不恒为零, 则对任何 $0<r<R$ 和任一点 $z\in\Delta(0,r)$, 当 $f(z)\neq 0,\infty$ 时有

$$\log|f(z)|=\frac{1}{2\pi}\int_0^{2\pi}\log|f(re^{i\theta})|\mathrm{Re}\left(\frac{re^{i\theta}+z}{re^{i\theta}-z}\right)d\theta + \sum_{a\in Z_r}\log\left|\frac{r(z-a)}{r^2-\overline{a}z}\right|-\sum_{b\in P_r}\log\left|\frac{r(z-b)}{r^2-\overline{b}z}\right|, \tag{2.1.1}$$

这里 Z_r 和 P_r 分别表示 f 在圆 $\Delta(0,r)$ 内的零点集和极点集, 其中重级零点和重级极点按重数重复.

证明　设 $z_0\in\Delta(0,r)$ 为任一点使得 $f(z_0)\neq 0,\infty$. 记

$$g(z)=f(z)\prod_{b\in P_r}\frac{r(z-b)}{r^2-\overline{b}z}\Bigg/\prod_{a\in Z_r}\frac{r(z-a)}{r^2-\overline{a}z}, \tag{2.1.2}$$

则 g 在圆 $\Delta(0,r)$ 内全纯并且没有零点, 在圆周 $|z|=r$ 上, g 和 f 有相同的零极点并且 $|g(z)|=|f(z)|$. 又由 (2.1.2) 及 $f(z_0)\neq 0,\infty$ 知也有 $g(z_0)\neq 0,\infty$ 并且

$$\log|g(z_0)|=\log|f(z_0)|-\sum_{a\in Z_r}\log\left|\frac{r(z_0-a)}{r^2-\overline{a}z_0}\right|+\sum_{b\in P_r}\log\left|\frac{r(z_0-b)}{r^2-\overline{b}z_0}\right|.$$

于是, (2.1.1) 等价于

$$\log|g(z_0)|=\frac{1}{2\pi}\int_0^{2\pi}\log|g(re^{i\theta})|\mathrm{Re}\left(\frac{re^{i\theta}+z_0}{re^{i\theta}-z_0}\right)d\theta. \tag{2.1.3}$$

如果 g 在圆周 $|z|=r$ 上既没有零点也没有极点, 那么 g 在闭圆 $\overline{\Delta}(0,r)$ 上全纯并且没有零点, 从而函数

$$G(\zeta)=\frac{r^2-|z_0|^2}{r^2-\overline{z_0}\zeta}\log g(\zeta)$$

在闭圆 $\overline{\Delta}(0,r)$ 上全纯. 于是由 Cauchy 公式即得

$$\begin{aligned}\log g(z_0)=G(z_0)&=\frac{1}{2\pi i}\int_{|\zeta|=r}\frac{G(\zeta)}{\zeta-z_0}d\zeta\\&=\frac{1}{2\pi}\int_0^{2\pi}\log g(re^{i\theta})\mathrm{Re}\left(\frac{re^{i\theta}+z_0}{re^{i\theta}-z_0}\right)d\theta.\end{aligned} \tag{2.1.4}$$

两边取实部, 即得 (2.1.3).

现在设 g 在圆周 $|z|=r$ 上有零点或极点. 显然, 这样的零极点只有有限个. 以每个零极点为圆心, 充分小的正数 ε 为半径作圆使得这些小圆周位于 $\Delta(0,r)$ 部分 Γ_ε^1 与圆周 $|z|=r$ 上留下部分 Γ_ε^2 形成闭围线 Γ_ε, 其所围区域 D_ε 包含了给定点 z_0. 此时函数 $G(\zeta)$ 在闭区域 $\overline{D}_\varepsilon$ 上全纯. 于是由 Cauchy 公式即得

$$\begin{aligned}\log g(z_0)=G(z_0)&=\frac{1}{2\pi i}\int_{\Gamma_\varepsilon}\frac{G(\zeta)}{\zeta-z_0}d\zeta\\&=\frac{1}{2\pi i}\int_{\Gamma_\varepsilon^1}\frac{G(\zeta)}{\zeta-z_0}d\zeta+\frac{1}{2\pi i}\int_{\Gamma_\varepsilon^2}\frac{G(\zeta)}{\zeta-z_0}d\zeta.\end{aligned}$$

不难验证上式右端第一个积分当 $\varepsilon\to 0$ 时趋于 0, 从而在上式中令 $\varepsilon\to 0$ 仍然得到 (2.1.4). 于是也有 (2.1.3). 这就完成了 Poisson-Jensen 公式的证明. □

由 (2.1.1) 可知, 当 $f(0)\neq 0,\infty$ 时有 Jensen 公式:

$$\log|f(0)|=\frac{1}{2\pi}\int_0^{2\pi}\log|f(re^{i\theta})|d\theta-\sum_{a\in Z_r}\log\frac{r}{|a|}+\sum_{b\in P_r}\log\frac{r}{|b|}. \tag{2.1.5}$$

当 $f(0)=0$ 或 ∞ 时, 存在 $\tau\in\mathbb{Z}$ 使得 $g(z)=z^{-\tau}f(z)$ 满足 $g(0)=c_f\neq 0,\infty$, 从而可对 g 应用 Jensen 公式 (2.1.5) 而得一般形式的 Jensen 公式:

$$\begin{aligned}\log|c_f|+\tau\log r-\frac{1}{2\pi}\int_0^{2\pi}\log|f(re^{i\theta})|d\theta\\ -\sum_{a\in Z_r\backslash\{0\}}\log\frac{r}{|a|}+\sum_{b\in P_r\backslash\{0\}}\log\frac{r}{|b|}.\end{aligned}\tag{2.1.6}$$

根据定理 1.2.14 后引入的记号 $n(r,1/f)$ 和 $n(r,f)$, 可对公式 (2.1.6) 做形变. 我们有 $\tau=n(0,1/f)-n(0,f)$ 并且

$$\sum_{a\in Z_r\backslash\{0\}}\log\frac{r}{|a|}=\int_0^r\log\frac{r}{t}dn(t,1/f)=\int_0^r\frac{n(t,1/f)-n(0,1/f)}{t}dt,$$

$$\sum_{b\in P_r\backslash\{0\}}\log\frac{r}{|b|}=\int_0^r\log\frac{r}{t}dn(t,f)=\int_0^r\frac{n(t,f)-n(0,f)}{t}dt.$$

再利用定义在 $[0,+\infty)$ 上的正对数函数 $\log^+x=\max\{0,\log x\}$ $(\log^+0=0)$ 及其性质

$$\log x=\log^+x-\log^+\frac{1}{x},\quad x\in(0,+\infty),$$

可将 (2.1.6) 右端的积分表示为

$$\begin{aligned}&\frac{1}{2\pi}\int_0^{2\pi}\log|f(re^{i\theta})|d\theta\\ =&\frac{1}{2\pi}\int_0^{2\pi}\log^+|f(re^{i\theta})|d\theta-\frac{1}{2\pi}\int_0^{2\pi}\log^+\frac{1}{|f(re^{i\theta})|}d\theta.\end{aligned}$$

于是, Jensen 公式 (2.1.6) 可写成如下对称形式:

$$\begin{aligned}&\frac{1}{2\pi}\int_0^{2\pi}\log^+|f(re^{i\theta})|d\theta+\int_0^r\frac{n(t,f)-n(0,f)}{t}dt+n(0,f)\log r\\ =&\frac{1}{2\pi}\int_0^{2\pi}\log^+\frac{1}{|f(re^{i\theta})|}d\theta+\int_0^r\frac{n(t,1/f)-n(0,1/f)}{t}dt\\ &+n\left(0,\frac{1}{f}\right)\log r+\log|c_f|,\end{aligned}\tag{2.1.7}$$

其中

$$c_f = \lim_{z\to 0} z^{n(0,f)-n(0,1/f)} f(z) \ \neq 0, \infty \tag{2.1.8}$$

为与 f 有关的常数.

2.2 Nevanlinna 特征函数

现在记

$$m(r,f) = \frac{1}{2\pi}\int_0^{2\pi} \log^+ |f(re^{i\theta})| d\theta, \tag{2.2.1}$$

$$N(r,f) = \int_0^r \frac{n(t,f)-n(0,f)}{t} dt + n(0,f)\log r. \tag{2.2.2}$$

通常称 $m(r,f)$ 为 f 在圆周 $|z|=r$ 上的正对数平均; 称 $N(r,f)$ 为 f 在圆 $\Delta(0,r)$ 内极点的密指量. 类似地, 可定义 $m(r,1/f)$ 和零点密指量 $N(r,1/f)$, 以及更一般的 $m(r,1/(f-a))$ 和 a 值点密指量 $N(r,1/(f-a))$.

再定义亚纯函数 f 的 Nevanlinna 特征函数

$$T(r,f) = m(r,f) + N(r,f). \tag{2.2.3}$$

于是 Jensen 公式 (2.1.7) 可改写成简洁漂亮的形式

$$T(r,f) = T\left(r, \frac{1}{f}\right) + \log|c_f|. \tag{2.2.4}$$

Nevanlinna 特征函数 $T(r,f)$ 是 Nevanlinna 值分布理论的最基本概念, 具有如下的重要性质: 设 f 在圆 $\Delta(0,R)$ 内亚纯, 则 $T(r,f)$ 是 $r\in(0,R)$ 的非负非减连续函数, 并且是 $\log r$ 的凸函数; 如果 f 是全纯函数, 则 $T(r,f)$ 和最大模函数 $M(r,f)$ 具有关系:

$$T(r,f) \leqslant \log^+ M(r,f) \leqslant \frac{\rho+r}{\rho-r} T(\rho,f), \quad 0<r<\rho<R. \tag{2.2.5}$$

另外, 关于多个亚纯函数的和与积的特征函数, 我们有: 对圆 $\Delta(0,R)$ 内亚纯的 k 个函数 f_n $(n=1,2,\cdots,k)$, 当 $0<r<R$ 时有

$$m\left(r, \sum_{n=1}^k f_n\right) \leqslant \sum_{n=1}^k T(r,f_n) + \log k, \tag{2.2.6}$$

$$m\left(r, \prod_{n=1}^{k} f_n\right) \leqslant \sum_{n=1}^{k} T\left(r, f_n\right), \tag{2.2.7}$$

如果进一步地这些函数都不以 0 为极点, 则还有

$$T\left(r, \sum_{n=1}^{k} f_n\right) \leqslant \sum_{n=1}^{k} T\left(r, f_n\right) + \log k, \tag{2.2.8}$$

$$T\left(r, \prod_{n=1}^{k} f_n\right) \leqslant \sum_{n=1}^{k} T\left(r, f_n\right). \tag{2.2.9}$$

这些性质的证明可见 [93, 163]. 此处略去.

显然, 对常值函数 c 有 $T(r,c) = \log^+|c|$; 对有理函数 R 有 $T(r,R) = O(\log r)$. 这一事实反过来也成立.

定理 2.2.1 全平面 $\mathbb{C}$ 上的亚纯函数 f 为有理函数当且仅当

$$T(r,f) = O(\log r).$$

证明 设有亚纯函数 f 满足 $T(r,f) = O(\log r)$, 则 $N(r,f) = O(\log r)$. 由于当 $r > 1$ 时

$$N(r^2,f) \geqslant N(r^2,f) - N(r,f) = \int_r^{r^2} \frac{n(t,f)}{t} dt \geqslant n(r,f)\log r,$$

因此 $n(r,f) = O(1)$, 即 f 只有有限个极点. 由此可知存在多项式 $P(\not\equiv 0)$ 使得 $g = Pf$ 为整函数. 由于 $T(r,g) \leqslant T(r,P) + T(r,f) = O(\log r)$, 故由 (2.2.5) 得

$$\log^+ M(r,g) \leqslant 3T(2r,g) = O(\log r).$$

这说明 g 是多项式, 从而 $f = g/P$ 为有理函数. □

利用特征函数可定义全平面 $\mathbb{C}$ 上亚纯函数 f 的增长级:

$$\lambda = \limsup_{r\to+\infty} \frac{\log^+ T(r,f)}{\log r}. \tag{2.2.10}$$

下面是由 J. M. Whittaker 证明的重要结果, 其证明请参考 [93, 163].

定理 2.2.2 全平面 $\mathbb{C}$ 上的亚纯函数 f 与它的导数 f' 具有相同的级.

2.3　Ahlfors-Shimizu 特征函数

亚纯函数的 Ahlfors-Shimizu 特征函数, 由 L. A. Ahlfors[1] 和 T. Shimizu[151] 各自独立引进, 因其具有明显的几何意义而常被应用, 参考 [153].

设函数 f 在圆 $\Delta(0,R)$ 内亚纯. 首先用 $A(r,f)$ $(0<r<R)$ 表示圆盘 $\overline{\Delta}(0,r)$ 被 f 映到 Riemann 球面 S^2 上的像的平均面积, 即

$$A(r,f)=\frac{1}{\pi}\iint_{a\in\overline{\mathbb{C}}} n\left(r,\frac{1}{f-a}\right)d\omega(a)$$
$$=\frac{1}{\pi}\iint_{|z|\leqslant r}\left[f^{\#}(z)\right]^2 dxdy\quad (z=x+iy).\tag{2.3.1}$$

这里 $d\omega(a)$ 表示 $a\in\overline{\mathbb{C}}$ 在球面 S^2 上的球像的面积元使得

$$\frac{1}{\pi}\iint_{a\in\overline{\mathbb{C}}} d\omega(a)=1,$$

$f^{\#}(z)$ 是 f 的球面导数. 再定义 Ahlfors-Shimizu 特征函数为

$$T_0(r,f)=\int_0^r \frac{A(t,f)}{t}dt.\tag{2.3.2}$$

由于 $f^{\#}(z)=(1/f)^{\#}(z)$, 因此 $T_0(r,f)=T_0(r,1/f)$. 若记

$$m_0(r,f)=\frac{1}{2\pi}\int_0^{2\pi}\log\sqrt{1+|f(re^{i\theta})|^2}d\theta,\tag{2.3.3}$$

则我们有

$$m(r,f)\leqslant m_0(r,f)\leqslant m(r,f)+\frac{1}{2}\log 2.\tag{2.3.4}$$

下面的定理 2.3.1 表明 Ahlfors-Shimizu 特征函数 $T_0(r,f)$ 与 Nevanlinna 特征函数 $T(r,f)$ 也仅相差一有界量.

定理 2.3.1　Ahlfors-Shimizu 特征函数 $T_0(r,f)$ 满足

$$T_0(r,f)=m_0(r,f)+N(r,f)-c(f),\tag{2.3.5}$$

这里 $c(f)$ 为常数: 当 $f(0)\neq\infty$ 时, $c(f)=\log\sqrt{1+|f(0)|^2}$; 当 $f(0)=\infty$ 时, $c(f)=\log|c_f|$, 其中 c_f 由 (2.1.8) 给出.

证明 记 $V(x,y)=\log\sqrt{1+|f(z)|^2}$, $z=x+iy$, 则

$$\Delta V=\frac{\partial^2 V}{\partial x^2}+\frac{\partial^2 V}{\partial y^2}=2\left[f^{\#}(z)\right]^2. \tag{2.3.6}$$

先设 f 在圆周 $|z|=r$ 上没有极点, 在圆 $\Delta(0,r)$ 内有 n 个相异的极点 $z_1,z_2,\cdots,z_n$, 各自的重数分别为 $m_1,m_2,\cdots,m_n$. 取正数 δ_0 使得 $\Delta(z_j,\delta_0)$ 互不相交. 对正数 $\varepsilon<\delta_0$, 再记 $D_\varepsilon=\Delta(0,r)\setminus\bigcup_{j=1}^n\overline{\Delta}(z_j,\varepsilon)$. 于是由 Green 公式得

$$\begin{aligned}\iint_{\overline{D}_\varepsilon}\triangle V\,dxdy&=\oint_{\partial D_\varepsilon}\frac{\partial V}{\partial n}ds\\&=\oint_{|z|=r}\frac{\partial V}{\partial n}ds-\sum_{j=1}^n\oint_{|z-z_j|=\varepsilon}\frac{\partial V}{\partial n}ds.\end{aligned} \tag{2.3.7}$$

直接计算可知在 $z_j=x_j+iy_j$ 处 $V(x,y)+m_j\log\sqrt{(x-x_j)^2+(y-y_j)^2}$ 可微, 因此

$$\lim_{\varepsilon\to0^+}\oint_{|z-z_j|=\varepsilon}\frac{\partial V}{\partial n}ds=-2\pi m_j. \tag{2.3.8}$$

而

$$\oint_{|z|=r}\frac{\partial V}{\partial n}ds=r\frac{d}{dr}\int_0^{2\pi}\log\sqrt{1+|f(re^{i\theta})|^2}d\theta=2\pi r\frac{dm_0(r,f)}{dr}. \tag{2.3.9}$$

于是由 $n(r,f)=\sum_{j=1}^n m_j$ 知

$$\begin{aligned}A(r,f)&=\frac{1}{\pi}\iint_{|z|\leqslant r}\left[f^{\#}(z)\right]^2dxdy\\&=\lim_{\varepsilon\to0^+}\frac{1}{2\pi}\iint_{\overline{D}_\varepsilon}\triangle V\,dxdy=r\frac{dm_0(r,f)}{dr}+n(r,f).\end{aligned} \tag{2.3.10}$$

根据连续性, 上式当 f 在圆周 $|z|=r$ 上有极点时也成立. 由此即知

$$\begin{aligned}T_0(r,f)&=\int_0^r\frac{A(t,f)}{t}dt\\&=\int_0^r\left(\frac{dm_0(t,f)}{dt}+\frac{n(0,f)}{t}\right)dt+\int_0^r\frac{n(t,f)-n(0,f)}{t}dt.\end{aligned} \tag{2.3.11}$$

由于

$$\lim_{\varepsilon\to 0^+}(m_0(\varepsilon,f)+n(0,f)\log\varepsilon)=c(f),$$

因此

$$\begin{aligned}\int_0^r\left(\frac{dm_0(t,f)}{dt}+\frac{n(0,f)}{t}\right)dt&=\lim_{\varepsilon\to 0^+}\int_\varepsilon^r\left(\frac{dm_0(t,f)}{dt}+\frac{n(0,f)}{t}\right)dt\\&=m_0(r,f)+n(0,f)\log r-c(f),\end{aligned}\tag{2.3.12}$$

从而由 (2.3.11) 和 (2.3.12), 定理得证. □

作为 Ahlfors-Shimizu 特征函数的一个直接推论, 我们有如下定理.

定理 2.3.2 设 f 是全平面 $\mathbb{C}$ 上的亚纯函数. 若其球面导数 $f^\#(z)$ 于 $\mathbb{C}$ 有界, 则 f 的级至多为 2.

证明 设球面导数 $f^\#(z)$ 于 $\mathbb{C}$ 有界, 则由 (2.3.1) 知 $A(r,f)=O(r^2)$, 从而也有 $T_0(r,f)=O(r^2)$. 于是由定理 2.3.1和级的定义 (2.2.10) 知 f 的级至多为 2. □

注意, 存在球面导数有界并且级为 2 的超越亚纯函数, 例如 Weierstrass 椭圆函数 $\wp(z)$. 对整函数, 则有如下更强的结论.

定理 2.3.3 [71] 设 f 是全平面 $\mathbb{C}$ 上的整函数. 若其球面导数 $f^\#(z)$ 于 $\mathbb{C}$ 有界, 则 f 为指数型函数, 从而级至多为 1.

证明 设 $f^\#(z)\leqslant M$ 于 $\mathbb{C}$ 并记 D 为 $\{z\in\mathbb{C}:|f(z)|>1\}$ 的任一连通分支. 于是函数 f'/f 在 D 内解析, 在 D 的有穷边界点处由于 $|f(z)|=1$ 而有 $|f'(z)/f(z)|=|f'(z)|\leqslant 2M$.

如果 D 有界, 则由最大模原理即知对任何 $z\in D$ 有 $|f'(z)/f(z)|\leqslant 2M$.

现在考虑 D 为无界的情形. 记 $u(z)=\log|f(z)|$, 则 u 在 $\overline{D}\setminus\{\infty\}$ 上调和. 记 $\nabla u(z)=u_x+iu_y$ 为复梯度, 则有

$$\left|\frac{f'(z)}{f(z)}\right|=\sqrt{u_x^2+u_y^2}=|\nabla u(z)|.$$

对 $z\in D$, 用 $d(z)$ 表示 z 到 D 的边界 ∂D 的距离. 于是存在点 $z_1\in\partial D$ 使得 $d(z)=|z-z_1|$, 并且 $\Delta(z,d(z))\subset D$. 注意到 $u(z_1)=0$, 对圆 $\Delta(z,d(z))$ 的半径 $\overline{zz_1}$ 上的任一点 $w=z+t(z_1-z)$, $0<t<1$, 根据 Harnack 不等式有

$$u(z)\leqslant\frac{d(z)+|w-z|}{d(z)-|w-z|}u(w)=(1+t)d(z)\left|\frac{u(w)-u(z_1)}{w-z_1}\right|.$$

令 $t \to 1^-$ 就得 $u(z) \leqslant 2d(z)|\nabla u(z_1)| \leqslant 4Md(z)$. 由此, 对任何 $\theta \in [0, 2\pi]$ 有

$$u(z + d(z)e^{i\theta}) \leqslant 4Md(z + d(z)e^{i\theta}) \leqslant 8Md(z).$$

又由于通过对调和函数的 Poisson 公式两边取复梯度可有

$$\nabla u(z) = \frac{1}{\pi d(z)} \int_0^{2\pi} u(z + d(z)e^{i\theta})e^{i\theta} d\theta,$$

从而 $|f'(z)/f(z)| = |\nabla u(z)| \leqslant 16M$.

于是对任何 $z \in D$, 我们都有 $|f'(z)/f(z)| \leqslant 16M$.

现在对充分大的 r, 在圆周 $|z| = r$ 上取点 z_r 使得 $|f(z_r)| = M(r, f) > 1$, 并设 $|z| = r$ 与 z_r 所在分支 D 相交所得的含有 z_r 的弧段为 $\gamma_r \subset D$. 则对 γ_r 上的任意一点 z 有

$$|\log f(z_r) - \log f(z)| = \left| \int_{\widehat{z_r z} \subset \gamma_r} \frac{f'(z)}{f(z)} dz \right| \leqslant 32\pi M r.$$

从而 $\log |f(z_r)/f(z)| \leqslant 32\pi Mr + 2\pi$. 再让 z 沿着 γ_r 趋于 ∂D, 就得到

$$\log M(r, f) = \log |f(z_r)| \leqslant 32\pi Mr + 2\pi.$$

于是 f 为指数型函数, 其级至多为 1. □

2.4 Nevanlinna 基本定理

Nevanlinna 的两个基本定理是整个亚纯函数值分布理论的基石. 第一基本定理可由 Jensen 公式 (2.2.4) 立即得到.

定理 2.4.1 设函数 f 在圆 $\Delta(0, R)$ 内亚纯并且不恒为常数, 则对任何有穷复数 a, 当 $0 < r < R$ 时有

$$T\left(r, \frac{1}{f-a}\right) = T(r, f) - \log |c| + \varepsilon(a, r), \tag{2.4.1}$$

这里常数 $c = c_{f-a}$ 由 (2.1.8) 确定, 而量 $\varepsilon(a, r)$ 满足

$$|\varepsilon(a, r)| \leqslant \log^+ |a| + \log 2.$$

证明 对函数 $f - a$ 应用 Jensen 公式 (2.2.4) 得

$$T\left(r, \frac{1}{f-a}\right) = T(r, f-a) - \log |c|.$$

于是由性质 (2.2.7) 得

$$\begin{aligned}\left|T\left(r,\frac{1}{f-a}\right)-(T(r,f)-\log|c|)\right|&=|T(r,f-a)-T(r,f)|\\&\leqslant\log^+|a|+\log 2,\end{aligned}$$

即 (2.4.1) 成立. □

第一基本定理有如下推论.

定理 2.4.2 设函数 f 在圆 $\Delta(0,R)$ 内亚纯并且不恒为常数, 则对任何非退化分式线性变换 $\phi: z\to\dfrac{az+b}{cz+d}$ 有

$$T(r,\phi\circ f)=T(r,f)+O(1),\quad 0<r<R. \tag{2.4.2}$$

现在我们给出 Nevanlinna 的第二基本定理. 首先是其简单形式.

定理 2.4.3 设函数 f 是圆 $\Delta(0,R)$ 内非常数亚纯函数, 并且 $f(0)\neq 0,1,\infty$, $f'(0)\neq 0$, 则有

$$\begin{aligned}T(r,f)\leqslant{}&N(r,f)+N\left(r,\frac{1}{f}\right)\\&+N\left(r,\frac{1}{f-1}\right)-N_1(r,f)+S(r,f),\quad 0<r<R,\end{aligned} \tag{2.4.3}$$

其中

$$N_1(r,f)=N\left(r,\frac{1}{f'}\right)+2N(r,f)-N(r,f'), \tag{2.4.4}$$

$$S(r,f)=m\left(r,\frac{f'}{f}\right)+m\left(r,\frac{f'}{f-1}\right)+\log\frac{f(0)(f(0)-1)}{|f'(0)|}+\log 2. \tag{2.4.5}$$

证明　由恒等式

$$\frac{1}{f}=1-\frac{f'}{f}\cdot\frac{f-1}{f'}$$

及 (2.2.7) 可得

$$m\left(r,\frac{1}{f}\right)\leqslant m\left(r,\frac{f'}{f}\right)+m\left(r,\frac{f-1}{f'}\right)+\log 2. \tag{2.4.6}$$

再分别对函数 $1/f$ 和 $(f-1)/f'$ 应用 Jensen 公式 (2.2.4) 有

$$m\left(r,\frac{1}{f}\right)=T(r,f)-N\left(r,\frac{1}{f}\right)-\log|f(0)|, \tag{2.4.7}$$

$$m\left(r,\frac{f-1}{f'}\right)=T\left(r,\frac{f'}{f-1}\right)-N\left(r,\frac{f-1}{f'}\right)+\log\left|\frac{f(0)-1}{f'(0)}\right|. \tag{2.4.8}$$

于是由 (2.4.6)—(2.4.8) 得

$$T(r,f)\leqslant N\left(r,\frac{1}{f}\right)+N\left(r,\frac{f'}{f-1}\right)-N\left(r,\frac{f-1}{f'}\right)+S(r,f). \tag{2.4.9}$$

不难验证有

$$\begin{aligned}&N\left(r,\frac{f'}{f-1}\right)-N\left(r,\frac{f-1}{f'}\right)\\=&N(r,f')+N\left(r,\frac{1}{f-1}\right)-N(r,f)-N\left(r,\frac{1}{f'}\right)\\=&N(r,f)+N\left(r,\frac{1}{f-1}\right)-N_1(r,f),\end{aligned}$$

因此, 定理 2.4.3 得证. □

如下则是 Nevanlinna 的第二基本定理的普遍形式.

定理 2.4.4 设函数 f 是圆 $\Delta(0,R)$ $(0<R\leqslant+\infty)$ 内的非常数亚纯函数, $a_1, a_2, \cdots, a_q$ 为 $q\geqslant 2$ 个判别的有穷复数. 如果 $f(0)\neq 0,\infty$ 并且 $f'(0)\neq 0$, 则当 $0<r<R$ 时有

$$m(r,f)+\sum_{k=1}^{q}m\left(r,\frac{1}{f-a_k}\right)\leqslant 2T(r,f)-N_1(r,f)+S_1(r,f). \tag{2.4.10}$$

这里 $N_1(r,f)$ 由 (2.4.4) 确定, 以及

$$\begin{aligned}S_1(r,f)=&m\left(r,\frac{f'}{f}\right)+m\left(r,\sum_{k=1}^{q}\frac{f'}{f-a_k}\right)\\&+q\log^+\frac{2q}{\delta}+\log 2+\log\frac{1}{|f'(0)|}.\end{aligned} \tag{2.4.11}$$

如果还有 $f(0)\neq a_1, a_2, \cdots, a_q$, 则当 $0<r<R$ 时就有

$$(q-1)T(r,f)\leqslant N(r,f)+\sum_{k=1}^{q}N\left(r,\frac{1}{f-a_k}\right)-N_1(r,f)+S_2(r,f). \tag{2.4.12}$$

这里

$$S_2(r,f)=S_1(r,f)+\sum_{k=1}^{q}\log|f(0)-a_k|+\sum_{k=1}^{q}\log^+|a_k|+q\log 2, \tag{2.4.13}$$

其中 $\delta=\min\{|a_i-a_j|:1\leqslant i<j\leqslant q\}>0$.

证明　作辅助函数

$$F(z)=\sum_{k=1}^{q}\frac{1}{f(z)-a_k},$$

则可证明有

$$\log^+|F(z)|\geqslant\sum_{k=1}^{q}\log^+\frac{1}{|f(z)-a_k|}-q\log^+\frac{2q}{\delta}-\log 2. \tag{2.4.14}$$

事实上, 如果对每个 a_k 都有 $|f(z)-a_k|\geqslant\delta/(2q)$, 则 (2.4.14) 显然成立. 现在设有某个 a_k, 不妨设是 a_1, 使得 $|f(z)-a_1|<\delta/(2q)$, 则对 $k\geqslant 2$ 有

$$|f(z)-a_k|\geqslant|a_k-a_1|-|f(z)-a_1|>\frac{2q-1}{2q}\delta. \tag{2.4.15}$$

于是

$$\begin{aligned}|F(z)|&\geqslant\frac{1}{|f(z)-a_1|}-\sum_{k=2}^{q}\frac{1}{|f(z)-a_k|}\\&=\left(1-\sum_{k=2}^{q}\frac{|f(z)-a_1|}{|f(z)-a_k|}\right)\frac{1}{|f(z)-a_1|}\\&\geqslant\left(1-\frac{q-1}{2q-1}\right)\cdot\frac{1}{|f(z)-a_1|}\geqslant\frac{1}{2|f(z)-a_1|},\end{aligned}$$

从而得

$$\log^+|F(z)|\geqslant\log^+\frac{1}{|f(z)-a_1|}-\log 2. \tag{2.4.16}$$

但由 (2.4.15), 我们还有

$$\sum_{k=2}^{q}\log^+\frac{1}{|f(z)-a_k|}\leqslant(q-1)\log^+\frac{2q}{(2q-1)\delta}<q\log^+\frac{2q}{\delta}. \tag{2.4.17}$$

根据 (2.4.16) 和 (2.4.17), 我们立得 (2.4.14).

由 (2.4.14) 即知

$$m(r,F) \geqslant \sum_{k=1}^{q} m\left(r, \frac{1}{f-a_k}\right) - q\log^+ \frac{2q}{\delta} - \log 2.$$

再结合如下两不等式

$$\begin{aligned} m(r,F) &\leqslant m\left(r,\frac{1}{f'}\right) + m(r,f'F) \\ &\leqslant T(r,f') - N\left(r,\frac{1}{f'}\right) + m(r,f'F) + \log\frac{1}{|f'(0)|}, \\ T(r,f') &\leqslant m(r,f) + m\left(r,\frac{f'}{f}\right) + N(r,f') \\ &= T(r,f) + m\left(r,\frac{f'}{f}\right) + [N(r,f') - N(r,f)], \end{aligned}$$

就得不等式 (2.4.10). 再利用第一基本定理, 由 (2.4.10) 立即可得 (2.4.12). □

2.5 对数导数引理

Nevanlinna 第二基本定理中出现的项 $S(r,f)$ 通常称为余项, 其增长一般来说比 $T(r,f)$ 要缓慢得多. 这一结论的证明需要所谓的对数导数引理. 下面形式的对数导数引理由 V. W. Ngoan 和 I. V. Ostrovskii[122] 证明. 参考 [96].

定理 2.5.1 设函数 f 是圆 $\Delta(0,R)$ 内非常数亚纯函数满足 $f(0)=1$, 则对任何 $0<\alpha<1$, 当 $0<r<\rho<R$ 时有

$$\begin{aligned} m\left(r,\frac{f'}{f}\right) \leqslant & \frac{1}{\alpha}\log^+\frac{\max\{T(\rho,f),1\}}{r^\alpha} \\ & + \max\left\{2,\frac{1}{\alpha}\right\}\log\frac{\rho}{\rho-r} + \frac{1}{\alpha}\log\frac{48}{1-\alpha}. \end{aligned} \tag{2.5.1}$$

证明 记 $\eta=(r+\rho)/2$, 则 $r<\eta<\rho$. 由条件 $f(0)=1$ 和 Jensen 公式 (2.2.4), 我们有 $T(\eta,f)=T(\eta,1/f)$, 因此

$$m(\eta,f) + m\left(\eta,\frac{1}{f}\right) \leqslant 2T(\eta,f), \quad N(\eta,f) + N\left(\eta,\frac{1}{f}\right) \leqslant 2T(\eta,f). \tag{2.5.2}$$

再记

$$g(z)=f(z)\prod_{b\in P_\eta}\frac{\eta(z-b)}{\eta^2-\overline{b}z}\Big/\prod_{a\in Z_\eta}\frac{\eta(z-a)}{\eta^2-\overline{a}z},$$

这里, Z_η 和 P_η 分别表示 f 在圆 $\Delta(0,\eta)$ 内的零点集和极点集, 其中重级零点和极点按重数重复. 于是 g 在圆 $\Delta(0,\eta)$ 内全纯并且没有零点, 从而函数 $\log|g(z)|$ 在 $\Delta(0,\eta)$ 内调和. 由此根据调和函数 Poisson-Jensen 公式我们得

$$\log|g(z)|=\frac{1}{2\pi}\int_0^{2\pi}\log\left|g(\eta e^{i\theta})\right|\mathrm{Re}\left(\frac{\eta e^{i\theta}+z}{\eta e^{i\theta}-z}\right)d\theta.$$

从而

$$\log g(z)=\frac{1}{2\pi}\int_0^{2\pi}\log\left|g(\eta e^{i\theta})\right|\frac{\eta e^{i\theta}+z}{\eta e^{i\theta}-z}d\theta+iC, \tag{2.5.3}$$

其中 C 为常数. 对 (2.5.3) 式两边求导, 即有

$$\frac{g'(z)}{g(z)}=\frac{1}{2\pi}\int_0^{2\pi}\log\left|g(\eta e^{i\theta})\right|\frac{2\eta e^{i\theta}}{(\eta e^{i\theta}-z)^2}d\theta. \tag{2.5.4}$$

由于 $\left|g(\eta e^{i\theta})\right|=\left|f(\eta e^{i\theta})\right|$, 并且

$$\frac{g'(z)}{g(z)}=\frac{f'(z)}{f(z)}+\sum_{b\in P_\eta}\left(\frac{1}{z-b}+\frac{\overline{b}}{\eta^2-\overline{b}z}\right)-\sum_{a\in Z_\eta}\left(\frac{1}{z-a}+\frac{\overline{a}}{\eta^2-\overline{a}z}\right),$$

我们从 (2.5.4) 就得

$$\begin{aligned}\frac{f'(z)}{f(z)}=&\frac{1}{2\pi}\int_0^{2\pi}\log\left|f(\eta e^{i\theta})\right|\frac{2\eta e^{i\theta}}{(\eta e^{i\theta}-z)^2}d\theta\\&+\sum_{a\in Z_\eta}\frac{1}{z-a}\left(1+\frac{\overline{a}(z-a)}{\eta^2-\overline{a}z}\right)-\sum_{b\in P_\eta}\frac{1}{z-b}\left(1+\frac{\overline{b}(z-b)}{\eta^2-\overline{b}z}\right),\end{aligned}$$

进而有

$$\begin{aligned}\left|\frac{f'(z)}{f(z)}\right|\leqslant&\frac{2\eta}{2\pi}\int_0^{2\pi}\left|\log\left|f(\eta e^{i\theta})\right|\right|\frac{1}{|\eta e^{i\theta}-z|^2}d\theta\\&+\sum_{c\in Z_\eta\cup P_\eta}\frac{1}{|z-c|}\left(1+\left|\frac{\overline{c}(z-c)}{\eta^2-\overline{c}z}\right|\right).\end{aligned} \tag{2.5.5}$$

于是若 $|z| = r < \eta$, 则由于有

$$\left|\frac{\overline{c}(z-c)}{\eta^2-\overline{c}z}\right| = \frac{|c|}{\eta}\cdot\left|\frac{\eta(z-c)}{\eta^2-\overline{c}z}\right| \leqslant 1,$$

同时再计及不等式 $|\log x| \leqslant \log^+ x + \log^+(1/x)$, 我们从 (2.5.5) 并利用 (2.5.2) 就得

$$\begin{aligned}\left|\frac{f'(z)}{f(z)}\right| &\leqslant \frac{2\eta}{(\eta-r)^2}\left(m(\eta,f)+m\left(\eta,\frac{1}{f}\right)\right)\\&\quad+\sum_{c\in Z_\eta\cup P_\eta}\frac{2}{|z-c|} \leqslant \frac{4\eta}{(\eta-r)^2}T(\eta,f)+2\sum_{c\in Z_\eta\cup P_\eta}\frac{1}{|z-c|}.\end{aligned} \tag{2.5.6}$$

于是对 $0<\alpha<1$ 有

$$\begin{aligned}&\frac{1}{2\pi}\int_0^{2\pi}\left|\frac{f'(re^{i\theta})}{f(re^{i\theta})}\right|^\alpha d\theta\\&\leqslant \frac{(4\eta T(\eta,f))^\alpha}{(\eta-r)^{2\alpha}}+\frac{2^\alpha}{2\pi}\sum_{c\in Z_\eta\cup P_\eta}\int_0^{2\pi}\frac{d\theta}{|re^{i\theta}-c|^\alpha}.\end{aligned} \tag{2.5.7}$$

现在来估计 (2.5.7) 式右边的积分. 设 $c=|c|e^{i\theta_c}$, 则有

$$\left|re^{i\theta}-c\right| = \left|re^{i(\theta-\theta_c)}-|c|\right| \geqslant \left|\operatorname{Im}\left(re^{i(\theta-\theta_c)}-|c|\right)\right| = r|\sin(\theta-\theta_c)|,$$

从而

$$\begin{aligned}&\int_0^{2\pi}\frac{d\theta}{|re^{i\theta}-c|^\alpha}\\&\leqslant\int_0^{2\pi}\frac{d\theta}{r^\alpha|\sin(\theta-\theta_c)|^\alpha}=\frac{1}{r^\alpha}\int_0^{2\pi}\frac{d\theta}{|\sin\theta|^\alpha}=\frac{4}{r^\alpha}\int_0^{\pi/2}\frac{d\theta}{(\sin\theta)^\alpha}\\&\leqslant\frac{4}{r^\alpha}\left(\frac{\pi}{2}\right)^\alpha\int_0^{\pi/2}\frac{d\theta}{\theta^\alpha}=\frac{2\pi}{(1-\alpha)r^\alpha}.\end{aligned}$$

于是有

$$\sum_{c\in Z_\eta\cup P_\eta}\frac{1}{2\pi}\int_0^{2\pi}\frac{d\theta}{|re^{i\theta}-c|^\alpha}\leqslant\frac{1}{(1-\alpha)r^\alpha}\sum_{c\in Z_\eta\cup P_\eta}1$$

$$= \frac{1}{(1-\alpha)r^{\alpha}}\left(n(\eta,f)+n\left(\eta,\frac{1}{f}\right)\right). \tag{2.5.8}$$

注意到 $\eta=(r+\rho)/2<\rho$, 则有

$$\begin{aligned}
& n(\eta,f)+n\left(\eta,\frac{1}{f}\right) \\
\leqslant & \frac{1}{\log\rho-\log\eta}\int_{\eta}^{\rho}\frac{n(t,f)+n\left(t,\dfrac{1}{f}\right)}{t}dt \\
\leqslant & \frac{\rho}{\rho-\eta}\left(N(\rho,f)+N\left(\rho,\frac{1}{f}\right)\right)\leqslant\frac{4\rho}{\rho-r}T(\rho,f).
\end{aligned} \tag{2.5.9}$$

现在将 (2.5.9) 代入 (2.5.8) 后再代入 (2.5.7), 并注意到 $\eta=(r+\rho)/2$ 及 $T(\eta,f)\leqslant T(\rho,f)$, 就得

$$\begin{aligned}
& \frac{1}{2\pi}\int_0^{2\pi}\left|\frac{f'(re^{i\theta})}{f(re^{i\theta})}\right|^{\alpha}d\theta \\
\leqslant & \frac{2^{3\alpha}(r+\rho)^{\alpha}}{(\rho-r)^{2\alpha}}(T(\rho,f))^{\alpha}+\frac{2^{\alpha+2}\rho}{(1-\alpha)(\rho-r)r^{\alpha}}T(\rho,f) \\
\leqslant & \frac{\max\{T(\rho,f),1\}}{r^{\alpha}}\left(2^{4\alpha}\left(\frac{\rho}{\rho-r}-\frac{1}{2}\right)^{\alpha}\left(\frac{\rho}{\rho-r}-1\right)^{\alpha}+\frac{2^{\alpha+2}}{1-\alpha}\cdot\frac{\rho}{\rho-r}\right) \\
\leqslant & \frac{(1-\alpha)2^{4\alpha}+2^{\alpha+2}}{1-\alpha}\left(\frac{\rho}{\rho-r}\right)^{\max\{2\alpha,1\}}\frac{\max\{T(\rho,f),1\}}{r^{\alpha}} \\
\leqslant & \frac{24}{1-\alpha}\left(\frac{\rho}{\rho-r}\right)^{\max\{2\alpha,1\}}\frac{\max\{T(\rho,f),1\}}{r^{\alpha}}.
\end{aligned} \tag{2.5.10}$$

于是我们得到

$$\begin{aligned}
& m\left(r,\frac{f'}{f}\right) \\
= & \frac{1}{\alpha}\cdot\frac{1}{2\pi}\int_0^{2\pi}\log^{+}\left|\frac{f'(re^{i\theta})}{f(re^{i\theta})}\right|^{\alpha}d\theta \\
\leqslant & \frac{1}{\alpha}\left(\log^{+}\left(\frac{1}{2\pi}\int_0^{2\pi}\left|\frac{f'(re^{i\theta})}{f(re^{i\theta})}\right|^{\alpha}d\theta\right)+\log 2\right) \\
\leqslant & \frac{1}{\alpha}\log^{+}\frac{\max\{T(\rho,f),1\}}{r^{\alpha}}+\max\left\{2,\frac{1}{\alpha}\right\}\log\frac{\rho}{\rho-r}+\frac{1}{\alpha}\log\frac{48}{1-\alpha}.
\end{aligned} \tag{2.5.11}$$

此即我们所要证的不等式 (2.5.1).　□

注意, (2.5.11) 的第一个不等式是基于如下不等式: 若 $\phi(x)$ 是 $[0,2\pi]$ 上的非负可积函数, 那么有

$$\frac{1}{2\pi}\int_0^{2\pi}\log^+\phi(x)dx\leqslant\log^+\left(\frac{1}{2\pi}\int_0^{2\pi}\phi(x)dx\right)+\log 2. \tag{2.5.12}$$

其可证明如下: 首先, 由定积分的定义容易验证有

$$\frac{1}{2\pi}\int_0^{2\pi}\log\phi(x)dx\leqslant\log\left(\frac{1}{2\pi}\int_0^{2\pi}\phi(x)dx\right).$$

于是

$$\begin{aligned}&\frac{1}{2\pi}\int_0^{2\pi}\log^+\phi(x)dx\\ =&\frac{1}{2\pi}\int_0^{2\pi}\log\max\{\phi(x),1\}dx\leqslant\log\left(\frac{1}{2\pi}\int_0^{2\pi}\max\{\phi(x),1\}dx\right)\\ =&\log\left(\frac{1}{2\pi}\int_0^{2\pi}\phi(x)dx+\frac{1}{2\pi}\int_{E(\phi<1)}(1-\phi(x))dx\right)\\ \leqslant&\log\left(1+\frac{1}{2\pi}\int_0^{2\pi}\phi(x)dx\right)\leqslant\log^+\left(\frac{1}{2\pi}\int_0^{2\pi}\phi(x)dx\right)+\log 2.\end{aligned}$$

用类似的方法, 可得涉及高阶导数的对数导数引理.

定理 2.5.2　设函数 f 是圆 $\Delta(0,R)$ 内非常数亚纯函数满足 $f(0)=1$, k 为正整数, 则对任何 $0<\alpha<1$, 当 $0<r<\rho<R$ 时有

$$\begin{aligned}m\left(r,\frac{f^{(k)}}{f}\right)\leqslant&\frac{k}{\alpha}\log^+\frac{\max\{T(\rho,f),1\}}{r^\alpha}\\ &+k\max\left\{2,\frac{1}{\alpha}\right\}\log\frac{\rho}{\rho-r}+\frac{k}{\alpha}\log\frac{C_k}{1-\alpha},\end{aligned} \tag{2.5.13}$$

这里 C_k 是只与 k 有关的常数.

证明　由定理 2.5.1 的证明知

$$\begin{aligned}\frac{f'(z)}{f(z)}=&\frac{1}{2\pi}\int_0^{2\pi}\log\left|f(\eta e^{i\theta})\right|\frac{2\eta e^{i\theta}}{(\eta e^{i\theta}-z)^2}d\theta\\ &+\sum_{a\in Z_\eta}\left(\frac{1}{z-a}+\frac{\overline{a}}{\eta^2-\overline{a}z}\right)-\sum_{b\in P_\eta}\left(\frac{1}{z-b}+\frac{\overline{b}}{\eta^2-\overline{b}z}\right).\end{aligned} \tag{2.5.14}$$

于是对任意整数 $s \geqslant 0$ 有

$$\left(\frac{f'(z)}{f(z)}\right)^{(s)} = \frac{(s+1)!}{2\pi}\int_0^{2\pi} \log\left|f(\eta e^{i\theta})\right| \frac{2\eta e^{i\theta}}{(\eta e^{i\theta}-z)^{s+2}}d\theta$$
$$+ s!\sum_{a\in Z_\eta}\left(\frac{(-1)^s}{(z-a)^{s+1}} + \frac{(\overline{a})^{s+1}}{(\eta^2-\overline{a}z)^{s+1}}\right)$$
$$- s!\sum_{b\in P_\eta}\left(\frac{(-1)^s}{(z-b)^{s+1}} + \frac{(\overline{b})^{s+1}}{(\eta^2-\overline{b}z)^{s+1}}\right). \tag{2.5.15}$$

从而同定理 2.5.1 的证明一样, 可知当 $|z| = r < \eta$ 时有

$$\left|\left(\frac{f'(z)}{f(z)}\right)^{(s)}\right| \leqslant 4(s+1)!\frac{\eta}{(\eta-r)^{s+2}}T(\eta,f) + 2s!\sum_{c\in Z_\eta\cap P_\eta}\frac{1}{|z-c|^{s+1}}. \tag{2.5.16}$$

进而有

$$\left|\left(\frac{f'(z)}{f(z)}\right)^{(s)}\right|^{\frac{1}{s+1}} \leqslant (4(s+1)!)^{\frac{1}{s+1}}\left(\frac{\eta}{(\eta-r)^{s+2}}\right)^{\frac{1}{s+1}}T^{\frac{1}{s+1}}(\eta,f)$$
$$+ (2s!)^{\frac{1}{s+1}}\sum_{c\in Z_\eta\cap P_\eta}\frac{1}{|z-c|}$$
$$\leqslant (4(s+1)!)^{\frac{1}{s+1}}\frac{\eta}{(\eta-r)^2}\max\{T(\eta,f),1\}$$
$$+ (2s!)^{\frac{1}{s+1}}\sum_{c\in Z_\eta\cap P_\eta}\frac{1}{|z-c|}. \tag{2.5.17}$$

然由数学归纳法, 不难得知

$$\frac{f^{(k)}(z)}{f(z)} = \sum C_{i_0,i_1,\cdots,i_{k-1}}\prod_{s=0}^{k-1}\left(\left(\frac{f'(z)}{f(z)}\right)^{(s)}\right)^{i_s}, \tag{2.5.18}$$

这里求和是对所有满足 $i_0 + 2i_1 + \cdots + ki_{k-1} = k$ 的非负整数 $i_0, i_1, \cdots, i_{k-1}$ 进行的, 其中 $C_{i_0,i_1,\cdots,i_{k-1}}$ 是仅与 k 有关的非负整数. 于是就有

$$\left|\frac{f^{(k)}(z)}{f(z)}\right|$$
$$\leqslant \sum C_{i_0,i_1,\cdots,i_{k-1}}\prod_{s=0}^{k-1}\left(\left|\left(\frac{f'(z)}{f(z)}\right)^{(s)}\right|^{\frac{1}{s+1}}\right)^{(s+1)i_s}$$

$$\leqslant \sum C_{i_0,i_1,\cdots,i_{k-1}} \left(\frac{\sum_{s=0}^{k-1}(s+1)i_s \left| \left(\frac{f'(z)}{f(z)} \right)^{(s)} \right|^{\frac{1}{s+1}}}{\sum_{s=0}^{k-1}(s+1)i_s} \right)^{\sum_{s=0}^{k-1}(s+1)i_s}$$

$$= \frac{1}{k^k} \sum C_{i_0,i_1,\cdots,i_{k-1}} \left(\sum_{s=0}^{k-1}(s+1)i_s \left| \left(\frac{f'(z)}{f(z)} \right)^{(s)} \right|^{\frac{1}{s+1}} \right)^k . \tag{2.5.19}$$

从此就得到

$$\left| \frac{f^{(k)}(z)}{f(z)} \right|^{\frac{1}{k}} \leqslant \frac{1}{k} \sum C_{i_0,i_1,\cdots,i_{k-1}}^{\frac{1}{k}} \sum_{s=0}^{k-1}(s+1)i_s \left| \left(\frac{f'(z)}{f(z)} \right)^{(s)} \right|^{\frac{1}{s+1}} . \tag{2.5.20}$$

现将 (2.5.17) 代入上式, 就得到

$$\left| \frac{f^{(k)}(z)}{f(z)} \right|^{\frac{1}{k}} \leqslant A_k \frac{\eta}{(\eta - r)^2} \max\{T(\eta, f), 1\} + B_k \sum_{c \in Z_\eta \cap P_\eta} \frac{1}{|z-c|}, \tag{2.5.21}$$

这里 A_k, B_k 为常数:

$$A_k = \frac{1}{k} \sum_{i_0+2i_1+\cdots+ki_{k-1}=k} C_{i_0,i_1,\cdots,i_{k-1}}^{\frac{1}{k}} \sum_{s=0}^{k-1}(s+1)i_s \left(4(s+1)!\right)^{\frac{1}{s+1}},$$

$$B_k = \frac{1}{k} \sum_{i_0+2i_1+\cdots+ki_{k-1}=k} C_{i_0,i_1,\cdots,i_{k-1}}^{\frac{1}{k}} \sum_{s=0}^{k-1}(s+1)i_s (2s!)^{\frac{1}{s+1}}.$$

于是对任何 $0 < \alpha < 1$ 有

$$\left| \frac{f^{(k)}(z)}{f(z)} \right|^{\frac{\alpha}{k}}$$

$$\leqslant A_k^\alpha \left(\frac{\eta}{(\eta - r)^2} \right)^\alpha \max\{T^\alpha(\eta, f), 1\} + B_k^\alpha \sum_{c \in Z_\eta \cap P_\eta} \frac{1}{|z-c|^\alpha}. \tag{2.5.22}$$

由上式及 (2.5.8) 和 (2.5.9) 并注意 $\eta = (\rho + r)/2 < \rho$ 就知

$$\frac{1}{2\pi} \int_0^{2\pi} \left| \frac{f^{(k)}(re^{i\theta})}{f(re^{i\theta})} \right|^{\frac{\alpha}{k}} d\theta$$

$$
\begin{aligned}
&\leqslant 2^{\alpha} A_k^{\alpha}\left(\frac{\rho+r}{(\rho-r)^2}\right)^{\alpha}\max\{T^{\alpha}(\rho,f),1\}+\frac{4B_k^{\alpha}\rho}{(1-\alpha)(\rho-r)r^{\alpha}}T(\rho,f)\\
&\leqslant \frac{\max\{T(\rho,f),1\}}{r^{\alpha}}\left[2^{2\alpha}A_k^{\alpha}\left(\frac{\rho}{\rho-r}\right)^{2\alpha}+\frac{4B_k^{\alpha}}{1-\alpha}\cdot\frac{\rho}{\rho-r}\right]\\
&\leqslant \frac{(1-\alpha)2^{2\alpha}A_k^{\alpha}+4B_k^{\alpha}}{1-\alpha}\left(\frac{\rho}{\rho-r}\right)^{\max\{2\alpha,1\}}\frac{\max\{T(\rho,f),1\}}{r^{\alpha}}\\
&\leqslant \frac{4A_k+4B_k}{1-\alpha}\left(\frac{\rho}{\rho-r}\right)^{\max\{2\alpha,1\}}\frac{\max\{T(\rho,f),1\}}{r^{\alpha}}.
\end{aligned}
\tag{2.5.23}
$$

于是我们得到

$$
\begin{aligned}
&m\left(r,\frac{f^{(k)}}{f}\right)\\
&=\frac{k}{\alpha}\cdot\frac{1}{2\pi}\int_0^{2\pi}\log^+\left|\frac{f^{(k)}(re^{i\theta})}{f(re^{i\theta})}\right|^{\frac{\alpha}{k}}d\theta\\
&\leqslant\frac{k}{\alpha}\left(\log^+\left(\frac{1}{2\pi}\int_0^{2\pi}\left|\frac{f^{(k)}(re^{i\theta})}{f(re^{i\theta})}\right|^{\frac{\alpha}{k}}d\theta\right)+\log 2\right)\\
&\leqslant\frac{k}{\alpha}\log^+\frac{\max\{T(\rho,f),1\}}{r^{\alpha}}\\
&\quad+k\max\left\{2,\frac{1}{\alpha}\right\}\log\frac{\rho}{\rho-r}+\frac{k}{\alpha}\log\frac{8A_k+8B_k}{1-\alpha}.
\end{aligned}
\tag{2.5.24}
$$

此即我们所要证的不等式 (2.5.13), 其中 $C_k=8A_k+8B_k$. □

由对数导数引理 (定理 2.5.1 和定理 2.5.2), 我们有如下几个推论. 第一个推论是具有显系数的熊庆来高阶对数导数引理[99].

定理 2.5.3　设函数 f 是圆 $\Delta(0,R)$ 内亚纯函数满足 $f(0)\neq 0,\infty$, k 为正整数, 则当 $0<r<\rho<R$ 时有

$$
\begin{aligned}
m\left(r,\frac{f^{(k)}}{f}\right)\leqslant{}& 2k\log^+T(\rho,f)+2k\log\frac{\rho}{\rho-r}+k\log^+\frac{1}{r}\\
&+2k\log^+\log^+\frac{1}{|f(0)|}+2\log C_k+2(k+1)\log 2.
\end{aligned}
\tag{2.5.25}
$$

证明　令 $g(z)=f(z)/f(0)$, 则 $g(0)=1$, 并且 $g^{(k)}/g=f^{(k)}/f$. 现在对 g 应用定理 2.5.2 (取 $\alpha=1/2$) 即得

$$
m\left(r,\frac{f^{(k)}}{f}\right)=m\left(r,\frac{g^{(k)}}{g}\right)
$$

$$\leqslant 2k\log^+\frac{\max\{T(\rho,g),1\}}{\sqrt{r}}+2k\log\frac{\rho}{\rho-r}+2\log 2C_k.$$

再注意到 $T(\rho,g)\leqslant T(\rho,f)+\log^+\dfrac{1}{|f(0)|}$, 我们就有 (2.5.25). □

定理 2.5.4 设函数 f 是全平面 $\mathbb{C}$ 上级 λ 有穷的亚纯函数, 则有

$$\limsup_{r\to+\infty}\frac{m\left(r,f'/f\right)}{\log r}\leqslant \max\{\lambda-1,0\}. \tag{2.5.26}$$

证明 如果 f 是有理函数, 结论显然成立. 以下设 f 为超越亚纯函数.

先设 $f(0)=1$. 由对数导数引理 (定理 2.5.1), 在 (2.5.1) 中取 $\rho=2r$ 有

$$\begin{aligned}&m\left(r,\frac{f'}{f}\right)\\ \leqslant\ &\frac{1}{\alpha}\log^+\frac{\max\{T(2r,f),1\}}{r^\alpha}+\max\left\{2,\frac{1}{\alpha}\right\}\log 2+\frac{1}{\alpha}\log\frac{48}{1-\alpha}.\end{aligned} \tag{2.5.27}$$

由于 f 的级为 $\lambda<+\infty$, 故对任何正数 ε, 当 r 充分大时有 $T(2r,f)<r^{\lambda+\varepsilon}$. 将之代入 (2.5.27) 得

$$\begin{aligned}&m\left(r,\frac{f'}{f}\right)\\ \leqslant\ &\frac{\max\{\lambda+\varepsilon-\alpha,0\}}{\alpha}\log r+\max\left\{2,\frac{1}{\alpha}\right\}\log 2+\frac{1}{\alpha}\log\frac{48}{1-\alpha}.\end{aligned}$$

于是有

$$\limsup_{r\to+\infty}\frac{m\left(r,f'/f\right)}{\log r}\leqslant\frac{\max\{\lambda+\varepsilon-\alpha,0\}}{\alpha}=\max\left\{\frac{\lambda+\varepsilon}{\alpha}-1,0\right\}.$$

由 $\varepsilon>0$ 和 $0<\alpha<1$ 的任意性, 在上式中令 $\varepsilon\to 0$ 和 $\alpha\to 1^-$, 就得 (2.5.26).

当 $f(0)\neq 1$ 时, 设在原点处 f 有展开式:

$$f(z)=c_\tau z^\tau+c_{\tau+1}z^{\tau+1}+c_{\tau+2}z^{\tau+2}+\cdots,$$

其中 τ 为整数, c_τ 为非零常数. 记 $g(z)=f(z)/(c_\tau z^\tau)$, 则 g 超越亚纯满足 $g(0)=1$ 并且 g 和 f 有相同的级. 于是 g 满足 (2.5.26) 式. 但由于

$$\frac{f'}{f}=\frac{g'}{g}+\frac{\tau}{z},$$

因此当 $r>1$ 时成立

$$m\left(r,\frac{f'}{f}\right)\leqslant m\left(r,\frac{g'}{g}\right)+\log 2,$$

从而 f 也满足 (2.5.26) 式. □

推论 2.5.1 设函数 f 是全平面 $\mathbb{C}$ 上级 λ 有穷的亚纯函数, k 为正整数, 则有

$$\limsup_{r\to+\infty}\frac{m\left(r,f^{(k)}/f\right)}{\log r}\leqslant k\max\{\lambda-1,0\}.$$

证明 此由定理 2.5.4、定理 2.2.2 及如下事实

$$m\left(r,\frac{f^{(k)}}{f}\right)=m\left(r,\frac{f'}{f}\cdot\frac{f''}{f'}\cdots\frac{f^{(k)}}{f^{(k-1)}}\right)\leqslant\sum_{j=0}^{k-1}m\left(r,\frac{f^{(j+1)}}{f^{(j)}}\right)$$

立得. □

注记 2.5.1 由级为 λ 的整函数 $f(z)=e^{z^\lambda}$ 可知定理 2.5.4 及其推论是最好的.

于是由定理 2.5.4 及其推论知, 对有穷级亚纯函数, Nevanlinna 第二基本定理中出现的余项 $S(r,f)$ 满足 $S(r,f)=O(\log r)$. 为估计无穷级亚纯函数的 $S(r,f)$, 我们还需要 E. Borel 的一个引理.

引理 2.5.1 设 $T(r)$ 是 $[r_0,+\infty)$ 上的连续非减函数并且 $T(r_0)\geqslant 1$, 则集合

$$E_0=\left\{r\in[r_0,+\infty):T\left(r+\frac{1}{T(r)}\right)\geqslant 2T(r)\right\}$$

的线性测度不超过 2.

证明 由于 T 为连续函数, 因此 E_0 是闭集. 若 E_0 为空集, 则结论自然成立. 下设 E_0 非空, 则存在 $r_1\in E_0$ 使得 $r_1=\min E_0$. 再记 $r_1^*=r_1+1/T(r_1)$, 就有 $r_1^*-r_1\leqslant 1$. 如果 $E_1=E_0\cap[r_1^*,+\infty)$ 为空集, 则 $E_0\subset[r_1,r_1^*]$, 从而结论成立. 如果 $E_1=E_0\cap[r_1^*,+\infty)$ 非空, 则存在 $r_2\in E_1$ 使得 $r_2=\min E_1$. 注意有 $T(r_2)\geqslant T(r_1^*)\geqslant 2T(r_1)\geqslant 2$. 再记 $r_2^*=r_2+1/T(r_2)$, 就有 $r_2^*-r_2\leqslant 1/2$. 如果 $E_2=E_0\cap[r_2^*,+\infty)$ 为空集, 则 $E_0\subset[r_1,r_1^*]\cup[r_2,r_2^*]$, 从而由

$$\mathrm{m}E_0\leqslant(r_1^*-r_1)+(r_2^*-r_2)\leqslant 1+1/2<2$$

知结论成立. 如果 $E_2 = E_0 \cap [r_2^*, +\infty)$ 非空, 则存在 $r_3 \in E_2$ 使得 $r_3 = \min E_2$. 注意有 $T(r_3) \geqslant T(r_2^*) \geqslant 2T(r_2) \geqslant 2^2$. 再记 $r_3^* = r_3 + 1/T(r_3)$, 就有 $r_3^* - r_3 \leqslant 2^{-2}$. 如果 $E_3 = E_0 \cap [r_3^*, +\infty)$ 为空集, 则 $E_0 \subset [r_1, r_1^*] \cup [r_2, r_2^*] \cup [r_3, r_3^*]$, 从而由

$$\mathrm{m}E_0 \leqslant (r_1^* - r_1) + (r_2^* - r_2) + (r_3^* - r_3) \leqslant 1 + 2^{-1} + 2^{-2} < 2$$

知结论成立. 如果 $E_3 = E_0 \cap [r_3^*, +\infty)$ 非空, 则存在 $r_4 \in E_3$ 使得 $r_4 = \min E_3$. 注意有 $T(r_4) \geqslant T(r_3^*) \geqslant 2T(r_3) \geqslant 2^3$. 再记 $r_4^* = r_4 + 1/T(r_4)$, 就有 $r_4^* - r_4 \leqslant 2^{-3}$. 依次继续, 我们看到要么结论成立, 要么存在两列数 $\{r_n\}$ 和 $\{r_n^*\}$ 满足 $0 < r_n^* - r_n = 1/T(r_n) < 2^{-(n-1)}$ 使得 $E_n = E_0 \cap [r_n^*, +\infty)$ 非空并且 $E_0 \cap [r_0, r_n^*] \subset \bigcup_{j=1}^{n} [r_j, r_j^*]$. 由于 $T(r_n) \to \infty$ 并且 T 是连续函数, 因此 $r_n \to +\infty$, 从而也有 $r_n^* \to +\infty$. 于是我们有 $E_0 \subset \bigcup_{n=1}^{\infty} [r_n, r_n^*]$. 但这意味着

$$\mathrm{m}E_0 \leqslant \sum_{n=1}^{\infty} (r_n^* - r_n) \leqslant \sum_{n=1}^{\infty} 2^{-(n-1)} = 2.$$

于是结论依然成立. □

定理 2.5.5 设 f 为全平面 $\mathbb{C}$ 上无穷级亚纯函数, 则

$$\limsup_{r \to +\infty,\ r \notin E} \frac{m(r, f'/f)}{\log(rT(r, f))} \leqslant 3, \tag{2.5.28}$$

这里 E 是 r 的一个集合满足 $\mathrm{m}E \leqslant 2$.

证明 先设 $f(0) = 1$. 取正数 $r_0 > 1$ 使得 $T(r_0, f) \geqslant 1$. 于是由引理 2.5.1 知除去某个测度 $\mathrm{m}E \leqslant 2$ 的集合 E 外当 $r > r_0$ 时有

$$T\left(r + \frac{1}{T(r, f)}, f\right) \leqslant 2T(r, f).$$

于是由对数导数引理 (定理 2.5.2), 在 (2.5.1) 中令 $\rho = r + 1/T(r, f)$ 便有

$$\begin{aligned} & m\left(r, \frac{f'}{f}\right) \\ \leqslant & \frac{1}{\alpha} \log^+ \frac{2T(r, f)}{r^\alpha} + \max\left\{2, \frac{1}{\alpha}\right\} \log(rT(r, f) + 1) + \frac{1}{\alpha} \log \frac{48}{1 - \alpha} \\ \leqslant & \left(\frac{1}{\alpha} + \max\left\{2, \frac{1}{\alpha}\right\}\right) \log(rT(r, f)) + O(1). \end{aligned} \tag{2.5.29}$$

于是

$$\limsup_{r \to +\infty,\ r \notin E} \frac{m(r, f'/f)}{\log(rT(r, f))} \leqslant \frac{1}{\alpha} + \max\left\{2, \frac{1}{\alpha}\right\}. \tag{2.5.30}$$

再令 $\alpha \to 1$ 即得 (2.5.28).

当 $f(0) \neq 1$ 时, 同定理 2.5.4 一样也可得到 (2.5.28). □

推论 2.5.2　设 f 为全平面 $\mathbb{C}$ 上无穷级亚纯函数, k 为正整数, 则

$$\limsup_{r\to+\infty,\ r\notin E} \frac{m\left(r, f^{(k)}/f\right)}{\log(rT(r,f))} \leqslant 3k, \tag{2.5.31}$$

这里 E 是 r 的一个集合满足 $\mathrm{m}E \leqslant 2k$.

证明　首先我们指出, 用证明定理 2.5.5 办法可得对任何 j,

$$\limsup_{r\to+\infty,\ r\notin E_1} \frac{m\left(r, f^{(j)}/f\right)}{\log(rT(r,f))} \leqslant 3\cdot 2^{j-1} j,$$

这里 $\mathrm{m}E_1 \leqslant 2$. 于是

$$\limsup_{r\to+\infty,\ r\notin E_1} \frac{\log^+ m\left(r, f^{(j)}/f\right)}{\log(rT(r,f))} = 0,$$

从而由

$$T(r, f^{(j)}) \leqslant (j+1)T(r,f) + m\left(r, \frac{f^{(j)}}{f}\right)$$

知

$$\limsup_{r\to+\infty,\ r\notin E_1} \frac{\log(rT(r, f^{(j)}))}{\log(rT(r,f))} \leqslant 1.$$

另一方面, 由定理 2.5.5 可知

$$\limsup_{r\to+\infty,\ r\notin E_j} \frac{m\left(r, f^{(j)}/f^{(j-1)}\right)}{\log(rT(r, f^{(j-1)}))} \leqslant 3,$$

这里 $\mathrm{m}E_j \leqslant 2$. 记 $E = E_1 \cup E_2 \cup \cdots \cup E_k$, 则 $\mathrm{m}E \leqslant 2k$, 并且

$$\begin{aligned}&\limsup_{r\to+\infty,\ r\notin E} \frac{m\left(r, f^{(k)}/f\right)}{\log(rT(r,f))}\\ \leqslant&\sum_{j=1}^{k} \limsup_{r\to+\infty,\ r\notin E} \frac{m\left(r, ^{(j)}/f^{(j-1)}\right)}{\log(rT(r, f^{(j-1)}))} \cdot \frac{\log(rT(r, f^{(j-1)}))}{\log(rT(r,f))} \leqslant 3k.\end{aligned}$$

□

于是由定理 2.5.4 和定理 2.5.5 及其推论知, 对全平面 $\mathbb{C}$ 上的非常数亚纯函数 f, 第二基本定理中出现的余项 $S(r,f)$ 有如下估计:

$$S(r,f)=o(T(r,f)).$$

当 f 为无穷级时可能需除去 r 的一个线性测度有穷集. 以后, 除非特别指明, 我们就用 $S(r,f)$ 表示具有这一性质的量. 于是对全平面上的亚纯函数, 第二基本定理 (定理 2.4.4) 可写成如下形式:

定理 2.5.6 设函数 f 是全平面 $\mathbb{C}$ 上的非常数亚纯函数, a_1, $a_2,\cdots$, a_q 为 $q\geqslant 2$ 个判别的有穷复数, 则有

$$(q-1)T(r,f)\leqslant N(r,f)+\sum_{k=1}^{q}N\left(r,\frac{1}{f-a_k}\right)-N_1(r,f)+S(r,f). \quad (2.5.32)$$

注记 2.5.2 根据 (2.5.32) 中项 $N_1(r,f)$ 的性质, 如果我们用 $\overline{N}(r,f)$ 表示 f 的极点的精简密指量, 即每个极点只记一次而不计重数:

$$\overline{N}(r,f)=\int_0^r\frac{\overline{n}(t,f)-\overline{n}(0,f)}{t}dt+\overline{n}(0,f)\log r, \quad (2.5.33)$$

同时用 $\overline{N}\left(r,\dfrac{1}{f-a}\right)$ 表示 f 的 a 值点的精简密指量, 那么可将 (2.5.32) 写成如下形式:

$$(q-1)T(r,f)\leqslant \overline{N}(r,f)+\sum_{k=1}^{q}\overline{N}\left(r,\frac{1}{f-a_k}\right)-N_0\left(r,\frac{1}{f'}\right)+S(r,f), \quad (2.5.34)$$

其中 $N_0\left(r,\dfrac{1}{f'}\right)$ 表示是 f' 的零点但不是 f 的所有 a_k 值点的密指量.

作为第二基本定理 (定理 2.5.6) 的应用, 我们来证明如下的 Nevanlinna 重值定理.

定理 2.5.7 设 f 是复平面上的亚纯函数, a_1, $a_2,\cdots$, a_q 为 $q\geqslant 3$ 个有穷或无穷判别复数, m_1, $m_2,\cdots$, m_q 为 q 个正整数, 满足

$$\frac{1}{m_1}+\frac{1}{m_2}+\cdots+\frac{1}{m_q}<q-2. \quad (2.5.35)$$

如果 f 的每个 a_i 值点的重级均至少为 m_i, 则 f 为常数.

注意, 这里及以后, 当 a_i 为 f 的 Picard 例外值时, 约定 $m_i=\infty$ 并且 $\dfrac{1}{\infty}=0$.

证明　假设 f 不是常值函数. 先考虑 $a_1, a_2, \cdots, a_q$ 都是有穷复数, 则由 (2.5.34) 有

$$(q-2)T(r,f)\leqslant\sum_{k=1}^{q}\overline{N}\left(r,\frac{1}{f-a_k}\right)+S(r,f). \tag{2.5.36}$$

由于

$$\begin{aligned}\overline{N}\left(r,\frac{1}{f-a_k}\right)&\leqslant\frac{1}{m_k}N\left(r,\frac{1}{f-a_k}\right)\\&\leqslant\frac{1}{m_k}T\left(r,\frac{1}{f-a_k}\right)\leqslant\frac{1}{m_k}T(r,f)+O(1),\end{aligned}$$

从 (2.5.36) 即知

$$\left(q-2-\sum_{k=1}^{q}\frac{1}{m_k}\right)T(r,f)\leqslant S(r,f).$$

由此由 (2.5.35) 立得矛盾.

当 $a_1, a_2, \cdots, a_q$ 中有一为 ∞ 时, 相同的方式也可得矛盾. □

由定理 2.5.7, 我们立即得到 Picard 定理: 全平面 $\mathbb{C}$ 上具有三个 Picard 例外值的亚纯函数 f 必为常数. 另外也可知全平面上非常数亚纯函数至多有四个重值.

2.6　Milloux 不等式与 Hayman 不等式

Nevanlinna 第二基本定理只涉及函数的取值, 而如果考虑到导函数的取值, 则有如下的 Milloux 定理[112].

定理 2.6.1　设 f 是 $\Delta(0,R)$ 上的非常数亚纯函数, $f(0)\neq 0,\infty$, $f^{(k)}(0)\neq 1$, $f^{(k+1)}(0)\neq 0$, 则当 $0<r<R$ 时有

$$\begin{aligned}T(r,f)\leqslant{}&\overline{N}(r,f)+N\left(r,\frac{1}{f}\right)+N\left(r,\frac{1}{f^{(k)}-1}\right)\\&-N\left(r,\frac{1}{f^{(k+1)}}\right)+S(r,f),\end{aligned} \tag{2.6.1}$$

这里

$$S(r,f)=m\left(r,\frac{f^{(k)}}{f}\right)+m\left(r,\frac{f^{(k+1)}}{f}\right)+m\left(r,\frac{f^{(k+1)}}{f^{(k)}-1}\right)$$

$$+\log\left|\frac{f(0)(f^{(k)}(0)-1)}{f^{(k+1)}(0)}\right|+\log 2. \tag{2.6.2}$$

证明 Milloux 不等式 (2.6.1) 的证明类似于前述 Nevanlinna 第二基本定理简单形式的证明. 先从恒等式 $\frac{1}{f}=\frac{f^{(k)}}{f}-\frac{f^{(k+1)}}{f}\cdot\frac{f^{(k)}-1}{f^{(k+1)}}$ 出发得到

$$m\left(r,\frac{1}{f}\right)\leqslant m\left(r,\frac{f^{(k)}}{f}\right)+m\left(r,\frac{f^{(k+1)}}{f}\right)+m\left(r,\frac{f^{(k)}-1}{f^{(k+1)}}\right)+\log 2,$$

再对项 $m\left(r,\frac{1}{f}\right)$ 和 $m\left(r,\frac{f^{(k)}-1}{f^{(k+1)}}\right)$ 应用 Jensen 公式即可得到 (2.6.1). □

注意, 对全平面上的亚纯函数, 如果 $f^{(k+1)}\not\equiv 0$, 即 f 不是次数至多为 k 的多项式, 则 Milloux 不等式 (2.6.1) 总成立, 其中 $S(r,f)=o(T(r,f))$, 可能需除去 r 的一个线性测度有穷集. 于是由 Milloux 不等式 (2.6.1), 可得如下 Picard 型定理. 我们也称之为 Milloux 定理.

定理 2.6.2 设 f 是全平面 $\mathbb{C}$ 上的亚纯函数. 如果 f 的零点之级至少为 m, 极点之级至少为 s, $f^{(k)}$ 的 1 值点之级至少为 l, 这里正整数 m, s, l 满足

$$\frac{k+1}{m}+\frac{1}{l}+\frac{1}{s}\left(1+\frac{k}{l}\right)<1,$$

则 f 必为常数.

证明 如果 f 不是常数, 则由 $m>k+1$ 及 f 的零点之级至少为 m 知 f 满足 $f^{(k+1)}\not\equiv 0$. 再由条件有

$$\begin{aligned}
\overline{N}(r,f)&\leqslant\frac{1}{s}N(r,f)\leqslant\frac{1}{s}T(r,f),\\
&N\left(r,\frac{1}{f}\right)+N\left(r,\frac{1}{f^{(k)}-1}\right)-N\left(r,\frac{1}{f^{(k+1)}}\right)\\
&\leqslant\frac{k+1}{m}N\left(r,\frac{1}{f}\right)+\frac{1}{l}N\left(r,\frac{1}{f^{(k)}-1}\right)\\
&\leqslant\frac{k+1}{m}T(r,f)+\frac{1}{l}T(r,f^{(k)})+O(1),\\
T(r,f^{(k)})&=N(r,f^{(k)})+m\left(r,\frac{f^{(k)}}{f}f\right)\\
&\leqslant N(r,f)+k\overline{N}(r,f)+m(r,f)+m\left(r,\frac{f^{(k)}}{f}\right)
\end{aligned}$$

$$\leqslant \left(1+\frac{k}{s}\right) N(r,f) + m(r,f) + S(r,f)$$
$$\leqslant \left(1+\frac{k}{s}\right) T(r,f) + S(r,f).$$

这里 $S(r,f) = o(T(r,f))$, 可能需除去 r 的一个线性测度有穷集. 将上述诸式代入 Milloux 不等式 (2.6.1) 就得

$$T(r,f) \leqslant \left(\frac{1}{s} + \frac{k+1}{m} + \frac{1}{l}\left(1+\frac{k}{s}\right)\right) T(r,f) + S(r,f).$$

由条件, 上式右边 $T(r,f)$ 前的系数小于 1. 于是得到矛盾. □

在 Nevanlinna 第二基本定理和 Milloux 不等式中特征函数被三个密指量界囿. W. K. Hayman[90] 证明利用导函数只需要两个密指量就能界囿特征函数, 因此下述 Hayman 的结果很深刻.

定理 2.6.3 设 f 是圆盘 $\Delta(0,R)$ 上的亚纯函数, 满足 $f(0)\neq 0,\infty$ 以及 $f^{(k)}(0)\neq 1$, $f^{(k+1)}(0)\neq 0$ 和

$$(k+1)f^{(k+2)}(0)(f^{(k)}(0)-1)-(k+2)(f^{(k+1)}(0))^2\neq 0,$$

则当 $0<r<R$ 时有

$$T(r,f) \leqslant \left(2+\frac{1}{k}\right) N\left(r,\frac{1}{f}\right) + \left(2+\frac{2}{k}\right) \overline{N}\left(r,\frac{1}{f^{(k)}-1}\right) + S(r,f), \tag{2.6.3}$$

这里

$$\begin{aligned}S(r,f) = &\left(2+\frac{1}{k}\right)\left[m\left(r,\frac{f^{(k)}}{f}\right)+m\left(r,\frac{f^{(k+1)}}{f}\right)\right]\\&+\left(2+\frac{2}{k}\right)m\left(r,\frac{f^{(k+1)}}{f^{(k)}-1}\right)+\frac{1}{k}m\left(r,\frac{f^{(k+2)}}{f^{(k+1)}}\right)\\&+4+\left(2+\frac{1}{k}\right)\log\left|\frac{f(0)(f^{(k)}(0)-1)}{f^{(k+1)}(0)}\right|\\&+\frac{1}{k}\log\left|\frac{f^{(k+1)}(0)(f^{(k)}(0)-1)}{(k+1)f^{(k+2)}(0)(f^{(k)}(0)-1)-(k+2)(f^{(k+1)}(0))^2}\right|.\end{aligned} \tag{2.6.4}$$

证明　总体来说, Hayman 不等式 (2.6.3) 的证明是通过设法消去 Milloux 不等式 (2.6.1) 的项 $\overline{N}(r,f)$ 来实现的. 为此先考虑辅助函数

$$g(z) = \frac{(f^{(k+1)})^{k+1}}{(f^{(k)}-1)^{k+2}}. \tag{2.6.5}$$

首先定理 2.6.3 的条件保证了 g 非常数. 其次通过直接计算可知, f 的每个单级极点不是 g 的零点或极点, 但是是 g' 的重级至少为 k 的零点. 于是

$$N_1(r,f)\leqslant\frac{1}{k}N_0\left(r,\frac{1}{g'}\right),\tag{2.6.6}$$

$$\overline{N}\left(r,\frac{1}{g}\right)+\overline{N}(r,g)\leqslant\overline{N}_{(2}(r,f)+\overline{N}\left(r,\frac{1}{f^{(k)}-1}\right)+N_0\left(r,\frac{1}{f^{(k+1)}}\right),\tag{2.6.7}$$

这里 $N_0\left(r,\dfrac{1}{g'}\right)$ 表示 g' 的但不是 g 的零点的零点密指量, $\overline{N}_{(2}(r,f)$ 表示 f 的重极点的精简密指量, $N_0\left(r,\dfrac{1}{f^{(k+1)}}\right)$ 表示 $f^{(k+1)}$ 的但不是 $f^{(k)}$ 的 1 值点的零点密指量.

然后, 对 g'/g 应用 Jensen 公式有

$$\begin{aligned}&m\left(r,\frac{g'}{g}\right)-m\left(r,\frac{g}{g'}\right)-\log\left|\frac{g'(0)}{g(0)}\right|\\
=&N\left(r,\frac{g}{g'}\right)-N\left(r,\frac{g'}{g}\right)\\
=&N(r,g)+N\left(r,\frac{1}{g'}\right)-N(r,g')-N\left(r,\frac{1}{g}\right)\\
=&N_0\left(r,\frac{1}{g'}\right)-\overline{N}\left(r,\frac{1}{g}\right)-\overline{N}(r,g),\end{aligned}$$

从而

$$N_0\left(r,\frac{1}{g'}\right)\leqslant\overline{N}\left(r,\frac{1}{g}\right)+\overline{N}(r,g)+m\left(r,\frac{g'}{g}\right)-\log\left|\frac{g'(0)}{g(0)}\right|.\tag{2.6.8}$$

综合 (2.6.6)—(2.6.8) 便得

$$\begin{aligned}N_{1)}(r,f)\leqslant\frac{1}{k}\Bigg[&\overline{N}_{(2}(r,f)+\overline{N}\left(r,\frac{1}{f^{(k)}-1}\right)\\
&+N_0\left(r,\frac{1}{f^{(k+1)}}\right)+m\left(r,\frac{g'}{g}\right)-\log\left|\frac{g'(0)}{g(0)}\right|\Bigg].\end{aligned}\tag{2.6.9}$$

又由 Milloux 不等式 (2.6.1) 有

$$\overline{N}_{(2}(r,f)\leqslant N(r,f)-\overline{N}(r,f)\leqslant T(r,f)-\overline{N}(r,f)$$

$$\leqslant N\left(r,\frac{1}{f}\right)+\overline{N}\left(r,\frac{1}{f^{(k)}-1}\right)-N_0\left(r,\frac{1}{f^{(k+1)}}\right)+S_1(r,f),\quad(2.6.10)$$

其中 $S_1(r,f)$ 由 (2.6.2) 确定. 将 (2.6.10) 代入 (2.6.9) 便得

$$\begin{aligned}N_{1)}(r,f)\leqslant&\frac{1}{k}N\left(r,\frac{1}{f}\right)+\frac{2}{k}\overline{N}\left(r,\frac{1}{f^{(k)}-1}\right)\\&+\frac{1}{k}\left(S_1(r,f)+m\left(r,\frac{g'}{g}\right)-\log\left|\frac{g'(0)}{g(0)}\right|\right).\end{aligned}\quad(2.6.11)$$

从而

$$\begin{aligned}\overline{N}(r,f)&=N_{1)}(r,f)+\overline{N}_{(2}(r,f)\\&\leqslant\left(1+\frac{1}{k}\right)N\left(r,\frac{1}{f}\right)+\left(1+\frac{2}{k}\right)\overline{N}\left(r,\frac{1}{f^{(k)}-1}\right)\\&\quad-N_0\left(r,\frac{1}{f^{(k+1)}}\right)+S_2(r,f),\end{aligned}\quad(2.6.12)$$

其中

$$S_2(r,f)=\left(1+\frac{1}{k}\right)S_1(r,f)+\frac{1}{k}\left(m\left(r,\frac{g'}{g}\right)-\log\left|\frac{g'(0)}{g(0)}\right|\right).\quad(2.6.13)$$

现在将 (2.6.12) 代入 Milloux 不等式 (2.6.1), 便得

$$\begin{aligned}T(r,f)\leqslant&\left(2+\frac{1}{k}\right)N\left(r,\frac{1}{f}\right)+\left(2+\frac{2}{k}\right)\overline{N}\left(r,\frac{1}{f^{(k)}-1}\right)\\&-2N_0\left(r,\frac{1}{f^{(k+1)}}\right)+S(r,f),\end{aligned}\quad(2.6.14)$$

其中 $S(r,f)=S_1(r,f)+S_2(r,f)$. 经计算可知, $S(r,f)$ 具有表达式 (2.6.4). 于是 Hayman 不等式 (2.6.3) 得到了证实. □

根据 Hayman 不等式 (2.6.3), 立即可得如下亦称为 Hayman 定理的 Picard 型定理.

定理 2.6.4 设 f 是全平面 $\mathbb{C}$ 上的亚纯函数, k 为一正整数. 如果 f 只有有限个零点并且 $f^{(k)}$ 只有有限个 1 值点, 则 f 必为有理函数; 特别地, 如果 $f\neq 0$ 并且 $f^{(k)}\neq 1$, 则 f 必为常数.

现在对 Hayman 不等式 (2.6.14) 再做一些考察. 由于

$$N\left(r,\frac{1}{f}\right)-N_0\left(r,\frac{1}{f^{(k+1)}}\right)\leqslant N_{k)}\left(r,\frac{1}{f}\right)+(k+1)\overline{N}_{(k+1}\left(r,\frac{1}{f}\right),$$

这里 $N_{k)}$ 表示量级不超过 k 的零点密指量, $N_{(k+1}$ 表示量级至少为 $k+1$ 的零点密指量. 因此从 (2.6.14) 可推得

$$\begin{aligned} T(r,f) \leqslant & \frac{1}{k}N\left(r,\frac{1}{f}\right)+2N_{k)}\left(r,\frac{1}{f}\right)+2(k+1)\overline{N}_{(k+1}\left(r,\frac{1}{f}\right) \\ & +\left(2+\frac{2}{k}\right)\overline{N}\left(r,\frac{1}{f^{(k)}-1}\right)+S(r,f). \end{aligned} \tag{2.6.15}$$

于是我们得到涉及重零点和导函数重值的一个 Picard 型定理, 当 $k>1$ 时强化了上述 Hayman 定理.

定理 2.6.5 设 f 是全平面 $\mathbb{C}$ 上的亚纯函数. 如果 f 的零点 (除有限个外) 之级至少为 m, $f^{(k)}$ 的 1 值点 (除有限个外) 之级至少为 l, 这里正整数 k,m,l 满足

$$\frac{1}{k}+\frac{2k+2}{m}+\frac{2(k+1)^2}{kl}<1,$$

则 f 必为常数 (有理函数).

W. Bergweiler 和 J. K. Langley[29] 通过改进 Hayman 不等式, 进一步证明了如下的 Picard 型定理.

定理 2.6.6 设 f 是全平面 $\mathbb{C}$ 上的亚纯函数. 如果 f 的零点 (除有限个外) 之级至少为 m, $f^{(k)}$ 的 1 值点 (除有限个外) 之级至少为 l, 这里正整数 m, l 满足

$$\frac{2k+3+\dfrac{2}{k}}{m}+\frac{2(k+1)^2}{kl}<1,$$

则 f 必为常数 (有理函数).

推论 2.6.1 设 f 是全平面 $\mathbb{C}$ 上没有零点的亚纯函数. 如果 $f^{(k)}$ 的 1 值点之级至少为 $l>2k+4+\dfrac{2}{k}$, 则 f 必为常数.

注记 2.6.1 可利用 Nevanlinna 理论直接证明当 $l>k+4+\dfrac{2}{k}$ 时, 推论 2.6.1 依然成立.

第 3 章　Bloch 原理

在亚纯函数正规族理论的研究中, 通常遵循如下的原理: 如果复平面 $\mathbb{C}$ 上具有某种性质的全纯函数 (亚纯函数) 只有常值函数, 那么在区域内具有相同性质的全纯函数 (亚纯函数) 族在该区域内正规. 这一原理因由 A. Bloch[31] 于 20 世纪 20 年代提出而被称为 Bloch 原理. 由于在单复变函数论中, Liouville 定理和 Picard 定理广为人知, 前者说有界整函数为常数, 后者说不取两个相异有穷值的整函数是常数, 因此我们常称 Bloch 原理中所说的性质为 Liouville-Picard 型性质或 Picard 型性质. 这样, Bloch 原理可简述为每个 Picard 型性质对应一个正规定则.

我们知道 Bloch 原理一般而言未必正确[144], 但它仍然对亚纯函数正规族理论的发展具有强烈的指导作用. 事实上, 正是基于 Bloch 原理, W. K. Hayman[94] 才提出了在正规族理论发展过程中起了重要作用的一系列猜想. 因此, 如何从理论上直接阐述 Bloch 原理对何种 Picard 型性质是正确的就变得富有意义. 本章将介绍 L. Zalcman 和庞学诚等对此所做的重要工作.

3.1　Zalcman 引理与 Zalcman 定则

1975 年, L. Zalcman[168] 在一篇精妙的短文中, 利用 Marty 定则关于亚纯函数族正规性的充要条件, 建立了函数族不正规的充要条件, 直接将正规定则与 Picard 型性质相挂钩. 由此就能够证明 Bloch 原理对某些类型的 Picard 型性质的正确性, 开创了研究正规族理论的新方法.

3.1.1　Zalcman 引理

定理 3.1.1　设 $\mathcal{F}$ 是一区域 $D\subset\mathbb{C}$ 上的亚纯函数族, 则 $\mathcal{F}$ 在 D 内某点 z_0 处不正规的充要条件为存在函数列 $\{f_n\}\subset\mathcal{F}$, 趋于 z_0 的点列 $\{z_n\}\subset D$ 和趋于 0 的正数列 $\{\rho_n\}$ 使得由

$$g_n(\zeta)=f_n(z_n+\rho_n\zeta) \tag{3.1.1}$$

定义的于 $\mathbb{C}$ 内闭一致亚纯的函数列 $\{g_n\}$ 在复平面 $\mathbb{C}$ 上按球距内闭一致收敛于一个非常数的亚纯函数 g, 其球面导数在原点处达到最大值 1:

$$g^{\#}(\zeta)\leqslant g^{\#}(0)=1. \tag{3.1.2}$$

定理 3.1.1 现在被称为 Zalcman 引理.

证明 先证必要性. 设 $\mathcal{F}$ 在 $z_0 \in D$ 处不正规并不妨设 $\overline{\Delta}(z_0, 1) \subset D$. 因此由 Marty 定则, 对任何正整数 n, 存在函数 $f_n \in \mathcal{F}$ 和点 $z_n^* \in \overline{\Delta}\left(z_0, \dfrac{1}{2n}\right)$ 使得

$$f_n^{\#}(z_n^*) > n^2. \tag{3.1.3}$$

由于函数 $(1 - n|z - z_0|)f_n^{\#}(z)$ 在闭圆盘 $\overline{\Delta}\left(z_0, \dfrac{1}{n}\right)$ 上连续, 因此该函数在某点 $z_n \in \overline{\Delta}\left(z_0, \dfrac{1}{n}\right)$ 处达到最大值 M_n, 即

$$M_n = (1 - n|z_n - z_0|)f_n^{\#}(z_n) = \max_{z \in \overline{\Delta}\left(z_0, \frac{1}{n}\right)} (1 - n|z - z_0|)f_n^{\#}(z). \tag{3.1.4}$$

由 (3.1.3), 我们有 $M_n \geqslant (1 - n|z_n^* - z_0|)f_n^{\#}(z_n^*) > \dfrac{n^2}{2}$, 从而

$$0 < \rho_n = \frac{1}{f_n^{\#}(z_n)} = \frac{1 - n|z_n - z_0|}{M_n} \leqslant \frac{2}{n^2} \to 0. \tag{3.1.5}$$

再记 $R_n = \dfrac{\dfrac{1}{n} - |z_n - z_0|}{\rho_n}$, 则 $R_n = \dfrac{M_n}{n} \to +\infty$. 于是函数 $g_n(\zeta) = f_n(z_n + \rho_n\zeta)$ 在 $\overline{\Delta}(0, R_n)$ 上亚纯且满足 $g_n^{\#}(0) = 1$, 从而函数列 $\{g_n\}$ 于 $\mathbb{C}$ 内闭一致亚纯. 又由于当 $|\zeta| < \min\{R_n, \sqrt{n}/2\}$ 时,

$$|z_n + \rho_n\zeta - z_0| \leqslant |z_n - z_0| + \rho_n R_n = \frac{1}{n},$$

因此由 (3.1.4) 有

$$\begin{aligned} g_n^{\#}(\zeta) = \rho_n f_n^{\#}(z_n + \rho_n\zeta) &\leqslant \frac{1 - n|z_n - z_0|}{1 - n|z_n + \rho_n\zeta - z_0|} \\ &\leqslant \frac{1 - n|z_n - z_0|}{1 - n|z_n - z_0| - n\rho_n|\zeta|} = \frac{1}{1 - \dfrac{n}{M_n}|\zeta|} \leqslant \frac{1}{1 - \dfrac{2}{n}|\zeta|}. \end{aligned} \tag{3.1.6}$$

于是 $\{g_n^{\#}\}$ 于 $\mathbb{C}$ 内闭一致有界, 故由 Marty 定则知 $\{g_n\}$ 于 $\mathbb{C}$ 正规, 从而 $\{g_n\}$ 有子列, 仍设为 $\{g_n\}$ 其在 $\mathbb{C}$ 上内闭一致收敛于亚纯函数 g 或 ∞. 由于 $g_n^{\#}(0) = 1$, 后者不可能, 故只能是前者, 而且前者的亚纯函数 g 要满足 $g^{\#}(0) = 1$. 再由 (3.1.6), g 还满足 $g^{\#}(\zeta) \leqslant 1 = g^{\#}(0)$. 必要性证毕.

现在来证明充分性. 假设 $\mathcal{F}$ 在 $z_0 \in D$ 处正规, 则由 Marty 定则, 存在正数 δ 和 M 使得对任何 $f \in \mathcal{F}$ 和 $z \in \overline{\Delta}(z_0, \delta)$ 有 $f^{\#}(z) \leqslant M$. 于是对任意给定的 $\zeta \in \mathbb{C}$, 由于 $z_n \to z_0$ 和 $\rho_n \to 0^+$, 当 n 充分大时有 $z_n + \rho_n\zeta \in \overline{\Delta}(z_0, \delta)$, 从而有 $g_n^{\#}(\zeta) = \rho_n f_n^{\#}(z_n + \rho_n) \leqslant M\rho_n \to 0$, 即 $g_n^{\#}(\zeta) \to 0$. 但由条件有 $g_n^{\#}(\zeta) \to g^{\#}(\zeta)$, 从而 $g^{\#}(\zeta) = 0$. 由 ζ 的任意性, 这导致 g 为常数, 与 g 非常数矛盾. 充分性亦证毕. □

3.1.2 Zalcman 定则

为了给出 Zalcman 定则, 我们需要一些记号. 用 $\langle f, D\rangle \in P$ 来表示函数 f 在区域 D 上具有性质 P; 用记号 $\langle f, z\rangle \in \neg P$ 来表示函数 f 在点 z 的任何邻域内不具有性质 P; 用记号 $\langle f, D\rangle \in \neg P$ 来表示函数 f 在 D 内任一点 z 处都有 $\langle f, z\rangle \in \neg P$.

定理 3.1.2 设 P 为亚纯函数的一个性质, 满足

(1) 若 $\langle f, D\rangle \in P$, 则对任何区域 $G \subset D$ 有 $\langle f, G\rangle \in P$;

(2) 若 $\langle f, D\rangle \in P$, 则对任何非退化线性变换 $\phi : z \mapsto az + b$ 有

$$\langle f \circ \phi, \phi^{-1}(D)\rangle \in P;$$

(3) 若 $\langle f, \mathbb{C}\rangle \in P$, 则 f 为常数; 若 $\langle f, \mathbb{C}\rangle \in \neg P$, 则 f 为常数;

(4) 若于 $\mathbb{C}$ 内闭一致亚纯的函数列 $\{f_n\}$ 于 $\mathbb{C}$ 内闭一致满足 $\langle f_n, \mathbb{C}\rangle \in P$ 并且于 $\mathbb{C}$ 内闭一致地收敛于 f, 则或者 $\langle f, \mathbb{C}\rangle \in P$ 或者 $\langle f, \mathbb{C}\rangle \in \neg P$,

那么亚纯函数族 $\mathcal{F} = \{f : \langle f, D\rangle \in P\}$ 在区域 D 上正规.

证明 如果 $\mathcal{F}$ 在区域 D 上某点 z_0 处不正规, 则由 Zalcman 引理 (定理 3.1.1), 存在函数列 $\{f_n\} \subset \mathcal{F}$, 趋于 z_0 的点列 $\{z_n\} \subset D$ 和趋于 0 的正数列 $\{\rho_n\}$ 使得 $g_n(\zeta) = f_n(z_n + \rho_n\zeta) \xrightarrow[\mathbb{C}]{\chi} g$, 这里 g 为非常数亚纯函数. 由于 $z_0 \in D$, 故存在正数 δ_0 使得 $\overline{\Delta} = \overline{\Delta}(z_0, \delta_0) \subset D$, 从而由 (1) 有 $\langle f_n, \overline{\Delta}\rangle \in P$. 于是由 (2) 有 $\langle g_n, D_n\rangle \in P$, 这里 $D_n = \phi_n^{-1}(\overline{\Delta})$, $\phi_n : \zeta \mapsto z_n + \rho_n\zeta$ 为线性变换. 再记 $R_n = \dfrac{\delta_0 - |z_n - z_0|}{\rho_n}$, 则 $D_n \supset \overline{\Delta}_n = \overline{\Delta}(0, R_n)$, 故由 (1) 有 $\langle g_n, \overline{\Delta}_n\rangle \in P$. 由于 $R_n \to +\infty$, 函数列 $\{g_n\}$ 于 $\mathbb{C}$ 内闭一致满足 $\langle g_n, \mathbb{C}\rangle \in P$. 于是由 (4) 有 $\langle g, \mathbb{C}\rangle \in P$ 或者 $\langle g, \mathbb{C}\rangle \in \neg P$, 从而由 (3) 知 g 为常数. 此与 g 非常数矛盾. 证毕. □

定理 3.1.2 的条件 (3) 相当于性质 P 是 Liouville-Picard 型的, 因此定理 3.1.2 实际上对附加了某些条件的 Liouville-Picard 型性质证明了 Bloch 原理. 作为定理 3.1.2 的推论, 我们来证明如下的 Montel 定则.

定理 3.1.3 设 $a,\ b,\ c \in \overline{\mathbb{C}}$ 互相判别, $\mathcal{F}$ 是区域 D 上的一族不取 $a,\ b,\ c$ 的亚纯函数, 则 $\mathcal{F}$ 于 D 正规.

证明 定义 $\langle f, D\rangle \in P$, 如果 f 在 D 上不取 a, b, c. 则可逐条验证 P 满足定理 3.1.2 之条件 (1)—(4). 满足 (3) 是因为 Picard 定理. 因此由定理 3.1.2 知, 函数族 $\{f : \langle f, D\rangle \in P\}$ 在区域 D 上正规. □

同样的方式还可得到涉及重值的 Bloch-Valiron 定则[32, 154, 165].

定理 3.1.4 设 $\mathcal{F}$ 是区域 D 上的一族亚纯函数, $a_i \in \overline{\mathbb{C}}$ $(1 \leqslant i \leqslant k,\ k \geqslant 3)$ 为 k 个判别的有穷或无穷复数, $m_i \in \mathbb{N}$ 满足

$$\sum_{i=1}^{k} \frac{1}{m_i} < k - 2.$$

如果每个 $f \in \mathcal{F}$ 以每个 a_i 为 m_i 重值, 则 $\mathcal{F}$ 于 D 正规.

这里, 称数 a 是亚纯函数 f 的 m 重值, 如果 $f - a$ 的零点都至少 m 重; 当 $a = \infty$ 时, 如果 f 的极点都至少 m 重. 同时, 将 Picard 例外值 a 看成是 ∞ 重值, 并默认 $\dfrac{1}{\infty} = 0$.

3.1.3 顾永兴定则的简化证明

在涉及导数的正规定则中, 最具代表性的当属如下由顾永兴[86] 证明的正规定则.

定理 3.1.5 设 $\mathcal{F}$ 是区域 D 上的一族亚纯函数, k 为一正整数. 如果 $\mathcal{F}$ 中每个函数 f 在 D 内均不取 0 并且 k 阶导数 $f^{(k)}$ 不取 1, 则 $\mathcal{F}$ 于 D 正规.

定理 3.1.5 的全纯函数情形由 C. Miranda[115] 证明, 采用的方法是先建立特征函数的界囿不等式, 再从中消去初始值, 现在被称为 Miranda 方法. 这种方法得到了广泛的应用. 事实上, 根据 Miranda 方法, 由 W. K. Hayman[94] 提出的关于正规族的系列猜想均已经得到了证实. 但是, Miranda 方法证明正规定则时通常需要极高的复杂分析技巧, 读者可从顾永兴[86] 和杨乐[163] 关于定理 3.1.5 的证明中窥见.

这里我们将给出用 Nevanlinna 理论与 Zalcman 引理相结合的办法来简化由 Miranda 方法得到的顾永兴定则 (定理 3.1.5) 的证明. 因这种方法首次由 I. B. Oshkin[123] 用于正规族的研究并成功地解决了 W. K. Hayman 的另一个关于正规族的猜想, 即 3.2 节中定理 3.2.3 的全纯函数情形, 我们把这种方法叫做 Oshkin 方法. 注意, 由于性质 $P : f \neq 0,\ f^{(k)} \neq 1$ 不满足定理 3.1.2 的条件 (2), 因此不能由定理 3.1.2 直接得到顾永兴定则.

为给出顾永兴定则的基于 Oshkin 方法的证明, 我们需要如下引理. 前两个引理也是用 Miranda 方法证明正规定则时通常都要用到的, 其证明请参考 [87, 163].

引理 3.1.1 设 A 为正常数, 则当 $0<x<+\infty$ 时有

$$\log x + A\log^+\log^+\frac{1}{x} \leqslant \log^+ x + A\log^+\frac{A}{e}.$$

引理 3.1.2 设 $U(r)$ 是有限区间 $(0,R)$ 内的非负非减连续函数. 若存在正常数 a, b, c 使得当 $0<r<\rho<R$ 时有

$$U(r) \leqslant a\log^+ U(\rho) + b\left(\log^+\frac{1}{\rho-r} + \log^+\rho + \log^+\frac{1}{r}\right) + c,$$

则当 $0<r<R$ 时有

$$U(r) \leqslant 4(a+b)\left(\log^+\frac{R}{R-r} + \log^+ R + \log^+\frac{1}{R}\right) + 20(a+b+1)^2 + 2c.$$

引理 3.1.3 设 f 是 $\Delta(0,R)$ 上的亚纯函数, 满足 $f\neq 0$ 及 $f^{(k)}\neq 1$. 如果 $f(0)\neq\infty$, $f^{(k+1)}(0)\neq 0$ 以及

$$(k+1)f^{(k+2)}(0)(f^{(k)}(0)-1) - (k+2)(f^{(k+1)}(0))^2 \neq 0,$$

则当 $0<r<R$ 时有

$$\begin{aligned} T(r,f) < K\Bigg(&1 + \log^+ R + \log^+\frac{1}{R} + \log^+\frac{1}{R-r} + \log^+\frac{1}{|f(0)|} \\ &+ \log^+\frac{1}{|f^{(k+1)}(0)|} + \log^+\frac{1}{|f^{(k)}(0)-1|} \\ &+ \log^+\frac{1}{|(k+1)f^{(k+2)}(0)(f^{(k)}(0)-1) - (k+2)(f^{(k+1)}(0))^2|}\Bigg), \end{aligned} \tag{3.1.7}$$

其中, K 为仅与 k 有关的常数.

证明 由对数导数引理, 对 $0<r<\rho<R$ 我们有

$$\begin{aligned} &m\left(r,\frac{f^{(k)}}{f}\right) + m\left(r,\frac{f^{(k+1)}}{f}\right) \\ \leqslant\ & K\left(\log^+ T(\rho,f) + \log\frac{\rho}{\rho-r} + \log^+\frac{1}{r} + \log^+\log^+\frac{1}{|f(0)|} + 1\right). \end{aligned}$$

记 $\rho' = (r+\rho)/2$, 则有 $r<\rho'<\rho<R$, 从而由对数导数引理,

$$m\left(r,\frac{f^{(k+1)}}{f^{(k)}-1}\right)$$

$$
\begin{aligned}
&\leqslant K\left(\log^+ T(\rho', f^{(k)}) + \log\frac{\rho'}{\rho'-r} + \log^+\frac{1}{r} + \log^+\log^+\frac{1}{|f^{(k)}(0)-1|} + 1\right)\\
&\leqslant K\left(\log^+ T(\rho', f^{(k)}) + \log\frac{\rho}{\rho-r} + \log^+\frac{1}{r} + \log^+\log^+\frac{1}{|f^{(k)}(0)-1|} + 1\right).
\end{aligned}
$$

又由于

$$
\begin{aligned}
&T(\rho', f^{(k)})\\
\leqslant&(k+1)T(\rho', f) + m\left(\rho', \frac{f^{(k)}}{f}\right)\\
\leqslant&(k+1)T(\rho, f)\\
&+K\left(\log^+ T(\rho, f) + \log\frac{\rho}{\rho-\rho'} + \log^+\frac{1}{\rho'} + \log^+\log^+\frac{1}{|f(0)|} + 1\right)\\
\leqslant&(k+1)T(\rho, f)\\
&+K\left(\log^+ T(\rho, f) + \log\frac{\rho}{\rho-r} + \log^+\frac{1}{r} + \log^+\log^+\frac{1}{|f(0)|} + 1\right),
\end{aligned}
$$

即有

$$
\begin{aligned}
&\log^+ T(\rho', f^{(k)})\\
\leqslant&K\left(\log^+ T(\rho, f) + \log\frac{\rho}{\rho-r} + \log^+\frac{1}{r} + \log^+\log^+\frac{1}{|f(0)|} + 1\right),
\end{aligned}
$$

故而得到

$$
\begin{aligned}
m\left(r, \frac{f^{(k+1)}}{f^{(k)}-1}\right) \leqslant& K\left(\log^+ T(\rho, f) + \log\frac{\rho}{\rho-r} + \log^+\frac{1}{r}\right.\\
&\left.+\log^+\log^+\frac{1}{|f(0)|} + \log^+\log^+\frac{1}{|f^{(k)}(0)-1|} + 1\right).
\end{aligned}
$$

同法可得

$$
\begin{aligned}
m\left(r, \frac{f^{(k+2)}}{f^{(k+1)}}\right) \leqslant& K\left(\log^+ T(\rho, f) + \log\frac{\rho}{\rho-r} + \log^+\frac{1}{r}\right.\\
&\left.+\log^+\log^+\frac{1}{|f(0)|} + \log^+\log^+\frac{1}{|f^{(k+1)}(0)|} + 1\right).
\end{aligned}
$$

于是我们有

$$
m\left(r, \frac{f^{(k)}}{f}\right) + m\left(r, \frac{f^{(k+1)}}{f}\right) + m\left(r, \frac{f^{(k+1)}}{f^{(k)}-1}\right) + m\left(r, \frac{f^{(k+2)}}{f^{(k+1)}}\right)
$$

$$\leqslant K\left(\log^+ T(\rho,f)+\log\frac{\rho}{\rho-r}+\log^+\frac{1}{r}+1\right.$$
$$\left.+\log^+\log^+\frac{1}{|f(0)|}+\log^+\log^+\frac{1}{|f^{(k)}(0)-1|}+\log^+\log^+\frac{1}{|f^{(k+1)}(0)|}\right).$$

将上式代入 Hayman 不等式 (2.6.3), 再应用引理 3.1.1 和引理 3.1.2 即得不等式 (3.1.7). □

顾永兴定则 (定理 3.1.5) 的证明 假设 $\mathcal{F}$ 是区域 D 内某点 z_0 处不正规, 则由 Zalcman 引理, 存在函数列 $\{f_n\}\subset\mathcal{F}$, 其在点 z_0 处不正规, 趋于 z_0 的点列 $\{z_n\}\subset D$ 和趋于 0 的正数列 $\{\rho_n\}$ 使得由 $g_n(\zeta)=f_n(z_n+\rho_n\zeta)$ 定义的函数列 $\{g_n\}$ 在复平面 $\mathbb{C}$ 上按球距内闭一致收敛于一个非常数的亚纯函数 g.

由于 $g_n\neq 0$ 并且 g 非常数, 故 $g\neq 0$, 于是 $g^{(k)}\not\equiv 1$, $g^{(k+1)}\not\equiv 0$. 我们断言

$$\phi[g]:=(k+1)g^{(k+2)}(g^{(k)}-1)-(k+2)(g^{(k+1)})^2\not\equiv 0.$$

如若不然, 则有

$$(k+1)\frac{g^{(k+2)}}{g^{(k+1)}}-(k+2)\frac{g^{(k+1)}}{g^{(k)}-1}\equiv 0.$$

从而 $(g^{(k+1)})^{k+1}=C(g^{(k)}-1)^{k+2}$, 这里 $C\neq 0$ 为常数. 这说明 $g^{(k)}\neq 1$. 于是由 Hayman 定理, g 为常数. 矛盾.

于是存在点 $\zeta_0\in\mathbb{C}$ 使得 $g(\zeta_0)\neq 0,\infty$, $g^{(k)}(\zeta_0)\neq 1$, $g^{(k+1)}(\zeta_0)\neq 0$, $\phi[g](\zeta_0)\neq 0$. 现在记 $z_n^*=z_n+\rho_n\zeta_0$, 则由于 $z_n^*\to z_0\in D$, 存在正数 η 使得当 n 充分大时只要 $|z|\leqslant\eta$ 就有 $z_n^*+z\in D$. 于是函数 $F_n(z)=f_n(z_n^*+z)$ 在 $\overline{\Delta}(0,\eta)$ 上亚纯. 对函数 F_n 应用引理 3.1.3 就得

$$T(r,F_n)<K\left(1+\log^+\eta+\log^+\frac{1}{\eta}+\log^+\frac{1}{\eta-r}+\log^+\frac{1}{|F_n(0)|}\right.$$
$$+\log^+\frac{1}{|F_n^{(k+1)}(0)|}+\log^+\frac{1}{|F_n^{(k)}(0)-1|}$$
$$\left.+\log^+\frac{1}{|(k+1)F_n^{(k+2)}(0)(F_n^{(k)}(0)-1)-(k+2)(F_n^{(k+1)}(0))^2|}\right).$$

不难验证上式右边当 $n\to+\infty$ 有极限

$$K\left(1+\log^+\eta+\log^+\frac{1}{\eta}+\log^+\frac{1}{\eta-r}+\log^+\frac{1}{|g(\zeta_0)|}\right).$$

于是函数列 $\{F_n\}$ 在 $z=0$ 处正规, 从而 $\{f_n\}$ 在点 z_0 处正规. 矛盾. □

3.2 Zalcman 引理的推广

1990 年, 庞学诚[125, 126] 通过引入参数的办法漂亮地推广了 Zalcman 引理, 由此证实 Bloch 原理对某些与导数有关的 Liouville-Picard 型性质也成立, 为正规族理论中 Zalcman 方法的广泛应用奠定了基础.

定理 3.2.1 设 $\mathcal{F}$ 是一区域 $D \subset \mathbb{C}$ 上的亚纯函数族, 则 $\mathcal{F}$ 在 D 内某点 z_0 处不正规的充要条件为对任何 $\alpha \in (-1, 1)$, 存在函数列 $\{f_n\} \subset \mathcal{F}$, 趋于 z_0 的点列 $\{z_n\} \subset D$ 和趋于 0 的正数列 $\{\rho_n\}$ 使得由

$$g_n(\zeta) = \rho_n^{-\alpha} f_n(z_n + \rho_n \zeta) \tag{3.2.1}$$

定义的于 $\mathbb{C}$ 内闭一致亚纯的函数列 $\{g_n\}$ 在复平面 $\mathbb{C}$ 上按球距内闭一致收敛于一个非常数的亚纯函数 g, 其球面导数在原点处达到最大值 1.

证明 证明与定理 3.1.1 的类似. 我们只证必要性. 设 $\mathcal{F}$ 在 $z_0 \in D$ 处不正规并不妨设 $\overline{\Delta}(z_0, 1) \subset D$. 因此由 Marty 定则, 存在函数列 $\{f_n\} \subset \mathcal{F}$ 和点列 $\{z_n^*\}$, $z_n^* \in \overline{\Delta}\left(z_0, \dfrac{1}{2n}\right)$ 使得

$$f_n^{\#}(z_n^*) > n^3. \tag{3.2.2}$$

现在, 考虑定义在区域 $(0, 1] \times \overline{\Delta}\left(z_0, \dfrac{1}{n}\right)$ 上的函数

$$F_n(t, z) = \frac{[(1 - n|z - z_0|)t]^{\alpha+1} |f_n'(z)|}{[(1 - n|z - z_0|)t]^{2\alpha} + |f_n(z)|^2}. \tag{3.2.3}$$

显然, 函数 $F_n(t, z)$ 在 $(0, 1] \times \overline{\Delta}\left(z_0, \dfrac{1}{n}\right)$ 上连续, 而且不难看出最大值函数

$$G_n(t) = \max_{z \in \overline{\Delta}\left(z_0, \frac{1}{n}\right)} F_n(t, z) \tag{3.2.4}$$

于 $(0, 1]$ 连续. 另外, $F_n(t, z)$ 还满足

$$t^{1+|\alpha|} \psi_n(z) \leqslant F_n(t, z) \leqslant t^{1-|\alpha|} \phi_n(z), \tag{3.2.5}$$

这里

$$\psi_n(z) = (1 - n|z - z_0|)^{1+|\alpha|} f_n^{\#}(z), \tag{3.2.6}$$

$$\phi_n(z)=(1-n|z-z_0|)^{1-|\alpha|}f_n^{\#}(z). \tag{3.2.7}$$

由于 ϕ_n 和 ψ_n 在 $\overline{\Delta}\left(z_0,\dfrac{1}{n}\right)$ 均连续, 故存在 $z_n^{(1)},z_n^{(2)}\in\overline{\Delta}\left(z_0,\dfrac{1}{n}\right)$ 使得

$$\begin{aligned} M_n&=\psi_n(z_n^{(1)})=\max_{z\in\overline{\Delta}(z_0,\frac{1}{n})}\psi_n(z),\\ N_n&=\phi_n(z_n^{(2)})=\max_{z\in\overline{\Delta}(z_0,\frac{1}{n})}\phi_n(z). \end{aligned} \tag{3.2.8}$$

由 (3.2.2) 及 $z_n^*\in\overline{\Delta}\left(z_0,\dfrac{1}{2n}\right)$, 我们有

$$M_n\geqslant\psi_n(z_n^*)=(1-n|z_n^*-z_0|)^{1+|\alpha|}f_n^{\#}(z_n^*)\geqslant\frac{n^3}{2^{1+|\alpha|}}, \tag{3.2.9}$$

$$N_n\geqslant\phi_n(z_n^*)=(1-n|z_n^*-z_0|)^{1-|\alpha|}f_n^{\#}(z_n^*)\geqslant\frac{n^3}{2^{1-|\alpha|}}. \tag{3.2.10}$$

于是得 $G_n(1)\geqslant F_n(1,z_n^{(1)})\geqslant M_n\to+\infty$. 又由 (3.2.5) 和 (3.2.8) 知 $G_n(t)\leqslant t^{1-|\alpha|}N_n$, 从而有 $G_n\left(N_n^{-\frac{1}{1-|\alpha|}}\right)\leqslant 1$. 由于 $0<N_n^{-\frac{1}{1-|\alpha|}}\to 0^+$, 故当 $n>n_0$ 时, 由连续函数介值性定理, 存在 $t_n\in(0,1)$ 使得 $G_n(t_n)=1$. 再由函数 G_n 的定义, 存在 $z_n\in\overline{\Delta}\left(z_0,\dfrac{1}{n}\right)$ 使得

$$F_n(t_n,z_n)=G_n(t_n)=1. \tag{3.2.11}$$

显然 $z_n\in\Delta\left(z_0,\dfrac{1}{n}\right)$, 而且我们有

$$1=G_n(t_n)\geqslant F_n(t_n,z_n^*)\geqslant t_n^{1+|\alpha|}\psi_n(z_n^*)\geqslant\frac{n^3t_n^{1+|\alpha|}}{2^{1+|\alpha|}}\geqslant\frac{n^3t_n^2}{4},$$

从而

$$0<nt_n\leqslant\frac{2}{\sqrt{n}}\to 0. \tag{3.2.12}$$

现在记 $\rho_n=(1-n|z_n-z_0|)t_n$, 则 $\rho_n>0$ 并且由 (3.2.12) 有 $n^{3/2}\rho_n\leqslant 2$, 从而 $\rho_n\to 0$. 现在令

$$g_n(\zeta)=\rho_n^{-\alpha}f_n(z_n+\rho_n\zeta). \tag{3.2.13}$$

可以看出该函数在 $\Delta(0,R_n)$ 上有定义而且亚纯, 这里

$$R_n=\frac{\dfrac{1}{n}-|z_n-z_0|}{\rho_n}=\frac{1}{nt_n}\to+\infty.$$

于是, 函数列 $\{g_n\}$ 于 $\mathbb{C}$ 内闭一致亚纯. 再记

$$K_n(\zeta)=\frac{\rho_n}{(1-n|z_n+\rho_n\zeta-z_0|)t_n}=\frac{1-n|z_n-z_0|}{1-n|z_n-z_0+\rho_n\zeta|},$$

则当 $|\zeta|<\sqrt{n}/2$ 时有

$$0<K_n(\zeta)\leqslant\frac{1-n|z_n-z_0|}{1-n|z_n-z_0|-n\rho_n|\zeta|}=\frac{1}{1-nt_n|\zeta|}\leqslant\frac{1}{1-\dfrac{2}{\sqrt{n}}|\zeta|}.$$

于是函数 g_n 满足 $g_n^{\#}(0)=F_n(t_n,z_n)=1$ 并且当 $|\zeta|<\min\{R_n,\sqrt{n}/2\}$ 时有

$$\begin{aligned}g_n^{\#}(\zeta)&=\frac{\rho_n^{1+\alpha}|f_n'(z_n+\rho_n\zeta)|}{\rho_n^{2\alpha}+|f_n(z_n+\rho_n\zeta)|^2}\\&=\frac{[K_n(\zeta)]^{1+\alpha}[(1-n|z_n+\rho_n\zeta-z_0|)t_n]^{1+\alpha}|f_n'(z_n+\rho_n\zeta)|}{[K_n(\zeta)]^{2\alpha}[(1-n|z_n+\rho_n\zeta-z_0|)t_n]^{2\alpha}+|f_n(z_n+\rho_n\zeta)|^2}\\&\leqslant\max\{K_n^{1+|\alpha|},1\}F_n(t_n,z_n+\rho_n\zeta)\\&\leqslant\max\{K_n^{1+|\alpha|},1\}G_n(t_n)\leqslant\left(1-\frac{2}{\sqrt{n}}|\zeta|\right)^{-1-|\alpha|}.\end{aligned}\tag{3.2.14}$$

由此可知 $\{g_n^{\#}\}$ 于 $\mathbb{C}$ 内闭一致有界, 故由 Marty 定则知 $\{g_n\}$ 于 $\mathbb{C}$ 正规, 即 $\{g_n\}$ 有子列, 仍设为 $\{g_n\}$ 其在 $\mathbb{C}$ 上内闭一致收敛于亚纯函数 g 或 ∞. 由于 $g_n^{\#}(0)=1$, 后者不可能, 故只能是前者, 并且亚纯函数 g 要满足 $g^{\#}(0)=1$. 再由 (3.2.14), g 还满足 $g^{\#}(\zeta)\leqslant1$. 必要性证毕. □

根据上述定理 3.2.1, 用证明定理 3.1.2 同样的步骤, 我们可得到如下 Zalcman 型正规定则.

定理 3.2.2 设 P 为亚纯函数的一个性质, 满足

(1) 若 $\langle f,D\rangle\in P$, 则对任何区域 $G\subset D$ 有 $\langle f,G\rangle\in P$.

(2) 存在实数 $\alpha=\alpha(P)\in(-1,1)$ 使得若 $\langle f,D\rangle\in P$, 则对任何非退化线性变换 $\phi:z\mapsto az+b$ 有

$$\langle a^{-\alpha}f\circ\phi,\phi^{-1}(D)\rangle\in P.$$

(3) 若 $\langle f,\mathbb{C}\rangle\in P$, 则 f 为常数; 若 $\langle f,\mathbb{C}\rangle\in\neg P$, 则 f 为常数.

(4) 若于 $\mathbb{C}$ 内闭一致亚纯的函数列 $\{f_n\}$ 于 $\mathbb{C}$ 内闭一致满足 $\langle f_n,\mathbb{C}\rangle\in P$ 并且于 $\mathbb{C}$ 按球距内闭一致收敛于亚纯函数 f, 则或者 $\langle f,\mathbb{C}\rangle\in P$ 或者 $\langle f,\mathbb{C}\rangle\in\neg P$.

那么亚纯函数族 $\mathcal{F}=\{f:\langle f,D\rangle\in P\}$ 在区域 D 上正规.

作为定理 3.2.2 的一个应用, 我们定义 $\langle f,D\rangle\in P$, 如果 f 在 D 上满足 $f^kf'\neq 1$, 则可验证该性质对 $\alpha=\dfrac{1}{k+1}$ 满足定理 3.2.2 之条件 (1)—(4). 满足 (3) 是因为第 4 章的 Bergweiler-Eremenko 定理. 从而我们得到如下定理 3.2.3. 该定理是 Hayman 的一个猜测, 由 Bergweiler-Eremenko[27], 陈怀惠-方明亮[65], L. Zalcman[169] 各自独立证明. 全纯函数情形的定理 3.2.3 则由 I. B. Oshkin[123] 所证明.

定理 3.2.3　设 k 为正整数, $\mathcal{F}$ 是区域 D 上的一族亚纯函数, 族中每个函数 f 满足 $f^kf'\neq 1$, 则 $\mathcal{F}$ 于 D 正规.

有些性质尽管不满足定理 3.2.2 的条件, 但仍然可以用定理 3.2.1 较方便地加以证明. 例如, 我们有如下庞学诚[126] 的结果, 其也是 W. K. Hayman 的一个猜想.

定理 3.2.4　设正整数 $k\geqslant 3$, $a(\neq 0)$, b 为常数, $\mathcal{F}$ 是区域 D 上的一族亚纯函数, 族中每个函数 f 满足 $f'-af^k\neq b$, 则 $\mathcal{F}$ 于 D 正规.

证明　假设 $\mathcal{F}$ 于 D 中某点 z_0 处不正规, 则由定理 3.2.1, 对 $\alpha=-1/(k-1)$, 存在函数列 $\{f_n\}\subset\mathcal{F}$, 趋于 z_0 的点列 $\{z_n\}\subset D$ 和趋于 0 的正数列 $\{\rho_n\}$ 使得由 (3.2.1) 定义的于 $\mathbb{C}$ 内闭一致亚纯的函数列 $\{g_n\}$ 在复平面 $\mathbb{C}$ 上按球距内闭一致收敛于一个非常数的亚纯函数 g. 由于

$$g_n'(\zeta)-ag_n^k(\zeta)=\rho_n^{k/(k-1)}\left[f_n'(z_n+\rho_n\zeta)-af_n^k(z_n+\rho_n\zeta)\right],$$

因此根据族 $\mathcal{F}$ 中函数满足的条件, 函数列 $\{g_n\}$ 在复平面 $\mathbb{C}$ 上内闭一致满足 $g_n'-ag_n^k\neq b\rho_n^{k/(k-1)}$. 于是根据 Weierstrass 定理和 Hurwitz 定理, 亚纯函数 g 于 $\mathbb{C}\setminus g^{-1}(\infty)$ 要么满足 $g'-ag^k\neq 0$ 要么满足 $g'-ag^k\equiv 0$. 前者意味着于 $\mathbb{C}$ 有

$$(1/g)^{k-2}(1/g)'=-g'/g^k\neq -a.$$

这与第 4 章的 Bergweiler-Eremenko 定理矛盾; 后者则导致于 $\mathbb{C}$ 有

$$\left((1/g)^{k-1}\right)'\equiv -(k-1)a,$$

从而 $(1/g)^{k-1}=-(k-1)a\zeta+C$, 与 g 为单值亚纯函数矛盾. 于是亚纯函数族 $\mathcal{F}$ 于 D 正规. □

注记 3.2.1　对全纯函数族而言, 定理 3.2.4 对 $k=2$ 也成立. 证明过程与上完全类似. 但对亚纯函数族, 定理 3.2.4 当 $k=2$ 时不成立.

例 3.2.1 设 $a \in \mathbb{C}$, 再对每个正整数 n, 定义函数如下:

$$f_n(z) = n\frac{1+e^{2nz}}{1-e^{2nz}}.$$

则可直接验证有 $f_n^2 - f_n' = n^2$, 从而当 $n^2 > |a|$ 时有 $f_n^2 - f_n' \neq a$. 但显然函数列 $\{f_n\}$ 于原点不正规. 注意, 函数列 $\{f_n\}$ 于原点甚至还不是拟正规的. 参见第 9 章.

我们看到参数 α 的引入给定理 3.2.1 的应用带来了很大的方便, 因此有必要考虑能否扩大其范围. 但是, 定理 3.2.1 对 $\alpha = \pm 1$ 一般不成立.

例 3.2.2 设函数列 $\{f_n\}$ 由 $f_n(z) = nz$ 所定义. 显然, $\{f_n\}$ 在原点处不正规. 此可由 $f_n^{\#}(0) = n \to +\infty$ 和 Marty 定则看出. 现在假设存在某子列 $\{f_{n_j}\}$, 趋于 z_0 的点列 $\{z_j\} \subset D$ 和趋于 0 的正数列 $\{\rho_j\}$ 使得由

$$g_j(\zeta) = \rho_j^{-1} f_{n_j}(z_j + \rho_j\zeta) = n_j\zeta + n_j\rho_j^{-1}z_j$$

定义的函数列 $\{g_j\}$ 在复平面 $\mathbb{C}$ 上按球距内闭一致收敛于一个非常数的亚纯函数 g. 由于 g_j 全纯, 故 $\{g_j\}$ 在复平面 $\mathbb{C}$ 上按欧氏距离内闭一致收敛于一个非常数的整函数 g, 从而 $\{g_j'\}$ 在复平面 $\mathbb{C}$ 上按欧氏距离内闭一致收敛于 g'. 但 $g_j'(\zeta) \equiv n_j \to +\infty$, 故由唯一性知 $g' \equiv +\infty$. 此为不可能.

注意到上述例中的函数列 $\{f_n\}$ 在其零点处导数无界, 庞学诚[129] 在假设导数在函数零点处一致有界的前提下证明参数 α 可取 1. 这对以后与分担值等有关的正规族研究起着重要作用.

定理 3.2.5 设 $\mathcal{F}$ 是区域 D 上的亚纯函数族, 并且存在正数 A 使得任何 $f \in \mathcal{F}$ 都满足 $f'(f^{-1}(0)) \subset \Delta(0, A)$, 则 $\mathcal{F}$ 在 D 内某点 z_0 处不正规的充要条件为存在函数列 $\{f_n\} \subset \mathcal{F}$, 趋于 z_0 的点列 $\{z_n\} \subset D$ 和趋于 0 的正数列 $\{\rho_n\}$ 使得由

$$g_n(\zeta) = \rho_n^{-1} f_n(z_n + \rho_n\zeta) \tag{3.2.15}$$

定义的于 $\mathbb{C}$ 内闭一致亚纯的函数列 $\{g_n\}$ 在复平面 $\mathbb{C}$ 上按球距内闭一致收敛于一个非常数的亚纯函数 g, 其球面导数在原点处达到最大值 $A+1$.

证明 与定理 3.2.1 的类似. 此时关键在于证明由 (3.2.4) 定义的最大值函数 $G_n(t)$ 可取到值 $A+1$. 根据连续函数介值性定理, 这只需要证明 $G_n(t)$ 在某 $t_0 = t_0(n) \in (0,1)$ 处的函数值 $G_n(t_0)$ 不超过 $A+1$ 即可. 此论断可用反证法证明如下: 假如对任何 $t \in (0,1)$ 都有 $G_n(t) > A+1$. 取一列 $t_j \to 0^+$, 则由 (3.2.4) 知存在一列 $\{z_j\} \subset \overline{\Delta}\left(z_0, \dfrac{1}{n}\right)$ 使得

$$F_n(t_j, z_j) = G_n(t_j) > A+1. \tag{3.2.16}$$

由 Weierstrass 致密性定理, 点列 $\{z_j\}$ 有收敛的子列, 故可不妨设 $z_j \to z_0 \in \overline{\Delta}\left(z_0, \dfrac{1}{n}\right)$ $(j \to \infty)$.

如果 $f_n(z_0) \neq 0, \infty$, 则当 $j \to \infty$ 时有 (注意此时 $\alpha = 1$)

$$F_n(t_j, z_j) \leqslant [(1 - n|z_j - z_0|)t_j]^2 \frac{|f_n'(z_j)|}{|f_n(z_j)|^2} \to 0.$$

此与 (3.2.16) 矛盾.

如果 $f_n(z_0) = \infty$, 则当 $j \to \infty$ 时有

$$F_n(t_j, z_j) \leqslant [(1 - n|z_j - z_0|)t_j]^2 \left|\left(\frac{1}{f_n}\right)'(z_j)\right| \to 0.$$

此亦与 (3.2.16) 矛盾.

如果 $f_n(z_0) = 0$, 则由条件有 $|f_n'(z_0)| \leqslant A$, 从而当 $j \to \infty$ 时有

$$F_n(t_j, z_j) \leqslant |f_n'(z_j)| \to |f_n'(z_0)| \leqslant A.$$

此还是与 (3.2.16) 矛盾. 如此我们就证明了上述论断. □

作为定理 3.2.5 的应用, 我们来证明如下正规定则[137].

定理 3.2.6　设 $\mathcal{F}$ 是区域 D 上的一族亚纯函数. 如果每个 $f \in \mathcal{F}$ 都满足 $f(z) = 0 \Leftrightarrow f'(z) = 1$ 和 $f(z) = 0 \Rightarrow 0 < |f''(z)| < h$, 这里 h 为一与 f 无关的正数, 则 $\mathcal{F}$ 于 D 正规.

如果 $f \neq 0$, $f' \neq 1$, 则定理 3.2.6 的条件自然满足, 因此定理 3.2.6 是顾永兴定则在 $k = 1$ 时的推广. 值得注意的是例 3.2.3 表明定理 3.2.6 中的第二个条件 (尤其是零点处二阶导数不取 0) 是不能忽略的.

例 3.2.3　对每个 $n \in \mathbb{N}$, 记

$$f_n(z) = \frac{2(e^{nz} + 1)}{n(e^{nz} - 1)},$$

则 f_n 为 $\mathbb{C}$ 上的亚纯函数. 由于

$$f_n'(z) = 1 - \frac{(e^{nz} + 1)^2}{(e^{nz} - 1)^2}, \quad f_n''(z) = \frac{4ne^{nz}(e^{nz} + 1)}{(e^{nz} - 1)^3},$$

函数 f_n 满足 $f_n(z) = 0 \Leftrightarrow f_n'(z) = 1$ 和 $f_n(z) = 0 \Rightarrow f_n''(z) = 0$. 但由于 $f_n(0) = \infty$, $f_n(i\pi/n) = 0$, 函数列 $\{f_n\}$ 在原点处不等度连续, 因而也不正规.

定理 3.2.6 的证明 假设 $\mathcal{F}$ 于 D 中某点 z_0 处不正规, 则由定理 3.2.5, 存在函数列 $\{f_n\}\subset\mathcal{F}$, 趋于 z_0 的点列 $\{z_n\}\subset D$ 和趋于 0 的正数列 $\{\rho_n\}$ 使得由 (3.2.15) 定义的于 $\mathbb{C}$ 内闭一致亚纯的函数列 $\{g_n\}$ 在复平面 $\mathbb{C}$ 上按球距内闭一致收敛于一个非常数的亚纯函数 g, 其满足 $g^{\#}(\zeta)\leqslant g^{\#}(0)=2$. 由 $g^{\#}(0)=2$ 立即可知 $g'\not\equiv 1$.

根据定理 3.2.6 的条件, 函数列 $\{g_n\}$ 在复平面 $\mathbb{C}$ 上内闭一致地满足

$$g_n(\zeta)=0\Leftrightarrow g_n'(\zeta)=1 \quad \text{和} \quad g_n(\zeta)=0\Rightarrow 0<|g_n''(\zeta)|<h\rho_n.$$

特别地, $g_n'-1$ 的零点都是单重的.

先证明 g 满足 $g(\zeta)=0\Rightarrow g'(\zeta)=1$ 和 $g(\zeta)=0\Rightarrow g''(\zeta)=0$. 为此, 设 $g(\zeta_0)=0$ (如果 $g\neq 0$, 则此性质自然成立), 则 g 在 ζ_0 的某闭邻域 $\overline{\Delta}(\zeta_0)$ 上全纯, 因此由定理 1.2.10, 函数列 $\{g_n\}$ 中每个 g_n (当 n 充分大时) 在该邻域上也全纯, 而且一致收敛于 g. 于是, 由 Hurwitz 定理, 存在点列 $\{\zeta_n\}$, $\zeta_n\to\zeta_0$ 使得 $g_n(\zeta_n)=0$, 从而 $g_n'(\zeta_n)=1$ 和 $|g_n''(\zeta_n)|\leqslant h\rho_n$. 由于根据 Weierstrass 定理 (定理 1.1.7), 函数列 $\{g_n'\}$ 和 $\{g_n''\}$ 在 $\overline{\Delta}(\zeta_0)$ 上分别一致收敛于 g' 和 g'', 因此有 $g_n'(\zeta_n)\to g'(\zeta_0)$ 和 $g_n''(\zeta_n)\to g''(\zeta_0)$. 于是我们就得到 $g'(\zeta_0)=1$ 和 $g''(\zeta_0)=0$. 这就证明了所要证的性质.

于是, 由于 g 非常数和满足 $g(\zeta)=0\Rightarrow g'(\zeta)=1$, 根据 Hayman 定理 (定理 2.6.4), 存在 $\zeta_0^*\in\mathbb{C}$ 使得 $g'(\zeta_0^*)=1$, 则 g 在 ζ_0^* 的某闭邻域 $\overline{\Delta}(\zeta_0^*)$ 上全纯, 因此由定理 1.2.10, 函数列 $\{g_n\}$ 中每个 g_n (当 n 充分大) 时在该邻域上也全纯, 而且一致收敛于 g, 进而由 Weierstrass 定理 (定理 1.1.7), 函数列 $\{g_n'-1\}$ 在 $\overline{\Delta}(\zeta_0^*)$ 上一致收敛于 $g'-1$. 由于 $g'\not\equiv 1$, 由 Hurwitz 定理知存在点列 $\{\zeta_n\}$, $\zeta_n\to\zeta_0^*$ 使得 $g_n'(\zeta_n)=1$. 于是 $g_n(\zeta_n)=0$, 从而由 $\zeta_n\to\zeta_0^*$ 及函数列 $\{g_n\}$ 在 $\overline{\Delta}(\zeta_0^*)$ 上一致收敛于 g 知 $g(\zeta_0^*)=0$. 再根据先前证明的 $g(\zeta)=0\Rightarrow g''(\zeta)=0$, 也有 $g''(\zeta_0^*)=0$. 这表明 ζ_0^* 是 $g'-1$ 的一个重零点. 设重数为 $k\geqslant 2$. 再由 Hurwitz 定理, 并注意到 $g_n'-1$ 的零点都是单重的, 当 n 充分大时 $g_n'-1$ 有 k 个趋于 ζ_0^* 的互不相同的零点 $\zeta_n^{(j)}$, $1\leqslant j\leqslant k$ 使得 $g_n'(\zeta_n^{(j)})=1$, 从而有 $g_n(\zeta_n^{(j)})=0$. 这导致 ζ_0^* 是 g 的至少 $k\geqslant 2$ 重零点. 与我们前面证明的性质 $g(\zeta)=0\Rightarrow g'(\zeta)=1$ 矛盾. □

薛国芬和庞学诚[159] 以及陈怀惠和顾永兴[67] 也考虑了扩大参数 α 范围的问题. 前两人证明了如果函数没有零点, 那么定理 3.2.1 中参数 α 可取大于 -1 的任何实数; 后两人证明了如果函数零点重级至少为 k, 那么 α 的范围可以扩大到 $(-1,k)$.

定理 3.2.7 设 $\mathcal{F}$ 是区域 $D\subset\mathbb{C}$ 上的亚纯函数族, $\mathcal{F}$ 中任何函数 f 的零点都至少 k 重 (若没有零点, 则设 $k=+\infty$), 则 $\mathcal{F}$ 在 D 内某点 z_0 处不正规的充要

条件为对任何实数 $\alpha \in (-1, k)$, 存在函数列 $\{f_n\} \subset \mathcal{F}$, 趋于 z_0 的点列 $\{z_n\} \subset D$ 和趋于 0 的正数列 $\{\rho_n\}$ 使得由

$$g_n(\zeta) = \rho_n^{-\alpha} f_n(z_n + \rho_n \zeta) \tag{3.2.17}$$

定义的函数列 $\{g_n\}$ 在复平面 $\mathbb{C}$ 上按球距内闭一致收敛于一个非常数的亚纯函数 g, 其球面导数在原点处达到最大值 1.

证明 亦与定理 3.2.1 类似. 只需要证明最大值函数 $G_n(t)$ 可取到值 1. □

我们同样可给出与定理 3.2.2 相类似的正规定则. 作为定理 3.2.7 应用, 我们给出顾永兴定则的基于此定理的证明.

顾永兴定则 (定理 3.1.5) 的证明 假设 $\mathcal{F}$ 是区域 D 上某点 z_0 处不正规, 则由定理 3.2.7, 存在函数列 $\{f_n\} \subset \mathcal{F}$, 趋于 z_0 的点列 $\{z_n\} \subset D$ 和趋于 0 的正数列 $\{\rho_n\}$ 使得由

$$g_n(\zeta) = \rho_n^{-k} f_n(z_n + \rho_n \zeta) \tag{3.2.18}$$

定义的函数列 $\{g_n\}$ 在复平面 $\mathbb{C}$ 上按球距内闭一致收敛于一个非常数的亚纯函数 g. 由 $f_n \neq 0$, $f_n^{(k)} \neq 1$ 可知于 $\mathbb{C}$ 内闭一致地成立 $g_n \neq 0$, $g_n^{(k)} \neq 1$. 由于 g 非常数, 由 Hurwitz 定理立得 $g \neq 0$. 因此由 Hayman 定理, 存在 $\zeta_0 \in \mathbb{C}$ 使得 $g^{(k)}(\zeta_0) = 1$, 故存在 ζ_0 的闭邻域 $\overline{U}(\zeta_0)$ 使得 g 从而 g_n (n 充分大) 在该邻域上全纯. 于是 $\{g_n\}$ 在 $\overline{U}(\zeta_0)$ 一致收敛于 g, 从而 $\{g_n^{(k)}\}$ 在 $\overline{U}(\zeta_0)$ 一致收敛于 $g^{(k)}$. 由于 $g \neq 0$, 我们有 $g^{(k)}(\zeta) \not\equiv 1$. 于是由 $g^{(k)}(\zeta_0) = 1$ 及 Hurwitz 定理, $g_n^{(k)}$ (n 充分大) 有 1 值点趋于 ζ_0. 这与 $g_n^{(k)} \neq 1$ 相矛盾. □

容易验证在原点处不正规的函数列 $\{nz^k\}$ 说明定理 3.2.7 中参数 α 一般不能取值 k. 庞学诚和 L. Zalcman[137] 又考虑了 α 能否取 k 的问题, 在附加了零点处 k 阶导数一致有界的条件下得到了如下结果.

定理 3.2.8 设 $\mathcal{F}$ 是一区域 $D \subset \mathbb{C}$ 上的亚纯函数族, $\mathcal{F}$ 中任何函数 f 的零点至少 k 重并且存在正数 $A \geqslant 1$ 使得 $f^{(k)}(f^{-1}(0)) \subset \Delta(0, A)$, 则 $\mathcal{F}$ 在 D 内某点 z_0 处不正规的充要条件为存在函数列 $\{f_n\} \subset \mathcal{F}$, 趋于 z_0 的点列 $\{z_n\} \subset D$ 和趋于 0 的正数列 $\{\rho_n\}$ 使得由

$$g_n(\zeta) = \rho_n^{-k} f_n(z_n + \rho_n \zeta) \tag{3.2.19}$$

定义的函数列 $\{g_n\}$ 在复平面 $\mathbb{C}$ 上按球距内闭一致收敛于一个非常数的亚纯函数 g, 其球面导数在原点处达到最大值 $kA + 1$.

证明 与定理 3.2.5 类似. 只需证明最大值函数 $G_n(t)$ 可取到 $kA + 1$. □

作为定理 3.2.8 的应用, 我们可推广定理 3.2.6 而得如下正规定则[137].

定理 3.2.9 设 $\mathcal{F}$ 是区域 D 上的一族亚纯函数, k 为一正整数. 如果每个 $f \in \mathcal{F}$ 的零点均至少 k 重, 并且都满足 $f(z)=0 \Leftrightarrow f^{(k)}(z)=1$ 和 $f(z)=0 \Rightarrow 0<|f^{(k+1)}(z)|<h$, 这里 h 为一与 f 无关的正数, 则 $\mathcal{F}$ 于 D 正规.

证明 与定理 3.2.6 的类似. 详略. □

现在上述定理 3.1.1、定理 3.2.1、定理 3.2.5、定理 3.2.7、定理 3.2.8 统称为 Zalcman-Pang 引理. 在正规族理论的新近研究中, Zalcman-Pang 引理得到了很好且广泛的应用, 由此产生的方法也称为 Zalcman 方法或 Zalcman-Pang 方法.

3.3 Bloch 原理的反例

尽管 Bloch 原理在正规族理论的研究中具有强烈的指导作用, 然而 Bloch 原理却并不总是成立的. 这里给出的例子来自 L. Rubel[144]. 关于 Bloch 原理, W. Bergweiler[26] 也做了深入的讨论.

例 3.3.1 定义 $\langle f, D\rangle \in P$, 如果 f 在 D 上全纯并且存在 D 上单叶函数 g 使得 $f=g''$.

(I) 若 $\langle f, \mathbb{C}\rangle \in P$, 则 f 是整函数并且有全平面上单叶函数 g 使得 $f=g''$. 此时, g 也是整函数, 故 g 必是线性函数: $g(z)=az+b$. 因此 f 恒为 0, 是常数.

(II) 在单位圆 $\Delta(0,1)$ 上定义函数列 $\{g_n\}$:

$$g_n(z)=n\left(z+\frac{z^2}{10}+\frac{z^3}{10}\right).$$

则不难验证函数列 $\{g_n\}$ 中每个函数都在单位圆 $\Delta(0,1)$ 内单叶解析. 于是, 若记 $f_n(z)=g_n''(z)=\frac{1}{5}n(1+3z)$, 则 $\langle f_n, \Delta(0,1)\rangle \in P$. 但容易看到函数列 $\{f_n\}$ 在单位圆 $\Delta(0,1)$ 内点 $-\frac{1}{3}$ 处不正规.

例 3.3.2 定义 $\langle f, D\rangle \in P$, 如果 f 在 D 上全纯并且满足

$$(f'+1)(f'+2)(f'-f) \neq 0.$$

(I) 若 $\langle f, \mathbb{C}\rangle \in P$, 则 f 是整函数并且有 $f' \neq -1$, -2. 由 Picard 定理, f' 为常数, 从而 $f(z)=az+b$. 再由 $f'-f \neq 0$ 立知常数 $a=0$, 因而 $f(z)=b$ 为常数.

(II) 考虑函数列 $\{f_n(z)=nz\}$. 容易验证 $\langle f_n, \Delta(0,1)\rangle \in P$, 但函数列 $\{f_n(z)=nz\}$ 在单位圆 $\Delta(0,1)$ 内点 0 处不正规.

第 4 章　Ahlfors 定理和 Bergweiler-Eremenko 定理

根据 Bloch 原理，每个 Picard 型定理往往对应一个正规定则，因此建立 Picard 型定理对正规族理论的研究非常必要和重要. 事实上，Picard 型定理本身也是亚纯函数值分布理论的一个重要课题. 本章介绍的主要内容有两部分：一是 W. Bergweiler[19] 基于 Zalcman 引理所证明的 Ahlfors 定理的正规族形式；二是 W. Bergweiler 和 A. Eremenko[27] 的关于亚纯函数奇异值的工作以及由此得到的对 Hayman 定理，即定理 2.6.4 的加强. 从中我们可以初窥 Zalcman-Pang 引理在建立 Picard 型定理时所起作用.

4.1　Picard 定理、Nevanlinna 重值定理和 Ahlfors 五岛定理

本节内容主要来自 W. Bergweiler[19].

4.1.1　Picard 定理和 Ahlfors 三岛定理

我们从如下 Picard 定理说起.

定理 4.1.1　如果全平面 $\mathbb{C}$ 上亚纯函数 f 有三个 Picard 例外值，那么 f 必为常数.

设 $a \in \overline{\mathbb{C}}$ 是亚纯函数 $f: D \to \overline{\mathbb{C}}$ 的 Picard 例外值，即 $a \notin f(D)$，从而对任何含有 a 的区域 $V \subset \overline{\mathbb{C}}$，不存在区域 $\Omega \subset D$ 使得 $f(\Omega) = V$. 将这种现象抽象就得到岛的概念.

定义 4.1.1　设 $f: D \to \overline{\mathbb{C}}$ 为亚纯函数，$V \subset \overline{\mathbb{C}}$ 为 Jordan 区域. 如果 $f^{-1}(V)$ 有一个分支 Ω 满足 $\overline{\Omega} \subset D$，就称 Ω 为 f 在 V 上的一个岛.

于是，根据这个定义，如果 a 是亚纯函数 $f: D \to \overline{\mathbb{C}}$ 的 Picard 例外值，那么 f 在含有 a 的任何 Jordan 区域 $V \subset \overline{\mathbb{C}}$ 上都没有岛. 于是得到 Picard 定理的如下推广.

定理 4.1.2　如果有三个闭包互不相交的 Jordan 区域 D_1，D_2，$D_3 \subset \overline{\mathbb{C}}$ 使得全平面 $\mathbb{C}$ 上亚纯函数 f 在每个 D_j 上没有岛，那么 f 必为常数.

证明　设 f 是全平面 $\mathbb{C}$ 上的非常数亚纯函数，其在三个闭包互不相交的 Jordan 区域 D_1，D_2，$D_3 \subset \overline{\mathbb{C}}$ 上都没有岛. 根据 Möbius 变换，我们可设 ∞ 不属于这

三个区域的闭包, 因而这三个区域都是有界区域. 取定三个不同点 a_1, a_2, $a_3 \in \mathbb{C}$, 则对充分小的正数 $\varepsilon < \varepsilon_0$, 圆 $D(a_j, \varepsilon)$ 的闭包互不相交. 于是不难看出, 存在拟共形同胚 $\psi_\varepsilon : \mathbb{C} \to \mathbb{C}$ 使得对每个 D_j 有 $\psi_\varepsilon(D_j) \subset D(a_j, \varepsilon)$. 这样, $\psi_\varepsilon \circ f$ 是拟正则映照. 根据拟正则映照的分解定理, 存在拟共形同胚 $\phi_\varepsilon : \mathbb{C} \to \mathbb{C}$ 和亚纯函数 $g_\varepsilon : \mathbb{C} \to \overline{\mathbb{C}}$ 使得 $\psi_\varepsilon \circ f = g_\varepsilon \circ \phi_\varepsilon$. 由于 f 在 D_1, D_2, $D_3 \subset \mathbb{C}$ 上都没有岛以及对每个 D_j 有 $\psi_\varepsilon(D_j) \subset D(a_j, \varepsilon)$, 我们可知全平面上亚纯函数 g_ε 在三个小圆 $D(a_j, \varepsilon)$ 上都没有岛. 根据岛的定义, 对任何正数 M, 函数 $g_\varepsilon(Mz)$ 在三个小圆 $D(a_j, \varepsilon)$ 上也都没有岛.

取定一列正数 $\varepsilon_k \to 0$, 考虑函数列 $\{g_{\varepsilon_k}\}$. 由于存在正数列 $\{M_k\}$ 使得 $\{g_{\varepsilon_k}(M_k z)\}$ 于 $\mathbb{C}$ 不正规, 因此我们可不妨设函数列 $\{g_{\varepsilon_k}\}$ 本身于 $\mathbb{C}$ 不正规. 现在对函数列 $\{g_{\varepsilon_k}\}$ 应用 Zalcman 引理, 就存在一个子列, 不妨仍然记为 $\{g_{\varepsilon_k}\}$, 收敛的点列 $\{z_k\}$ 和趋于 0 的正数列 $\{\rho_k\}$ 使得函数列 $\{g_{\varepsilon_k}(z_k + \rho_k z)\}$ 于全平面 $\mathbb{C}$ 按球距内闭一致收敛于非常数亚纯函数 g. 由于 $\varepsilon_k \to 0$, 对任何充分小的正数 ε, g 在三个小圆 $D(a_j, \varepsilon)$ 上都没有岛, 从而每个 a_j 都是 g 的 Picard 例外值. 由 Picard 定理 4.1.1, g 为常数. 矛盾. □

由于 ∞ 总是全纯函数的 Picard 例外值, 因此我们得到如下推论.

定理 4.1.3 如果有两个闭包不相交的有界 Jordan 区域 D_1, $D_2 \subset \mathbb{C}$ 使得整函数 $f : \mathbb{C} \to \mathbb{C}$ 在每个 D_j 上没有岛, 那么 f 必为常数.

我们知道, Picard 定理 4.1.1 对应着著名的 Montel 定则. 根据 Zalcman 定则, 与定理 4.1.2 和定理 4.1.3 相对应, 也有如下的正规定则.

定理 4.1.4 如果有三个闭包互不相交的 Jordan 区域 D_1, D_2, $D_3 \subset \overline{\mathbb{C}}$ 使得区域 $D \subset \mathbb{C}$ 上亚纯函数族 $\mathcal{F} = \{f\}$ 中每个函数 f 在每个 D_j 上没有岛, 那么函数族 $\mathcal{F} = \{f\}$ 于 D 正规.

定理 4.1.5 如果有两个闭包不相交的有界 Jordan 区域 D_1, $D_2 \subset \mathbb{C}$ 使得区域 $D \subset \mathbb{C}$ 上全纯函数族 $\mathcal{F} = \{f\}$ 中每个函数 f 在每个 D_j 上没有岛, 那么函数族 $\mathcal{F} = \{f\}$ 于 D 正规.

4.1.2 Nevanlinna 五重值定理和 Ahlfors 五岛定理

函数 f 有 Picard 例外值 a 意味着 f 不能覆盖 a. 现在我们考虑这样的值 a, 其被 f 覆盖至少 $m \geqslant 2$ 次. 我们称这种值为重值. 同时为方便起见, 将 Picard 例外值看成是重值, 其被函数覆盖 ∞ 次. 此时有如下的 Nevanlinna 五重值定理:

定理 4.1.6 如果全平面 $\mathbb{C}$ 上亚纯函数 f 有五个重值, 那么 f 必为常数; 如果全平面 $\mathbb{C}$ 上整函数 f 有三个有限重值, 那么 f 必为常数.

证明 根据 Nevanlinna 第二基本定理立得. □

由于亚纯函数 f 覆盖重值 $a \in \overline{\mathbb{C}}$ 至少 2 次, 因此对含有 a 的圆或更一般的单

连通区域 D, 不存在区域 $\Omega \subset \mathbb{C}$ 使得 f 将 Ω 共形映照到 D 上. 这种现象就形成了单叶岛的概念.

定义 4.1.2 设 f 为区域 $U \subset \mathbb{C}$ 的亚纯函数, $D \subset \overline{\mathbb{C}}$ 为单连通 Jordan 区域. 如果存在 U 的子区域 $\Omega \subset U$ 使得 f 将 Ω 共形映照到 D 上, 就称 f 在 D 上有单叶岛 Ω.

于是我们就有如下的 Ahlfors 五 (单叶) 岛定理. 其证明与 Ahlfors 三岛定理几乎一样.

定理 4.1.7 如果有五个闭包互不相交的单连通 Jordan 区域 $D_1, D_2, \cdots, D_5 \subset \overline{\mathbb{C}}$ 使得全平面 $\mathbb{C}$ 上亚纯函数 f 在每个 D_j 上没有单叶岛, 那么 f 必为常数; 如果有三个闭包互不相交的有界单连通 Jordan 区域 D_1, D_2, $D_3 \subset \mathbb{C}$ 使得全平面 $\mathbb{C}$ 上整函数 f 在每个 D_j 上没有单叶岛, 那么 f 必为常数.

证明 由于证明与定理 4.1.2 几乎一样, 故详略. □

根据 Zalcman 定则, 与定理 4.1.6 和定理 4.1.7 相对应, 有如下的正规定则.

定理 4.1.8 如果区域 $D \subset \mathbb{C}$ 上亚纯函数族 $\mathcal{F} = \{f\}$ 中所有函数都有五个相同的重值, 那么函数族 $\mathcal{F}$ 于 D 正规; 如果区域 $D \subset \mathbb{C}$ 上全纯函数族 $\mathcal{F} = \{f\}$ 中所有函数都有三个相同的有限重值, 那么函数族 $\mathcal{F}$ 于 D 正规.

定理 4.1.9 如果有五个闭包互不相交的单连通 Jordan 区域 $D_1, D_2, \cdots, D_5 \subset \overline{\mathbb{C}}$ 使得区域 $D \subset \mathbb{C}$ 上亚纯函数族 $\mathcal{F} = \{f\}$ 中每个函数 f 在每个 D_j 上没有单叶岛, 那么函数族 $\mathcal{F}$ 于 D 正规; 如果有三个闭包互不相交的有界单连通 Jordan 区域 D_1, D_2, $D_3 \subset \mathbb{C}$ 使得区域 $D \subset \mathbb{C}$ 上全纯函数族 $\mathcal{F} = \{f\}$ 中每个函数 f 在每个 D_j 上没有单叶岛, 那么函数族 $\mathcal{F}$ 于 D 正规.

4.1.3 Nevanlinna 重值定理和 Ahlfors 岛屿定理

现在我们考虑更一般的情况. 首先, 根据 Nevanlinna 第二基本定理, 有 Nevanlinna 重值定理, 即定理 2.5.7.

与上类似地, 由于亚纯函数 f 覆盖其 $m \geqslant 2$ 重值 $a \in \overline{\mathbb{C}}$ 至少 m 次, 因此对含有 a 的圆或更一般的单连通区域 D, 不存在区域 $\Omega \subset \mathbb{C}$ 使得 $f|_\Omega : \Omega \to D$ 是 $m-1$ 叶共形映照.

定义 4.1.3 设 k 为正整数, 我们称亚纯函数 $f : U \to D$ 为局部 (至多) k 叶共形映照, 如果 $D = f(U)$ 并且对 D 任意一点 w_0 和任何 $z_0 \in f^{-1}(w_0) \subset U$, 存在 z_0 的某邻域 $\Delta \subset U$ 内的单叶函数 h, 其将 z_0 映为 w_0, 使得对某正整数 $l \leqslant k$ 有 $f|_\Delta = h^l$.

定义 4.1.4 设 f 为区域 $U \subset \mathbb{C}$ 的亚纯函数, $m \geqslant 2$ 为正整数, $D \subset \overline{\mathbb{C}}$ 为单连通 Jordan 区域. 如果存在 U 的子区域 $\Omega \subset U$ 使得 $f|_\Omega : \Omega \to D$ 是局部 $m-1$ 叶共形映照, 就称 f 在 D 上有 $m-1$ 叶岛 Ω.

这样, 用与上相同的方法就可证明如下的定理 4.1.10 和定理 4.1.11. 定理 4.1.10 是 Nevanlinna 重值定理 (定理 2.5.7) 的推广, 而定理 4.1.11 则是 Bloch-Valiron 定则 (定理 3.1.4) 的推广.

定理 4.1.10 若存在 $q \geqslant 3$ 个闭包互不相交的单连通 Jordan 区域 D_1, D_2, $\cdots, D_q \subset \overline{\mathbb{C}}$ 使得全平面 $\mathbb{C}$ 上亚纯函数 f 在每个 D_j 上没有 $m_j - 1$ 叶岛, 其中, $m_1, \cdots, m_q$ 是至少为 2 的正整数或 ∞, 并且满足

$$\sum_{j=1}^{q}\left(1-\frac{1}{m_j}\right) > 2,$$

那么 f 必为常数.

定理 4.1.11 若存在 $q \geqslant 3$ 个闭包互不相交的单连通 Jordan 区域 D_1, D_2, $\cdots, D_q \subset \overline{\mathbb{C}}$ 使得区域 $D \subset \mathbb{C}$ 上亚纯函数族 $\mathcal{F} = \{f\}$ 中每个函数 f 在每个 D_j 上没有 $m_j - 1$ 叶岛, 其中 $m_1, \cdots, m_q$ 是至少为 2 的正整数或 ∞, 并且满足

$$\sum_{j=1}^{q}\left(1-\frac{1}{m_j}\right) > 2,$$

那么函数族 $\mathcal{F} = \{f\}$ 于 D 正规.

4.1.4 类多项式的 Ahlfors 定理

对非超越的非常数整函数和亚纯函数, 即非常数多项式和有理函数来说, 能够具有的 Picard 例外值和重值就更少. 将多项式看成 $\mathbb{C}$ 到 $\mathbb{C}$ 的映照, 那么非常数多项式没有有限 Picard 例外值, 至多只有一个有限重值; 将有理函数看成 $\mathbb{C}$ 到 $\overline{\mathbb{C}}$ 的映照, 那么非常数有理函数至多只有一个 Picard 例外值, 至多只有两个重值. 进而, 非常数多项式在每个有界 Jordan 区域上都有岛, 至多在一个有界 Jordan 区域上没有单叶岛; 非常数有理函数至多在一个 Jordan 区域上没有岛, 至多在两个闭包不相交的 Jordan 区域上没有单叶岛.

现在, 我们将这些个性质推广到所谓的类多项式函数[73] 上去.

定义 4.1.5 设 $U, V \subset \overline{\mathbb{C}}$ 是区域, 则称映照 $f: U \to V$ 是逆紧映照, 如果对任何紧集 $E \subset V$, 逆像 $f^{-1}(E) \subset U$ 也是紧集. 此时, 任何 $w \in V$ 的逆像集 $f^{-1}(\{w\})$ 的个数是一个与 w 无关的正整数. 该正整数称为此逆紧映照的 (拓扑) 次数.

定义 4.1.6 设 $f: D \to \overline{\mathbb{C}}$ 为非常值亚纯函数, z_0 为 D 内一点. 如果 f 在 z_0 处不局部单叶 (在 z_0 的某空心邻域内是 $(m+1)$ 叶映射), 则称 z_0 为 f 的一个 (m 重) 临界点, 并称数 $a = f(z_0) \in \overline{\mathbb{C}}$ 为 f 的一个临界值.

对逆紧映照的应用来说, 下面的 Riemann-Hurwitz 公式是基本的. 参考 [152].

定理 4.1.12 设 $f: U \to V$ 是 d 次逆紧映照, 其中 U 的连通数为 m, V 的连通数为 n, 则 f 在 D 内有 $r = m - 2 - d(n-2)$ 个临界点, 计重数.

注记 4.1.1 由于 f 是逆紧的, 因此我们有 $n \leqslant m \leqslant dn$, 从而临界点个数 $r \leqslant 2d - 2$.

定义 4.1.7 设 U, $V \subset \mathbb{C}$ 是有界单连通区域, 并且 $\overline{U} \subset V$, 则称 (次数为 d 的) 逆紧映照 $f: U \to V$ 是 (次数为 d 的) 类多项式, 记为 (f, U, V).

定理 4.1.13 设 (f, U, V) 为类多项式, Ω 为单连通 Jordan 区域, 满足 $\overline{\Omega} \subset V$ 内的, 则 f 在 Ω 上有岛.

证明 因 f 是逆紧的, 故这显然. □

定理 4.1.14 设 (f, U, V) 为 d 次类多项式, Ω_1, $\Omega_2 \subset \mathbb{C}$ 为闭包互不相交并且闭包含于 V 内的单连通 Jordan 区域, 则 f 在 Ω_1 和 Ω_2 上至少有两个单叶岛.

证明 设 $f^{-1}(\Omega_1)$ 有 m 个分支 V_1, $V_2, \cdots$, V_m, $f^{-1}(\Omega_2)$ 有 n 个分支 W_1, $W_2, \cdots$, W_m, 则每个 $f|_{V_j}: V_j \to \Omega_1$ 和 $f|_{W_j}: W_j \to \Omega_2$ 都是逆紧映照, 它们的次数分别记为 μ_j 和 ν_j. 此时有 $d = \sum_{j=1}^{m} \mu_j = \sum_{j=1}^{n} \nu_j$. 根据 Riemann-Hurwitz 公式, f 有 $d-1$ 个临界点, $f|_{V_j}$ 有 $\mu_j - 1$ 个临界点以及 $f|_{W_j}$ 有 $\nu_j - 1$ 个临界点. 于是

$$\begin{aligned} d - 1 \geqslant & \sum_{j=1}^{m} (\mu_j - 1) + \sum_{j=1}^{n} (\nu_j - 1) \\ = & \sum_{j=1}^{m} \mu_j + \sum_{j=1}^{n} \nu_j - (m+n) = 2d - (m+n). \end{aligned}$$

从而 $m + n \geqslant d + 1 = (d-1) + 2$. 于是在 $m + n$ 个分支中至少有两个不含有临界点. 这两个分支就是单叶岛. □

4.2 有理函数的若干性质

我们先给出几个有理函数的与临界点有关的性质.

显然, z_0 为 f 的 m 重临界点当且仅当 z_0 为 f' 的 m 重零点或 z_0 为 f 的 $m+1$ 重极点. 当 f 为非常数有理函数时, ∞ 亦可为临界点. 临界点与临界值在复解析动力系统即有理函数和亚纯函数的迭代动力系统中起着很重要的作用. 这里先给出有理函数的两个简单但很有用的性质. 第一个给出了临界点的个数, 第二个则确定了没有有穷临界点的函数形式. 这两个性质尽管简单, 但在最近的正规族理论的研究中得到了很好的应用.

定理 4.2.1 d 次有理函数有而且恰有 $2d-2$ 个临界点 (计重数).

证明 如果 R 是一个 d 次多项式, 则显然 ∞ 为 R 的 $d-1$ 重临界点. 又由于 R' 为 $d-1$ 次多项式, 故其共有 $d-1$ 个有穷零点. 因此 R 有而且恰有 $2d-2$ 个临界点.

在一般情形, 由于有理函数可表示为两个没有公共零点的多项式的商, 因此根据代数基本定理, 可将 R 表示为

$$R(z) = A\frac{\prod_{i=1}^{q}(z-w_i)^{n_i}}{\prod_{i=1}^{p}(z-z_i)^{m_i}}, \tag{4.2.1}$$

其中 A 为非零常数, w_i, z_j 是互相判别的有穷复数, m_i, n_j 为正整数. 由有理函数次数的定义有

$$d = \max\left\{\sum_{i=1}^{p} m_i, \sum_{i=1}^{q} n_i\right\}. \tag{4.2.2}$$

先设 $R(\infty)=\infty$, 则由 (4.2.1) 知 $\sum_{i=1}^{p} m_i > \sum_{i=1}^{q} n_i$, 并且 ∞ 为 R 的

$$\sum_{i=1}^{p} m_i - \sum_{i=1}^{q} n_i - 1 = d - 1 - \sum_{i=1}^{q} n_i$$

重临界点. 对 R 求导可得

$$R'(z) = A\frac{\prod_{i=1}^{q}(z-w_i)^{n_i-1}}{\prod_{i=1}^{p}(z-z_i)^{m_i+1}}T(z), \tag{4.2.3}$$

其中

$$T(z) = \prod_{i=1}^{p}(z-z_i)\sum_{i=1}^{q} n_i \prod_{j\neq i}(z-w_j) - \prod_{i=1}^{q}(z-w_i)\sum_{i=1}^{p} m_i \prod_{j\neq i}(z-z_j).$$

公式 (4.2.3) 中, $T(z)$ 是一个 $p+q-1$ 次多项式, 因此 R 有

$$\sum_{i=1}^{p}(m_i-1) + \sum_{i=1}^{q}(n_i-1) + p + q - 1 = d - 1 + \sum_{i=1}^{q} n_i$$

个有穷临界点. 于是 R 共有 $2d-2$ 个临界点.

当 $R(\infty)=0$ 时, 同样由 (4.2.1) 知 $\sum_{i=1}^{q} n_i > \sum_{i=1}^{p} m_i$, 并且 ∞ 为 R 的

$$\sum_{i=1}^{q} n_i - \sum_{i=1}^{p} m_i - 1 = d - 1 - \sum_{i=1}^{p} m_i$$

重临界点. 又由 (4.2.3) 知 R 有

$$\sum_{i=1}^{p}(m_i-1)+\sum_{i=1}^{q}(n_i-1)+p+q-1=d-1+\sum_{i=1}^{p}m_i$$

个有穷临界点. 于是 R 共有 $2d-2$ 个临界点.

当有理函数 R 满足 $R(\infty)=c\neq 0,\ \infty$ 时, 令 $R_1=R-c$, 则 $R_1(\infty)=0$, 并且与 R 有相同的临界点个数, 因此由上知 R 也有 $2d-2$ 个临界点. □

定理 4.2.2 [62, 155] 设 R 为非常值有理函数, 在 $\mathbb{C}$ 内满足 $R'(z)\neq 0$, 那么或者 $R(z)=az+b$ 或者

$$R(z)=\frac{a}{(z-z_0)^n}+b, \tag{4.2.4}$$

这里 $a(\neq 0),\ b,\ z_0\in\mathbb{C}$ 是常数, $n\in\mathbb{N}$ 是一正整数.

证明 如果 R 为多项式, 则由 $R'(z)\neq 0$ 即知 $R(z)=az+b$.

下设 R 不是多项式, 因此可表示为两个没有公共零点的多项式的商, 从而存在常数 $a(\neq 0)$, b 和两个互质并且次数相异的首 1 多项式 P, Q 使得

$$R(z)=a\frac{P(z)}{Q(z)}+b. \tag{4.2.5}$$

如果 P 为常数, 即 $P\equiv 1$, 则由 $R'(z)=-aQ'(z)/[Q(z)]^2\neq 0$ 知 Q' 的零点均为 Q 的零点, 因此 Q/Q' 为多项式. 显然该多项式只能是一次的, 因此存在常数 $c(\neq 0), z_0$ 使得 $Q(z)/Q'(z)=c(z-z_0)$. 由此即知 $Q(z)=(z-z_0)^n$, 从而 R 具有形式 (4.2.4).

现在设 P 不为常数. 由于 $R'\neq 0$, P 只有单零点, 因此由多项式分解定理, 可将 R 表示为

$$R(z)=a\frac{\prod_{i=1}^{p}(z-z_i)}{\prod_{i=1}^{q}(z-w_i)^{n_i}}+b. \tag{4.2.6}$$

这里 $z_i,\ w_j\in\mathbb{C}$ 互相判别, $p,\ q,\ n_j\in\mathbb{N}$. 由 $\deg(P)\neq\deg(Q)$ 知 $p\neq\sum_{i=1}^{q}n_i$. 于是

$$R'(z)=a\frac{L(z)}{\prod_{i=1}^{q}(z-w_i)^{n_i+1}}, \tag{4.2.7}$$

其中

$$L(z)=\prod_{i=1}^{q}(z-w_i)\sum_{i=1}^{p}\prod_{j\neq i}(z-z_j)-\prod_{i=1}^{p}(z-z_i)\sum_{i=1}^{q}n_i\prod_{j\neq i}(z-w_j).$$

因多项式 $L(z)$ 的首项为 $(p-\sum_{i=1}^{q}n_i)z^{p+q-1}$, $L(z)$ 是一个 $p+q-1\geqslant 1$ 次多项式, 故必有零点. 但 $R'\neq 0$, 故该零点必为 (4.2.7) 右端分母 $\prod_{i=1}^{q}(z-w_i)^{n_i+1}$ 的零点, 从而必为某 w_{i_0}. 但在 w_{i_0} 处, 分子的值为

$$L(w_{i_0})=-n_{i_0}\prod_{i=1}^{p}(w_{i_0}-z_i)\prod_{j\neq i_0}(w_{i_0}-w_j)\neq 0.$$

于是 P 不为常数这种情形不可能. □

定理 4.2.2 有如下两个有用的推论.

推论 4.2.1 设 R 为非多项式的有理函数, $k\geqslant 2$ 为一正整数, 如果其零点都至少 k 重并且在 $\mathbb{C}$ 内 $R^{(k)}(z)\neq 1$, 那么或者

$$R(z)=\frac{1}{k!}\cdot\frac{(z-w_0)^{k+1}}{z-z_0},\tag{4.2.8}$$

或者 $k=2$ 并且

$$R(z)=\frac{(z-z_0)^2(z-w_0)^2}{2\left(z-\dfrac{z_0+w_0}{2}\right)^2},\tag{4.2.9}$$

这里 z_0, w_0 是两个相异常数.

证明 由于 $\left(R^{(k-1)}(z)-z\right)'=R^{(k)}(z)-1\neq 0$, 因此由定理 4.2.2 知存在常数 $a(\neq 0),b,z_0\in\mathbb{C}$ 和正整数 $n\in\mathbb{N}$ 使得

$$R^{(k-1)}(z)=z+b+\frac{a}{(z-z_0)^n}=\frac{(z+b)(z-z_0)^n+a}{(z-z_0)^n}.\tag{4.2.10}$$

于是

$$R(z)=\frac{1}{k!}z^k+P_{k-1}(z)+\frac{A}{(z-z_0)^l},\tag{4.2.11}$$

这里, $A(\neq 0)$ 为常数, P_{k-1} 为次数小于 k 的多项式, $l=n-(k-1)$ 为正整数.

如果 R 有一个 $m\geqslant k+1$ 重零点 w_0, 则 w_0 是 $R^{(k-1)}$ 的, 从而也是 $P(z)=(z+b)(z-z_0)^n+a$ 的 $m-(k-1)\geqslant 2$ 重零点. 但

$$P'(z)=(z-z_0)^{n-1}[(n+1)z-z_0+nb],$$

因此 R 只有一个零点 $w_0 = \dfrac{z_0 - nb}{n+1}$, 而且其重数为 $m = k+1$. 于是注意到 R 只有一个 l 重极点 z_0, 可写 R 为

$$R(z) = c\frac{(z-w_0)^{k+1}}{(z-z_0)^l}. \tag{4.2.12}$$

于是由 (4.2.11) 和 (4.2.12) 得

$$c(z-w_0)^{k+1} \equiv A + (z-z_0)^l \left(\frac{1}{k!}z^k + P_{k-1}(z)\right).$$

比较次数与系数即得 $l = 1$ 和 $c = 1/k!$, 从而 R 具有形式 (4.2.8).

现在设 R 的所有零点都 k 重. 由 (4.2.10) 有

$$\begin{aligned} R^{(k-2)}(z) &= \frac{1}{2}z^2 + bz + c - \frac{\dfrac{a}{n-1}}{(z-z_0)^{n-1}} \\ &= \frac{\left(\dfrac{1}{2}z^2 + bz + c\right)(z-z_0)^{n-1} - \dfrac{a}{n-1}}{(z-z_0)^{n-1}}. \end{aligned} \tag{4.2.13}$$

于是 R 的所有零点都是 $R^{(k-2)}$ 的二重零点, 从而也是多项式

$$Q(z) = \left(\frac{1}{2}z^2 + bz + c\right)(z-z_0)^{n-1} - \frac{a}{n-1}$$

的二重零点, 因此也是

$$Q'(z) = \left[(z+b)(z-z_0) + (n-1)\left(\frac{1}{2}z^2 + bz + c\right)\right](z-z_0)^{n-2}$$

的单零点. 由于 z_0 是 R 的极点, 此说明 R 的零点最多两个. 如果只有一个, 设为 z_1, 那么 R 可表示为

$$R(z) = c\frac{(z-z_1)^k}{(z-z_0)^l}. \tag{4.2.14}$$

此与 (4.2.11) 比较, 容易得出矛盾. 因此 R 有两个零点, 设为 z_1 和 z_2, 那么 R 可表示为

$$R(z) = c\frac{(z-z_1)^k(z-z_2)^k}{(z-z_0)^l}. \tag{4.2.15}$$

此与 (4.2.11) 比较就有

$$c(z-z_1)^k(z-z_2)^k \equiv A+(z-z_0)^l\left(\frac{1}{k!}z^k+P_{k-1}(z)\right).$$

比较次数与系数即得 $l=k$ 和 $c=1/k!$. 对上式求导得

$$\frac{1}{(k-1)!}(z-z_1)^{k-1}(z-z_2)^{k-1}(2z-z_1-z_2) \equiv (z-z_0)^{k-1}T(z),$$

其中 T 为一多项式. 由于 $z_1,\ z_2 \neq z_0$, 故从上式知 $z_0=(z_1+z_2)/2$ 并且 $k=2$. 此时由 (4.2.15) 知 R 具有形式 (4.2.9). □

推论 4.2.2 [155] 设 R 为非常数有理函数, k 为一正整数, 如果其零点都至少 $k+1$ 重并且在 $\mathbb{C}$ 内 $R^{(k)}(z) \neq 1$, 那么

$$R(z)=\frac{1}{k!}\cdot\frac{(z-w_0)^{k+1}}{z-z_0}, \tag{4.2.16}$$

这里 $z_0,\ w_0$ 是两个相异常数.

最后, 我们叙述一个复解析动力系统中的花瓣定理, 其证明需要较多的篇幅, 因此我们不给出证明, 请读者参考 [37].

定理 4.2.3 设 R 为非常数有理函数, 在不动点 $z=z_0$ 处有展开:

$$R(z)=z+a(z-z_0)^{s+1}+\cdots,$$

这里 $a \neq 0,\ s \in \mathbb{N}$, 则恰有 s 个以 z_0 为公共边界点的互不相交的区域 $L_1,\cdots,L_s$ 使得迭代函数列 $\{R^n\}$ 在每个 L_k 内内闭一致收敛于 z_0, 而且每个 L_k 包含一个 R 的临界点.

定理 4.2.3 中所述的区域 L_k 称为有理函数 R 的 Leau 域, 其或者是单连通的或者是无穷连通的[37]. 因区域 L_k 分布形似花瓣而将定理 4.2.3 称为花瓣定理.

4.3 有界型超越亚纯函数的一个性质

定义 4.3.1 设 f 为复平面 $\mathbb{C}$ 上的非常值亚纯函数, 则称数 $a \in \overline{\mathbb{C}}$ 为 f 的一个渐近值, 如果存在一条伸展至 ∞ 的简单曲线 Γ 使得当 z 沿 Γ 趋于 ∞ 时 $f(z)$ 以 a 为极限. 此时, 曲线 Γ 也称为函数 f 的一条渐近曲线.

有理函数 R 只有一个渐近值 $R(\infty) \in \overline{\mathbb{C}}$, 因此我们只考虑超越亚纯函数的渐近值. 临界值和渐近值以及它们的极限统称为奇异值, 在解析函数论的各分支中都起着很重要的作用. 注意, ∞ 总是超越亚纯函数的一个奇异值.

现在我们给出所谓有界型超越亚纯函数的一个性质, 其在值分布论和复解析动力系统中都找到了很好的应用. 我们用 $\mathrm{sing}(f^{-1})$ 表示 f 的有穷奇异值集.

定理 4.3.1　[142] 设 f 为复平面 $\mathbb{C}$ 上的超越亚纯函数并且 $\mathrm{sing}(f^{-1})$ 有界, 那么存在正数 R 使得当 $|z| > R$ 并且 $R < |f(z)| < +\infty$ 时有

$$\left|\frac{f'(z)}{f(z)}\right| \geqslant \frac{\log|f(z)|}{16\pi|z|}. \tag{4.3.1}$$

在证明定理 4.3.1前, 先证如下引理.

引理 4.3.1　设 f 为复平面 $\mathbb{C}$ 上的超越亚纯函数并且 $\mathrm{sing}(f^{-1}) \subset \Delta(0,R)$, 则 $f^{-1}(\overline{\mathbb{C}} \setminus \overline{\Delta}(0,R))$ 的每个分支于 $\mathbb{C}$ 单连通.

证明　设 $V \subset \mathbb{C}$ 为 $f^{-1}(\overline{\mathbb{C}}\setminus\overline{\Delta}(0,R))$ 的一个分支. 取定一点 $z_0 \in \mathbb{C}\setminus\overline{\Delta}(0,R)$, 则存在 f^{-1} 的一个分支 g 使得 $w_0 = g(z_0) \in V$. 于是

$$g(\overline{\mathbb{C}} \setminus \overline{\Delta}(0,R)) \subset V.$$

进而由于半平面区域 $H := \{t = x + iy : x > \log R\}$ 单连通, 根据单值性定理, 函数 $h(t) = g(e^t)$ 于 H 上单值解析.

如果 h 是单叶的, 则 $V = h(H)$, 从而 V 必为单连通. 故只需考虑 h 不单叶的情形. 此时 h 是一以 $2m\pi i$ 为周期的周期函数, 这里 $m \in \mathbb{N}$ 为某正整数. 事实上, 因为 h 不单叶, 存在最小正整数 m 和某 $t_0 \in H$ 使得 $h(t_0 + 2m\pi i) = h(t_0)$. 于是当 t 趋于 t_0 时 $h(t) - h(t_0 + 2m\pi i)$ 也趋于 0, 故根据开映照定理存在趋于 $t_0 + 2m\pi i$ 的 t' 使得 $h(t) = h(t')$, 从而 $t' = t + 2m\pi i$. 于是 $h(t + 2m\pi i) \equiv h(t)$, 即 h 为以 $2m\pi i$ 为周期的周期函数. 于是存在区域 $\overline{\mathbb{C}} \setminus \overline{\Delta}(0, R^{1/m})$ 上的单叶函数 $\phi(s) = a_1 s + a_0 + a_{-1}s^{-1} + \cdots$ 使得 $h(t) = \phi(e^{t/m})$, $t \in H$, 从而

$$f(z) = [\phi^{-1}(z)]^m, \quad z \in \phi(\overline{\mathbb{C}} \setminus \overline{\Delta}(0, R^{1/m})).$$

如果 $a_1 \neq 0$, 则 $\infty \in \phi(\overline{\mathbb{C}} \setminus \overline{\Delta}(0, R^{1/m}))$, 并且当 $z \to \infty$ 时, $z^{-m}f(z)$ 趋于 a_1^{-m}. 这与 f 为超越亚纯函数矛盾. 因此 $a_1 = 0$. 此时 $\phi(\overline{\mathbb{C}} \setminus \overline{\Delta}(0, R^{1/m}))$ 为单连通区域, 而且就是 V. □

定理 4.3.1 的证明　取定 $c \in \mathbb{C}$ 使得 $f(c) \neq \infty$. 由于 $\mathrm{sing}(f^{-1})$ 有界, 故存在正数 $R > \max\{1, |c|, |f(c)|\}$ 使得 $\mathrm{sing}(f^{-1}) \subset \Delta(0,R)$. 设 $z_0 \notin f^{-1}(\infty)$ 满足 $|z_0|, |f(z_0)| > R^2$ 为任一点, 则存在 $f^{-1}(\overline{\mathbb{C}} \setminus \overline{\Delta}(0,R))$ 的一个分支 $V \subset \mathbb{C}$ 使得 $z_0 \in V$. 由上引理 4.3.1 知 V 是单连通的. 再设 g 为 f^{-1} 的一个分支使得 $g(f(z_0)) = z_0$.

由 $|f(c)| < R$ 知 $c \notin V$, 从而对任何 $z \in V$ 有 $z - c \neq 0$. 于是由于 V 单连通, 可取 log 的一个单值分支 L 使得 $L(z - c)$ 于 V 解析. 于是 $\Phi(t) := L(g(e^t) - c)$

可解析延拓到 $H := \{t = x + iy : x > \log R\}$ 上, 而且 $\Phi(H)$ 不能含有半径超过 π 的圆盘, 从而根据 Bloch 定理有

$$|\Phi'(t)| \leqslant \frac{\pi}{B(x-\log R)}, \quad t = x+iy \in H,$$

这里 $B \geqslant \dfrac{1}{4}$ 为 Bloch 常数. 于是

$$\left|\frac{g'(e^t)e^t}{g(e^t)-c}\right| \leqslant \frac{4\pi}{x-\log R}, \quad t = x+iy \in H. \tag{4.3.2}$$

由于 $f(z_0) \neq 0$, 存在 $t_0 = x_0 + iy_0 \in \mathbb{C}$ 使得 $e^{t_0} = f(z_0)$, 从而

$$x_0 = \log|f(z_0)| > 2\log R,$$

即有 $t_0 \in H$, 并且

$$x_0 - \log R \geqslant \frac{1}{2}\log|f(z_0)|, \quad |g(e^{t_0}) - c| = |z_0 - c| \leqslant 2|z_0|.$$

又根据反函数的性质有 $g'(e^{t_0}) = 1/f'(z_0)$, 于是由 (4.3.2) 我们即得不等式

$$\left|\frac{f'(z_0)}{f(z_0)}\right| \geqslant \frac{\log|f(z_0)|}{16\pi|z_0|}. \qquad \square$$

4.4 Bergweiler-Eremenko 定理

对亚纯函数 f 的临界值或渐近值 a, 取 $U(r)$ 是 $f^{-1}(\Delta(a,r))$ 的一个单调分支, 即对任何充分小的 $0 < r_1 < r_2$ 有 $U(r_1) \subset U(r_2)$. 这里, 当 $a = \infty$ 时, $\Delta(a,r)$ 用 ∞ 的球面邻域 $\{z : |z,\infty| < r\}$ 代替. 易见集合 $E = \bigcap_{r>0} U(r)$ 至多为一单点集. 进一步地, 如果 E 为单点集, 则该点为临界点而 a 为相应之临界值; 如果其为空集, 则 a 为渐近值. 现在我们可将渐近值分为两类: 直接的和非直接的. 前者指存在某 $U(r_0)$ 使得在其上 $f \neq a$; 后者则指相反的情形.

临界值显然至多可数个. 一个不太显然的事实是直接渐近值也至多可数个. 事实上根据 Denjoy-Carelman-Ahlfors 定理[95], 级 ρ 有穷的亚纯函数只有至多 $\max\{2\rho, 1\}$ 个直接渐近值. 然而, 非直接渐近值却可以有不可数个. 事实上, 可以构造出亚纯函数使得每个复数 $a \in \overline{\mathbb{C}}$ 都是其渐近值[140]. 但是, 根据 W. Bergweiler 和 A. Eremenko[27] 的如下的重要工作, 级 ρ 有穷的亚纯函数的渐近值个数不超过 2ρ 与临界值集极限集的基数之和.

定理 4.4.1 级 ρ 有穷的超越亚纯函数的每个非直接渐近值都是临界点集的极限点. 只有有限个临界值并且级 ρ 有穷的亚纯函数只有至多 2ρ 个渐近值.

为证明此定理, 我们需要建立两个引理.

引理 4.4.1 设 $p>3$ 为正整数, f 为级 $\rho<p-3$ 的超越亚纯函数, 则对充分大的 n, 存在正数 r_n: $2^{pn-2}<r_n<2^{pn}$ 使得等高线 $|f(z)|=r_n$ 位于圆 $\overline{\Delta}(0,2^n)$ 内部分的长度不超过 $2^{pn/2}$.

证明 由于 f 级 $\rho<p-3$, 故存在 n_0 使得当 $n\geqslant n_0$ 时有

$$T(2^{n+2},f)\leqslant 2^{(p-3)(n+2)},$$

从而由 Nevanlinna 第一基本定理, 对正数 r (当 $g(0)\neq\infty$ 时, $r>|g(0)|+1$) 和 $\theta\in[0,2\pi)$ 有

$$\begin{aligned} n\left(2^n,\frac{1}{f-re^{i\theta}}\right) &\leqslant N\left(2^{n+2},\frac{1}{f-Re^{i\theta}}\right)\\ &\leqslant T(2^{n+2},f)+\log^+ r+c\\ &\leqslant 2^{(p-3)(n+2)}+\log^+ r+c, \end{aligned}$$

这里 $c=c(f)$ 为常数. 于是

$$P_n(r):=\frac{1}{2\pi}\int_0^{2\pi} n\left(2^n,\frac{1}{f-re^{i\theta}}\right)d\theta\leqslant 2^{(p-3)(n+2)}+\log^+ r+c.$$

现在记等高线 $|f(z)|=r$ 位于圆 $\overline{\Delta}(0,2^n)$ 内部分的长度为 $l_n(r)$, 则由长度-面积原理[91] 有

$$\int_{2^{pn-2}}^{2^{pn}}\frac{[l_n(r)]^2}{rP_n(r)}dr\leqslant 2\pi S_{\overline{\Delta}(0,2^n)}=\pi^2 2^{2n+1},$$

因此存在 $r_n\in(2^{pn-2},2^{pn})$ 使得

$$[l_n(r_n)]^2\leqslant\frac{r_nP_n(r_n)}{2^{pn}-2^{pn-2}}\pi^2 2^{2n+1}\leqslant\frac{4\pi^2}{3}\left(2^{(p-3)(n+2)}+pn\log 2+c\right)2^{2n+1}.$$

由此即知当 n 充分大时有 $l_n(r_n)\leqslant 2^{pn/2}$. □

引理 4.4.2 设 $p>3$ 为正整数, f 为级 $\rho<p-3$ 的超越亚纯函数, 则对任意正数 ε, 存在正数 δ 使得集合 $E_\delta=\{z:|z|^{2p}|f'(z)|<\delta\}$ 的每个分支 B 在 f 下的像 $f(B)$ 的直径小于 ε.

证明 函数 $g = 1/f'$ 的级也为 $\rho < p - 3$, 因此对 g 应用引理 4.4.1 知当 $n \geqslant n_0$ 时, 等高线 $|f'(z)| = 1/r_n$ 位于圆 $\overline{\Delta}(0, 2^n)$ 内部分的长度不超过 $2^{pn/2}$. 取 n_0 充分大使得

$$\sum_{n=n_0}^{\infty} \frac{2^{n+1}}{r_n} < \sum_{n=n_0}^{\infty} \frac{2^{np/2} + \pi 2^{n+1}}{r_n} < \frac{\varepsilon}{2}.$$

记 $V_n = \{z : |f'(z)| < 1/r_n\} \cap \Delta(0, 2^n)$ 为等高线 $|f'(z)| = 1/r_n$ 内部位于圆 $\overline{\Delta}(0, 2^n)$ 内部分, 并记 $V = \bigcup_{n=n_0}^{\infty} V_n$. 由于 V 的边界由位于 $\overline{\Delta}(0, 2^n)$ 内等高线 $|f'(z)| = 1/r_n$ 部分和圆周 $|z| = 2^n$ 的部分圆弧组成, 在这些圆弧上有 $1/r_{n+1} \leqslant |f'(z)| \leqslant 1/r_n$, 因此

$$\int_{\partial V} |f'(z)||dz| \leqslant \sum_{n=n_0}^{\infty} \frac{2^{np/2} + \pi 2^{n+1}}{r_n} < \frac{\varepsilon}{2}.$$

不失一般性, 我们可设在圆周 $|z| = 2^{n_0}$ 上有 $f' \neq 0$. 取 $0 < \delta_0 < 1$ 使得 $\delta_0 < \min\{|z|^{2p}|f'(z)| : |z| = 2^{n_0}\}$, 则对正数 $\delta \leqslant \delta_0$, 集合 $E_\delta = \{z : |z|^{2p}|f'(z)| < \delta\}$ 与 $|z| = 2^{n_0}$ 不相交. 而 E_δ 在圆 $\Delta(0, 2^{n_0})$ 内的分支当 $\delta \to 0$ 时收缩到函数 $z^{2p}f'(z)$ 在圆 $\Delta(0, 2^{n_0})$ 内的有限个零点, 因此存在正数 δ 使得 E_δ 在圆 $\Delta(0, 2^{n_0})$ 内的每个分支的直径都小于 ε.

现在来证明这样的正数 δ 也使得 E_δ 在圆 $\Delta(0, 2^{n_0})$ 外的每个分支的直径都小于 ε. 首先, 我们有 $E_\delta \cap \{z : |z| > 2^{n_0}\} \subset V$. 事实上, 对 $z \in E_\delta \cap \{z : |z| > 2^{n_0}\}$, 存在 $n > n_0$ 使得 $2^{n-1} < |z| \leqslant 2^n$, 因此

$$|f'(z)| < \delta |z|^{-2p} \leqslant 2^{-2(n-1)p} \leqslant 1/r_n,$$

从而 $z \in V_n \subset V$. 于是对 E_δ 在圆 $\Delta(0, 2^{n_0})$ 外的每个分支 B, 存在 V 的一个分支 D 使得 $B \subset D$. 对 B 内任何两点 a 和 b, 设其连线段 $\overline{ab}$ 为 L. 如果 $L \subset D$, 则取 $\gamma = L$. 如果 $L \not\subset D$, 则 L 被分成依次位于 D 内和 D 外的有限条线段, 这些线段的端点除 a 和 b 外均在 ∂D 上. 将每条位于 D 外的线段用由 ∂D 上连接该线段两端点的有界弧段代替. 经过这种替代后的曲线记为 γ. γ 位于 D 内部分由 L 的若干线段组成, 记位于 $2^{n-1} \leqslant |z| \leqslant 2^n$ 的那些线段之并为 T_n, 则在 T_n 上有 $|f'(z)| \leqslant 1/r_n$, 因此

$$\begin{aligned}
&|f(a) - f(b)| \\
\leqslant &\int_\gamma |f'(z)||dz| \leqslant \int_{\partial V} |f'(z)||dz| + \sum_{n=n_0}^{\infty} \int_{T_n} |f'(z)||dz| \\
< &\frac{\varepsilon}{2} + \sum_{n=n_0}^{\infty} \frac{2^{n+1}}{r_n} < \varepsilon.
\end{aligned}$$

□

定理 4.4.1 的证明 我们只证定理的前半部分. 后半部分是前半部分的推论. 设 $a=0$ 为 f 的一个非直接渐近值. 假设定理不成立, 则存在 r_0 使得 $U(r_0)$ 不含有 f 的临界点. 同时由于 $\bigcap_{r>0} U(r)=\varnothing$, 可设 $0 \notin U(r_0)$. 我们先通过归纳法构造

(1) 一列趋于 $a=0$ 的渐近值 $\{a_n\}$ 满足 $r_0/2>|a_1|>|a_2|>\cdots$;

(2) 一列在 $U(r_0/2)$ 内的互不相交的单连通区域 $\{G_n\}$ 使得 f 在每个 G_n 上单叶, 而且 $D_n=f(G_n)$ 是一个圆盘满足 $0 \notin \overline{D}_n$;

(3) 每个 a_n 有渐近曲线 $\Gamma_n \subset G_n$ 使得 $f(\Gamma_n)$ 是一条直线段.

假定对 $k=1,2,\cdots,n-1$ 已经有了 a_k, G_k, Γ_k, 以下构造 a_n, G_n, Γ_n. 由于 $0 \notin \overline{D}_k=\overline{f(G_k)}$, 因此存在 $R_n<|a_{n-1}|$ (当 $n=1$ 时取 $R_1<r_0/2$) 使得对 $k=1,2,\cdots,n-1$ 有 $U(R_n) \cap G_k=\varnothing$. 又由于 $a=0$ 为 f 的非直接渐近值, 故存在 $z_n \in U(R_n)$ 使得 $f(z_n)=0$. 再由于 $U(r_0)$ 不含有 f 的临界点, $f'(z_n) \neq 0$, 从而 f 在 z_n 处单叶, 因此反函数 f^{-1} 有一个分支 ϕ 具有形式

$$\phi(w)=z_n+\sum_{m=1}^{\infty} c_m w^m .$$

该级数具有正收敛半径 r_n. 我们断言 $r_n<R_n$. 事实上, 如果 $r_n \geqslant R_n$, 则 $A:=\phi(\Delta(0,R_n))$ 是 $f^{-1}(\Delta(0,R_n))$ 的一个分支并且 $z_n \in A$. 注意到 $U(R_n)$ 是连通的并且 $z_n \in U(R_n)$, 就得出 $A=U(R_n)$, 也就是 f 在 $U(R_n)$ 上单叶. 此与 0 为非直接渐近值矛盾. 因此 $0<r_n<R_n$.

于是 ϕ 在收敛圆周 $|w|=r_n$ 上有奇点 $a_n=r_n e^{is_n}$. 显然,

$$|a_n|=r_n<R_n<r_{n-1}=|a_{n-1}|.$$

记 $D_n:=\Delta\left(\frac{2}{3}a_n, \frac{1}{3}|a_n|\right)$, 则 $0 \notin \overline{D}_n$, $\overline{D}_n \backslash \{a_n\} \subset \Delta(0,r_n)$. 于是 ϕ 在 $\overline{D}_n \backslash \{a_n\}$ 上全纯.

再记 $G_n=\phi(D_n)$, 则 $G_n \subset \mathbb{C}$ 显然是单连通区域. 我们断言它还是无界的. 事实上, 若 G_n 有界, 则 ϕ 可连续延拓至 a_n, 从而 $z_n^*=\phi(a_n) \in \mathbb{C}$, 即有 $a_n=f_n(z_n^*)$. 由于 $z_n^* \in U(R_n)$, 故 $f_n'(z_n^*) \neq 0$, 因此 ϕ 在点 a_n 解析, 与 a_n 为奇点矛盾. 又 $G_n \subset U(R_n)$, 因此对 $k<n$ 有 $G_n \cap G_k=\varnothing$.

最后, 记 Γ_n 为 D_n 的从圆心到 a_n 的半径在 ϕ 下的像, 就完成了 a_n, G_n, Γ_n 的构造.

现在来估计沿 Γ_n, f 趋于渐近值 a_n 的速率. 在每个 ∂G_n 上取定一点 q_n, 并对 $x>|q_n|$ 用 $\theta_n(x)$ 表示集合 $\{\theta \in [0,2\pi): xe^{i\theta} \in G_n\}$ 的测度, 则由于 $\{G_n\}$ 互不相交, 我们有

$$\sum_{n=1}^{\infty} \theta_n(x) \leqslant 2\pi. \tag{4.4.1}$$

同时由于 $f: G_n \to D_n$ 是共形的, 由 Ahlfors 偏差定理[2] 有

$$\log \frac{1}{|f(z) - a_n|} \geqslant \pi \int_{|q_n|}^{|z|} \frac{dx}{x\theta_n(x)} - c_n, \quad z \in \Gamma_n, \tag{4.4.2}$$

这里 c_n 为正常数.

设 $p > 3$ 为一正整数使得 f 的级小于 $p - 3$. 我们断言: 至多除 $4p + 2$ 个 n 外, 都有

$$\liminf_{z \to \infty,\ z \in \Gamma_n} |f(z) - a_n||z|^{2p+1} = 0. \tag{4.4.3}$$

若不然, 设有 $4p + 3$ 个例外, 不妨设为 $n = 1, 2, \cdots, 4p + 3$ 使得当 $|z| \geqslant r_0 = \max\{|q_n| : 1 \leqslant n \leqslant 4p + 3\}$ 时有 $|f(z) - a_n| > c|z|^{-2p-1}$, 这里 $c > 0$ 为常数. 于是由 (4.4.2) 得

$$\pi \int_{r_0}^{|z|} \frac{dx}{x\theta_n(x)} \leqslant (2p + 1) \log |z| + O(1).$$

再由 Schwarz 不等式就有

$$\begin{aligned}\left(\log \frac{|z|}{r_0}\right)^2 &= \left(\int_{r_0}^{|z|} \frac{dx}{x}\right)^2 \leqslant \int_{r_0}^{|z|} \frac{dx}{x\theta_n(x)} \int_{r_0}^{|z|} \frac{\theta_n(x)dx}{x} \\ &\leqslant \frac{1}{\pi} \left((2p + 1) \log |z| + O(1)\right) \int_{r_0}^{|z|} \frac{\theta_n(x)dx}{x}.\end{aligned}$$

于是得到

$$\begin{aligned}(4p + 3) \left(\log \frac{|z|}{r_0}\right)^2 &\leqslant \frac{1}{\pi} \left((2p + 1) \log |z| + O(1)\right) \int_{r_0}^{|z|} \frac{\sum_{n=1}^{4p+3} \theta_n(x)}{x} dx \\ &\leqslant 2 \left((2p + 1) \log |z| + O(1)\right) \log \frac{|z|}{r_0}.\end{aligned}$$

令 $|z| \to \infty$ 就得矛盾: $4p + 3 \leqslant 2(2p + 1)$.

根据上述断言, 我们可不妨设 (4.4.3) 对所有 n 成立. 现在我们再证明在每条 Γ_n 上存在趋于 ∞ 的点列 $\{z_{n,j}\}$ 使得

$$|z_{n,j}|^{2p+1} |f'(z_{n,j})| \leqslant 1. \tag{4.4.4}$$

事实上, 如果上式不成立, 那么当 $z \in \Gamma_n$ 的模充分大时有 $|f'(z)| > |z|^{-2p-1}$. 再注意到 $f(\Gamma_n)$ 为直线段就得到

$$|f(z) - a_n| = \int_{\widehat{z\infty} \subset \Gamma_n} |f'(z)||dz| \geqslant \int_{\widehat{z\infty} \subset \Gamma_n} |z|^{-2p-1}|dz| \geqslant \frac{1}{2p}|z|^{-2p}.$$

这与前述断言矛盾.

由于 $r_0/2 > |a_1| > |a_2| > \cdots$, 因此

$$0 < \varepsilon = \frac{1}{8}\min\{|a_i - a_j| : 1 \leqslant i < j \leqslant 2p\} < \frac{1}{8}r_0. \tag{4.4.5}$$

于是由引理 4.4.2, 存在正数 δ 使得 $E_\delta = \{z : |z|^{2p}|f'(z)| < \delta\}$ 的每个连通分支 B 在 f 下的像 $f(B)$ 的直径小于 ε.

对每个 $n = 1, 2, \cdots, 2p$, 取 $z_n^* = z_{n,j_n} \in \Gamma_n$ 使得

$$|z_n^*| > 1/\delta, \quad |z_n^*|^{2p+1}|f'(z_n^*)| \leqslant 1, \quad |f(z_n^*) - a_n| < \varepsilon,$$

则有 $|z_n^*|^{2p}|f'(z_n^*)| < \delta$, $|f(z_n^*)| + \varepsilon < \dfrac{3}{4}r_0$, 并且对 $1 \leqslant n < m \leqslant 2p$ 有 $|f(z_n^*) - f(z_m^*)| > 6\varepsilon$.

设 B_n 是 E_δ 的含有 z_n^* 的连通分支. 由于 $f(B_n)$ 的直径小于 ε 并且 $|f(z_n^*)| + \varepsilon < \dfrac{3}{4}r_0$, 因此 $f(B_n) \subset \Delta\left(0, \dfrac{3}{4}r_0\right)$. 注意到 $U(r_0)$ 是 $f^{-1}(\Delta(0, r_0))$ 的连通分支并且 $z_n^* \in U(r_0) \cap B_n$, 因此 $\overline{B}_n \subset U(r_0)$.

再由于 $f(B_n)$ 的直径 $< \varepsilon$ 并且对 $1 \leqslant n < m \leqslant 2p$ 有 $|f(z_n^*) - f(z_m^*)| > 6\varepsilon$, 因此 $\{f(B_n)\}_{n=1}^{2p}$ 互不相交, 从而 $\{B_n\}_{n=1}^{2p}$ 也互不相交.

由于在 $U(r_0)$ 上 $f'(z) \neq 0$ 并且 $0 \notin U(r_0)$, 因此函数

$$u(z) = -\log|f'(z)| - 2p\log|z| + \log\delta$$

在 $U(r_0)$ 上次调和, 并且在 B_n 内 $u(z) > 0$, 在 ∂B_n 上 $u(z) = 0$. 这说明集合 $\{z \in U(r_0) : u(z) > 0\}$ 有 $2p$ 个互不相交的连通分支 $\{B_n\}_{n=1}^{2p}$. 于是由 Denjoy-Carelman-Ahlfors 定理的次调和函数形式, u 的级至少为 p, 从而 f' 和 f 的级至少为 p. 与假设矛盾. □

4.5 Hayman 定理的推广 (I)

Hayman 定理 2.6.4 说, 没有零点的超越亚纯函数的导数取任意有穷非零复数无穷多次. 如何放宽 Hayman 定理中关于零点的条件就变得非常有意义. W.

Bergweiler 和 A. Eremenko 借助于他们证明的上述定理 4.4.1 首先证明了如下结果.

定理 4.5.1 [27] 具有无穷多个重零点的有穷级超越亚纯函数, 其导数取任意有穷非零复数无穷多次.

证明 设 f 为具有无穷多个重零点的有穷级超越亚纯函数, 假设存在 $a \in \mathbb{C}\setminus\{0\}$ 使得 $f'-a$ 只有有限个零点. 不妨设 $a=1$, 则函数 $F(z)=z-f(z)$ 只有有限个非极点的临界点, 因此由定理 4.4.1 知 F 也只有有限个渐近值, 从而 $\mathrm{sing}(F^{-1})$ 有限因而有界. 于是由定理 4.3.1 知存在正数 R 使得当 $|z|>R$ 和 $|F(z)|>R$ 时有

$$|F'(z)| \geqslant \frac{|F(z)|\log|F(z)|}{16\pi|z|}.$$

根据条件 f 有无穷多个重零点 $\{z_n\}$, 即有 $z_n\to\infty$ 并且 $f(z_n)=f'(z_n)=0$, 从而 $F(z_n)=z_n\to\infty$ 并且 $F'(z_n)=1$. 于是当 n 充分大时由上式得 $1\geqslant \dfrac{1}{16\pi}\log|z_n|$. 此不可能. □

注记 4.5.1 定理 4.5.1 对无穷级亚纯函数甚至整函数不成立. 设非零复数 a 满足 $e^a=a$ 而 $b=-1/a$, 则整函数

$$f(z)=z+b\int_0^z e^{ae^t-t}dt$$

是无穷级整函数, 而且 f 还是以 $2\pi i$ 为周期的周期函数. 事实上, 令

$$g(z)=\int_z^{z+2\pi i} e^{ae^t-t}dt,$$

则 $g'(z)=e^{ae^{z+2\pi i}-(z+2\pi i)}-e^{ae^z-z}=0$, 因此 g 为常数, 从而

$$g=g(0)=\int_0^{2\pi i} e^{ae^t-t}dt=\int_0^{2\pi} e^{ae^{it}-it}idt=\int_{|z|=1}\frac{e^{az}}{z^2}dz=2\pi ia.$$

由此即知 $f(z+2\pi i)-f(z)=2\pi i+bg(z)=0$, 即 f 是以 $2\pi i$ 为周期的周期函数. 故由 $f(0)=0$ 知 $f(2k\pi i)=0$. 又 $f'(0)=1+be^a=0$, 因此 f 有无穷多个重零点 $2k\pi i$, 但是 $f'(z)=1+be^{ae^z-z}\neq 1$.

上例中, 函数的重零点个数比较少, 因此我们提出如下问题: 如果无穷级亚纯函数 f 满足

$$N_{(2}(r,1/f)\neq o(N(r,1/f)),$$

那么其导数 f' 是否取任意有穷非零复数无穷多次?

我们将在本书中证明, 如果无穷级亚纯函数 f 只有重零点, 即

$$N_{(2}(r, 1/f) = N(r, 1/f),$$

或者稍微广一点, 只有有限个单零点, 那么其导数 f' 就取任意有穷非零复数无穷多次. 这里, 我们先给出下面的定理 4.5.2, 从其证明过程中可看出正规族以及 Zalcman-Pang 引理所起的作用.

定理 4.5.2 [155] 如果超越亚纯函数 f 的零点, 除有限个外, 均至少 3 重, 则其导数 f' 取任意有穷非零复数无穷多次.

证明 如果 f 的零点只有有限个, 则结论由 Hayman 不等式即得. 如果 f 的零点有无限个, 但函数 f 的级有穷, 则结论由定理 4.5.1 即得.

现设函数 f 为无穷级并且零点有无限个. 假设 f' 取某非零有穷复数 a 有限多次. 我们可不妨设 $a = 1$. 因为 f 无穷级, 因此存在趋于 ∞ 的点列 $\{z_n\}$ 使得 $f^{\#}(z_n) \to \infty$. 根据 Marty 定则, 函数列 $\{f_n(z) = f(z_n + z)\}$ 在原点 $z = 0$ 处不正规. 于是由 Zalcman-Pang 引理, 存在子列不妨仍设为 $\{f_n\}$, 趋于 0 的点列 $\{z_n^*\}$ 和趋于 0 的正数列 $\{\rho_n\}$ 使得 $g_n(\zeta) = \rho_n^{-1} f_n(z_n^* + \rho_n \zeta)$ 于 $\mathbb{C}$ 按球面距离内闭一致收敛于非常数有穷级亚纯函数 g. 注意当 n 充分大时, 函数列 $\{f_n\}$ 中每个函数的零点都至少 3 重并且 $f_n' \neq 1$, 因此, g 的所有零点至少 3 重, 而且由于 $g_n'(\zeta) \neq 1$, 根据 Hurwitz 定理, 要么 $g' \equiv 1$ 要么 $g' \neq 1$. 前者因 g 只有重零点而不可能; 后者由定理 4.5.1 和推论 4.2.2 知 g 只能为常值函数, 也与 g 非常值矛盾. □

推论 4.5.1 如果非常数亚纯函数 f 于 $\mathbb{C}$ 的零点至少 3 重, 则 f' 于 $\mathbb{C}$ 取任意有穷非零复数至少一次.

注记 4.5.2 存在只有重零点的非常数有理函数 R, 其导数 R' 于 $\mathbb{C}$ 不取 1. 例如: 有理函数 $R(z) = \dfrac{(z-1)^2}{z}$ 于 $\mathbb{C}$ 满足 $R'(z) = 1 - \dfrac{1}{z^2} \neq 1$. 这也是我们暂时还不能证明只有重零点的超越亚纯函数的导数取任意有穷非零复数无穷多次的原因.

与定理 4.5.2 的证明相仿, 还可得出如下结论.

定理 4.5.3 [155] 如果超越亚纯函数 f 的零点与极点, 除有限个外, 都是重的, 则 f' 取任意有穷非零复数无穷多次.

推论 4.5.2 如果非常数亚纯函数 f 于 $\mathbb{C}$ 的零点与极点均重, 则 f' 于 $\mathbb{C}$ 取任意有穷非零复数至少一次.

推论 4.5.3 设 $n \geqslant 1$ 为正整数, 则对超越亚纯函数 f, $f^n f'$ 取任意有穷非零复数无穷多次; 对非常数亚纯函数 f, $f^n f'$ 于 $\mathbb{C}$ 取任意有穷非零复数至少一次.

现在我们将定理 4.5.1 推广到高阶导数情形[155].

定理 4.5.4 设 k 为正整数, 则具有无穷多个重数至少为 $k+1$ 的零点的有穷级超越亚纯函数 f, 其 k 阶导数 $f^{(k)}$ 取任意有穷非零复数无穷多次.

证明 根据条件, $f^{(k-1)}$ 是有无穷多个重零点的有穷级超越亚纯函数, 故由定理 4.5.1, 其导数 $\left(f^{(k-1)}\right)' = f^{(k)}$ 取任意有穷非零复数无穷多次. □

再用与证明定理 4.5.2 同样的方法就有

定理 4.5.5 如果超越亚纯函数 f 的零点, 除有限个外, 均至少 $k+2$ 重, 则其 k 阶导数 $f^{(k)}$ 取任意有穷非零复数无穷多次.

推论 4.5.4 如果非常数亚纯函数 f 的零点均至少 $k+2$ 重, 则 $f^{(k)}$ 于 $\mathbb{C}$ 取任意有穷非零复数至少一次.

定理 4.5.6 如果, 除有限个外, 超越亚纯函数 f 的零点均至少 $k+1$ 重, 极点都是重的, 则 $f^{(k)}$ 取任意有穷非零复数无穷多次.

推论 4.5.5 如果非常数亚纯函数 f 的零点均至少 $k+1$ 重, 极点都是重的, 则 $f^{(k)}$ 于 $\mathbb{C}$ 取任意有穷非零复数至少一次.

4.6 Hayman 定理的推广 (II)

现在我们继续将上述定理 4.5.5 和定理 4.5.6 加以推广. 这个工作属于 W. Bergweiler 和庞学诚[30] 及徐焱[157].

定理 4.6.1 如果超越亚纯函数 f 的零点, 除有限个外, 均至少 $k+2$ 重, 则对任何不恒为 0 的有理函数 R, $f^{(k)}-R$ 有无穷多个零点.

定理 4.6.2 如果, 除有限个外, 超越亚纯函数 f 的零点均至少 $k+1$ 重, 极点都是重的, 则对任何不恒为 0 的有理函数 R, $f^{(k)}-R$ 有无穷多个零点.

为证明这两个定理, 我们需要建立若干引理.

引理 4.6.1 设 h 是一个整函数, 满足

$$\log M(r,h) = O\left((\log r)^2\right), \quad r\to\infty.$$

则对几乎所有的 $\theta\in[0,2\pi]$, 当 $r\to\infty$ 时有

$$\log|h(re^{i\theta})| \sim \log M(r,h).$$

证明 此为 [92] 中定理 1 的推论. □

引理 4.6.2 设 f 是一个超越亚纯函数, 满足 $T(r,f)=O\left((\log r)^2\right)$, R 是有理函数并且在 ∞ 处次数为 $d\in\mathbb{Z}$: 当 $z\to\infty$ 时 $R\sim cz^d$, $c\neq 0$ 为常数. 假设 $f^{(k)}-R$ 只有有限多个零点, 则当 $d\neq -k$ 时, 函数 $z^{-d-k}f(z)$ 有渐近值; 当 $d=-k$ 时, 函数 $f(z)$ 有渐近值.

证明 由于 $T(r,f)=O\left((\log r)^2\right)$, 根据 Nevanlinna 理论, 对任何正整数 k 都有 $T(r,f^{(k)})=O\left((\log r)^2\right)$.

由于 $f^{(k)}-R$ 只有有限多个零点, 因此有多项式 P 使得函数

$$h=\frac{P}{f^{(k)}-R}$$

为整函数. 于是根据 Nevanlinna 理论, 容易得到

$$\log M(r,h)\leqslant 3T(2r,h)\leqslant 3T(2r,f^{(k)})+O(\log r)=O\left((\log r)^2\right).$$

于是由引理 4.6.1, 存在 $\theta\in[0,2\pi]$, 当 $r\to\infty$ 时有

$$\frac{|h(re^{i\theta})|}{r^m}\to\infty,\ \text{其中 } m=\deg(P)+2+|d|.$$

从而当 r 充分大, 设 $r\geqslant r_0$ 时有

$$\left|f^{(k)}(re^{i\theta})-R(re^{i\theta})\right|=\frac{|P(re^{i\theta})|}{|h(re^{i\theta})|}\leqslant\frac{1}{r^{2+|d|}}.$$

这意味着在射线 $L:\arg z=\theta$ 上当 $r=|z|\to\infty$ 时有

$$f^{(k)}(z)=R(z)+O\left(\frac{1}{r^{2+|d|}}\right)=cz^d(1+o(1)).$$

于是, 当 $d\geqslant 0$ 或 $d<-k$ 时两边积分 k 次可知在射线 $L:\arg z=\theta$ 上当 $r=|z|\to\infty$ 时有

$$f(z)=Q(z)+Cz^{d+k}(1+o(1)),$$

而当 $-k\leqslant d<0$ 时

$$f(z)=Q(z)+Cz^{d+k}\log z(1+o(1)).$$

这里 C 为非零常数, 这里 Q 是一次数小于等于 $k-1$ 的多项式. 由此可知沿着射线 $L:\arg z=\theta$, 当 $r=|z|\to\infty$ 时总有

$$g(z)=\frac{f(z)}{z^{d+k}}\to a\in\overline{\mathbb{C}}.$$

即函数 g 有有穷或无穷渐近值 a. □

引理 4.6.3 设 f 是超越亚纯函数满足 $f^{\#}(z)=O(|z|^{-1})$ (此种函数叫做 Julia 例外函数), 则 f 没有渐近值.

证明 参考 [105, p.7]. □

定理 4.6.1 的证明 假设 $f^{(k)}-R$ 只有有限多个零点. 由于 R 为不恒为 0 的有理函数, 由此当 $z\to\infty$ 时有非零常数 c 和整数 $d\in\mathbb{Z}$ 使得 $R(z)\sim cz^d$. 现在记

$$g(z)=z^{-d-k}f(z).\ \text{当 } d=-k \text{ 时}, g(z)=f(z).$$

如果 g 是 Julia 例外函数, 则由 Ahlfors 特征函数容易知 $T(r,g)=O((\log r)^2)$. 于是此种情况下, 根据引理 4.6.2 和引理 4.6.3, 我们得到两个截然相反的结论: 函数 g 既有渐近值又没有渐近值. 矛盾.

现在设 g 不是 Julia 例外函数. 首先根据 Julia 例外函数的定义, 立知存在点列 $\{a_n\}$ 满足 $a_n\to\infty$ 和 $a_ng^{\#}(a_n)\to\infty$. 现在定义函数列

$$g_n(z)=z^{d+k}g(a_nz)=\frac{f(a_nz)}{a_n^{d+k}},\quad n=1,2,\cdots.$$

由于

$$g_n^{\#}(1)=\frac{a_ng'(a_n)+(d+k)g(a_n)}{1+|g(a_n)|^2}\geqslant |a_n|g^{\#}(a_n)-\frac{|d+k|}{2}\to\infty,$$

因此根据 Marty 定则知函数列 $\{g_n\}$ 在点 $z=1$ 处不正规. 由于函数 f 的零点, 除有限个外, 均至少 $k+2$ 重, 因此在区域 $\Delta\left(1,\dfrac{1}{2}\right)$ 上, 函数列 $\{g_n\}$ 中除有限个外, 每个函数的零点均至少 $k+2$ 重. 因此根据 Zalcman-Pang 引理, 存在 $\{g_n\}$ 的子列, 不妨仍然设为 $\{g_n\}$, 收敛于 1 的点列 $\{z_n\}$ 和收敛于 0 的正数列 $\{\rho_n\}$ 使得函数列

$$G_n(\zeta)=\rho_n^{-k}g_n(z_n+\rho_n\zeta)$$

在复平面 $\mathbb{C}$ 上按球距内闭一致收敛于非常数有穷级亚纯函数 G. 由 Hurwitz 定理可知, 函数 G 的零点均至少 $k+2$ 重. 由于

$$\frac{R(a_n(z_n+\rho_n\zeta))}{a_n^d}=\frac{R(a_n(z_n+\rho_n\zeta))}{(a_n(z_n+\rho_n\zeta))^d}(z_n+\rho_n\zeta)^d$$

在复平面 $\mathbb{C}$ 上内闭一致收敛于常数 c, 因此

$$G_n^{(k)}(\zeta)-\frac{R(a_n(z_n+\rho_n\zeta))}{a_n^d}$$

在 $\mathbb{C}\setminus G^{-1}(\infty)$ 上内闭一致收敛于 $G^{(k)}-c$. 但由条件知

$$G_n^{(k)}(\zeta)-\frac{R(a_n(z_n+\rho_n\zeta))}{a_n^d}$$

$$= \frac{f^{(k)}(a_n(z_n + \rho_n\zeta)) - R(a_n(z_n + \rho_n\zeta))}{a_n^d} \neq 0,$$

因此由 Hurwitz 定理可知或者 $G^{(k)} - c \neq 0$ 或者 $G^{(k)} - c \equiv 0$. 由于函数 G 的零点均至少 $k+2$ 重, 因此只能有 $G^{(k)} - c \neq 0$. 但根据推论 4.5.4, 这样的函数 G 也只能是常值函数, 亦矛盾. □

定理 4.6.2 的证明 与定理 4.6.1 的证明类似. 详略. □

第 5 章　Hayman 猜想的涉及重值的推广

在亚纯函数正规族理论的发展过程中, W. K. Hayman[94] 提出的一系列猜想起了重要作用. 可以说, 关于正规族理论的研究大都围绕着 Hayman 猜想展开. 第 3 章中已经给出了 Hayman 猜想的基于 Zalcman-Pang 引理的几乎统一的证明. 本章将进而考虑与重值有关的推广工作.

5.1　Hayman 猜想

W. K. Hayman[94] 关于全纯和亚纯函数正规族有如下猜想:

猜想 1　给定正整数 k, 在区域 D 内满足 $f \neq 0$, $f^{(k)} \neq 1$ 的亚纯函数族 $\mathcal{F} = \{f\}$ 于 D 正规;

猜想 2　给定正整数 k, 在区域 D 内满足 $f^k f' \neq 1$ 的全纯函数族 $\mathcal{F} = \{f\}$ 于 D 正规;

猜想 3　给定正整数 $k \geqslant 3$, 在区域 D 内满足 $f^k f' \neq 1$ 的亚纯函数族 $\mathcal{F} = \{f\}$ 于 D 正规;

猜想 4　给定正整数 $k \geqslant 3$ 和常数 $a \in \mathbb{C}$, 在区域 D 内满足 $f^k - f' \neq a$ 的全纯函数族 $\mathcal{F} = \{f\}$ 于 D 正规;

猜想 5　给定正整数 $k \geqslant 5$ 和常数 $a \in \mathbb{C}$, 在区域 D 内满足 $f^k - f' \neq a$ 的亚纯函数族 $\mathcal{F} = \{f\}$ 于 D 正规.

W. K. Hayman 的上述 5 个猜想到 20 世纪 80 年代已经被完全证实, 大多用的是 Miranda 方法, 证明都严重依赖界囿不等式[86, 123, 27, 65, 106, 169].

在第 3 章中我们已经应用 Zalcman-Pang 引理给出了上述 5 个猜想的几乎统一的简洁证明, 而且结果更好. 例如, 猜想 3 对 $k = 1, 2$, 猜想 4 对 $k = 2$ 以及猜想 5 对 $k = 3, 4$ 都是成立的[124, 125, 126].

5.2　Hayman 猜想的推广: 函数具有重值

我们先考察一下猜想 2 和猜想 3. 由于

$$f^k f' = \left(\frac{1}{k+1} f^{k+1}\right)',$$

而函数族 $\{f\}$ 和 $\{f^{k+1}\}$ 的正规性是相同的, 再注意到函数 f^{k+1} 的零点和极点都是重的, 故可自然地考虑如下的问题:

问题 5.2.1 如果亚纯函数族 $\mathcal{F}$ 中每个函数 f 在区域 D 内的零点之级至少为 p, 极点之级至少为 q, 并且满足 $f' \neq 1$, 那么当正整数 p, q 满足什么条件时函数族 $\mathcal{F}$ 于区域 D 正规?

先考察此问题的两种极端情形:

(1) $p = +\infty$ (即 $f \neq 0$) 和 $q = 1$ (即对极点重级不附加任何条件);

(2) $p = 1$ (即对零点重级不附加任何条件) 和 $q = +\infty$ (即 $f \neq \infty$ 或 f 全纯).

显然, 对后一种情形 (2), 上述问题的答案是否定的. 这是由于有不正规的函数族 $\{nz\}$ 满足此种情形. 但是, 前一种情形 (1) 之答案是肯定的, 事实上即为顾永兴定则. 于是, 可进一步提出问题:

问题 5.2.2 是否存在正整数 p (及能否确定最小的正整数 p) 使得只要区域 D 内的亚纯函数族 $\mathcal{F}$ 中每个函数 f 在区域 D 内的零点之级至少为 p, 并且满足 $f' \neq 1$, 那么函数族 $\mathcal{F}$ 于区域 D 正规?

答案是存在的, 而且可取 $p = 3$. 事实上, 关于问题 5.2.2 有如下更一般的结果[155].

定理 5.2.1 设 $\mathcal{F}$ 是区域 D 内的一族亚纯函数, k 为一正整数. 如果每个 $f \in \mathcal{F}$ 在 D 内的零点均至少 $k+2$ 重并且 $f^{(k)} \neq 1$, 则 $\mathcal{F}$ 于 D 正规, 并且数 $k+2$ 是最好的.

证明 假设 $\mathcal{F}$ 在区域 D 内的某点 z_0 处不正规, 则由 Zalcman-Pang 引理, 存在函数列 $\{f_n\} \subset \mathcal{F}$, D 中收敛于 z_0 的点列 $\{z_n\}$ 和趋于 0 的正数列 $\{\rho_n\}$ 使得函数列

$$g_n(\zeta) = \rho_n^{-k} f_n(z_n + \rho_n \zeta)$$

于复平面 $\mathbb{C}$ 按球距内闭一致收敛于非常数亚纯函数 g. 注意 g 的零点之级至少为 $k+2$. 特别地, g_n 于 $\mathbb{C} \backslash g^{-1}(\infty)$ 按欧距内闭一致收敛于 g, 从而 $g_n^{(k)}$ 于 $\mathbb{C} \backslash g^{-1}(\infty)$ 按欧距内闭一致收敛于 $g^{(k)}$. 由于

$$g_n^{(k)}(\zeta) = f_n^{(k)}(z_n + \rho_n \zeta) \neq 1,$$

根据 Hurwitz 定理, 在 $\mathbb{C} \setminus g^{-1}(\infty)$ 上或者恒有 $g^{(k)} \equiv 1$ 或者恒有 $g^{(k)} \neq 1$. 于是在复平面 $\mathbb{C}$ 上或者恒有 $g^{(k)} \equiv 1$ 或者恒有 $g^{(k)} \neq 1$. 前者知 g 为 k 次多项式, 与 g 的零点之级至少为 $k+2$ 矛盾; 后者亦连同 g 的零点之级至少为 $k+2$ 与定理 4.5.5 矛盾.

至于数 $k+2$ 是最好的, 即不能再减小, 可由如下函数

$$f_n(z) = \frac{\left(z - \dfrac{1}{n}\right)^{k+1}}{k!z}, \quad n \in \mathbb{N},$$

组成的函数列 $\{f_n\}$ 看出. 事实上, 每个 f_n 的零点都 $k+1$ 重, 又由于

$$f_n(z) = \frac{z^k}{k!} + P_{k-1}(z) + \frac{\left(-\dfrac{1}{n}\right)^{k+1}}{k!z},$$

其中 $P_{k-1}(z)$ 为一 $k-1$ 次多项式, 我们有

$$f_n^{(k)}(z) = 1 - \frac{1}{n^{k+1}z^{k+1}} \neq 1.$$

但函数列 $\{f_n\}$ 在原点处不正规. □

现在, 我们回到问题 5.2.1. 此时我们有如下结果[139].

定理 5.2.2 设 $\mathcal{F}$ 是区域 D 内的一族亚纯函数, k 为一正整数. 如果在 D 内每个 $f \in \mathcal{F}$ 的零点均至少 $k+1$ 重, 极点均至少 2 重并且满足 $f^{(k)} \neq 1$, 则 $\mathcal{F}$ 于 D 正规, 并且数 $k+1$ 即使是对全纯函数族也是最好的.

证明 数 $k+1$ 最好可有函数列 $\{nz^k : n \in \mathbb{N}\}$ 立即看出. 现在我们来证明 $\mathcal{F}$ 于 D 正规. 假如不正规, 则如上定理 5.2.1 所证, 可得一非常数亚纯函数 g, 其没有单级极点、零点均至少 $k+1$ 重, 并且满足 $g^{(k)} \neq 1$. 然而, 由推论 4.5.5 知如此的非常数亚纯函数不存在. □

5.3 Hayman 猜想的推广: 导数具有非零重值

我们再对上面的定理 5.2.1 和定理 5.2.2 做些考虑: 将条件 $f^{(k)} \neq 1$ 认为是 $f^{(k)} - 1$ 的零点重级为 ∞. 于是, 又可提出如下问题:

问题 5.3.1 是否存在正整数 T (及能否确定最小的正整数 T) 使得只要亚纯函数族 $\mathcal{F}$ 中每个函数 f 在区域 D 内的零点重级至少为 $k+2$, 并且 $f^{(k)} - 1$ 在区域 D 内的零点重级至少为 T, 那么函数族 $\mathcal{F}$ 于区域 D 正规?

如此正整数 T 的存在性问题由 W. Bergweiler 和 J. K. Langley[29] 提出并且解决.

定理 5.3.1 设 k 为一正整数, 则存在一正整数 $T = T(k)$ 使得只要区域 D 内的一族亚纯函数 $\mathcal{F}$ 中每个 $f \in \mathcal{F}$ 的零点均至少 $k+2$ 重并且 $f^{(k)} - 1$ 的零点均至少 T 重, 那么 $\mathcal{F}$ 于 D 正规.

证明 假设这样的 T 不存在, 则对每个正整数 T 都存在某区域 D_T 和于该区域内不正规的一亚纯函数族 $\mathcal{F}_T$, 族中每个函数 f 的零点均至少 $k+2$ 重并且 $f^{(k)}-1$ 的零点均至少 T 重. 由于 $\mathcal{F}_T$ 于区域 D_T 内某点 z_T 不正规, 因此由 Zalcman-Pang 引理, 存在函数列 $\{f_{n,T}\}\subset\mathcal{F}_T$, D_T 中收敛于 z_T 的点列 $\{z_{n,T}\}$ 和趋于 0 的正数列 $\{\rho_{n,T}\}$ 使得函数列

$$g_{n,T}(\zeta)=\rho_{n,T}^{-k}f_{n,T}(z_{n,T}+\rho_{n,T}\zeta)$$

于复平面 $\mathbb{C}$ 按球距内闭一致收敛于非常数亚纯函数 g_T, 满足

$$g_T^{\#}(\zeta)\leqslant g_T^{\#}(0)=1.$$

注意到非常数亚纯函数 g_T 的零点之级至少为 $k+2$, 我们有 $g_T^{(k)}\not\equiv 1$. 再根据 $g_{n,T}^{(k)}(\zeta)-1$ 的零点之级至少为 T 并且 $g_{n,T}^{(k)}(\zeta)-1$ 于 $\mathbb{C}\setminus g_T^{-1}(\infty)$ 按欧距内闭一致收敛于 $g_T^{(k)}-1$, 可知 $g_T^{(k)}-1$ 的零点之级至少为 T.

现在考察函数列 $\{g_T\}$. 由于 $g_T^{\#}(\zeta)\leqslant 1$, 根据 Marty 定理, 该函数列于复平面 $\mathbb{C}$ 正规, 因此存在某子列, 不妨仍设为 $\{g_T\}$, 其在复平面 $\mathbb{C}$ 上按球距内闭一致收敛于极限函数 g. 由于 $g_T^{\#}(0)=1$, 极限函数 g 亦满足 $g^{\#}(0)=1$. 这说明极限函数不恒为常数或 ∞, 因而 g 是复平面 $\mathbb{C}$ 上非常数亚纯函数. 不难看出 g 的零点之级至少为 $k+2$ 并且 $g^{(k)}\neq 1$. 事实上, 如果在某个点 z_0 处有 $g^{(k)}(z_0)=1$, 则由于 $g^{(k)}\not\equiv 1$ (否则, g 为一 k 次多项式, 与 g 的零点之级至少 $k+2$ 矛盾), z_0 是 $g^{(k)}-1$ 的有限 d 重零点. 根据 Hurwitz 定理, 在 z_0 的充分小邻域内, 当 T 充分大时 $g_T^{(k)}-1$ 恰有 d 个零点. 但 $g_T^{(k)}-1$ 的零点重数至少为 T, 因此 $T\leqslant d$. 这是不可能的. 因此, 非常数亚纯函数 g 的零点之级至少为 $k+2$ 并且 $g^{(k)}\neq 1$. 这与定理 4.5.5 矛盾. □

类似地, 可以证明如下定理.

定理 5.3.2 设 k 为一正整数, 则存在一正整数 $T=T(k)$ 使得只要区域 D 内的一族亚纯函数 $\mathcal{F}$ 中每个 $f\in\mathcal{F}$ 的零点均至少 $k+1$ 重, 极点都重并且 $f^{(k)}-1$ 的零点均至少 T 重, 那么 $\mathcal{F}$ 于 D 正规.

解决了 T 的存在性问题后, 我们要问能否确定定理 5.3.1 和定理 5.3.2 中 T 的最小值. 这是一个非常有意义的问题. 然而这问题即使是对没有零点的函数族都很困难, 得到的也只是对 T 的最小值的估计.

定理 5.3.3 设 $\mathcal{F}$ 是区域 D 内的一族亚纯函数, k, T 为正整数满足 $T>k+4+\dfrac{2}{k}$. 如果每个 $f\in\mathcal{F}$ 满足 $f\neq 0$ 并且 $f^{(k)}-1$ 的零点均至少 T 重, 则 $\mathcal{F}$ 于 D 正规.

证明 假如 $\mathcal{F}$ 于 D 不正规, 则如上定理 5.2.1 所证, 可得一全平面 $\mathbb{C}$ 上的非常数亚纯函数 g, 其没有零点并且 $g^{(k)}-1$ 的零点均至少 T 重. 然而, 由推论 2.6.1 及注记 2.6.1 知如此的非常数亚纯函数不存在. □

定理 5.3.4 [29] 设 k, M, T 为正整数满足

$$\frac{2k+3+\dfrac{2}{k}}{M}+\frac{\dfrac{2}{k}(k+1)^2}{T}<1,$$

则区域 D 内的一族亚纯函数 $\mathcal{F}$ 于 D 正规, 如果每个 $f\in\mathcal{F}$ 的零点均至少 M 重并且 $f^{(k)}-1$ 的零点均至少 T 重.

证明 假如 $\mathcal{F}$ 于 D 不正规, 则如上定理 5.2.1 所证, 可得一全平面 $\mathbb{C}$ 上的非常数亚纯函数 g, 其零点均至少 M 重并且 $g^{(k)}-1$ 的零点均至少 T 重. 然而, 由定理 2.6.6 知如此的非常数亚纯函数不存在. □

定理 5.3.5 [85] 设 k, M, T, S 为正整数满足

$$\frac{k+1}{M}+\frac{1}{T}+\frac{1}{S}\left(1+\frac{k}{T}\right)<1,$$

则区域 D 内的一族亚纯函数 $\mathcal{F}$ 于 D 正规, 如果每个 $f\in\mathcal{F}$ 的零点均至少 M 重, 极点之级至少 S 重并且 $f^{(k)}-1$ 的零点均至少 T 重.

证明 假如 $\mathcal{F}$ 于 D 不正规, 则如上定理 5.2.1 所证, 可得一全平面 $\mathbb{C}$ 上的非常数亚纯函数 g, 其零点均至少 M 重、极点之级至少 S 重并且 $g^{(k)}-1$ 的零点均至少 T 重. 然而, 由定理 2.6.5 知如此的非常数亚纯函数不存在. □

与上面的定理 5.3.1 类似, 与微分多项式相关的定理也可推广到如下.

定理 5.3.6 设 k 为一正整数, 则存在一正整数 T 使得只要区域 D 内的一族亚纯函数 $\mathcal{F}$ 中每个 $f\in\mathcal{F}$ 满足 $f^kf'-1$ 的零点均至少 T 重, 那么 $\mathcal{F}$ 于 D 正规.

证明 假设这样的 T 不存在, 则对每个正整数 T 都存在某区域 D_T 和于该区域内不正规的一亚纯函数族 $\mathcal{F}_T$, 族中每个函数 f 使得 $f^kf'-1$ 的零点均至少 T 重. 由于 $\mathcal{F}_T$ 于区域 D_T 内某点 z_T 不正规, 因此由 Zalcman-Pang 引理, 存在函数列 $\{f_{n,T}\}\subset\mathcal{F}_T$, D_T 中收敛于 z_T 的点列 $\{z_{n,T}\}$ 和趋于 0 的正数列 $\{\rho_{n,T}\}$ 使得函数列

$$g_{n,T}(\zeta)=\rho_{n,T}^{\frac{1}{k+1}}f_{n,T}(z_{n,T}+\rho_{n,T}\zeta)$$

于复平面 $\mathbb{C}$ 按球距内闭一致收敛于非常数亚纯函数 g_T, 满足 $g_T^{\#}(\zeta)\leqslant g_T^{\#}(0)=1$.

由于

$$g_{n,T}^k(\zeta)g'_{n,T}(\zeta)=f_{n,T}^k(z_{n,T}+\rho_{n,T}\zeta)f'_{n,T}(z_{n,T}+\rho_{n,T}\zeta),$$

因此可知 $g_T^k g_T' - 1$ 的零点之级至少为 T.

现在考察函数列 $\{g_T\}$. 由于 $g_T^\#(\zeta) \leqslant 1$, 根据 Marty 定理, 该函数列于复平面 $\mathbb{C}$ 正规, 因此存在某子列, 不妨仍设为 $\{g_T\}$, 其在复平面 $\mathbb{C}$ 上按球距内闭一致收敛. 由于 $g_T^\#(0) = 1$, 极限函数 g 亦满足 $g^\#(0) = 1$. 这说明极限函数不恒为常数或 ∞, 因而是复平面 $\mathbb{C}$ 上非常数亚纯函数. 不难看出 $g^k g' \neq 1$. 事实上, 如果在某个点 z_0 处有 $g^k(z_0)g'(z_0) = 1$, 则由于 $g^k g' \not\equiv 1$, 根据 Hurwitz 定理, $g_T^k g_T' - 1$ 有一个零点 z_T 使得 $z_T \to z_0$. 由于 z_T 的级至少为 T, 因此 z_0 为 $g^k g' - 1$ 的无穷级零点. 这是不可能的. 因此, $g^k g' \neq 1$. 但这与推论 4.5.3 矛盾. □

同样可证明

定理 5.3.7 设 $k \geqslant 3(\geqslant 2)$ 为一正整数, $a \in \mathbb{C}$, 则存在一正整数 T 使得只要区域 D 内的一族亚纯 (全纯) 函数 $\mathcal{F}$ 中每个 $f \in \mathcal{F}$ 满足 $f^k - f' - a$ 的零点均至少 T 重, 那么 $\mathcal{F}$ 于 D 正规.

当然, 依然有如何确定定理 5.3.6 和定理 5.3.7 中的正整数 T 的问题.

5.4 Hayman 猜想的推广: 导数 1 值点离散分布

前面我们允许 $f^{(k)} - 1$ 有零点时要求重级至少为 T. 现在取消重级限制, 转而考虑 $f^{(k)} - 1$ 的零点分布满足何种条件下仍然有正规定则的问题.

定理 5.4.1 [42] 设 $k \geqslant 1$, $m \geqslant 0$ 为整数, 则对区域 D 内的一族亚纯函数 $\mathcal{F}$, 如果每个 $f \in \mathcal{F}$ 的零点均至少 $k+m+2$ 重并且 $f^{(k)} - 1$ 的零点个数局部一致地至多 $\min\{m, k\}$ 个 (不计重数), 那么 $\mathcal{F}$ 于 D 正规.

这里, 我们说函数族 $\mathcal{F}$ 中函数的零点个数于区域 D 局部一致地至多 K 个 (不计重数), 是指对区域 D 内每点 z_0, 存在 z_0 的某个邻域 $U(z_0) \subset D$ 使得每个函数 $f \in \mathcal{F}$ 在该邻域内的相异零点个数至多 K 个. 当 $K = 1$ 时, 我们也称函数族 $\mathcal{F}$ 的零点局部一致离散.

显然, 当 $m = 0$ 时, 定理 5.4.1 即为定理 5.2.1. 下面的两个例子表明, 定理 5.4.1 中关于族中函数 f 的零点重级和导数 1 值点分布的条件是最好的.

例 5.4.1 设

$$f_n(z) = \frac{\left(z - \dfrac{1}{n}\right)^{k+m+1}}{k!z^{m+1}}.$$

则可直接验证知

$$f_n^{(k)}(z) = 1 + \frac{P_n(z)}{z^{k+m+1}},$$

这里 $P_n(z)$ 为 m 次多项式. 因此当 $k \geqslant m$ 时, 每个 $f_n^{(k)}$ 都只有至多 $m =$

$\min\{m,k\}$ 个 1 值点. 但函数列 $\{f_n\}$ 在原点处是不正规的, 这是由于 $f_n(0)=\infty$, $f_n(1/n)=0$.

例 5.4.2 设

$$f_n(z)=\frac{\left(z-\dfrac{1}{n}\right)^{k+m+2}}{k!z^{m+2}}.$$

则可直接验证知

$$f_n^{(k)}(z)=1+\frac{Q_n(z)}{z^{k+m+2}},$$

这里 $Q_n(z)$ 为 $m+1$ 次多项式. 因此当 $k\geqslant m$ 时, 每个 $f_n^{(k)}$ 都只有至多 $m+1=\min\{m,k\}+1$ 个 1 值点. 但函数列 $\{f_n\}$ 在原点处是不正规的.

在定理 5.4.1 中取 $m=\infty$, 我们可得如下推论.

定理 5.4.2 [43] 设 $\mathcal{F}$ 是区域 D 内的一族亚纯函数, k 为一正整数. 如果每个 $f\in\mathcal{F}$ 不取 0 并且 $f^{(k)}-1$ 的零点个数局部一致地至多 k 个 (不计重数), 则 $\mathcal{F}$ 于 D 正规.

5.4.1 引理

为了证明定理 5.4.1, 我们要先建立如下的两个引理.

引理 5.4.1 设 f 为非常数有理函数, 没有零点, 而且极点的级至少为 m, 则 $f^{(k)}-1$ 在复平面 $\mathbb{C}$ 内至少有 $k+m$ 个相异零点.

证明 显然 f 不能是多项式, 而且由 Hayman 定理, $f^{(k)}-1$ 至少有一个零点. 现在设 $f^{(k)}-1$ 有 s 相异零点. 于是可将 f 和 $f^{(k)}$ 表示为

$$f(z)=\frac{C_1}{\prod_{i=1}^{n}(z+z_i)^{p_i}},\tag{5.4.1}$$

$$f^{(k)}(z)=1+\frac{C_2\prod_{i=1}^{s}(z+w_i)^{l_i}}{\prod_{i=1}^{n}(z+z_i)^{p_i+k}}.\tag{5.4.2}$$

这里 C_1, C_2 为非零常数, s, n, p_i, l_i 为正整数, w_i, z_i 为相异的有穷复数. 根据数学归纳法, 由 (5.4.1) 可有

$$f^{(k)}(z)=\frac{P(z)}{\prod_{i=1}^{n}(z+z_i)^{p_i+k}},$$

其中 P 为次数不超过 $(n-1)k$ 的多项式. 再结合 (5.4.2) 就得到

$$\prod_{i=1}^{n}(z+z_i)^{p_i+k}+C_2\prod_{i=1}^{s}(z+w_i)^{l_i}=P(z).\tag{5.4.3}$$

比较 (5.4.3) 中的次数和首项系数立即知 $C_2 = -1$ 和

$$\sum_{i=1}^{s} l_i = \sum_{i=1}^{n}(p_i + k).$$

在 (5.4.3) 中做变换 $z = 1/t$, 可得

$$\prod_{i=1}^{n}(1 + z_i t)^{p_i+k} - \prod_{i=1}^{s}(1 + w_i t)^{l_i} = t^{k+p}Q(t),$$

这里 $p = \sum_{i=1}^{n} p_i$, $Q(t) = t^{(n-1)k}P(1/t)$ 是多项式. 从而

$$\frac{\prod_{i=1}^{n}(1 + z_i t)^{p_i+k}}{\prod_{i=1}^{s}(1 + w_i t)^{l_i}} = 1 + \frac{t^{k+p}Q(t)}{\prod_{i=1}^{s}(1 + w_i t)^{l_i}}.$$

两边取对数导数, 可知在 $t = 0$ 处有

$$\sum_{i=1}^{n} \frac{(p_i + k)z_i}{1 + z_i t} - \sum_{i=1}^{s} \frac{l_i w_i}{1 + w_i t} = O\left(t^{k+p-1}\right).$$

于是, 比较上式两边在 $t = 0$ 处幂级数展开式的系数, 可知

$$\sum_{i=1}^{n}(p_i + k)z_i^j - \sum_{i=1}^{s} l_i w_i^j = 0, \quad 0 \leqslant j \leqslant k + p - 1.$$

这意味着如果 $k + p \geqslant n + s$, 那么线性方程组

$$\sum_{i=1}^{n+s} x_i z_i^j = 0, \quad 0 \leqslant j \leqslant n + s - 1,$$

其中 $z_{n+i} = w_i$ $(1 \leqslant i \leqslant s)$, 有非零解

$$(x_1, \cdots, x_n, x_{n+1}, \cdots, x_{n+s}) = (p_1 + k, \cdots, p_n + k, -l_1, \cdots, -l_s).$$

但上述方程组的系数行列式为 Vandermonde 行列式, 因此由 z_i 的相异性知不等于 0. 这就与线性方程组理论相矛盾. 于是 $k+p < n+s$. 由于 $p = \sum_{i=1}^{n} p_i \geqslant mn$, 因此 $s > k + p - n \geqslant k + (m - 1)n \geqslant k + m - 1$, 从而 $s \geqslant k + m$. □

引理 5.4.2 设 f 为非常数有理函数, 其至少有一个有穷零点并且所有零点的级均至少为 $k+m+2$, 则 $f^{(k)}-1$ 在复平面 $\mathbb{C}$ 内至少有 $m+1$ 个相异零点. 进一步地, 如果 f 有一个极点的级至少为 $m+3$, 那么 $f^{(k)}-1$ 在复平面 $\mathbb{C}$ 内至少有 $m+2$ 个相异零点.

证明 假设 $f^{(k)}-1$ 在复平面 $\mathbb{C}$ 内有 l 个相异零点. 先考虑 f 为多项式:

$$f(z)=c\prod_{i=1}^{n}(z-z_i)^{p_i},$$

这里 $n\geqslant 1$, $p_i\geqslant k+m+2$ 为整数, $c\neq 0$ 和 z_i 为常数, 并且各 z_i 相异. 再记

$$g(z)=z-f^{(k-1)}(z)\quad (f^{(0)}=f).$$

显然, g 为多项式, 并且 $\deg(g)\geqslant 2$. 由于 $g'=1-f^{(k)}$ 在复平面 $\mathbb{C}$ 内有 l 个相异零点, 故 g 有 l 个相异的临界点. 另一方面, 由于 $p_i\geqslant k+m+2$, 每个 z_i 是 g 的乘子为 1 的不动点: 在 z_i 处有

$$g(z)=z+c_i(z-z_i)^{p_i-k+1}[1+o(1)].$$

因此由复解析动力系统的花瓣定理, 每个 z_i 对应着 p_i-k 个抛物盆. 而每个抛物盆包含至少一个临界点, 于是我们有 $l\geqslant\sum_{i=1}^{n}(p_i-k)\geqslant m+2$.

现在设 f 为至少有一个极点的有理函数:

$$f(z)=c\frac{\prod_{i=1}^{n}(z-z_i)^{p_i}}{\prod_{i=1}^{s}(z-w_i)^{q_i}}.$$

同上的讨论可知 $g(z)=z-f^{(k-1)}(z)$ 有 $\sum_{i=1}^{n}(p_i-k)$ 个抛物盆对应着 f 的所有零点.

如果 ∞ 是 g 的不动点, 则同上可知 $l\geqslant\sum_{i=1}^{n}(p_i-k)\geqslant m+2$; 如果 ∞ 不是 g 的不动点, 则可能有一个抛物盆不包含 g 的非极点的临界点. 因此 $l+1\geqslant\sum_{i=1}^{n}(p_i-k)\geqslant m+2$, 即 $l\geqslant m+1$.

最后, 我们证明当 f 有一个极点的重级至少为 $m+3$ 时总有 $l\geqslant m+2$. 若不然, 则由上知 ∞ 不是 g 的不动点, $n=1$ 和 $p_1=k+m+2$, 即

$$f(z)=c\frac{(z-z_1)^{k+m+2}}{\prod_{i=1}^{s}(z-w_i)^{q_i}}.$$

利用归纳法可知

$$f^{(k-1)}(z)=\frac{(z-z_1)^{m+3}P(z)}{\prod_{i=1}^{s}(z-w_i)^{q_i+k-1}},$$

其中 P 为次数不超过 $(k-1)s$ 的多项式. 注意 ∞ 不是 $g=z-f^{(k-1)}(z)$ 的不动点, 因此

$$m+3+\deg(P)=1+\sum_{i=1}^{s}(q_i+k-1).$$

注意到 $\deg(P)\leqslant(k-1)s$, 因此得 $\sum_{i=1}^{s}q_i\leqslant m+2$. 这与至少有一个 $q_i\geqslant m+3$ 矛盾. □

5.4.2 定理 5.4.1 的证明

假设 $\mathcal{F}$ 在区域 D 内的某点 z_0 处不正规, 则由 Zalcman-Pang 引理, 存在函数列 $\{f_n\}\subset\mathcal{F}$, 收敛于 z_0 的点列 $\{z_n\}\subset D$ 和趋于 0 的正数列 $\{\rho_n\}$ 使得函数列

$$g_n(\zeta)=\rho_n^{-k}f_n(z_n+\rho_n\zeta)$$

于复平面 $\mathbb{C}$ 按球距内闭一致收敛于有穷级的非常数亚纯函数 g. 注意 g 的零点之级至少为 $k+m+2\geqslant k+2$. 特别地, g_n 于 $\mathbb{C}\setminus g^{-1}(\infty)$ 按欧距内闭一致收敛于 g, 从而 $g_n^{(k)}$ 于 $\mathbb{C}\setminus g^{-1}(\infty)$ 按欧距内闭一致收敛于 $g^{(k)}$.

由 Hayman 定理以及上面的引理 5.4.1 和引理 5.4.2, $g^{(k)}-1$ 至少有 $1+\min\{m,k\}$ 个零点 ζ_j. 由于 $g_n^{(k)}(\zeta)=f_n^{(k)}(z_n+\rho_n\zeta)$, 根据 Hurwitz 定理, 对每个 j, 存在点列 $\zeta_{n,j}\to\zeta_j$ 使得 $f_n^{(k)}(z_n+\rho_n\zeta_{n,j})=1$. 由于 $z_n+\rho_n\zeta_{n,j}\to z_0$ 并且 $f_n^{(k)}-1$ 局部一致地至多 $\min\{m,k\}$ 个零点, 因此 $f_n^{(k)}-1$ 的 $1+\min\{m,k\}$ 个零点 $z_n+\rho_n\zeta_{n,j}$ 中至少有两个是重合的. 设 $z_n+\rho_n\zeta_{n,1}=z_n+\rho_n\zeta_{n,2}$, 则有 $\zeta_{n,1}=\zeta_{n,2}$. 令 $n\to\infty$ 而得 $\zeta_1=\zeta_2$. 矛盾. 定理 5.4.1 得证.

第 6 章　正规族与例外函数或重函数

第 5 章中考虑的函数族与例外值或重值相关. 本章将讨论函数族在具有例外函数或重函数条件下的正规性问题.

6.1　若干辅助引理

本节给出的引理在证明与例外函数相关的正规定则时起着重要作用.

对一个函数 f 和一个有穷复数 c 而言, $f \neq c$ 和 $f - c \neq 0$ 是完全等价的. 但对两个函数 f 和 ϕ 而言, $f \neq \phi$ 和 $f - \phi \neq 0$ 是不一定等价的. 前者隐含了 f 和 ϕ 没有公共的极点, 而后者的 f 和 ϕ 是可能有公共极点的. 这个隐含的条件在研究涉及亚纯例外函数的亚纯函数正规族时有时起着非常关键的作用.

引理 6.1.1　设 $\mathcal{F}$ 是区域 D 上一族全纯函数, 于 D 除点 $z_0 \in D$ 外正规. 如果存在某个区域 D 上的亚纯函数 $\phi \not\equiv \infty$ 使得每个 $f \in \mathcal{F}$ 在 D 内都满足 $f(z) \neq \phi(z)$, 那么 $\mathcal{F}$ 在 z_0 处亦正规, 从而 $\mathcal{F}$ 于整个 D 内正规.

证明　设 $\{f_n\}$ 为 $\mathcal{F}$ 中任一函数列. 由于 $\mathcal{F}$ 于 $\Delta^\circ(z_0, r_0) \subset D$ 正规, 因此 $\{f_n\}$ 有子列, 仍设为 $\{f_n\}$, 其于 $\Delta^\circ(z_0, r_0)$ 内闭一致收敛到一全纯函数 F, 或内闭一致紧发散到 ∞.

先设 $\{f_n\}$ 于 $\Delta^\circ(z_0, r_0)$ 内闭一致收敛到一全纯函数 F, 则由定理 1.1.9 即知函数 F 可全纯延拓至 z_0, 并且 $\{f_n\}$ 于 $\Delta(z_0, r_0)$ 内闭一致收敛于 F.

现在设 $\{f_n\}$ 于 $\Delta^\circ(z_0, r_0)$ 内闭一致紧发散到 ∞. 我们断言 $\phi(z_0) \neq \infty$. 否则存在正整数 k 和于 $\Delta(z_0, r_1) \subset \Delta(z_0, r_0)$ 全纯并且不取 0 的函数 ϕ_1 使得

$$\phi(z) = \frac{\phi_1(z)}{(z - z_0)^k}.$$

由于 $f_n \neq \phi$ 以及 f_n 全纯, 我们可知 $(z - z_0)^k f_n(z) - \phi_1(z) \neq 0$. 于是函数列 $\{g_n\}$ 于 $\Delta(z_0, r_1)$ 全纯, 这里

$$g_n(z) = \frac{1}{(z - z_0)^k f_n(z) - \phi_1(z)}.$$

由于 $\{f_n\}$ 于 $\Delta^\circ(z_0, r_0)$ 内闭一致紧发散到 ∞, 全纯函数列 $\{g_n\}$ 于 $\Delta^\circ(z_0, r_1)$ 内闭一致收敛于 0. 因此由定理 1.1.9 知 $\{g_n\}$ 于 $\Delta(z_0, r_1)$ 内闭一致收敛于 0. 特别地, $\{g_n(z_0)\}$ 收敛于 0. 而这与 $g_n(z_0) = -1/\phi_1(z_0) \neq 0$ 相矛盾.

于是 $\phi(z_0) \neq \infty$, 从而 ϕ 于 $\Delta(z_0,r_2) \subset \Delta(z_0,r_0)$ 全纯. 于是由 $f_n \neq \phi$ 可知 $f_n - \phi \neq 0$, 从而函数列 $\{h_n\}$ 于 $\Delta(z_0,r_2)$ 全纯, 这里

$$h_n(z) = \frac{1}{f_n(z) - \phi(z)}.$$

由于 $\{f_n\}$ 于 $\Delta^\circ(z_0,r_0)$ 内闭一致紧发散到 ∞, 全纯函数列 $\{h_n\}$ 于 $\Delta^\circ(z_0,r_2)$ 内闭一致收敛于 0. 因此由定理 1.1.9 知 $\{h_n\}$ 于 $\Delta(z_0,r_2)$ 内闭一致收敛于 0, 进而 $\{f_n - \phi\}$ 于 $\Delta(z_0,r_2)$ 内闭一致紧发散到 ∞. 由于 ϕ 于 $\Delta(z_0,r_2)$ 全纯, 其局部有界, 故而 $\{f_n\}$ 于 $\Delta(z_0,r_2)$ 内闭一致紧发散到 ∞.

于是 $\mathcal{F}$ 在 z_0 处亦正规, 从而 $\mathcal{F}$ 于整个 D 内正规. □

引理 6.1.2　设 $\mathcal{F}$ 是区域 D 上一族亚纯函数, 于 D 除点 $z_0 \in D$ 外正规. 如果存在两判别的区域 D 内亚纯函数 ϕ 和 ψ, 其中之一可恒为 ∞, 使得每个 $f \in \mathcal{F}$ 都满足 $f(z) \neq \phi(z)$ 和 $f(z) \neq \psi(z)$, 那么 $\mathcal{F}$ 在 z_0 处亦正规, 从而 $\mathcal{F}$ 于整个 D 内正规.

证明　如果 ϕ 和 ψ 中有一个恒为 ∞, 则引理 6.1.2 即为引理 6.1.1. 因此下设 ϕ 和 ψ 均不恒为 ∞.

先考虑在 z_0 处, ϕ 和 ψ 至少有一个全纯, 设为 ϕ, 即 ϕ 于 $\Delta(z_0,r_0) \subset D$ 全纯. 根据条件, 我们可知于 $\Delta(z_0,r_0)$, 对任何 $f \in \mathcal{F}$ 都有

$$\frac{1}{f-\phi} \neq \frac{1}{\psi - \phi},$$

并且函数族 $\left\{\dfrac{1}{f-\phi} :\ f \in \mathcal{F}\right\}$ 于 D 全纯. 于是由引理 6.1.1 知函数族

$$\left\{\frac{1}{f-\phi} :\ f \in \mathcal{F}\right\}$$

于 $\Delta(z_0,r_0)$ 正规. 由此容易得知函数族 $\mathcal{F}$ 于 $\Delta(z_0,r_0)$ 正规.

现在设在 z_0 处 ϕ 和 ψ 均不全纯, 则存在正整数 k, l 和于 $\Delta(z_0,r_1) \subset D$ 全纯并且不取 0 的函数 ϕ_1 和 ψ_1 使得

$$\phi(z) = \frac{\phi_1(z)}{(z-z_0)^k}, \quad \psi(z) = \frac{\psi_1(z)}{(z-z_0)^l}.$$

从而由条件知, 对任何 $f \in \mathcal{F}$ 都有 $f(z_0) \neq \infty$ 而且于 $\Delta(z_0,r_1) \subset D$ 有

$$(z-z_0)^k f(z) \neq \phi_1(z), \quad (z-z_0)^l f(z) \neq \psi_1(z).$$

不妨设 $k \leqslant l$, 则有

$$(z-z_0)^k f(z) \neq \frac{\psi_1(z)}{(z-z_0)^{l-k}}.$$

由于 $\mathcal{F}$ 于 $D\setminus\{z_0\}$ 正规, 故函数族 $\{g_f(z)=(z-z_0)^k f(z): f\in\mathcal{F}\}$ 于 $\Delta^\circ(z_0,r_1)$ 正规, 从而由前一情形知其也于 $\Delta(z_0,r_1)$ 正规. 由于 z_0 为 g_f 的至少 k 重零点, 故对每一个于 $\Delta(z_0,r_1)$ 内闭一致收敛的函数列 $\{g_{f_n}\}$, 其极限函数 g 在 z_0 处全纯并且以 z_0 为至少 k 重零点. 这意味着在 z_0 的某邻域 $\Delta(z_0,r_2)\subset\Delta(z_0,r_1)$ 内, 每个 g_{f_n} (n 充分大) 都全纯. 计及 $f_n(z_0)\neq\infty$, 就知 f_n 于 $\Delta(z_0,r_2)$ 全纯. 再注意到函数列 $\{f_n(z)=(z-z_0)^{-k}g_{f_n}(z)\}$ 于 $\Delta^\circ(z_0,r_2)$ 内闭一致收敛于全纯函数 $(z-z_0)^{-k}g(z)$, 由定理 1.1.9 即知函数列 $\{f_n\}$ 于 $\Delta(z_0,r_2)$ 内闭一致收敛于全纯函数 $(z-z_0)^{-k}g(z)$. 这就证明了 $\mathcal{F}$ 在 z_0 处正规, 从而于整个 D 内正规. □

引理 6.1.3 设 $\mathcal{F}$ 是区域 D 上一族亚纯函数, 于 D 除点 $z_0\in D$ 外正规. 如果存在区域 D 内两个判别的亚纯函数 ϕ 和 ψ (均不恒为 ∞), 使得每个 $f\in\mathcal{F}$ 都满足

(a) $f(z)-\phi(z)\neq 0$ 和 $f(z)-\psi(z)\neq 0$;

(b) 在 f 和 ϕ 的公共极点处, f 的重级大于 ϕ 的重级;

(c) 在 f 和 ψ 的公共极点处, f 的重级大于 ψ 的重级,

那么 $\mathcal{F}$ 在 z_0 处亦正规, 从而 $\mathcal{F}$ 于整个 D 内正规.

证明 不妨设函数 ϕ 和 ψ 在 $D\setminus\{z_0\}$ 全纯. 如果在点 z_0 处, 两函数 ϕ 和 ψ 都全纯, 则由条件 (a) 知 $f_n(z)\neq\phi(z)$ 和 $f_n(z)\neq\psi(z)$, 从而由引理 6.1.2 知函数列 $\{f_n\}$ 在 z_0 处亦正规. 因此下设两函数 ϕ 和 ψ 中至少有一个以点 z_0 为极点.

设 $\{f_n\}\subset\mathcal{F}$ 为任一函数列. 如果存在某子列仍然设为 $\{f_n\}$ 使得 z_0 不是每个 f_n 的极点, 那么由条件 (a) 知 $f_n(z)\neq\phi(z)$ 和 $f_n(z)\neq\psi(z)$, 从而由引理 6.1.2 知函数列 $\{f_n\}$ 在 z_0 处亦正规.

因此, 我们以下考虑 z_0 是每个 f_n 的极点. 设 z_0 作为 ϕ 的极点有重级 m, 作为 ψ 的极点有重级 l (当不是极点时, 规定重级为 0). 按假设, $k=\max\{m,l\}$ 为正整数. 于是

$$\phi_1(z)=(z-z_0)^k\phi(z),\quad \psi_1(z)=(z-z_0)^k\psi(z)$$

在 D 内全纯. 记

$$g_n(z)=(z-z_0)^k f_n(z).$$

则由条件, $\{g_n\}$ 在 $D\setminus\{z_0\}$ 内正规, 并且满足 $g_n(z_0)=\infty$ 从而也满足 $g_n\neq\phi_1$ 和 $g_n\neq\psi_1$. 于是由引理 6.1.2 知函数列 $\{g_n\}$ 在 D 内正规. 不妨设函数列 $\{g_n\}$ 在 D 内按球距内闭一致收敛于极限函数 g, 其可恒为 ∞. 由于 $g_n(z_0)=\infty$, 因此必有 $g(z_0)=\infty$. 故而 $1/g$ 在 z_0 的某邻域 $U(z_0)\subset D$, 进而当 n 充分大时在

$U(z_0) \subset D$ 上 $1/g_n$ 都全纯, 从而 $1/f_n$ 亦全纯. 由于 $\{1/f_n\}$ 在 $U^\circ(z_0)$ 内闭一致收敛于极限函数 $\dfrac{(z-z_0)^k}{g(z)}$. 根据定理 1.1.9 就知 $\{1/f_n\}$ 在 $U(z_0)$ 内闭一致收敛. 这就证明了 $\{f_n\}$ 在 z_0 处正规. □

注记 6.1.1 当 $f(z)$ 为亚纯函数而 $\phi(z)$ 为全纯函数时, 条件 $f(z) \neq \phi(z)$ 和 $f(z) - \phi(z) \neq 0$ 是等价的; 但当 $f(z)$ 和 $\phi(z)$ 均为亚纯函数时, 两者是不等价的. 事实上前者要强于后者. 前者不仅包含了后者, 而且还保证 f 和 ϕ 没有公共极点. 注意 f 和 ϕ 没有公共极点这一点在上述引理 6.1.2 的证明中起了很重要的作用. 另外, 引理 6.1.3 中关于公共极点处重级的条件是必要的. 例如: 在原点处不正规的函数列 $\left\{f_n(z) = \dfrac{1}{nz}\right\}$ 满足 $f_n(z) \neq 0$ 和 $f_n(z) - \dfrac{1}{z} \neq 0$.

注记 6.1.2 引理 6.1.3 中条件 (a) 不能换成 $f - \phi$ 和 $f - \psi$ 的零点均至少 M 重. 例如由如下函数

$$f_n(z) = \frac{z^M}{z^M - \left(z - \dfrac{1}{n}\right)^M}, \quad n \in \mathbb{N}$$

组成的函数列 $\{f_n\}$ 在原点处不正规, 但是在原点的空心邻域内正规, 而且 f_n 和 $f_n - 1$ 的零点之级为 M.

6.2 Montel 定则的推广: 例外函数

在 Montel 定则中, 族中函数不取三个判别的例外值. 下面的定理 6.2.1 表明三个例外值可更换为一般的三个亚纯函数[58].

定理 6.2.1 设 $a(z)$, $b(z)$, $c(z)$ 为区域 D 上的三个互相判别的亚纯函数, 其中之一可恒为 ∞. 设 $\mathcal{F}$ 是区域 D 上的一族亚纯函数, 满足对每个 $f \in \mathcal{F}$ 和 $z \in D$, $f(z) \notin \{a(z), b(z), c(z)\}$, 则 $\mathcal{F}$ 于 D 正规.

这里及以后, 我们称两个区域 D 上的亚纯函数 f 和 g 是判别的, 如果存在某点 $z_0 \in D$ 使得 $f(z_0) \neq g(z_0)$; 称两个区域 D 上的亚纯函数 f 和 g 是完全判别的, 如果在每一点 $z \in D$ 处都有 $f(z) \neq g(z)$.

证明 我们将证明 $\mathcal{F}$ 于 D 内每一点 z_0 处正规.

情形 1 在点 z_0 处, $a(z_0)$, $b(z_0)$, $c(z_0)$ 互相判别. 假设 $\mathcal{F}$ 在 z_0 处不正规, 则由 Zalcman 引理, 存在点列 $z_n \to z_0$, 正数列 $\rho_n \to 0$ 和函数列 $\{f_n\} \subset \mathcal{F}$ 使得 $g_n(\zeta) := f_n(z_n + \rho_n\zeta)$ 于全平面 $\mathbb{C}$ 按球距内闭一致收敛于非常数亚纯函数 g. 但根据 Hurwitz 定理, 这将导致 $g(\zeta) \notin \{a(z_0), b(z_0), c(z_0)\}$. 但由 Picard 定理, 这样的函数只能为常值函数而得矛盾. 于是 $\mathcal{F}$ 于 z_0 处正规.

情形 2 在点 z_0 处, $a(z_0)$, $b(z_0)$, $c(z_0)$ 不互相判别. 由于三个函数 a, b, c 于 D 是互相判别的, 因此在 z_0 的某空心邻域 $\Delta^\circ(z_0, r_0)$ 内三个函数 a, b, c 是互相完全判别的. 于是由情形 1 知 $\mathcal{F}$ 于空心邻域 $\Delta^\circ(z_0, r_0)$ 正规. 这样由引理 6.1.2 立知 $\mathcal{F}$ 于 z_0 处也正规. □

如果一个函数 f 不取三个有穷复数 a, b, c, 则有

$$(f-a)(f-b)(f-c) = f^3 - (a+b+c)f^2 + (ab+bc+ca)f - abc \neq 0,$$

因此 [56] 中证明的下述定理 6.2.2 是 Montel 定则的另一种形式的推广.

定理 6.2.2 设 $R(z)$ 为有理函数满足 $\deg(R) \geqslant 3$, ϕ 于 D 亚纯并且不恒为常数. 设 $\mathcal{F}$ 是区域 D 上的一族亚纯函数使得对每个 $f \in \mathcal{F}$ 和 $z \in D$ 有 $R \circ f(z) \neq \phi(z)$, 则 $\mathcal{F}$ 于 D 正规.

为证明上述定理 6.2.2, 我们先证明如下引理.

引理 6.2.1 设 ϕ 是区域 D 上一不恒为常数的全纯函数, 则亚纯函数族 $\{f\}$ 于 $\phi(D)$ 正规当且仅当亚纯函数族 $\{f \circ \phi\}$ 于 D 正规.

证明 只要证明函数列 $\{f_n\}$ 于 $\phi(D)$ 按球距内闭一致收敛当且仅当函数列 $\{f_n \circ \phi\}$ 于 D 按球距内闭一致收敛.

设函数列 $\{f_n\}$ 于 $\phi(D)$ 按球距内闭一致收敛, 再设 $E \subset D$ 为一非空有界闭集, 则 $\phi(E)$ 也是有界闭集并且 $\phi(E) \subset \phi(D)$. 于是函数列 $\{f_n\}$ 于 $\phi(E)$ 按球距一致收敛. 根据 Cauchy 收敛准则, 对任何正数 ε, 存在正数 N 使得当 m, $n > N$ 时有

$$|f_m(z), f_n(z)| < \varepsilon, \quad z \in \phi(E).$$

从而也有

$$|f_m \circ \phi(z), f_n \circ \phi(z)| < \varepsilon, \quad z \in E.$$

仍然由 Cauchy 收敛准则即知函数列 $\{f_n \circ \phi\}$ 于 E 按球距一致收敛. 这就证明了函数列 $\{f_n \circ \phi\}$ 于 D 按球距内闭一致收敛.

反过来的证明是类似的. 设函数列 $\{f_n \circ \phi\}$ 于 D 按球距内闭一致收敛, 再设 $E \subset \phi(D)$ 为一非空有界闭集, 则存在非空有界闭集 $F \subset D$ 使得 $E \subset \phi(F)$. 由于函数列 $\{f_n \circ \phi\}$ 于 D 按球距内闭一致收敛, 函数列 $\{f_n \circ \phi\}$ 于 F 按球距一致收敛, 于是根据 Cauchy 收敛准则, 对任何正数 ε, 存在正数 N 使得当 m, $n > N$ 时有

$$|f_m \circ \phi(z), f_n \circ \phi(z)| < \varepsilon, \quad z \in F.$$

从而也有

$$|f_m(z), f_n(z)| < \varepsilon, \quad z \in E.$$

仍然由 Cauchy 收敛准则即知函数列 $\{f_n\}$ 于 E 按球距一致收敛. 这就证明了函数列 $\{f_n\}$ 于 $\phi(D)$ 按球距内闭一致收敛. □

定理 6.2.2 的证明　我们将证明 $\mathcal{F}$ 于 D 内每一点 z_0 处正规. 我们可不妨设 $\phi(z_0) \neq \infty$. 否则, 可代之于考虑 $1/R$ 和 $1/\phi$.

情形 1　方程 $R(w) = \phi(z_0)$ 至少有三个相异的根 $w_1, w_2, w_3 \in \overline{\mathbb{C}}$. 假设 $\mathcal{F}$ 在 z_0 处不正规, 那么由 Zalcman 引理, 存在点列 $z_n \to z_0$, 正数列 $\rho_n \to 0$ 和函数列 $\{f_n\} \subset \mathcal{F}$ 使得 $g_n(\zeta) := f_n(z_n + \rho_n\zeta)$ 于全平面 $\mathbb{C}$ 按球距内闭一致收敛于非常数亚纯函数 g. 由于 $R \circ f(z) \neq \phi(z)$, 因此

$$R(g_n(\zeta)) = R(f_n(z_n + \rho_n\zeta)) \neq \phi(z_n + \rho_n\zeta).$$

从而由 Hurwitz 定理, 要么 $R(g(\zeta)) \equiv \phi(z_0)$, 要么 $R(g(\zeta)) \neq \phi(z_0)$. 前者直接导致 g 为常数而矛盾; 而从后者, 结合此情形的假设可知 $g(\zeta) \neq w_1, w_2, w_3$. 因而由 Picard 定理 g 也为常数而矛盾.

情形 2　方程 $R(w) = \phi(z_0)$ 于 $\overline{\mathbb{C}}$ 至多有两个相异根. 由于 $\deg(R) \geqslant 3$, 存在 z_0 的一个邻域 $\Delta(z_0, r_0) \subset D$ 使得对任何 $z \in \Delta^\circ(z_0, r_0)$, 方程 $R(w) = \phi(z)$ 于 $\overline{\mathbb{C}}$ 至少有三个相异根. 于是由情形 1 知, 函数族 $\mathcal{F}$ 于 $\Delta^\circ(z_0, r_0)$ 正规.

另外, 由于 $\phi(z_0) \neq \infty$, 可不妨设 ϕ 于 $\Delta(z_0, r_0)$ 全纯. 再由于 ϕ 非常数, 我们可设存在全纯函数 α 和正整数 k 使得

$$\phi(z) = \phi(z_0) + (z - z_0)^k e^{\alpha(z)}.$$

由于 $\deg(R) \geqslant 3$ 并且 $R(w) = \phi(z_0)$ 于 $\overline{\mathbb{C}}$ 至多有两个相异根, 因此 $R(w) = \phi(z_0)$ 于 $\overline{\mathbb{C}}$ 至少有一重根, 设为 w_0, 重数为 $d \geqslant 2$. 记

$$\mathcal{G} = \left\{ f\left(z_0 + (z - z_0)^d\right) : \ f \in \mathcal{F} \right\}.$$

则由引理 6.2.1 知函数族 $\mathcal{G}$ 于 z_0 的某空心邻域, 不妨设为 $\Delta^\circ(z_0, r_0)$ 正规.

情形 2.1　重根 $w_0 = \infty$, 则存在在 ∞ 的邻域 $\Delta(\infty, \eta)$ 单叶的解析函数 P_0 使得 $P_0(\infty) = \infty$ 并且在该邻域内有

$$R(w) = \phi(z_0) + \frac{1}{[P_0(w)]^d}.$$

记

$$\psi_j(z) = P_0^{-1}\left(w_j \frac{e^{-\frac{1}{d}\alpha\left(z_0 + (z - z_0)^d\right)}}{(z - z_0)^k} \right),$$

这里 $w_j, j=1,2,\cdots,d$ 是 $w^d=1$ 的 d 个根, 则 ψ_j 在 z_0 的某邻域内判别亚纯并且 $\psi_j(z_0)=\infty$, 于是存在正数 $r_1 \leqslant r_0$ 使得 $\psi_j(\Delta(z_0,r_1)) \subset \Delta(\infty,\eta)$. 再记

$$\Phi(z)=\frac{1}{\phi(z)-\phi(z_0)} \not\equiv \infty.$$

则有

$$\begin{aligned}
\Phi\left(z_0+(z-z_0)^d\right) &= \frac{e^{-\alpha\left(z_0+(z-z_0)^d\right)}}{(z-z_0)^{kd}} \\
&= \left(w_j \frac{e^{-\frac{1}{d}\alpha\left(z_0+(z-z_0)^d\right)}}{(z-z_0)^k}\right)^d = \left[P_0\left(\psi_j(z)\right)\right]^d,
\end{aligned}$$

从而

$$\begin{aligned}
\phi\left(z_0+(z-z_0)^d\right) &= \phi(z_0)+\frac{1}{\Phi\left(z_0+(z-z_0)^d\right)} \\
&= \phi(z_0)+\frac{1}{\left[P_0\left(\psi_j(z)\right)\right]^d} = R(\psi_j(z)).
\end{aligned}$$

因此由

$$R\left(f\left(z_0+(z-z_0)^d\right)\right) \neq \phi\left(z_0+(z-z_0)^d\right) = R(\psi_j(z))$$

知

$$f\left(z_0+(z-z_0)^d\right) \neq \psi_j(z), \quad z \in \Delta(z_0,r_1).$$

由于函数族 $\mathcal{G}$ 于 $\Delta^\circ(z_0,r_0)$ 正规, 故由引理 6.1.2 知函数族 $\mathcal{G}$ 于 z_0 正规. 再由引理 6.2.1 即知函数族 $\mathcal{F}$ 也于 z_0 处正规.

情形 2.2 重根 $w_0 \in \mathbb{C}$. 此时的证明与上类似. 详略. □

用类似的方法, 还可以得到如下的结果[58].

定理 6.2.3 设 ϕ 于 D 亚纯并且非常数, $g(z)$ 为超越亚纯函数使得 g 取每个 $\phi(D) \subset \overline{\mathbb{C}}$ 中的值至少两次 (计重数). 设 $\mathcal{F}$ 是区域 D 上的一族亚纯函数. 如果对每个 $f \in \mathcal{F}$ 和 $z \in D \setminus f^{-1}(\infty)$ 有 $g \circ f(z) \neq \phi(z)$, 则 $\mathcal{F}$ 于 D 正规.

当 $\mathcal{F}$ 是区域 D 上的全纯函数族时, W. Bergweiler [24] 构造了例子说明条件超越亚纯函数 $g(z)$ 没有 Picard 例外值位于 $\phi(D)$ 中是必需的. 但我们不知道上述定理 6.2.3 中关于 g 的取值的条件是否也是必需的.

定理 6.2.2 还有进一步的推广[58], 即考虑满足条件 $P(z,f(z)) \neq 0$ 的函数族 $\{f\}$ 的正规性, 这里 $P(z,w)$ 是二元全纯或亚纯函数.

6.3 Montel 定则的推广: 重值与重函数

Montel 定则是相应于 Picard 定理的正规定则. 如果考虑重值, 则有相应于 Nevanlinna 重值定理的 Bloch-Valiron 定则, 即定理 3.1.4. 我们进一步地有如下 Bloch-Valiron 定则的推广, 将重值 a_i 推广为重函数 $a_i(z)$.

定理 6.3.1 设 $a_1(z), a_2(z), \cdots, a_q(z)$ 是区域 D 上 $q \geqslant 3$ 个互相完全判别的亚纯函数, 其中之一允许恒为 ∞. 又设 $m_1, m_2, \cdots, m_q$ 是 q 个至少为 2 的正整数或 $+\infty$, 满足

$$\frac{1}{m_1}+\frac{1}{m_2}+\cdots+\frac{1}{m_q}<q-2.$$

设 $\mathcal{F}$ 是区域 D 上的一族亚纯函数使得对每个 $f \in \mathcal{F}$ 和每个 $a_i(z)$, $f(z)-a_i(z)$ 的零点 (当 $a_i(z)=\infty$ 时, f 的极点) 之级至少为 m_i, 则 $\mathcal{F}$ 于 D 正规.

证明 设 z_0 为 D 内任一点. 由条件, $a_1(z_0), a_2(z_0), \cdots, a_q(z_0) \in \overline{\mathbb{C}}$ 互不相同. 如果 $\mathcal{F}$ 在点 z_0 处不正规, 那么由 Zalcman 引理, 存在函数列 $\{f_n\} \subset \mathcal{F}$, 点列 $\{z_n\} \subset D$ 满足 $z_n \to z_0$ 和正数列 $\{\rho_n\}$ 满足 $\rho_n \to 0$ 使得函数列

$$g_n(\zeta)=f_n(z_n+\rho_n\zeta)$$

在复平面 $\mathbb{C}$ 上按球距内闭一致收敛于非常数亚纯函数 $g(\zeta)$.

情形 1 所有 a_i 满足 $a_i(z_0) \neq \infty$. 此时由于 $\{a_i(z_n+\rho_n\zeta)\}$ 内闭一致收敛于 $a_i(z_0)$, 因此由条件立即知 $g-a_i(z_0)$ 的零点之级至少为 m_i. 从而由 Nevanlinna 重值定理知 g 为常数而得矛盾.

情形 2 a_i 中有一个, 设为 a_q, 满足 $a_q \equiv \infty$, 则由条件立即知 g 的极点之级至少为 m_q. 由于此时其他 a_i 满足 $a_i(z_0) \neq \infty$ 从而 $g-a_i(z_0)$ 的零点之级至少为 m_i. 于是仍然由 Nevanlinna 重值定理知 g 为常数而得矛盾.

情形 3 a_i 中有一个, 设为 a_q, 满足 $a_q(z_0)=\infty$ 但 $a_q \not\equiv \infty$. 不妨设 $a_q \neq 0$, 并且当 $z \neq z_0$ 时 $a_q \neq \infty$. 此时同上, 对 $1 \leqslant i \leqslant q-1$, $g-a_i(z_0)$ 的零点之级至少为 m_i. 于是对 $1 \leqslant i \leqslant q-1$ 有

$$\overline{N}\left(r,\frac{1}{g-a_i(z_0)}\right) \leqslant \frac{1}{m_i}N\left(r,\frac{1}{g-a_i(z_0)}\right) \leqslant \frac{1}{m_i}T(r,g)+O(1).$$

现在我们来考察 g 的极点. 由于

$$H_n(\zeta):=\frac{1}{g_n(\zeta)}-\frac{1}{a_q(z_n+\rho_n\zeta)}=-\frac{f_n(z_n+\rho_n\zeta)-a_q(z_n+\rho_n\zeta)}{f_n(z_n+\rho_n\zeta)a_q(z_n+\rho_n\zeta)},$$

因此, 如果 H_n 有某个零点 ζ_n 的级小于 m_q, 那么 $z_n+\rho_n\zeta_n$ 就不是 f_n-a_q 的零点而是 f_n 和 a_q 的公共极点, 即 $z_n+\rho_n\zeta_n=z_0$. 注意到 $H_n \to 1/g$, 这意味着 g

的极点, 至多除一个 ζ_0 外, 级至少为 m_q. 设 ζ_0 作为 g 的极点, 其级为 $m_0 \geqslant 1$. 于是

$$\begin{aligned}\overline{N}(r,g) &\leqslant \log r + \frac{1}{m_q}N\left(r,(z-\zeta_0)^{m_0}g\right)\\ &\leqslant \left(1-\frac{m_0}{m_q}\right)\log r + \frac{1}{m_q}T(r,g)+O(1).\end{aligned}$$

现在再应用第二基本定理, 就有

$$\begin{aligned}(q-2)T(r,g) &\leqslant \overline{N}(r,g)+\sum_{i=1}^{q-1}\overline{N}\left(r,\frac{1}{g-a_i(z_0)}\right)+S(r,g)\\ &\leqslant \left(\sum_{i=1}^{q}\frac{1}{m_i}\right)T(r,g)+\left(1-\frac{m_0}{m_q}\right)\log r+S(r,g).\end{aligned}$$

于是

$$T(r,g)\leqslant c\log r+S(r,g),$$

这里

$$c=\frac{1-\dfrac{m_0}{m_q}}{q-2-\sum_{i=1}^{q}\dfrac{1}{m_i}}.$$

由此可知 g 为非常数有理函数, 并且有 $c\geqslant 1$, 从而 $m_q>m_0$, 并且

$$q-2>\sum_{i=1}^{q}\frac{1}{m_i}=q-2-\frac{1}{c}\left(1-\frac{m_0}{m_q}\right)>q-3.$$

由于 $m_i\geqslant 2$, 从上式我们可知 $q-3<q/2$, 即 $q\leqslant 5$.

如果 $q=5$, 则 g 有 4 个有穷重值 $a_1(z_0),\cdots,\ a_4(z_0)$. 于是有理函数

$$P=\frac{(g')^2}{(g-a_1(z_0))(g-a_2(z_0))(g-a_3(z_0))(g-a_4(z_0))}$$

是一多项式. 然而可直接验证有 $P\to 0\ (z\to\infty)$, 因此 P 恒为零. 这与 g 非常数矛盾.

现在设 $q=4$, 此时 g 有 3 个有穷重值 $a_1(z_0),\ a_2(z_0),\ a_3(z_0)$, 其极点除一个 ζ_0 外也都是重的. 由此可知有理函数

$$P(\zeta)=\frac{(\zeta-\zeta_0)(g')^2}{(g-a_1(z_0))(g-a_2(z_0))(g-a_3(z_0))}$$

是一多项式. 仍然可直接验证有 $P \to 0$ $(\zeta \to \infty)$, 因此 P 恒为零. 这与 g 非常数矛盾.

最后设 $q = 3$, 此时 g 有 2 个有穷重值 $a_1(z_0)$, $a_2(z_0)$, 其极点除一个 ζ_0 外也都是重的. 此时有理函数

$$P(\zeta) = \frac{(\zeta - \zeta_0)^{m_1 m_2 (m_3 - m_0)} g^p (g')^{m_1 m_2 m_3}}{(g - a_1(z_0))^{(m_1-1)m_2 m_3} (g - a_2(z_0))^{(m_2-1)m_1 m_3}}$$

是一多项式, 这里

$$\begin{aligned} p &= m_1 m_2 m_3 - m_1 m_2 - m_2 m_3 - m_3 m_1 \\ &= m_1 m_2 m_3 \left(1 - \frac{1}{m_1} - \frac{1}{m_2} - \frac{1}{m_3}\right) > 0. \end{aligned}$$

仍然可直接验证有 $P \to 0$ $(\zeta \to \infty)$, 因此 P 恒为零, 这与 g 非常数矛盾.

至此, 定理 6.3.1 获证. □

注记 6.3.1 如果 $a_i(z)$ $(1 \leqslant i \leqslant q)$ 不是完全判别, 则定理 6.3.1 一般不真. 如下例: 设 $a_i(z) = iz^q$ 以及 $f_n(z) = (n+q)z^q$, 则每个 f_n 使得 $f_n - a_i$ 的零点 $z = 0$ 之级为 q, 满足关于重级的条件. 但函数列 $\{f_n\}$ 在原点处不正规. 参考 [158].

6.4 顾永兴定则的推广 (I)

顾永兴定则说一族自身不取 0 导数不取 1 的亚纯函数是正规的. 本节的目的是研究将这两例外值 0 和 1 换成例外函数的可能性. 这首先由杨乐[162] 所研究并获得如下结果.

定理 6.4.1 设 $k \in \mathbb{N}$, $\phi(z)$ 为区域 D 上的不恒为零的亚纯函数. 设 $\mathcal{F}$ 是区域 D 上的一族亚纯函数, 使得对每个 $f \in \mathcal{F}$ 和 $z \in D$ 有 $f(z) \neq 0$ 和 $f^{(k)}(z) \neq \phi(z)$, 则 $\mathcal{F}$ 于 D 正规.

证明 先证明 $\mathcal{F}$ 于

$$D_1 = D \setminus \phi^{-1}(\{0, \infty\})$$

正规. 注意由条件知 D_1 也是一区域, 并且 ϕ 在 D_1 上全纯并且不取 0.

如果 $\mathcal{F}$ 于某点 $z_0 \in D_1$ 不正规, 那么由 Zalcman-Pang 引理知存在函数列 $f_n \in \mathcal{F}$, D_1 中点列 $z_n \to z_0$ 和正数列 $\rho_n \to 0$ 使得函数列 $h_n(\zeta) = \rho_n^{-k} f_n(z_n + \rho_n \zeta)$ 在复平面 $\mathbb{C}$ 上按球距内闭一致收敛于非常数亚纯函数 $h(\zeta)$. 根据 Hurwitz 定理, 不难知 h 满足 $h \neq 0$ 和 $h^{(k)} \neq \phi(z_0)$. 但 Hayman 定理说明这样的亚纯函数 h 一定是常数. 这就证明了 $\mathcal{F}$ 在 D_1 上正规.

现在, 我们来证明 $\mathcal{F}$ 在 ϕ 的每个零点或极点处也正规. 设 $\phi(z_0) \in \{0, \infty\}$, 则存在正数 δ 使得 $\Delta^\circ(z_0, \delta) \subset D_1$, 因此 $\mathcal{F}$ 于 $\Delta^\circ(z_0, \delta)$ 正规. 由于 $\phi \not\equiv 0, \infty$, 因此可设 ϕ 于 $\Delta^\circ(z_0, \delta)$ 全纯并且满足 $\phi \neq 0$.

任取一函数列 $\{f_n\} \subset \mathcal{F}$, 则由于 $\mathcal{F}$ 于 $\Delta^\circ(z_0, \delta)$ 正规, 存在子列, 仍设为 $\{f_n\}$, 其在 $\Delta^\circ(z_0, \delta)$ 按球距内闭一致收敛于某亚纯函数 f, f 可恒为 ∞.

如果 $f \not\equiv 0$, 则 $1/f$ 亚纯并且不恒为 ∞. 由于 $\{1/f_n\}$ 在 $\Delta^\circ(z_0, \delta)$ 按球距内闭一致收敛于 $1/f$, 并且由条件知 $\{1/f_n\}$ 为全纯函数列, 因此由定理 1.1.9 知, $\{1/f_n\}$ 在 $\Delta(z_0, \delta)$ 内闭一致收敛于 $1/f$, 从而 $\{f_n\}$ 在 $\Delta(z_0, \delta)$ 按球距内闭一致收敛于 f.

现在设 $f \equiv 0$, 则 $\{f_n\}$ 在 $\Delta^\circ(z_0, \delta)$ 内闭一致收敛于 0, 从而函数列 $\{f_n^{(k)}/\phi\}$ 和 $\left\{\left(f_n^{(k)}/\phi\right)'\right\}$ 在 $\Delta^\circ(z_0, \delta)$ 都内闭一致收敛于 0. 于是由辐角原理, 当 n 充分大时有

$$\left| n\left(\frac{\delta}{2}, z_0, \frac{f_n^{(k)}}{\phi} - 1\right) - n\left(\frac{\delta}{2}, z_0, \frac{1}{\dfrac{f_n^{(k)}}{\phi} - 1}\right) \right|$$

$$= \left| \frac{1}{2\pi i} \int_{|z-z_0|=\frac{\delta}{2}} \frac{\left(\dfrac{f_n^{(k)}}{\phi}\right)'}{\dfrac{f_n^{(k)}}{\phi} - 1} dz \right| < 1.$$

由于 $f_n^{(k)}/\phi \neq 1$, 这意味着当 n 充分大时有

$$n\left(\frac{\delta}{2}, z_0, \frac{f_n^{(k)}}{\phi} - 1\right) = n\left(\frac{\delta}{2}, z_0, \frac{1}{\dfrac{f_n^{(k)}}{\phi} - 1}\right) = 0,$$

从而 $f_n^{(k)}$ 因而 f_n 当 $n > N$ 时在 $\Delta(z_0, \delta/2)$ 没有极点, 即全纯. 由于 $\{f_n\}$ 在 $\Delta^\circ(z_0, \delta)$ 内闭一致收敛于 0, 根据定理 1.1.9 即知, $\{f_n\}$ 在 $\Delta(z_0, \delta)$ 内闭一致收敛于 0. 这就证明了 $\mathcal{F}$ 在 ϕ 的每个零点或极点处也正规. □

我们指出定理 6.4.1 的条件 $f^{(k)} \neq \phi$ 不能替换为 $f^{(k)} - \phi \neq 0$, 如下例所示:

$$f_n(z) = \frac{1}{nz}, \quad \phi(z) = \frac{1}{z^{k+1}}.$$

作为定理 6.4.1 的推论, 我们得到如下结果[149].

定理 6.4.2 设 $k \in \mathbb{N}$, $a(z)$, $b(z)$ 为区域 D 上不恒为无穷的亚纯函数满足 $b \not\equiv a^{(k)}$. 设 $\mathcal{F}$ 是区域 D 上的一族亚纯函数使得对每个 $f \in \mathcal{F}$ 和 $z \in D$ 都有 $f(z) \neq a(z)$ 和 $f^{(k)}(z) \neq b(z)$, 则 $\mathcal{F}$ 于 D 正规.

证明 记 $D^* = D \setminus a^{-1}(\infty)$, 则对每个 $f \in \mathcal{F}$, 函数 $g = f - a$ 在 D^* 上满足

$$g \neq 0, \quad g^{(k)} \neq b - a^{(k)}.$$

由于 $b - a^{(k)}$ 亚纯并且不恒为零, 因此由定理 6.4.1 知函数族 $\{f - a\colon\ f \in \mathcal{F}\}$ 于 D^* 正规. 由于 a 于 D^* 全纯, 这意味着 $\mathcal{F}$ 于 D^* 正规.

现在设 z_0 为 a 的 p 重极点. 根据条件, 存在正数 δ 使得 a, b 在 $\Delta^\circ(z_0,\delta) \subset D^*$ 全纯, a 在 $\Delta(z_0,\delta)$ 不取零, 并且 $\mathcal{F}$ 在 $\Delta^\circ(z_0,\delta)$ 正规.

任取一函数列 $\{f_n\} \subset \mathcal{F}$, 则由于 $\mathcal{F}$ 于 $\Delta^\circ(z_0,\delta)$ 正规, 存在子列, 仍设为 $\{f_n\}$, 其在 $\Delta^\circ(z_0,\delta)$ 按球距内闭一致收敛于某亚纯函数 f, f 可恒为 ∞.

记 $g_n = f_n/a$, 则由条件 $f_n \neq a$ 知 $g_n(z_0) = 0$, $g_n \neq 1$ 并且 $\{g_n\}$ 在 $\Delta^\circ(z_0,\delta)$ 按球距内闭一致收敛于 $g = f/a$, 因此全纯函数列 $\left\{\dfrac{1}{g_n - 1}\right\}$ 在 $\Delta^\circ(z_0,\delta)$ 内闭一致收敛于 $h = \dfrac{1}{g-1}$.

如果 $h \not\equiv \infty$, 即 $g \not\equiv 1$, 则由定理 1.1.9 即知 $\left\{\dfrac{1}{g_n - 1}\right\}$ 在 $\Delta(z_0,\delta)$ 内闭一致收敛于 $h = \dfrac{1}{g-1}$, 从而 $\{g_n\}$ 在 $\Delta(z_0,\delta)$ 按球距内闭一致收敛于 g. 由于 z_0 是 g_n 的零点, 并且其重级 $\geqslant p$, 因此 g 在 z_0 处全纯, 并且 z_0 是 g 的零点, 其重级 $\geqslant p$. 于是由 $g_n = f_n/a$ 知, 存在正数 $\eta < \delta$ 和正整数 N 使得当 $n > N$ 时, f_n 在 $\Delta(z_0,\eta)$ 内没有极点即全纯. 于是由引理 6.1.1 知 $\{f_n\}$ 于 z_0 处正规.

如果 $h \equiv \infty$, 则 $f \equiv a$. 于是 $\{f_n^{(k)}\}$ 在 $\Delta^\circ(z_0,\delta)$ 内闭一致收敛于 $a^{(k)}$, 从而 $\{f_n^{(k)} - b\}$ 在 $\Delta^\circ(z_0,\delta)$ 内闭一致收敛于 $a^{(k)} - b$. 由于 $f_n^{(k)} \neq b$ 及 $a^{(k)} - b \not\equiv 0$, 与上类似地根据定理 1.1.9 就知 $\{f_n^{(k)} - b\}$ 在 $\Delta(z_0,\delta)$ 按球距内闭一致收敛于 $\psi := a^{(k)} - b$, 并且 $\psi = a^{(k)} - b \neq 0$.

如果 $\psi(z_0) \neq \infty$, 则在 $\Delta(z_0,\delta)$ 内当 $n > N$ 时 $f_n^{(k)} - b$ 全纯, 这说明 f_n 在 $\Delta(z_0,\delta)$ 内没有极点. 于是由引理 6.1.1 知 $\{f_n\}$ 于 z_0 处正规.

如果 $\psi(z_0) = \infty$, 在 $\Delta(z_0,\delta)$ 内当 $n > N$ 时 $f_n^{(k)} - b = (f_n - a)^{(k)} + \psi$ 与 ψ 有相同个数的极点 (计重数), 这说明 $f_n - a$ 从而 f_n 在 $\Delta^\circ(z_0,\delta)$ 内没有极点. 由此也可知 f_n 在 $\Delta(z_0,\delta)$ 内没有极点. 于是由引理 6.1.1 知 $\{f_n\}$ 于 z_0 处正规. □

值得指出的是, 定理 6.4.2 的条件 $f \neq a$ 不能替换为 $f-a \neq 0$, 如下例所示:

$$f_n(z)=n+\frac{1}{z}, \quad a(z)=\frac{1}{z}, \quad b(z)=0.$$

则 $f_n-a\neq 0$, $f_n^{(k)}\neq b$ 并且 $a^{(k)}\neq b$, 但因为 $f_n(0)=\infty$ 和 $f_n(-1/n)=0$, 函数列 $\{f_n\}$ 在原点处不正规.

同样地, 条件 $f^{(k)}\neq b$ 不能替换为 $f^{(k)}-b\neq 0$. 然而, 如果增加适当的条件, 则这种替换还是可行的. 事实上, 条件 $f\neq a$ 可替换为: $f-a\neq 0$ 及在 f 和 a 的公共极点处 f 的重级大于 a 的重级; 而 $f_n^{(k)}\neq b$ 则可替换为: $f^{(k)}-b\neq 0$ 及在 f 和 b 的公共极点处 f 的重级 m_f 与 b 的重级 m_b 要满足 $m_f+k>m_b$.

顾永兴定则还可进一步推广到微分多项式的情形.

定理 6.4.3 设 $k\in\mathbb{N}$, $P(z,x)$ 关于 x 是多项式关于 z 是区域 D 上全纯函数并且满足 $P(z,0)\not\equiv 0$. 设 $\mathcal{F}$ 是区域 D 上的一族亚纯函数使得对每个 $f\in\mathcal{F}$ 和 $z\in D$ 有 $f(z)\neq 0$ 和 $f^{(k)}(z)+P(z,f(z))\neq 0$, 则 $\mathcal{F}$ 于 D 正规.

证明 记 $P(z,0)=\phi(z)$. 如果 $\mathcal{F}$ 在某点 $z_0\in D\setminus\phi^{-1}(0)$ 处不正规, 那么由 Zalcman-Pang 引理, 存在函数列 $\{f_n\}\subset\mathcal{F}$, 点列 $\{z_n\}\subset D$ 满足 $z_n\to z_0$ 和正数列 $\{\rho_n\}$ 满足 $\rho_n\to 0$ 使得函数列

$$g_n(\zeta)=\rho_n^{-k}f_n(z_n+\rho_n\zeta)$$

在复平面 $\mathbb{C}$ 上按球距内闭一致收敛于非常数亚纯函数 $g(\zeta)$, 满足 $g^{\#}(\zeta)\leqslant g^{\#}(0)=1$.

由于 $f(z)\neq 0$ 和 $f^{(k)}(z)+P(z,f(z))\neq 0$, 我们有

$$g_n(\zeta)\neq 0, \quad g_n^{(k)}(\zeta)+P\left(z_n+\rho_n\zeta,\rho_n^k g_n(\zeta)\right)\neq 0.$$

于是根据 Hurwitz 定理得到在 $\mathbb{C}\setminus g^{-1}(\infty)$ 上, 从而在 $\mathbb{C}$ 上有

$$g(\zeta)\neq 0, \quad g^{(k)}(\zeta)+P(z_0,0)\neq 0.$$

注意到 $P(z_0,0)=\phi(z_0)\neq 0$, 由 Hayman 定理, g 为常数. 矛盾.

于是, $\mathcal{F}$ 在 $D\setminus\phi^{-1}(0)$ 正规.

现在, 我们来证明 $\mathcal{F}$ 在 ϕ 的每个零点处也正规. 设 $\phi(z_0)=0$, 则由于 $\phi\not\equiv 0$, 存在正数 δ 使得 $\Delta^{\circ}(z_0,\delta)\subset D\setminus\phi^{-1}(0)$, 因此 $\mathcal{F}$ 于 $\Delta^{\circ}(z_0,\delta)$ 正规. 由于 $\phi\not\equiv 0$, 因此可设 ϕ 于 $\Delta^{\circ}(z_0,\delta)$ 满足 $\phi\neq 0$.

任取一函数列 $\{f_n\}\subset\mathcal{F}$, 则由于 $\mathcal{F}$ 于 $\Delta^{\circ}(z_0,\delta)$ 正规, 存在子列, 仍设为 $\{f_n\}$, 其在 $\Delta^{\circ}(z_0,\delta)$ 按球距内闭一致收敛于某亚纯函数 f, 这里 f 可恒为 ∞.

如果 $f\not\equiv 0$, 则 $1/f$ 亚纯并且不恒为 ∞. 由于 $\{1/f_n\}$ 在 $\Delta^{\circ}(z_0,\delta)$ 按球距内闭一致收敛于 $1/f$, 并且由条件知 $\{1/f_n\}$ 为全纯函数列, 因此根据定理 1.1.9,

$\{1/f_n\}$ 在 $\Delta(z_0,\delta)$ 内闭一致收敛于 $1/f$, 从而 $\{f_n\}$ 在 $\Delta(z_0,\delta)$ 按球距内闭一致收敛于 f.

现在设 $f\equiv 0$, 则 $\{f_n\}$ 在 $\Delta^\circ(z_0,\delta)$ 内闭一致收敛于 0, 从而

$$F_n(z)=\frac{f_n^{(k)}(z)+P\left(z,f_n(z)\right)-P(z,0)}{\phi(z)},$$

$$F_n'(z)=\left(\frac{f_n^{(k)}(z)+P\left(z,f_n(z)\right)-P(z,0)}{\phi(z)}\right)'$$

在 $\Delta^\circ(z_0,\delta)$ 都内闭一致收敛于 0. 于是由辐角原理, 当 $n>N$ 时有

$$\left|n\left(\frac{\delta}{2},z_0,F_n+1\right)-n\left(\frac{\delta}{2},z_0,\frac{1}{F_n+1}\right)\right|=\left|\frac{1}{2\pi i}\int_{|z-z_0|=\frac{\delta}{2}}\frac{F_n'(z)}{F_n(z)+1}dz\right|<1.$$

由于 $F_n+1\neq 0$, 这意味着当 $n>N$ 时

$$n\left(\frac{\delta}{2},z_0,F_n+1\right)=n\left(\frac{\delta}{2},z_0,\frac{1}{F_n+1}\right)=0,$$

从而 F_n 当 $n>N$ 时在 $\Delta(z_0,\delta/2)$ 没有极点, 即全纯. 然而, 由假设 $\phi(z_0)=P(z_0,0)=0$ 和条件 $f^{(k)}(z)+P\left(z,f(z)\right)\neq 0$ 可知 z_0 是 F_n 的一个极点. 矛盾. □

作为定理 6.4.3 的推论, 我们可得陈怀惠[63] 的如下结果.

推论 6.4.1 设 $k\in\mathbb{N}$, $P(x)$ 是次数小于 k 的常系数多项式并且常数项不为 0. 设 $\mathcal{F}$ 是区域 D 上的一族亚纯函数. 如果对每个 $f\in\mathcal{F}$ 和 $z\in D$ 有 $f(z)\neq 0$ 和 $f^{(k)}(z)+P\left(f(z)\right)\neq 0$, 则 $\mathcal{F}$ 于 D 正规.

从定理 6.4.3 的证明过程可看出, 推论 6.4.1 中 $P(x)$ 实际上可为给定的任意次多项式.

定理 6.4.4 [160] 设 $k\in\mathbb{N}$, $a_1(z),\cdots,a_k(z)$, $\phi(z)$ 为区域 D 上全纯函数满足 $\phi(z)\not\equiv 0$. 设 $\mathcal{F}$ 是区域 D 上的一族亚纯函数. 如果对每个 $f\in\mathcal{F}$ 和 $z\in D$ 有 $f(z)\neq 0$ 和 $f^{(k)}(z)+a_1(z)f^{(k-1)}(z)+\cdots+a_k(z)f(z)\neq\phi(z)$, 则 $\mathcal{F}$ 于 D 正规.

证明 过程与定理 6.4.3 的证明类似, 详略. □

定理 6.4.5 [87] 设 $k,\ q\in\mathbb{N}$, 函数 $H(z,x_0,x_1,\cdots,x_{k-1})$ 关于 $x_0,x_1,\cdots,x_{k-1}$ 是 q 次多项式, 关于 z 是区域 D 上的全纯函数, 并且满足 $H(z,0,0,\cdots,0)\not\equiv 0$. 设 $\mathcal{F}$ 是区域 D 上的一族亚纯函数. 如果每个 $f\in\mathcal{F}$ 在任意一点 $z\in D$ 处都有 $f(z)\neq 0$ 和

$$\left(f^{(k)}(z)\right)^q+H\left(z,f(z),f'(z),\cdots,f^{(k-1)}(z)\right)\neq 0,$$

则 $\mathcal{F}$ 于 D 正规.

证明 记 $H(z,0,0,\cdots,0)=\phi(z)$. 如果 $\mathcal{F}$ 在某点 $z_0\in D\setminus\phi^{-1}(0)$ 处不正规, 那么由 Zalcman-Pang 引理, 存在函数列 $\{f_n\}\subset\mathcal{F}$, 点列 $\{z_n\}\subset D$ 满足 $z_n\to z_0$ 和正数列 $\{\rho_n\}$ 满足 $\rho_n\to 0$ 使得函数列

$$g_n(\zeta)=\rho_n^{-k}f_n(z_n+\rho_n\zeta)$$

在复平面 $\mathbb{C}$ 上按球距内闭一致收敛于非常数亚纯函数 $g(\zeta)$, 满足 $g^{\#}(\zeta)\leqslant g^{\#}(0)=1$.

由于 $f(z)\neq 0$ 和 $\left(f^{(k)}(z)\right)^q+H\left(z,f(z),f'(z),\cdots,f^{(k-1)}(z)\right)\neq 0$, 我们有 $g_n(\zeta)\neq 0$ 和

$$\left(g_n^{(k)}(\zeta)\right)^q+H\left(z_n+\rho_n\zeta,\rho_n^k g_n(\zeta),\rho_n^{k-1}g_n'(\zeta),\cdots,\rho_n g_n^{(k-1)}(\zeta)\right)\neq 0,$$

于是, 我们就有

$$g(\zeta)\neq 0,\quad \left(g^{(k)}(\zeta)\right)^q+\phi\left(z_0\right)\neq 0.$$

由于 $\phi(z_0)\neq 0$, 故由 Hayman 定理, 上式表明 g 为常数. 矛盾.

于是 $\mathcal{F}$ 在 $D\setminus\phi^{-1}(0)$ 正规. 再用与定理 6.4.3 的证明类似的方法就可证明 $\mathcal{F}$ 在 $\phi^{-1}(0)$ 中的每个点处也都正规. 从而 $\mathcal{F}$ 于 D 正规. □

定理 6.4.6 [87] 设 $q\geqslant 3$, $k\in\mathbb{N}$, $H(z,x_0,x_1,\cdots,x_k)$ 是 $x_0,x_1,\cdots,x_k$ 的 q 次多项式并且关于 x_k 的次数不超过 $q-2$, 关于 z 是区域 D 上的全纯函数并且满足 $H(z,0,0,\cdots,0)\not\equiv 0$. 设 $\mathcal{F}$ 是区域 D 上的一族亚纯函数. 如果每个 $f\in\mathcal{F}$ 在任意一点 $z\in D$ 都有 $f(z)\neq 0$ 和

$$\left(f^{(k)}(z)\right)^q+H\left(z,f(z),f'(z),\cdots,f^{(k)}(z)\right)\neq 0,$$

则 $\mathcal{F}$ 于 D 正规.

证明 过程与定理 6.4.5 的证明类似, 详略. □

6.5 顾永兴定则的推广 (II)

本节我们将推广定理 5.2.1 和定理 5.2.2, 在保持零点重级的条件之下将导数的例外值推广到更一般的例外函数. 首先, 与定理 5.2.1 和定理 5.2.2 完全相同的证明过程可以得到如下结果.

定理 6.5.1 设 $k\in\mathbb{N}$, $\phi(z)$ 为区域 D 上的不取零的全纯函数, $\mathcal{F}$ 是区域 D 上的零点重级至少为 $k+2$ 的亚纯函数族使得每个函数 $f\in\mathcal{F}$ 都有 $f^{(k)}(z)\neq\phi(z)$, 则函数族 $\mathcal{F}$ 于区域 D 正规.

定理 6.5.2 设 $k \in \mathbb{N}$, $\phi(z)$ 为区域 D 上的不取零的全纯函数, $\mathcal{F}$ 是区域 D 上的零点重级至少为 $k+1$, 极点均至少 2 重的亚纯函数族使得每个函数 $f \in \mathcal{F}$ 都有 $f^{(k)}(z) \neq \phi(z)$, 则 $\mathcal{F}$ 于 D 正规.

当例外函数 ϕ 有零点时, 下面的第一个例子表明定理 6.5.1 一般不再成立. 但若 ϕ 没有单零点, 则定理 6.5.1 仍然成立, 见后面的定理 6.5.5. 第二个例子则表明当例外函数 ϕ 有零点时定理 6.5.2 对 $k=1$ 不成立, 但是我们将证明当 $k>1$ 时此时定理 6.5.2 仍然成立, 见后面的定理 6.5.6.

例 6.5.1 考虑如下定义的函数列 $\{f_n\}$:

$$f_n(z) = \frac{\left(z - \dfrac{1}{(k+2)n}\right)^{k+2}}{(k+1)!\left(z - \dfrac{1}{n}\right)}, \quad n = 1, 2, \cdots.$$

显然, 函数列 $\{f_n\}$ 在原点处不正规, 但满足 $f_n^{(k)}(z) \neq z$. 事实上, 由于

$$\begin{aligned}
f_n(z) &= \frac{\left(z - \dfrac{1}{n} + \dfrac{k+1}{(k+2)n}\right)^{k+2}}{(k+1)!\left(z - \dfrac{1}{n}\right)} \\
&= \frac{1}{(k+1)!}\left(z - \frac{1}{n}\right)^{k+1} + \frac{1}{k!n}\left(z - \frac{1}{n}\right)^{k} + P_{k-1}(z) \\
&\quad + \frac{1}{(k+1)!}\left(\frac{k+1}{(k+2)n}\right)^{k+2}\left(z - \frac{1}{n}\right)^{-1},
\end{aligned}$$

这里 P_{k-1} 是次数为 $k-1$ 的多项式, 因此

$$f_n^{(k)}(z) = z + \frac{(-1)^k}{k+1}\left(\frac{k+1}{(k+2)n}\right)^{k+2}\left(z - \frac{1}{n}\right)^{-k-1} \neq z.$$

例 6.5.2 对给定的正整数 m, 考虑如下定义的函数列 $\{f_n\}$:

$$\begin{aligned}
f_n(z) &= \frac{\left(z^{m+1} - \dfrac{1}{n}\right)^2}{(m+1)z^{m+1}} \\
&= \frac{z^{m+1}}{m+1} - \frac{2}{(m+1)n} + \frac{1}{(m+1)n^2 z^{m+1}}, \quad n = 1, 2, \cdots,
\end{aligned}$$

显然, $\{f_n\}$ 在原点处不正规, 但满足

$$f_n'(z) = z^m - \frac{1}{n^2 z^{m+2}} \neq z^m.$$

现在, 我们引入如下记号. 对区域 D 上的函数族 $\mathcal{F}$, 用记号 $\overline{\mathcal{F}}$ 表示 $\mathcal{F}$ 的闭包, 即由 $\mathcal{F}$ 中所有函数和所有 $\mathcal{F}$ 中于 D 内闭一致收敛函数列的极限函数 (允许恒为 ∞) 所组成; 用记号 $\mathcal{F}^{(k)}$ 表示 $\mathcal{F}$ 中所有函数的 k 阶导函数组成的函数族. 对区域 D 内两个函数族 $\mathcal{F}$ 和 $\mathcal{G}$, 用记号 $\mathcal{F} \neq \mathcal{G}$ 表示对任何 $f \in \mathcal{F}$, 存在 $g \in \mathcal{G}$ 使得 $f(z) \neq g(z)$ 于 D.

在上述记号下, 定理 6.5.1 和定理 6.5.2 可叙述成更一般的形式, 证明亦完全一样.

定理 6.5.3 设 $k \in \mathbb{N}$, H 为区域 D 上一正规族使得 $\overline{\mathcal{H}}$ 中函数于 D 内闭一致全纯并且不取零, $\mathcal{F}$ 是区域 D 上的一族零点重级至少为 $k+2$ 的亚纯函数使得 $\mathcal{F}^{(k)} \neq \mathcal{H}$, 则函数族 $\mathcal{F}$ 于区域 D 正规.

定理 6.5.4 设 $k \in \mathbb{N}$, H 为区域 D 上一正规族使得 $\overline{\mathcal{H}}$ 中函数于 D 内闭一致全纯并且不取零, $\mathcal{F}$ 是区域 D 上的一族零点均至少 $k+1$ 重, 极点均至少 2 重的亚纯函数使得 $\mathcal{F}^{(k)} \neq \mathcal{H}$, 则函数族 $\mathcal{F}$ 于区域 D 正规.

6.5.1 关于有理函数的一个引理

为进一步研究定理 6.5.1 和定理 6.5.2 中例外函数 ϕ 具有零点时的正规定则, 我们需要如下与有理函数相关的一个引理.

引理 6.5.1 设 k, m 为正整数, Φ 为一非多项式有理函数, 其零点之级均至少 $k+1$, 而且在复平面上满足

$$\Phi^{(k)}(\zeta) \neq \zeta^m,$$

则当 $k=1$ 时或者

$$\Phi(\zeta) = \frac{1}{m+1}\zeta^{m+1} + C_0 + \frac{(m+1)C_0^2}{4\zeta^{m+1}} = \frac{\left[\zeta^{m+1} + \frac{1}{2}(m+1)C_0\right]^2}{(m+1)\zeta^{m+1}}, \quad C_0 \neq 0;$$

或者 $m=1$ 并且

$$\Phi(\zeta) = \frac{1}{2}\zeta^2 + \frac{1}{6}\zeta_0^2 + \frac{4\zeta_0^3}{27(\zeta-\zeta_0)} = \frac{\left(\zeta - \frac{1}{3}\zeta_0\right)^3}{2(\zeta-\zeta_0)}, \quad \zeta_0 \neq 0;$$

或者 $m=2$ 并且

$$\Phi(\zeta) = \frac{1}{3}\zeta^3 + \frac{1}{24}\zeta_0^3 + \frac{3\zeta_0^4}{64(\zeta-\zeta_0)} = \frac{\left(\zeta + \frac{\sqrt{3}-1}{4}\zeta_0\right)^2\left(\zeta - \frac{\sqrt{3}+1}{4}\zeta_0\right)^2}{3(\zeta-\zeta_0)}, \quad \zeta_0 \neq 0.$$

而当 $k>1$ 时, $m=1$ 并且

$$\Phi(\zeta) = \frac{\left(\zeta - \frac{1}{k+2}\zeta_0\right)^{k+2}}{(k+1)!(\zeta-\zeta_0)}, \quad \zeta_0 \neq 0.$$

证明　由于

$$\left(\Phi(\zeta) - \frac{m!}{(m+k)!}\zeta^{m+k}\right)^{(k)} = \Phi^{(k)}(\zeta) - \zeta^m \neq 0,$$

根据定理 4.2.2 知

$$\Phi(\zeta) = \frac{m!}{(m+k)!}\zeta^{m+k} + P_{k-1}(\zeta) + \frac{c}{(\zeta-\zeta_0)^p}, \tag{6.5.1}$$

这里 P_{k-1} 为次数至多 $k-1$ 的多项式, $c \neq 0$ 和 ζ_0 为常数, p 为正整数.

断言 1　Φ 的重级至少 $k+2$ 的零点至多只有一个

$$\zeta^* = \frac{m}{m+p+k}\zeta_0, \tag{6.5.2}$$

并且重级恰为 $k+2$, 而且此时 $\zeta_0 \neq 0$.

事实上, 设 ζ^* 是 Φ 的重级 $s \geqslant k+2$ 的零点, 则 ζ^* 是

$$\Phi^{(k)} = \zeta^m + \frac{A}{(\zeta-\zeta_0)^{p+k}} = \frac{\zeta^m(\zeta-\zeta_0)^{p+k} + A}{(\zeta-\zeta_0)^{p+k}}$$

的重级为 $s-k \geqslant 2$ 的零点, 这里 $A = (-1)^k p(p+1)\cdots(p+k-1)c$ 为非零常数. 于是 $\zeta^* \neq 0, \zeta_0$, 并且 ζ^* 是多项式

$$R(\zeta) = \zeta^m(\zeta-\zeta_0)^{p+k} + A$$

的重级为 $s-k \geqslant 2$ 的零点, 进而是

$$R'(\zeta) = \zeta^{m-1}(\zeta-\zeta_0)^{p+k-1}[(p+k+m)\zeta - m\zeta_0]$$

的重级为 $s-k-1\geqslant 1$ 的零点. 由于 $\zeta^*\neq 0,\ \zeta_0$, 故必有

$$\zeta^*=\frac{m}{m+p+k}\zeta_0.$$

这就证明了 Φ 的重级至少 $k+2$ 的零点至多只有一个. 显然 ζ^* 是 R' 的单零点, 由此就知 $s=k+2$.

断言 2 如果 $k>1$, 则 Φ 的重级至少 $k+1$ 的零点至多只有两个.

设 a 为 Φ 的重级至少 $k+1$ 的零点, 则 $\Phi(a)=\Phi'(a)=\cdots=\Phi^{(k)}(a)=0$. 由于

$$\begin{aligned}\Phi^{(j)}(\zeta)=&\frac{m!}{(m+k-j)!}\zeta^{m+k-j}+P_{k-1}^{(j)}(\zeta)\\&+\frac{(-1)^j p(p+1)\cdots(p+j-1)c}{(\zeta-\zeta_0)^{p+j}},\quad j=0,1,\cdots,k-1,\\\Phi^{(k)}(\zeta)=&\zeta^m+\frac{(-1)^k p(p+1)\cdots(p+k-1)c}{(\zeta-\zeta_0)^{p+k}}.\end{aligned}$$

于是由 $\Phi^{(k)}(a)=0$ 得

$$c=\frac{(-1)^{k-1}(p-1)!}{(p+k-1)!}a^m(a-\zeta_0)^{p+k}. \tag{6.5.3}$$

再由 $\Phi^{(k-1)}(a)=0$ 得, 对 $0\leqslant j\leqslant k-1$,

$$\begin{aligned}P_{k-1}^{(j)}(a)&=-\frac{m!}{(m+k-j)!}a^{m+k-j}-\frac{(-1)^j(p+j-1)!c}{(p-1)!}\cdot\frac{1}{(a-\zeta_0)^{p+j}}\\&=-\frac{m!}{(m+k-j)!}a^{m+k-j}+\frac{(-1)^{k-j}(p+j-1)!}{(p+k-1)!}a^m(a-\zeta_0)^{k-j}.\end{aligned} \tag{6.5.4}$$

由 (6.5.3) 可看到 $a\neq 0$. 由 (6.5.4), 对 $j=k-2$ 和 $j=k-1$ 有

$$P_{k-1}^{(k-2)}(a)=-\frac{a^{m+2}}{(m+2)(m+1)}+\frac{a^m(a-\zeta_0)^2}{(p+k-1)(p+k-2)}, \tag{6.5.5}$$

$$P_{k-1}^{(k-1)}(a)=-\frac{a^{m+1}}{m+1}-\frac{a^m(a-\zeta_0)}{p+k-1}. \tag{6.5.6}$$

从而由 $P_{k-1}^{(k-2)}(\zeta)=P_{k-1}^{(k-2)}(a)+P_{k-1}^{(k-1)}(a)(\zeta-a)$ 知

$$P_{k-1}^{(k-2)}(0)=P_{k-1}^{(k-2)}(a)-aP_{k-1}^{(k-1)}(a)$$

$$= \left[\frac{p+k+m}{m+2}a^2 - \frac{(p+k)\zeta_0}{p+k-1}a + \frac{\zeta_0^2}{p+k-1}\right]\frac{a^m}{p+k-2}, \tag{6.5.7}$$

$$\begin{aligned} P_{k-1}^{(k-1)}(0) = P_{k-1}^{(k-1)}(a) &= -\frac{a^{m+1}}{m+1} - \frac{a^m(a-\zeta_0)}{p+k-1} \\ &= -\left[\frac{p+k+m}{m+1}a - \zeta_0\right]\frac{a^m}{p+k-1}. \end{aligned} \tag{6.5.8}$$

如果 $P_{k-1}^{(k-1)}(0) = 0$, 则由 $a \neq 0$ 及 (6.5.8) 知

$$a = \frac{m+1}{p+k+m}\zeta_0. \tag{6.5.9}$$

将其代入 (6.5.7) 可知此时 $P_{k-1}^{(k-2)}(0) \neq 0$. 因此 $P_{k-1}^{(k-1)}(0)$ 和 $P_{k-1}^{(k-2)}(0)$ 不同时为零. 于是由 $a \neq 0$ 及 (6.5.7)、(6.5.8) 知 a 满足

$$\begin{aligned} &(p+k-1)P_{k-1}^{(k-1)}(0)\left[\frac{p+k+m}{m+2}a^2 - \frac{(p+k)\zeta_0}{p+k-1}a + \frac{\zeta_0^2}{p+k-1}\right] \\ &+ (p+k-2)P_{k-1}^{(k-2)}(0)\left[\frac{p+k+m}{m+1}a - \zeta_0\right] = 0. \end{aligned}$$

这说明 Φ 的重级至少 $k+1$ 的零点 a 是二次多项式方程

$$Az^2 + Bz + C = 0 \tag{6.5.10}$$

的一个根, 即至多两个, 其中

$$A = \frac{(p+k+m)(p+k-1)}{m+2}P_{k-1}^{(k-1)}(0), \tag{6.5.11}$$

$$B = -(p+k)\zeta_0 P_{k-1}^{(k-1)}(0) + \frac{(p+k+m)(p+k-2)}{m+1}P_{k-1}^{(k-2)}(0), \tag{6.5.12}$$

$$C = \zeta_0^2 P_{k-1}^{(k-1)}(0) - (p+k-2)\zeta_0 P_{k-1}^{(k-2)}(0). \tag{6.5.13}$$

断言 3　当 $k > 1$ 时, 如果 Φ 有两个重级至少 $k+1$ 的不同的零点, 则这两个零点的重级均恰好为 $k+1$.

由断言 2, Φ 的这两个零点都是方程 (6.5.10) 的解. 假设有一个零点的重级至少 $k+2$. 则由断言 1, 该重级至少 $k+2$ 的零点为由 (6.5.2) 确定的 ζ^* 并且 $\zeta_0 \neq 0$. 由于 $k > 1$, 由断言 2 中的 (6.5.7) 和 (6.5.8), 此时有

$$P_{k-1}^{(k-2)}(0) = \left[\frac{p+k+m}{m+2}(\zeta^*)^2 - \frac{(p+k)\zeta_0}{p+k-1}\zeta^* + \frac{\zeta_0^2}{p+k-1}\right]\frac{(\zeta^*)^m}{p+k-2}$$
$$= \frac{2(m+p+k)-m(p+k)}{(m+2)(m+p+k)(p+k-1)(p+k-2)}\zeta_0^2(\zeta^*)^m,$$
$$P_{k-1}^{(k-1)}(0) = -\left(\frac{p+k+m}{m+1}\zeta^* - \zeta_0\right)\frac{(\zeta^*)^m}{p+k-1} = \frac{\zeta_0(\zeta^*)^m}{(m+1)(p+k-1)}.$$

从而有

$$A = \frac{p+k+m}{(m+1)(m+2)}\zeta_0(\zeta^*)^m,$$
$$B = -\frac{2m}{(m+1)(m+2)}\zeta_0^2(\zeta^*)^m,$$
$$C = \frac{m^2}{(m+1)(m+2)(m+p+k)}\zeta_0^3(\zeta^*)^m.$$

不难验证可知 $B^2-4AC=0$, 因此方程 (6.5.10) 只有一个解. 这与假设矛盾. 断言 3 得证.

现在我们来完成引理 6.5.1 的证明. 首先, 注意由 (6.5.1) 知 Φ 和多项式

$$P(\zeta) = \zeta^{m+k}(\zeta-\zeta_0)^p + \frac{(m+k)!}{m!}P_{k-1}(\zeta)(\zeta-\zeta_0)^p + C \tag{6.5.14}$$

有相同的零点, 并且重数亦相同, 这里 $C = \dfrac{(m+k)!}{m!}c$.

情形 1 Φ 只有一个零点 a. 于是 $P(\zeta)=(\zeta-a)^s$, s 为正整数. 比较次数即知 $s=m+p+k\geqslant k+2$. 于是由断言 1 知 $a=\zeta^*=\dfrac{m}{m+p+k}\zeta_0$ 并且 $\zeta_0\neq 0$. 现在比较 P 的两个不同表达式 $P(\zeta)=(\zeta-a)^s$ 和 (6.5.14) 展开中 $\zeta^{m+p+k-1}$ 项的系数, 得 $p=m$.

如果 $p=m>1$, 则再比较 $\zeta^{m+p+k-2}$ 项系数可得矛盾. 因此 $p=m=1$, 从而

$$\Phi(\zeta) = \frac{m!}{(m+k)!}\cdot\frac{P(\zeta)}{(\zeta-\zeta_0)^p} = \frac{\left(\zeta-\dfrac{\zeta_0}{k+2}\right)^{k+2}}{(k+1)!(\zeta-\zeta_0)}.$$

情形 2 Φ 至少有两个零点. 先证明这种情形只有在 $k=1$ 时才会出现.

为此, 设 $k>1$, 则由断言 3, Φ 从而多项式 $P(\zeta)$ 恰有两个零点 a, b, 并且重级均恰为 $k+1$. 于是

$$P(\zeta) = (\zeta - a)^{k+1} (\zeta - b)^{k+1}. \tag{6.5.15}$$

首先比较 P 的两个不同表达式 (6.5.14) 和 (6.5.15) 的次数知 $p+m+k=2k+2$, 即 $p+m=k+2$. 注意由 (6.5.14) 知 ζ_0 是 $P(\zeta)-C$ 的 p 重零点.

如果 $p>1$, 则 ζ_0 也是 $P'(\zeta)=(k+1)(z-a)^k(z-b)^k[2\zeta-(a+b)]$ 的 $p-1$ 重零点. 由于 $\zeta_0 \neq a,\ b$, 因此 $\zeta_0=(a+b)/2$ 并且 $p-1=1$, 即 $p=2$, 从而 $m=k$. 于是

$$\begin{aligned} P(\zeta) &= \left(\zeta^2 - (a+b)\zeta + ab\right)^{k+1} = \left[(\zeta-\zeta_0)^2 + D\right]^{k+1} \\ &= D^{k+1} + \sum_{n=1}^{k+1} \binom{k+1}{n} D^{k+1-n} (\zeta - \zeta_0)^{2n}, \end{aligned} \tag{6.5.16}$$

这里 $D=-\dfrac{1}{4}(a-b)^2 \neq 0$. 于是 $C=P(\zeta_0)=D^{k+1}$. 注意到 $m=k$, 由 (6.5.14) 和 (6.5.16), 我们得到

$$\zeta^{2k} + \frac{(2k)!}{k!} P_{k-1}(\zeta) = \sum_{n=1}^{k+1} \binom{k+1}{n} D^{k+1-n} (\zeta-\zeta_0)^{2n-2}.$$

比较 ζ^{2k-1} 的系数得到 $\zeta_0=0$. 但这导致 $P_{k-1}(\zeta)$ 是一 $2k-2$ 次多项式. 这与 $k>1$ 及 $P_{k-1}(\zeta)$ 的次数 $\leqslant k-1$ 矛盾.

于是 $p=1$, $m=k+1$, 从而由 (6.5.14) 和 (6.5.15) 有

$$\zeta^{2k+1}(\zeta-\zeta_0) + \frac{(2k+1)!}{(k+1)!} P_{k-1}(\zeta)(\zeta-\zeta_0) + C = (\zeta-a)^{k+1}(\zeta-b)^{k+1}.$$

两端分别比较 ζ^{2k+1}, ζ^{2k} 和 ζ^{2k-1} 的系数可依次得

$$\begin{aligned} & a+b = \frac{\zeta_0}{k+1}, \\ & a^2+b^2+\frac{2(k+1)}{k}ab = 0, \\ & \frac{1}{3}(k-1)(a^3+b^3) + (k+1)(ab^2+a^2b) = 0. \end{aligned}$$

直接验证可得矛盾.

这就证明了在情形 2 下只能 $k=1$. 此时 P_{k-1} 成为常数 P_0, 于是

$$\Phi(\zeta) = \frac{1}{m+1}\zeta^{m+1} + P_0 + \frac{c}{(\zeta-\zeta_0)^p}, \tag{6.5.17}$$

并且

$$P(\zeta)=\zeta^{m+1}(\zeta-\zeta_0)^p+(m+1)P_0(\zeta-\zeta_0)^p+(m+1)c. \tag{6.5.18}$$

如果 $P_0=0$, 则由于 $c\neq 0$ 和

$$P'(\zeta)=\zeta^m(\zeta-\zeta_0)^{p-1}[(m+p+1)\zeta-(m+1)\zeta_0]$$

知 P 至多只有一个重零点, 与情形 2 的假设矛盾.

因此 $P_0\neq 0$. 现在设 a 是 Φ 的一个重零点, 即 $\Phi(a)=\Phi'(a)=0$. 由于

$$\Phi'(\zeta)=\zeta^m-\frac{pc}{(\zeta-\zeta_0)^{p+1}},$$

我们得到

$$\begin{aligned}&\frac{1}{m+1}a^{m+1}+P_0+\frac{c}{(a-\zeta_0)^p}=0,\\&a^m-\frac{pc}{(a-\zeta_0)^{p+1}}=0.\end{aligned}$$

这说明 a 满足

$$\begin{aligned}\frac{m+p+1}{(m+1)p}a^{m+1}-\frac{\zeta_0}{p}a^m+P_0=0,\\P_0(a-\zeta_0)^{p+1}+\frac{p+m+1}{m+1}c(a-\zeta_0)+\frac{pc}{m+1}\zeta_0=0.\end{aligned}$$

于是 Φ 的任一个重零点 a 都是如下两个首一多项式

$$Q_1(\zeta):=\zeta^{m+1}-\frac{(m+1)\zeta_0}{m+p+1}\zeta^m+\frac{(m+1)p}{m+p+1}P_0, \tag{6.5.19}$$

$$Q_2(\zeta):=(\zeta-\zeta_0)^{p+1}+\frac{p+m+1}{(m+1)P_0}c(\zeta-\zeta_0)+\frac{pc}{(m+1)P_0}\zeta_0 \tag{6.5.20}$$

的公共零点.

情形 2.1 Φ 从而多项式 P 的零点都是二重的. 此时 $\deg(P)$ 为一偶数, 而且由上结论知多项式 P 是 Q_1^2 和 Q_2^2 的因式, 故有

$$\begin{aligned}p+m+1=\deg(P)\leqslant\deg(Q_1^2)=2(m+1),\\p+m+1=\deg(P)\leqslant\deg(Q_2^2)=2(p+1).\end{aligned}$$

由此可知 $m-1 \leqslant p \leqslant m+1$. 因为 $\deg(P)=m+p+1$ 为一偶数, 因此 $p \neq m$, 从而或者 $p=m-1$ 或者 $p=m+1$.

情形 2.1.1　$p=m-1$, 则 $m \geqslant 2$ 并且 $\deg(P)=\deg(Q_2^2)$. 于是 $P=Q_2^2$, 从而由 (6.5.18) 和 (6.5.20) 得

$$\begin{aligned}&\zeta^{m+1}(\zeta-\zeta_0)^{m-1}+(m+1)P_0(\zeta-\zeta_0)^{m-1}+(m+1)c\\&=\left[(\zeta-\zeta_0)^m+\frac{2m}{(m+1)P_0}c(\zeta-\zeta_0)+\frac{(m-1)c}{(m+1)P_0}\zeta_0\right]^2.\end{aligned}\tag{6.5.21}$$

如果 $\zeta_0=0$, 则在 (6.5.21) 中令 $\zeta=0$ 可知 $c=0$ 而得矛盾. 故 $\zeta_0 \neq 0$.

如果 $m>2$, 则 ζ_0 是 (6.5.21) 左边导数的零点, 但不是 (6.5.21) 右边导数的零点, 故得矛盾.

于是 $m=2$. 这样 (6.5.21) 变为

$$\zeta^3(\zeta-\zeta_0)+3P_0(\zeta-\zeta_0)+3c=\left[(\zeta-\zeta_0)^2+\frac{4}{3P_0}c(\zeta-\zeta_0)+\frac{c}{3P_0}\zeta_0\right]^2.$$

比较系数就可知

$$P_0=\frac{1}{24}\zeta_0^3,\quad c=\frac{3}{64}\zeta_0^4.$$

于是, 我们知

$$\Phi(\zeta)=\frac{1}{3}\zeta^3+\frac{1}{24}\zeta_0^3+\frac{3\zeta_0^4}{64(\zeta-\zeta_0)}.$$

情形 2.1.2　$p=m+1$, 则 $\deg(P)=\deg(Q_1^2)$. 于是 $P=Q_1^2$, 从而由 (6.5.18) 和 (6.5.19) 得

$$\begin{aligned}&\zeta^{m+1}(\zeta-\zeta_0)^{m+1}+(m+1)P_0(\zeta-\zeta_0)^{m+1}+(m+1)c\\&=\left(\zeta^{m+1}-\frac{\zeta_0}{2}\zeta^m+\frac{m+1}{2}P_0\right)^2.\end{aligned}\tag{6.5.22}$$

取 $\zeta=\zeta_0$ 代入即得

$$c=\frac{1}{m+1}\left(\frac{1}{2}\zeta_0^{m+1}+\frac{m+1}{2}P_0\right)^2 \neq 0.$$

再对 (6.5.22) 两边求导后取 $\zeta=\zeta_0$ 代入即知 $\zeta_0=0$, 从而

$$c=\frac{1}{4}(m+1)P_0^2.$$

于是

$$\Phi(\zeta)=\frac{1}{m+1}\zeta^{m+1}+P_0+\frac{(m+1)P_0^2}{4\zeta^{m+1}}.$$

情形 2.2 Φ 从而多项式 P 的零点中至少有一个的重数至少为 3. 由断言 1, 这样的零点只有

$$\zeta^*=\frac{m}{m+p+1}\zeta_0 \tag{6.5.23}$$

一个, 而且恰好为 3 重零点. 另外 $\zeta_0\neq 0$. 于是由 $\Phi(\zeta^*)=\Phi'(\zeta^*)=0$ 得

$$c=\frac{(-1)^{p+1}(p+1)^{p+1}m^m}{p(m+p+1)^{m+p+1}}\zeta_0^{m+p+1}, \tag{6.5.24}$$

$$P_0=\frac{m^m}{p(m+1)(m+p+1)^m}\zeta_0^{m+1}. \tag{6.5.25}$$

这样, 多项式 P 是 $(\zeta-\zeta^*)Q_1^2$ 和 $(\zeta-\zeta^*)Q_2^2$ 的因式, 故有

$$\begin{aligned}p+m+1&=\deg(P)\leqslant\deg(Q_1^2)+1=2m+3,\\ p+m+1&=\deg(P)\leqslant\deg(Q_2^2)+1=2p+3.\end{aligned}$$

由此可知 $m-2\leqslant p\leqslant m+2$. 再注意到此时 $\deg(P)=m+p+1$ 为一奇数, 因此或者 $p=m-2$, 或者 $p=m$, 或者 $p=m+2$.

情形 2.2.1 $p=m-2$. 此时 $m\geqslant 3$, 并且 $\deg(P)=\deg(Q_2^2)+1$. 由此可知 $P(\zeta)=(\zeta-\zeta^*)Q_2^2(\zeta)$, 即有

$$\begin{aligned}&\zeta^{m+1}(\zeta-\zeta_0)^{m-2}+(m+1)P_0(\zeta-\zeta_0)^{m-2}+(m+1)c\\ =&(\zeta-\zeta^*)\left[(\zeta-\zeta_0)^{m-1}+\frac{(2m-1)c}{(m+1)P_0}(\zeta-\zeta_0)+\frac{(m-2)c}{(m+1)P_0}\zeta_0\right]^2,\end{aligned}$$

其中

$$\begin{aligned}\zeta^*&=\frac{m}{2m-1}\zeta_0,\\ c&=\frac{(-1)^{m-1}(m-1)^{m-1}m^m}{(m-2)(2m-1)^{2m-1}}\zeta_0^{2m-1},\\ P_0&=\frac{m^m}{(m-2)(m+1)(2m-1)^m}\zeta_0^{m+1}.\end{aligned}$$

如果 $m\geqslant 4$, 对 (6.5.26) 两边求导, 再取 $\zeta=\zeta_0$ 代入可知此种情形不可能.

因此 $m=3$. 此时 $\zeta^*=\frac{3}{5}\zeta_0$, $c=\frac{108}{3125}\zeta_0^5$, $P_0=\frac{27}{500}\zeta_0^4$. 故而得到

$$\begin{aligned}&\zeta^4(\zeta-\zeta_0)+\frac{27}{125}\zeta_0^4(\zeta-\zeta_0)+\frac{432}{3125}\zeta_0^5\\=&\left(\zeta-\frac{3}{5}\zeta_0\right)\left[(\zeta-\zeta_0)^2+\frac{4}{5}\zeta_0(\zeta-\zeta_0)+\frac{4}{25}\zeta_0^2\right]^2.\end{aligned}$$

取 $\zeta=\zeta_0$ 代入即知上式不成立.

情形 2.2.2　$p=m+2$. 此时 $\deg(P)=\deg(Q_1^2)+1$. 由此可知 $P(\zeta)=(\zeta-\zeta^*)Q_1^2(\zeta)$, 即有

$$\begin{aligned}&\zeta^{m+1}(\zeta-\zeta_0)^{m+2}+(m+1)P_0(\zeta-\zeta_0)^{m+2}+(m+1)c\\=&(\zeta-\zeta^*)\left[\zeta^{m+1}-\frac{(m+1)\zeta_0}{2m+3}\zeta^m+\frac{(m+1)(m+2)}{2m+3}P_0\right]^2,\end{aligned}\tag{6.5.26}$$

其中

$$\begin{aligned}\zeta^*&=\frac{m}{2m+3}\zeta_0,\\c&=\frac{(-1)^{m+3}(m+3)^{m+3}m^m}{(m+2)(2m+3)^{2m+3}}\zeta_0^{2m+3},\\P_0&=\frac{m^m}{(m+2)(m+1)(2m+3)^m}\zeta_0^{m+1}.\end{aligned}$$

对 (6.5.26) 两边求导, 再取 $\zeta=\zeta_0$ 代入可知此种情形不可能.

情形 2.2.3　$p=m$. 此时 P 的零点也是 Q_1-Q_2 的零点.

如果 $Q_1-Q_2\not\equiv 0$, 则 P 是 $(\zeta-\zeta*)[Q_1(\zeta)-Q_2(\zeta)]^2$ 的因式, 因此

$$2m+1=\deg(P)\leqslant\deg((Q_1-Q_2)^2)+1\leqslant 2(m-1)+1=2m-1.$$

这不可能. 故必有 $Q_1\equiv Q_2$, 即

$$\begin{aligned}&\zeta^{m+1}-\frac{(m+1)\zeta_0}{2m+1}\zeta^m+\frac{(m+1)m}{2m+1}P_0\\=&(\zeta-\zeta_0)^{m+1}+\frac{(2m+1)c}{(m+1)P_0}(\zeta-\zeta_0)+\frac{mc}{(m+1)P_0}\zeta_0.\end{aligned}\tag{6.5.27}$$

如果 $m>1$, 则比较 (6.5.27) 两端 ζ^m 的系数即得矛盾. 因此 $m=1$, 进而 (6.5.27) 变为

$$\zeta^2-\frac{2\zeta_0}{3}\zeta+\frac{2}{3}P_0=(\zeta-\zeta_0)^2+\frac{3c}{2P_0}(\zeta-\zeta_0)+\frac{c}{2P_0}\zeta_0.$$

由此可知 $P_0=\frac{1}{6}\zeta_0^2$, $c=\frac{4}{27}\zeta_0^3$. 于是

$$\Phi(\zeta)=\frac{1}{2}\zeta^2+\frac{1}{6}\zeta_0^2+\frac{4\zeta_0^3}{27(\zeta-\zeta_0)}.\qquad\square$$

6.5.2 例外函数具有零点的正规族

现在, 我们来建立定理 6.5.1 和定理 6.5.2 中例外函数具有零点时的正规定则[134, 139, 156, 172].

定理 6.5.5 设 $k\in\mathbb{N}$, $\phi(z)$ 为区域 D 上不恒为零并且没有单零点的全纯函数, $\mathcal{F}$ 是区域 D 上的一族零点重级至少为 $k+2$ 的亚纯函数使得每个函数 $f\in\mathcal{F}$ 都有 $f^{(k)}(z)\neq\phi(z)$, 则函数族 $\mathcal{F}$ 于区域 D 正规.

定理 6.5.6 设 $k\in\mathbb{N}$ 满足 $k>1$, $\phi(z)$ 为区域 D 上不恒为零的全纯函数, $\mathcal{F}$ 是区域 D 上的一族零点重级至少为 $k+1$ 并且没有单极点的亚纯函数使得每个函数 $f\in\mathcal{F}$ 都有 $f^{(k)}(z)\neq\phi(z)$, 则函数族 $\mathcal{F}$ 于区域 D 正规.

定理 6.5.7 设 $k\in\mathbb{N}$, $\phi(z)$ 为区域 D 上不恒为零的全纯函数, $\mathcal{F}$ 是区域 D 上的一族零点重级至少为 $k+3$ 的亚纯函数使得每个函数 $f\in\mathcal{F}$ 都有 $f^{(k)}(z)\neq\phi(z)$, 则函数族 $\mathcal{F}$ 于区域 D 正规.

在这里, 我们将通过刻画出不正规函数列的方式来证明如下更精确的结果.

定理 6.5.8 设 $k\in\mathbb{N}$, 及 $\phi(z)\not\equiv 0$ 于 D 全纯. 设 $\mathcal{F}$ 是区域 D 上的亚纯函数族, 族中每个函数 f 的零点重级至少为 $k+2$ 并且满足 $f^{(k)}(z)\neq\phi(z)$. 如果 $\mathcal{F}$ 在某点 $z_0\in D$ 处不正规, 则

(1) z_0 是函数 ϕ 的单零点,

(2) 存在函数列 $\{f_n\}\subset\mathcal{F}$ 使得在 z_0 的某邻域 $\Delta(z_0)$ 上有

$$f_n(z)=\frac{\left(z-z_0-\dfrac{u_n}{k+2}\right)^{k+2}}{z-z_0-w_n}f_n^*(z),\tag{6.5.28}$$

这里 $w_n\neq 0$ 满足 $w_n\to 0$, $u_n=w_n+o(w_n)$, 以及 f_n^* 于 $\Delta(z_0)$ 全纯并且在 $\Delta(z_0)$ 满足 $f_n^*\to f^*$, 其中全纯函数 f^* 满足

$$\left((z-z_0)^{k+1}f^*(z)\right)^{(k)}=\phi(z).$$

定理 6.5.9 设 $k\in\mathbb{N}$, 及 $\phi(z)\not\equiv 0$ 于 D 全纯. 设 $\mathcal{F}$ 是区域 D 上的亚纯函数族, 族中每个函数 f 没有单极点, 并且零点重级均至少为 $k+1$, 以及满足 $f^{(k)}(z)\neq\phi(z)$. 如果 $\mathcal{F}$ 在某点 $z_0\in D$ 处不正规, 则 z_0 是函数 ϕ 的单零点, 并且

存在函数列 $\{f_n\} \subset \mathcal{F}$ 使得在 z_0 的某邻域 $\Delta(z_0)$ 上有如果 $\mathcal{F}$ 在某点 $z_0 \in D$ 处不正规, 则

(1) $k = 1$,

(2) z_0 是函数 ϕ 的零点 (设重级为 m),

(3) 存在函数列 $\{f_n\} \subset \mathcal{F}$ 使得在 z_0 的某邻域 $\Delta(z_0)$ 上有

$$f_n(z) = \frac{P_n^2(z)}{(z - z_0 - w_n)^{m+1}} f_n^*(z), \tag{6.5.29}$$

这里 f_n^* 于 $\Delta(z_0)$ 全纯并且在 $\Delta(z_0)$ 满足 $f_n^* \to f^*$, 其中全纯函数 f^* 满足

$$\left((z - z_0)^{m+1} f^*(z)\right)' = \phi(z), \text{i.e.} f^*(z) = \frac{1}{(z - z_0)^{m+1}} \int_{z_0}^{z} \phi(t)dt,$$

以及 $w_n \to 0$, $P_n(z)$ 是次数为 $m+1$ 的首一多项式, 满足 $P_n(z) \to (z - z_0)^{m+1}$, 使得对某 $\rho_n \to 0^+$ 有 $w_n/\rho_n \to 0$ 及 $\rho_n^{-m-1} P_n(z_0 + \rho_n z) \to z^{m+1} + c$, 其中 $c \neq 0$ 为常数.

定理 6.5.8 和定理 6.5.9 的证明　由定理 6.5.1 和定理 6.5.2, 函数族 $\mathcal{F}$ 于 $D \setminus \phi^{-1}(0)$ 正规, 因此 z_0 是 ϕ 的零点. 不妨设 $z_0 = 0$. 于是对某正整数 $m \in \mathbb{N}$,

$$\psi(z) = \frac{\phi(z)}{z^m} \tag{6.5.30}$$

于 D 全纯并且 $\psi(0) \neq 0$. 可不妨设 $\psi(0) = 1$ 及 $\psi \neq 0$ 于 D.

由于每个函数 $f \in \mathcal{F}$ 的零点重级均严格大于 k, 因此条件 $f^{(k)}(z) \neq \phi(z)$ 保证 $f(0) \neq 0$.

现在, 我们记

$$\mathcal{G} = \left\{ g(z) = \frac{f(z)}{z^m} :\ f \in \mathcal{F} \right\}. \tag{6.5.31}$$

我们断言 $\mathcal{G}$ 在 $z_0 = 0$ 处不正规.

事实上, 如果函数列 $g_n(z) = \dfrac{f_n(z)}{z^m}$ 在原点的某邻域 $\Delta(0, \delta)$ 按球距内闭一致收敛于亚纯函数 g (允许恒为 ∞), 则由于 $g_n(0) = \infty$, 我们一定有 $g(0) = \infty$. 于是存在正数 $\eta < \delta$ 和正整数 N 使得在闭圆盘 $\overline{\Delta}(0, \eta)$ 上当 $n > N$ 时有

$$\left| \frac{f_n(z)}{z^m} \right| = |g_n(z)| \geqslant 1.$$

这意味着 f_n 于 $\Delta^\circ(0,\eta)$ 没有零点. 由于 $f_n(0)\neq 0$, 从而 f_n 于 $\Delta(0,\eta)$ 没有零点. 由此根据定理 6.4.1 知 $\{f_n\}$ 于原点处正规. 由此可知, 若函数族 $\mathcal{G}$ 在 $z_0=0$ 处正规, 则函数族 $\mathcal{F}$ 在 $z_0=0$ 处也正规. 这与假设矛盾.

由于每个函数 $g\in\mathcal{G}$ 的零点之级均至少为 $k+1$, 因此由 Zalcman-Pang 引理, 存在函数列 $g_n(z)=\dfrac{f_n(z)}{z^m}$, 点列 $z_n\to 0$ 和正数列 $\rho_n\to 0$ 使得函数列

$$h_n(\zeta)=\rho_n^{-k}g_n(z_n+\rho_n\zeta)=\frac{f_n(z_n+\rho_n\zeta)}{\rho_n^k(z_n+\rho_n\zeta)^m}\xrightarrow[\mathbb{C}]{\chi}H(\zeta), \tag{6.5.32}$$

这里, $H(\zeta)$ 是复平面 $\mathbb{C}$ 上有穷级的非常数亚纯函数, 并且满足 $H^{\#}(\zeta)\leqslant H^{\#}(0)=1$.

情形 1 数列 $\{z_n/\rho_n\}$ 无界. 此时有子列, 不妨设为 $\{z_n/\rho_n\}$ 使得 $z_n/\rho_n\to\infty$. 于是由 (6.5.32) 知函数列

$$H_n(\zeta)=\frac{f_n(z_n+\rho_n\zeta)}{\rho_n^k z_n^m}=h_n(\zeta)\left(1+\frac{\rho_n}{z_n}\zeta\right)^m\xrightarrow[\mathbb{C}]{\chi}H(\zeta). \tag{6.5.33}$$

进而也有

$$H_n^{(k)}(\zeta)=\frac{f_n^{(k)}(z_n+\rho_n\zeta)}{z_n^m}\xrightarrow[\mathbb{C}\setminus H^{-1}(\infty)]{}H^{(k)}(\zeta). \tag{6.5.34}$$

根据条件 $f^{(k)}(z)\neq\phi(z)$, 于 $\mathbb{C}$ 内闭一致地成立

$$H_n^{(k)}(\zeta)\neq\frac{(z_n+\rho_n\zeta)^m\psi(z_n+\rho_n\zeta)}{z_n^m}=\left(1+\frac{\rho_n}{z_n}\zeta\right)^m\psi(z_n+\rho_n\zeta). \tag{6.5.35}$$

由于上式右端于复平面 $\mathbb{C}$ 内闭一致收敛于 1, 根据 Hurwitz 定理知或者 $H^{(k)}(\zeta)\equiv 1$ 或者 $H^{(k)}(\zeta)\neq 1$. 由定理 6.5.5—定理 6.5.7 的条件知要么 H 的零点之级均至少 $k+2$, 要么零点之级均至少 $k+1$ 并且没有单极点. 因此前者 $H^{(k)}(\zeta)\equiv 1$ 不可能. 但对后者 $H^{(k)}(\zeta)\neq 1$, 根据定理 4.5.5、定理 4.5.6 和推论 4.2.2 同样知亦不可能.

情形 2 数列 $\{z_n/\rho_n\}$ 有界. 此时有子列, 不妨设为 $\{z_n/\rho_n\}$ 使得 $z_n/\rho_n\to c$, 其中 c 为有限常数. 此时, 由 (6.5.32) 知

$$\phi_n(\zeta):=\frac{f_n(\rho_n\zeta)}{\rho_n^{k+m}\zeta^m}=h_n\left(\zeta-\frac{z_n}{\rho_n}\right)\xrightarrow[\mathbb{C}]{\chi}H^*(\zeta):=H(\zeta-c). \tag{6.5.36}$$

由于 $f_n(0)\neq 0$, 由 (6.5.36) 可知 0 是 $H^*(\zeta)$ 的极点并且重级至少为 m. 于是

$$\Phi_n(\zeta):=\frac{f_n(\rho_n\zeta)}{\rho_n^{k+m}}=\zeta^m\phi_n(\zeta)\xrightarrow[\mathbb{C}^*]{\chi}\Phi(\zeta):=\zeta^m H^*(\zeta). \tag{6.5.37}$$

注意 $\Phi(0)\neq 0$, 并且按照假设条件,

(a) 对定理 6.5.8, 函数 Φ 的零点重级均至少为 $k+2$;

(b) 对定理 6.5.9, 函数 Φ 的零点重级均至少为 $k+1$ 但于 $\mathbb{C}^*$ 没有单极点.

我们断言 $\Phi^{(k)}(\zeta)\not\equiv\zeta^m$. 事实上, 如果 $\Phi^{(k)}(\zeta)\equiv\zeta^m$, 则 Φ 为非常数多项式, 并且当 $\zeta\in\mathbb{C}^*$ 时 $\Phi^{(k)}(\zeta)\neq 0$. 由于函数 Φ 的零点重级均至少为 $k+1$, 因此函数 Φ 于 $\mathbb{C}^*$ 没有零点. $\Phi(0)\neq 0$, 这就导致非常数多项式 Φ 于 $\mathbb{C}$ 没有零点. 这不可能.

由于在 $\mathbb{C}^*\setminus\Phi^{-1}(\infty)$ 上, 函数列 $\{\Phi_n^{(k)}(\zeta)-\zeta^m\psi(\rho_n\zeta)\}$ 内闭一致收敛于 $\Phi^{(k)}(\zeta)-\zeta^m\not\equiv 0$, 并且于 $\mathbb{C}$ 内闭一致地成立

$$\Phi_n^{(k)}(\zeta)-\zeta^m\psi(\rho_n\zeta)=\frac{f_n^{(k)}(\rho_n\zeta)-\phi(\rho_n\zeta)}{\rho_n^m}\neq 0,$$

因此由定理 1.2.15 知 $\Phi_n^{(k)}(\zeta)-\zeta^m\psi(\rho_n\zeta)\xrightarrow[\mathbb{C}]{\chi}\Phi^{(k)}(\zeta)-\zeta^m$, 进而由 Hurwitz 定理知 $\Phi^{(k)}(\zeta)-\zeta^m\neq 0$.

于是, 由定理 4.6.1 和定理 4.6.2, Φ 是一有理函数.

情形 2.1　Φ 是一多项式. 此时由 $\Phi^{(k)}(\zeta)\not\equiv\zeta^m$ 知 $\Phi^{(k)}(\zeta)=\zeta^m-c$, 其中 c 为某非零常数. 由此可知, Φ 的零点重级至多 $k+1$. 因此, 这种情形对定理 6.5.8 不发生, 而对定理 6.5.9, 函数 Φ 的零点重级恰好为 $k+1$. 特别地, 函数 Φ 的零点都是 $\Phi^{(k-1)}$ 的二重零点. 由于 $\Phi^{(k)}(\zeta)=\zeta^m-c$, 因此

$$\Phi^{(k-1)}(\zeta)=\frac{1}{m+1}\zeta^{m+1}-c\zeta+c_1,$$

这里 c_1 是常数. 显然上式右端多项式至多只有一个重零点, 因此函数 Φ 只有一个零点, 即 $\Phi(\zeta)=\lambda(\zeta-\zeta_0)^{k+1}$, 其中 $\lambda\neq 0$ 和 ζ_0 为常数. 再由 $\Phi^{(k)}(\zeta)=\zeta^m-c$ 即知 $m=1$ 并且

$$\Phi(\zeta)=\frac{1}{(k+1)!}(\zeta-c)^{k+1}.$$

于是由 (6.5.36) 知

$$\phi_n(\zeta):=\frac{f_n(\rho_n\zeta)}{\rho_n^{k+1}\zeta}\xrightarrow[\mathbb{C}]{\chi}\frac{(\zeta-c)^{k+1}}{(k+1)!\zeta}.\tag{6.5.38}$$

这意味着对充分大的 n, $f_n(0)\neq 0,\infty$, f_n 有一个零点 w_n, 其重级为 $k+1$, 满足 $w_n/\rho_n\to c$. 进一步地, 函数列 $\{f_n(\rho_n\zeta)\}$ 于 $\mathbb{C}$ 内闭一致全纯.

现在, 定义

$$f_n^*(z)=\frac{f_n(z)}{(z-w_n)^{k+1}}, \tag{6.5.39}$$

则 $f_n^*(0)\neq 0,\infty$, 并且由 (6.5.38) 知

$$f_n^*(\rho_n\zeta)=\frac{\zeta}{\left(\zeta-\dfrac{w_n}{\rho_n}\right)^{k+1}}\phi_n(\zeta)\xrightarrow[\mathbb{C}\setminus\{0,c\}]{\chi}\frac{1}{(k+1)!}. \tag{6.5.40}$$

由于函数列 $\{f_n^*(\rho_n\zeta)\}$ 于 $\mathbb{C}$ 内闭一致全纯, 由定理 1.1.9 知

$$f_n^*(\rho_n\zeta)=\frac{\zeta}{\left(\zeta-\dfrac{w_n}{\rho_n}\right)^{k+1}}\phi_n(\zeta)\underset{\mathbb{C}}{\rightarrow}\frac{1}{(k+1)!}. \tag{6.5.41}$$

断言 存在正数 $\tau>0$ 使得每个 f_n^*, 至多有限个例外, 在 $\Delta(0,\tau)\subset D$ 内没有零点.

若不然, 则存在 $\{f_n^*\}$ 的子列, 不妨设 $\{f_n^*\}$ 自身, 使得每个 f_n^* 至少有一个零点, 并且

$$\lim_{n\to\infty}\min\{|z|:\ f_n^*(z)=0\}=0. \tag{6.5.42}$$

设 w_n^* 是 f_n^* 的模最小的零点, 则 $w_n^*\to 0$, 并且由 $f_n^*(0)\neq 0$ 和 $f_n^*(w_n)\neq 0$ 知 $w_n^*\neq 0,\ w_n$. 由 (6.5.41) 有 $w_n^*/\rho_n\to\infty$ 以及

$$\frac{w_n}{w_n^*}=\frac{w_n}{\rho_n}\cdot\frac{\rho_n}{w_n^*}\to 0. \tag{6.5.43}$$

定义

$$F_n(z)=f_n^*(w_n^*z), \tag{6.5.44}$$

则当 $z\in\Delta(0,1)$ 时有 $F_n(z)\neq 0$, 并且 $F_n(1)=0$. 由定理条件 $f^{(k)}(z)\neq\phi(z)$ 有

$$\begin{aligned}T_n(z)&:=\left[\left(z-\frac{w_n}{w_n^*}\right)^{k+1}F_n(z)\right]^{(k)}-z\psi(w_n^*z)\\&=\frac{[f_n(w_n^*z)]^{(k)}}{(w_n^*)^{k+1}}-z\psi(w_n^*z)\end{aligned}$$

$$= \frac{f_n^{(k)}(w_n^* z) - \phi(w_n^* z)}{w_n^*} \neq 0. \tag{6.5.45}$$

特别地, 于 $\mathbb{C}$ 内闭一致地成立

$$\left[\left(z - \frac{w_n}{w_n^*}\right)^{k+1} F_n(z)\right]^{(k)} \neq z\psi(w_n^* z).$$

于是由定理 6.5.3 或定理 6.5.4 知函数列 $\left\{\left(z - \frac{w_n}{w_n^*}\right)^{k+1} F_n(z)\right\}$ 于 $\mathbb{C}^*$ 正规, 进而函数列 $\{F_n\}$ 也于 $\mathbb{C}^*$ 正规. 于是有子列, 不妨设 $\{F_n\}$ 自身, 于 $\mathbb{C}^*$ 内闭一致收敛函数 F. 由 $F_n(1) = 0$ 知 $F(1) = 0$. 注意, 1 作为 F 的零点, 其重级至少 $k+1$.

我们证明函数 F 满足 $F \not\equiv 0$. 事实上, 如果 $F \equiv 0$, 则于 $\mathbb{C}^*$ 有 $T_n(z) \to -z$ 和 $T_n'(z) \to -1$, 从而由辐角原理有

$$\left|n\left(1, \frac{1}{T_n}\right) - n(1, T_n)\right| = \frac{1}{2\pi}\left|\int_{|z|=1} \frac{T_n'}{T_n} dz\right| \to \frac{1}{2\pi}\left|\int_{|z|=1} \frac{1}{z} dz\right| = 1. \tag{6.5.46}$$

由于 $T_n \neq 0$, 因此由 (6.5.46) 知, 当 n 充分大时有 $n(1, T_n) = 1$, 即 T_n 有单极点, 进而 $\left[\left(z - \frac{w_n}{w_n^*}\right)^{k+1} F_n(z)\right]^{(k)}$ 有单极点. 这显然不可能.

现在由 $F \not\equiv 0$ 和 $F_n(z) \neq 0$ 于 $z \in \Delta(0,1)$, 根据定理 1.2.15 就知函数列 $\{F_n\}$ 在整个复平面 $\mathbb{C}$ 上按球距内闭一致收敛于 F. 特别地, 由 $F_n(0) = f_n^*(0) \to 1/(k+1)!$ 知 $F(0) = 1/(k+1)!$. 这和 $F(1) = 0$ 一起说明 F 非常数, 并且在 0 处全纯. 于是在 0 的某邻域上,

$$T_n(z) \to T(z) := \left[z^{k+1} F(z)\right]^{(k)} - z. \tag{6.5.47}$$

由于 $T_n \neq 0$, 根据 Hurwitz 定理知, 或者 $T \equiv 0$ 或者在 0 的某邻域上有 $T \neq 0$. 然而, 前者与 $T(1) = -1$ 矛盾, 而后者则与 $T(0) = 0$ 矛盾.

至此, 断言获得了证明. 将可能的有限个例外函数去除, 我们可设于 $\Delta(0,\tau) \subset D$ 上, 每个 $f_n^* \neq 0$.

由于函数列 $\{f_n\}$ 于 $\Delta^\circ(0,\tau)$ 正规, 因此函数列 $\{f_n^*\}$ 也于 $\Delta^\circ(0,\tau)$ 正规. 于是, 我们可设函数列 $\{f_n^*\}$ 自身于 $\Delta^\circ(0,\tau)$ 按球距内闭一致收敛于函数 f^*, 这里 f^* 可能恒为 ∞.

先证明极限函数 f^* 不恒为 0: $f^* \not\equiv 0$. 否则, 由 $f_n(z) = (z - w_n)^{k+1} f_n^*(z)$ 知于 $\Delta^\circ(0,\tau)$ 有 $f_n \to 0$, 进而也就有 $f_n^{(k)} \to 0$ 和 $f_n^{(k+1)} \to 0$. 于是

$$\left|n\left(\frac{\tau}{2},\frac{1}{f_n^{(k)}-\phi}\right)-n\left(\frac{\tau}{2},f_n^{(k)}-\phi\right)\right|=\frac{1}{2\pi}\left|\int_{|z|=\frac{\tau}{2}}\frac{f_n^{(k+1)}-\phi'}{f_n^{(k)}-\phi}dz\right|$$

$$\to\frac{1}{2\pi}\left|\int_{|z|=\frac{\tau}{2}}\frac{\phi'}{\phi}dz\right|=m=1.$$

由于 $f_n^{(k)}-\phi\neq 0$, 因此对充分大的 n 有

$$n\left(\frac{\tau}{2},f_n^{(k)}\right)=n\left(\frac{\tau}{2},f_n^{(k)}-\phi\right)=1.$$

这显然不可能.

于是, $f^*\not\equiv 0$. 由此, 根据定理 1.2.15 有 $f_n^*\xrightarrow[\Delta(0,\delta)]{\chi}f^*$. 由 (6.5.41) 有 $f_n^*(0)\to 1/(k+1)!$, 因此 $f^*(0)=1/(k+1)!$. 于是 f^* 不恒为 ∞, 在 0 处全纯. 据此, 由 $f_n(z)=(z-w_n)^{k+1}f_n^*(z)$ 即知函数列 $\{f_n\}$ 于 $\Delta(0,\tau)$ 内闭一致收敛于 $z^{k+1}f^*(z)$. 这与函数列 $\{f_n\}$ 在 0 处不正规矛盾.

情形 2.2 函数 Φ 是有理函数但不是多项式. 此时由引理 6.5.1 知, 在定理 6.5.8 条件之下, $m=1$ 并且

$$\Phi(\zeta)=\frac{\left(\zeta-\frac{1}{k+2}\zeta_0\right)^{k+2}}{(k+1)!(\zeta-\zeta_0)},\quad \zeta_0\neq 0,\tag{6.5.48}$$

或者在定理 6.5.9 条件之下, $k=1$ 并且

$$\Phi(\zeta)=\frac{1}{m+1}\zeta^{m+1}+C_0+\frac{(m+1)C_0^2}{4\zeta^{m+1}}=\frac{\left[\zeta^{m+1}+\frac{1}{2}(m+1)C_0\right]^2}{(m+1)\zeta^{m+1}},\tag{6.5.49}$$

其中 $C_0\neq 0$ 为常数.

情形 2.2.1 $m=1$ 并且 $\Phi(\zeta)$ 具有形式 (6.5.48).

此时由 (6.5.36) 有

$$\phi_n(\zeta):=\frac{f_n(\rho_n\zeta)}{\rho_n^{k+1}\zeta}\xrightarrow[\mathbb{C}]{\chi}\frac{\left(\zeta-\frac{1}{k+2}\zeta_0\right)^{k+2}}{(k+1)!\zeta(\zeta-\zeta_0)}.\tag{6.5.50}$$

这表明对充分大的 n 有 $f_n(0)\neq 0,\infty$, f_n 有单极点 $w_{n,\infty}\neq 0$ 使得 $\dfrac{w_{n,\infty}}{\rho_n}\to\zeta_0$, 以及 f_n 有重级为 $k+2$ 的零点 $w_{n,0}$ 使得 $\dfrac{w_{n,0}}{\rho_n}\to\dfrac{\zeta_0}{k+2}$. 更进一步地, 函数列

$\{f_n(\rho_n\zeta)\}$ 于 $\mathbb{C}\setminus\{\zeta_0\}$ 内闭一致全纯, 并且于 $\mathbb{C}\Big\backslash\left\{\dfrac{\zeta_0}{k+2}\right\}$ 内闭一致不取 0 值.

定义函数列 $\{f_n^*\}$ 如下:

$$f_n^*(z)=\frac{f_n(z)(z-w_{n,\infty})}{(z-w_{n,0})^{k+2}}. \tag{6.5.51}$$

易见 $f_n^*(0)\neq 0,\infty$, 并且由 (6.5.50) 有

$$f_n^*(\rho_n\zeta)=\frac{\zeta\left(\zeta-\dfrac{w_{n,\infty}}{\rho_n}\right)}{\left(\zeta-\dfrac{w_{n,0}}{\rho_n}\right)^{k+2}}\phi_n(\zeta)\xrightarrow[\mathbb{C}\Big\backslash\left\{0,\zeta_0,\frac{\zeta_0}{k+2}\right\}]{\chi}\frac{1}{(k+1)!}. \tag{6.5.52}$$

由于函数列 $\{f_n^*(\rho_n\zeta)\}$ 于 $\mathbb{C}$ 内闭一致全纯, 根据定理 1.1.9 就有

$$f_n^*(\rho_n\zeta)=\frac{\zeta\left(\zeta-\dfrac{w_{n,\infty}}{\rho_n}\right)}{\left(\zeta-\dfrac{w_{n,0}}{\rho_n}\right)^{k+2}}\phi_n(\zeta)\xrightarrow[\mathbb{C}]{}\frac{1}{(k+1)!}. \tag{6.5.53}$$

接着, 与情形 2.1 类似地, 我们可以证明存在 $\{f_n^*\}$ 的子列, 不妨设 $\{f_n^*\}$ 自身, 其在 0 的某邻域 $\Delta(0)$ 上内闭一致收敛于一个在 0 处全纯的函数 f^*, 并且 $f^*(0)=1/(k+1)!$.

于是由 (6.5.51), 在某空心邻域 $\Delta^\circ(0)$ 上有 $f_n(z)=\dfrac{(z-w_{n,0})^{k+2}}{z-w_{n,\infty}}f_n^*(z)\rightarrow z^{k+1}f^*(z)$, 因而在 $\Delta^\circ(0)$ 上也就有 $f_n^{(k)}(z)-\phi(z)\rightarrow\left[z^{k+1}f^*(z)\right]^{(k)}-\phi(z)$.

如果 $\left[z^{k+1}f^*(z)\right]^{(k)}-\phi(z)\not\equiv 0$, 则由 $f_n^{(k)}(z)-\phi(z)\neq 0$ 知, 在整个 $\Delta(0)$ 上成立 $f_n^{(k)}(z)-\phi(z)\rightarrow\left[z^{k+1}f^*(z)\right]^{(k)}-\phi(z)$, 并且在整个 $\Delta(0)$ 上 $\left[z^{k+1}f^*(z)\right]^{(k)}-\phi(z)\neq 0$. 但显然, 0 是 $\left[z^{k+1}f^*(z)\right]^{(k)}-\phi(z)$ 的零点, 因而矛盾.

这就证明了 $\left[z^{k+1}f^*(z)\right]^{(k)}-\phi(z)\equiv 0$.

记 $w_n=w_{n,\infty}$, $u_n=(k+2)w_{n,0}$, 则 $w_n\neq 0$, $w_n\rightarrow 0$,

$$\frac{u_n-w_n}{w_n}=\frac{(k+2)w_{n,0}/\rho_n}{w_{n,\infty}/\rho_n}-1\rightarrow 0.$$

于是由 (6.5.51) 知 $\{f_n\}$ 有子列具有形式 (6.5.28).

情形 2.2.2 $k=1$ 并且 $\Phi(\zeta)$ 具有形式 (6.5.49).

此时由 (6.5.36) 有

$$\phi_n(\zeta) := \frac{f_n(\rho_n\zeta)}{\rho_n^{m+1}\zeta^m} \xrightarrow[\mathbb{C}]{\chi} \frac{(\zeta^{m+1}+c)^2}{(m+1)\zeta^{2m+1}}, \tag{6.5.54}$$

这里 $c \neq 0$ 是一常数. 这说明对充分大的 n, $f_n(0) \neq 0$. 由于 f_n 没有单零点, 由 (6.5.54) 还可知, 当 n 充分大时, 对方程 $\zeta^{m+1}+c=0$ 的每个根 ζ_i, f_n 有二重零点 $w_{n,0}^{(i)}$ 满足 $\dfrac{w_{n,0}^{(i)}}{\rho_n} \to \zeta_i$. 现在记

$$P_n(z) = \prod_{i=1}^{m+1}\left(z - w_{n,0}^{(i)}\right), \tag{6.5.55}$$

则有

$$\widehat{P}_n(\zeta) := \frac{P_n(\rho_n\zeta)}{\rho_n^{m+1}} = \prod_{i=1}^{m+1}\left(\zeta - \frac{w_{n,0}^{(i)}}{\rho_n}\right) \xrightarrow[\mathbb{C}]{} \zeta^{m+1}+c. \tag{6.5.56}$$

由于 0 是 (6.5.54) 右端的 $2m+1$ 重极点, f_n (n 充分大) 至少有一个极点 $w_{n,\infty}$ 满足 $\dfrac{w_{n,\infty}}{\rho_n} \to 0$.

我们断言 f_n 没有其他极点满足这个条件. 若不然, 则由 (6.5.54) 知, 函数 f_n 有 s, $2 \leqslant s \leqslant m+1$ 个互不相同的极点 $w_{n,\infty}^{(i)}$, $1 \leqslant i \leqslant s$ ($w_{n,\infty}^{(1)} = w_{n,\infty}$), 满足 $\dfrac{w_{n,\infty}^{(i)}}{\rho_n} \to 0$. 设各自的重级为 p_i, 则有 $\sum_{i=1}^{s} p_i = m+1$. 通过选取子列, 可设极点数目 s 和各自的重级 p_i 与 n 无关. 现在记

$$Q_n(z) = \prod_{i=1}^{s}(z - w_{n,\infty}^{(i)})^{p_i}, \tag{6.5.57}$$

则有

$$\widehat{Q}_n(\zeta) := \frac{Q_n(\rho_n\zeta)}{\rho_n^{m+1}} = \prod_{i=1}^{s}\left(\zeta - \frac{w_{n,\infty}^{(i)}}{\rho_n}\right)^{p_i} \xrightarrow[\mathbb{C}]{} \zeta^{m+1}. \tag{6.5.58}$$

由 (6.5.54) 还可知, 若 f_n 有除 $w_{n,\infty}^{(i)}$, $1 \leqslant i \leqslant s$ 之外的其他极点 $z_{n,\infty}$, 则这些极点必满足 $\dfrac{z_{n,\infty}}{\rho_n} \to \infty$.

定义函数列 $\{f_n^*\}$ 如下:

$$f_n^*(z) = \frac{Q_n(z)}{P_n^2(z)} f_n(z). \tag{6.5.59}$$

易见 $f_n^*(0) = 0, \infty$, 并且由 (6.5.54) 有

$$\begin{aligned} F_n^*(\zeta) &:= f_n^*(\rho_n \zeta) = \frac{Q_n(\rho_n\zeta)}{P_n^2(\rho_n\zeta)} f_n(\rho_n\zeta) \\ &= \frac{\widehat{Q}_n(\zeta)}{\widehat{P}_n^2(\zeta)} \zeta^m \phi_n(\zeta) \xrightarrow[\mathbb{C}\setminus\{0,\zeta_1,\cdots,\zeta_{m+1}\}]{\chi} \frac{1}{m+1}. \end{aligned} \tag{6.5.60}$$

由于 f_n 的除 $w_{n,\infty}^{(i)}$, $1 \leqslant i \leqslant s$ 之外的其他极点 $z_{n,\infty}$ 满足 $\dfrac{z_{n,\infty}}{\rho_n} \to \infty$, 因此函数列 $\{F_n^*\}$ 于 $\mathbb{C}$ 内闭一致全纯, 从而由定理 1.1.9 知

$$F_n^*(\zeta) \underset{\mathbb{C}}{\to} \frac{1}{m+1}. \tag{6.5.61}$$

由 (6.5.60) 得

$$f_n(\rho_n\zeta) = \frac{P_n^2(\rho_n\zeta)}{Q_n(\rho_n\zeta)} F_n^*(\zeta) = \rho_n^{m+1} \frac{\widehat{P}_n^2(\zeta)}{\widehat{Q}_n(\zeta)} F_n^*(\zeta).$$

于是

$$f_n'(\rho_n\zeta) = \rho_n^m \left(\frac{\widehat{P}_n^2(\zeta)}{\widehat{Q}_n(\zeta)} F_n^*(\zeta) \right)' = \rho_n^m \frac{L_n(\zeta)}{\prod_{i=1}^s \left(\zeta - \dfrac{w_{n,\infty}^{(i)}}{\rho_n} \right)^{p_i+1}},$$

这里

$$\begin{aligned} L_n(\zeta) &= \left(\widehat{P}_n^2 F_n^* \right)' \prod_{i=1}^s \left(\zeta - \frac{w_{n,\infty}^{(i)}}{\rho_n} \right) - \widehat{P}_n^2 F_n^* \sum_{i=1}^s p_i \prod_{j\neq i} \left(\zeta - \frac{w_{n,\infty}^{(j)}}{\rho_n} \right) \\ &\underset{\mathbb{C}}{\to} \zeta^{s-1}(\zeta^{2m+2} - c^2). \end{aligned}$$

由于 $f_n'(\rho_n\zeta) \neq \phi(\rho_n\zeta) = \rho_n^m \zeta^m \psi(\rho_n\zeta)$, 我们得到

$$M_n(\zeta) := L_n(\zeta) - \zeta^m \psi(\rho_n\zeta) \prod_{i=1}^s \left(\zeta - \frac{w_{n,\infty}^{(i)}}{\rho_n} \right)^{p_i+1} \neq 0.$$

然而,

$$M_n(\zeta) \underset{\mathbb{C}}{\to} \zeta^{s-1}(\zeta^{2m+2} - c^2) - \zeta^m \cdot \zeta^{m+1+s} = -c^2 \zeta^{s-1}.$$

由于 $s \geqslant 2$, 这与 Hurwitz 定理矛盾.

根据断言, 函数 f_n 只有一个极点 $w_{n,\infty}$ 满足 $\dfrac{w_{n,\infty}}{\rho_n} \to 0$, 并且由 (6.5.54) 知其重级为 $m+1$. 以下, 对函数列

$$f_n^*(z) = \frac{(z - w_{n,\infty})^{m+1}}{P_n^2(z)} f_n(z), \tag{6.5.62}$$

就像在情形 2.1 一样, 可以证明存在子列在 0 的某邻域内内闭一致收敛于函数 f^*, 其在 0 处全纯并且 $f^*(0) = 1/(m+1)$. 进一步地, 与情形 2.2.1 类似可证 $\phi(z) \equiv (z^{m+1} f^*(z))'$. 于是 $\{f_n\}$ 有子列具有形式 (6.5.29). □

在定理 6.5.5 、定理 6.5.6 和定理 6.5.7 中, 例外函数都是固定的, 或者说函数族中每个函数的导数具有相同的例外函数. 我们在定理 6.5.3 和定理 6.5.4 中已经考虑了不同的函数的导数具有不同的例外函数的正规族, 因此对应着定理 6.5.5 、定理 6.5.6 和定理 6.5.7, 可自然提出如下问题:

问题 6.5.1 设 $k \in \mathbb{N}$, $\mathcal{H}$ 为区域 D 上一正规族使得 $\overline{\mathcal{H}}$ 中函数内闭一致全纯并且 $0 \notin \overline{\mathcal{H}}$, $\mathcal{F}$ 是区域 D 上的一族零点重级至少为 $k+2$ 的亚纯函数使得 $\mathcal{F}^{(k)} \neq \mathcal{H}$. 问函数族 $\mathcal{F}$ 于区域 D 是否正规?

问题 6.5.2 设 $k \in \mathbb{N}$ 满足 $k > 1$, $\mathcal{H}$ 为区域 D 上一正规族使得 $\overline{\mathcal{H}}$ 中函数内闭一致全纯并且 $0 \notin \overline{\mathcal{H}}$, $\mathcal{F}$ 是区域 D 上的一族零点重级至少为 $k+1$ 并且没有单极点的亚纯函数使得 $\mathcal{F}^{(k)} \neq \mathcal{H}$. 问函数族 $\mathcal{F}$ 于区域 D 是否正规?

问题 6.5.3 设 $k \in \mathbb{N}$, $\mathcal{H}$ 为区域 D 上一正规族使得 $\overline{\mathcal{H}}$ 中函数内闭一致全纯并且 $0 \notin \overline{\mathcal{H}}$, $\mathcal{F}$ 是区域 D 上的一族零点重级至少为 $k+3$ 的亚纯函数使得 $\mathcal{F}^{(k)} \neq \mathcal{H}$. 问函数族 $\mathcal{F}$ 于区域 D 是否正规?

然而, 下面的例子[109] 表明这些问题的答案都是否定的.

例 6.5.3 设 M, N, k 为正整数满足 $N > k$, 考虑函数列

$$\mathcal{F} = \left\{ f_n : \ f_n(z) = \frac{\left(z^M - \dfrac{1}{n^M} \right)^N}{z^M}, \ n \in \mathbb{N} \right\}, \tag{6.5.63}$$

$$\mathcal{H} = \left\{ h_n : \ h_n(z) = \left(\sum_{j=0}^{N-1} \frac{(-1)^j}{n^{Mj}} \binom{N}{j} z^{(N-j-1)M} \right)^{(k)}, \quad n \in \mathbb{N} \right\}. \tag{6.5.64}$$

我们可直接计算知

$$f_n(z) = \frac{(-1)^N}{n^{MN} z^M} + \sum_{j=0}^{N-1} \frac{(-1)^j}{n^{Mj}} \binom{N}{j} z^{(N-j-1)M}.$$

从而

$$f_n^{(k)}(z)=\frac{(-1)^{N+k}(M+k-1)!}{(M-1)!n^{MN}z^{M+k}}+h_n(z)\neq h_n(z).$$

另一方面, 我们可看到

$$h_n(z)\to h(z)=\left(z^{(N-1)M}\right)^{(k)}\not\equiv 0,\infty,$$

而且 $\{f_n\}$ 在原点处由于 $f_n(0)=\infty$, $f_n(1/n)=0$ 而不等度连续从而也不正规.

上述例子表明, 当亚纯函数族中函数本身有零点或极点时, 此时需要额外增加例外函数族 $\mathcal{H}$ (例如关于零点或极点) 适当的条件才能保证函数族的正规性. 庞学诚和他的学生[130] 在这方面做了如下的工作, 证明请参阅 [130].

定理 6.5.10 设 H 为区域 D 上一亚纯函数正规族使得其闭包 $\overline{\mathcal{H}}$ 中函数没有零点和单极点以及 $0,\infty\notin\overline{\mathcal{H}}$, $\mathcal{F}$ 是区域 D 上零点和极点重级均至少为 3 的亚纯函数使得 $\mathcal{F}'\neq\mathcal{H}$, 则函数族 $\mathcal{F}$ 于区域 D 正规.

例 6.5.4 设

$$f_n(z)=\frac{n\left(z-\dfrac{1}{n}\right)^2}{2z^2},\quad h_n(z)=\frac{z-\dfrac{1}{n}}{z^3-\dfrac{1}{n^3}}\neq 0.$$

容易验证有 $f_n'(z)\neq h_n(z)$ 和 $h_n(z)\to\dfrac{1}{z^2}$, 但 $\{f_n\}$ 在原点处不正规.

6.5.3 例外函数具有极点的正规族

本节我们进一步推广顾永兴定则, 考虑导数的例外函数是亚纯函数的情形.

定理 6.5.11 设 $k\in\mathbb{N}$, $\phi(z)$ 为区域 D 上不恒为零并且没有单零点的亚纯函数, $\mathcal{F}$ 是区域 D 上的一族零点重级至少为 $k+2$ 的亚纯函数使得每个函数 $f\in\mathcal{F}$ 都有 $f^{(k)}(z)\neq\phi(z)$, 则函数族 $\mathcal{F}$ 于区域 D 正规.

定理 6.5.12 设 $k\in\mathbb{N}$ 并且 $k>1$, $\phi(z)$ 为区域 D 上不恒为零的亚纯函数, $\mathcal{F}$ 是区域 D 上的一族零点重级至少为 $k+1$ 并且没有单极点的亚纯函数使得每个函数 $f\in\mathcal{F}$ 都有 $f^{(k)}(z)\neq\phi(z)$, 则函数族 $\mathcal{F}$ 于区域 D 正规.

定理 6.5.13 设 $k\in\mathbb{N}$, $\phi(z)$ 为区域 D 上不恒为零的亚纯函数, $\mathcal{F}$ 是区域 D 上的一族零点重级至少为 $k+3$ 的亚纯函数使得每个函数 $f\in\mathcal{F}$ 都有 $f^{(k)}(z)\neq\phi(z)$, 则函数族 $\mathcal{F}$ 于区域 D 正规.

为证明上述诸定理, 我们也要如下的引理.

引理 6.5.2 设 k, m 为正整数. 如果有理函数 R 在复平面 $\mathbb{C}$ 上满足

$$R^{(k)}(z)\neq\frac{1}{z^m},$$

则 $R^{(k)}\equiv 0$, 即 R 是一次数至多 $k-1$ 的多项式.

证明 首先条件保证了 $R(0)\neq\infty$ 并且

$$H(z):=R^{(k)}(z)-\frac{1}{z^m}\neq 0. \tag{6.5.65}$$

由 $R(0)\neq\infty$ 知 0 为 H 的 m 重极点, 因此由 (6.5.65) 知存在多项式 Q 满足 $Q(0)\neq 0$ 使得 $H(z)=\dfrac{1}{z^mQ(z)}$. 于是

$$R^{(k)}(z)=\frac{1+Q(z)}{z^mQ(z)}. \tag{6.5.66}$$

如果 Q 是常数, 则由 $R(0)\neq\infty$ 有 $Q\equiv -1$, 从而得 $R^{(k)}\equiv 0$.

如果 Q 不是常数, 则 R 为非多项式有理函数, 从而可将 R 分解为 $R(z)=R_0(z)+R_1(z)$, 其中 R_0 为多项式, R_1 为有理函数满足 $R_1(\infty)=0$. 于是得到

$$R_0^{(k)}(z)+R_1^{(k)}(z)=\frac{1+Q(z)}{z^mQ(z)}. \tag{6.5.67}$$

特别地由此可知 $R_0^{(k)}(\infty)=0$. 但这表明多项式 R_0 满足 $R_0^{(k)}(z)\equiv 0$. 于是从式 (6.5.67) 得到

$$z^mR_1^{(k)}(z)=\frac{1+Q(z)}{Q(z)}\to 1 \quad (\text{当 } z\to\infty \text{ 时}). \tag{6.5.68}$$

由于 $R_1(\infty)=0$, 上式表明 $m>k$. 现在由 (6.5.65) 知

$$\left(R(z)-\frac{c}{z^{m-k}}\right)^{(k)}\neq 0, \tag{6.5.69}$$

其中 c 为非零常数: $c=\dfrac{(-1)^k}{(m-1)(m-2)\cdots(m-k)}$. 由 $R(0)\neq\infty$ 知 $R(z)-\dfrac{c}{z^{m-k}}$ 非多项式, 因此由定理 4.2.2 知

$$R(z)=\frac{c}{z^{m-k}}+P_{k-1}(z)+\frac{C}{(z-z_0)^p}, \tag{6.5.70}$$

其中 P_{k-1} 为至多 $k-1$ 次多项式, C 为非零常数, p 为正整数. 再由 $R(0)\neq\infty$ 可知 $z_0=0$, $p=m-k$, $c+C=0$. 于是 $R(z)=P_{k-1}(z)$ 是一个次数至多 $k-1$ 的多项式. □

引理 6.5.3　设 k, m 为正整数满足 $m \leqslant k$. 如果有理函数 R 在除去原点的复平面 $\mathbb{C}^*$ 上满足

$$R^{(k)}(\zeta) \neq \frac{1}{\zeta^m},$$

则 $R^{(k)} \equiv 0$, 即 R 是一次数至多 $k-1$ 的多项式.

证明　由引理 6.5.2, 我们只要证明 $R(0) \neq \infty$. 现在设 0 为 R 的极点, 则 0 是 $R^{(k)}(\zeta)$ 的重级至少 $k+1>m$ 的极点, 因而也是 $R^{(k)}(\zeta) - \dfrac{1}{\zeta^m}$ 的重级至少 $k+1>m$ 的极点. 于是结合条件 $R^{(k)}(\zeta) \neq \dfrac{1}{\zeta^m}$ $(\zeta \in \mathbb{C}^*)$ 就知在整个复平面 $\mathbb{C}$ 上有 $R^{(k)}(\zeta) - \dfrac{1}{\zeta^m} \neq 0$. 由于 R 是有理函数, 这表明存在不恒为零的多项式 $P(\zeta)$, 0 为其至少 $k+1$ 重零点, 使得

$$R^{(k)}(\zeta) = \frac{1}{\zeta^m} + \frac{1}{P(\zeta)} = \frac{1}{\zeta^m} + \sum_{j=s}^{\infty} \frac{a_j}{\zeta^j}, \tag{6.5.71}$$

其中, $s \geqslant k+1 > m$ 为整数, a_j 为常数并且 $a_s \neq 0$. 现在, 我们考虑函数 $R^{(k-m+1)}(\zeta)$. 由于 $k-m+1>0$, 因此 $R^{(k-m+1)}(\zeta)$ 是函数 $R^{(k-m)}(\zeta)$ 的导函数, 从而有理函数 $R^{(k-m+1)}(\zeta)$ 在点 ∞ 处的留数为 0, 即有展开式

$$R^{(k-m+1)}(\zeta) = Q(\zeta) + \sum_{j=2}^{\infty} \frac{b_j}{\zeta^j}, \tag{6.5.72}$$

其中 Q 为一多项式, b_j 为常数. 由此可知

$$R^{(k)}(\zeta) = \left[H^{(k-m+1)}(\zeta)\right]^{(m-1)} = Q^{(m-1)}(\zeta) + \sum_{j=2}^{\infty} \frac{b_j^*}{\zeta^{j+m-1}}. \tag{6.5.73}$$

但这与 (6.5.71) 比较即得矛盾. □

定理 6.5.10—定理 6.5.13 的证明　首先, 根据定理 6.5.5—定理 6.5.7, 我们只要证明定理 6.5.10—定理 6.5.13 中函数族在 ϕ 的极点处正规.

设 $z_0 \in D$ 为 ϕ 的任一极点. 不妨设 $z_0 = 0$. 于是存在 $m \in \mathbb{N}$ 和在原点的一个邻域内没有零点和极点的全纯函数 ψ 使得

$$\phi(z) = \frac{\psi(z)}{z^m}. \tag{6.5.74}$$

我们还可设 $\psi(0) = 1$ 并且在 D 内有 $\psi \neq 0, \infty$. 注意条件 $f^{(k)}(z) \neq \phi(z)$ 保证了 $f(0) \neq \infty$.

假设 $\mathcal{F}$ 在原点 0 处不正规, 我们考虑两种情形.

情形 1 正整数 m 满足 $m \leqslant k$.

由于 $\mathcal{F}$ 在原点处不正规, 根据 Zalcman-Pang 引理, 存在函数列 $\{f_n(z)\}$, 点列 $z_n \to 0$ 和正数列 $\rho_n \to 0$ 使得函数列

$$h_n(\zeta) = \rho_n^{m-k} f_n(z_n + \rho_n\zeta) \xrightarrow[\mathbb{C}]{\chi} h(\zeta), \tag{6.5.75}$$

这里, $h(\zeta)$ 是复平面 $\mathbb{C}$ 上有穷级非常数亚纯函数, 并且 $h^{\#}(\zeta) \leqslant h^{\#}(0) = 1$.

情形 1.1 数列 $\{z_n/\rho_n\}$ 无界.

此时有子列, 不妨仍设为 $\{z_n/\rho_n\}$ 使得 $z_n/\rho_n \to \infty$. 现在记

$$L_n(\zeta) = z_n^{m-k} f_n(z_n + z_n\zeta). \tag{6.5.76}$$

于是有

$$L_n^{(k)}(\zeta) = z_n^m f_n^{(k)}(z_n + z_n\zeta) \neq \phi_n(\zeta) := \frac{\psi(z_n + z_n\zeta)}{(1+\zeta)^m}. \tag{6.5.77}$$

由于在 $\Delta(0,1)$ 内有 $\phi_n \to (1+\zeta)^{-m} \neq 0$, 因此由定理 6.5.3 和定理 6.5.4 知 $\{L_n\}$ 于 $\Delta(0,1)$ 正规, 从而存在 $\{L_n\}$ 的子列, 不妨仍设为 $\{L_n\}$ 使得 $\{L_n\}$ 于 $\Delta(0,1)$ 按球距内闭一致收敛于亚纯函数 L, L 可恒为 ∞.

由于

$$h_n(\zeta) = \left(\frac{z_n}{\rho_n}\right)^{k-m} L_n\left(\frac{\rho_n}{z_n}\zeta\right), \tag{6.5.78}$$

故由 (6.5.75) 知 $L(0) \neq \infty$ (否则 h 恒为 ∞). 于是 L 是不恒为无穷的亚纯函数, 在原点的某邻域内全纯. 进而由 (6.5.78) 知于复平面 $\mathbb{C}$

$$h_n^{(k-m)}(\zeta) = L_n^{(k-m)}\left(\frac{\rho_n}{z_n}\zeta\right) \to L^{(k-m)}(0). \tag{6.5.79}$$

再结合 (6.5.75) 就知 $h^{(k-m)}(\zeta)$ 为一常数. 于是 h 为一次数 $\leqslant k-m<k$ 的多项式, 与 h 非常数并且零点之级至少为 $k+1$ 矛盾.

情形 1.2 数列 $\{z_n/\rho_n\}$ 有界.

此时有子列, 不妨仍设为 $\{z_n/\rho_n\}$ 使得 $z_n/\rho_n \to c$, c 为一有穷复数. 于是由 (6.5.75) 知

$$H_n(\zeta) = \rho_n^{m-k} f_n(\rho_n\zeta) = h_n\left(\zeta - \frac{z_n}{\rho_n}\right) \xrightarrow[\mathbb{C}]{\chi} H(\zeta) := h(\zeta - c). \tag{6.5.80}$$

从而有

$$H_n^{(k)}(\zeta) = \rho_n^m f_n^{(k)}(\rho_n \zeta) \xrightarrow[\mathbb{C} \setminus H^{-1}(\infty)]{} H^{(k)}(\zeta). \tag{6.5.81}$$

另一方面, 由条件有

$$H_n^{(k)}(\zeta) - \frac{\psi(\rho_n \zeta)}{\zeta^m} = \rho_n^m \left[f_n^{(k)}(\rho_n \zeta) - \phi(\rho_n \zeta) \right] \neq 0. \tag{6.5.82}$$

由 (6.5.81) 知 (6.5.82) 左端于 $\mathbb{C}^* \setminus H^{-1}(\infty)$ 内闭一致收敛于 $H^{(k)}(\zeta) - \zeta^{-m}$. 于是根据 Hurwitz 定理, 于 $\mathbb{C}^* \setminus H^{-1}(\infty)$ 或者 $H^{(k)}(\zeta) - \zeta^{-m} \equiv 0$, 或者 $H^{(k)}(\zeta) - \zeta^{-m} \neq 0$.

如果前者成立, 则在整个复平面 $\mathbb{C}$ 上有 $H^{(k)}(\zeta) = \zeta^{-m}$. 这表明 H 有一个极点 $\zeta = 0$ 并且重级为 $m - k$, 即 $m - k > 0$ 与 $m \leqslant k$ 矛盾.

因此后者成立, 从而于 $\mathbb{C}^*$ 成立 $H^{(k)}(\zeta) - \zeta^{-m} \neq 0$. 根据定理 4.6.1 和定理 4.6.2 知 H 必定为有理函数, 进而由引理 6.5.3 知 H 为次数至多 $k-1$ 的多项式, 与 H 非常数并且零点之级至少为 $k+1$ 矛盾.

情形 2 正整数 m 满足 $m \geqslant k+1$. 现在记

$$\mathcal{G} = \{g(z) = z^m f(z) : \ f \in \mathcal{F}\}. \tag{6.5.83}$$

首先, 就像我们在前面所做, 不难证明函数族 $\mathcal{G}$ 在原点处的正规蕴含了函数族 $\mathcal{F}$ 在原点处的正规.

于是由假设 $\mathcal{F}$ 在原点处不正规知 $\mathcal{G}$ 在原点处也不正规. 由于每个函数 $g \in \mathcal{G}$ 的零点之级均至少为 $k+1$, 由此由 Zalcman-Pang 引理, 存在函数列 $g_n(z) = z^m f_n(z)$, 点列 $z_n \to 0$ 和正数列 $\rho_n \to 0$ 使得函数列

$$h_n(\zeta) = \rho_n^{-k} g_n(z_n + \rho_n \zeta) = \rho_n^{-k} (z_n + \rho_n \zeta)^m f_n(z_n + \rho_n \zeta) \xrightarrow[\mathbb{C}]{\chi} h(\zeta), \tag{6.5.84}$$

这里, $h(\zeta)$ 是复平面 $\mathbb{C}$ 上有穷级非常数亚纯函数, 并且 $h^{\#}(\zeta) \leqslant h^{\#}(0) = 1$.

情形 2.1 数列 $\{z_n/\rho_n\}$ 无界. 此时有子列, 不妨仍设为 $\{z_n/\rho_n\}$ 使得 $z_n/\rho_n \to \infty$. 于是由 (6.5.84) 知

$$H_n(\zeta) = \rho_n^{-k} z_n^m f_n(z_n + \rho_n \zeta) = \frac{h_n(\zeta)}{\left(1 + \dfrac{\rho_n}{z_n}\zeta\right)^m} \xrightarrow[\mathbb{C}]{\chi} h(\zeta). \tag{6.5.85}$$

进而有

$$H_n^{(k)}(\zeta) = z_n^m f_n^{(k)}(z_n + \rho_n \zeta) \xrightarrow[\mathbb{C} \setminus h^{-1}(\infty)]{} h^{(k)}(\zeta). \tag{6.5.86}$$

根据条件

$$H_n^{(k)}(\zeta) \neq z_n^m \cdot \frac{\psi(z_n + \rho_n\zeta)}{(z_n + \rho_n\zeta)^m} = \frac{\psi(z_n + \rho_n\zeta)}{\left(1 + \dfrac{\rho_n}{z_n}\zeta\right)^m}. \tag{6.5.87}$$

由于上式右端于复平面 $\mathbb{C}$ 内闭一致收敛于 1, 根据 Hurwitz 定理知或者 $h^{(k)}(\zeta) \equiv 1$ 或者 $h^{(k)}(\zeta) \neq 1$. 由定理 6.5.5—定理 6.5.7 的条件知要么 h 的零点之级均至少 $k+2$, 要么零点之级均至少 $k+1$ 并且没有单极点. 因此前者 $h^{(k)}(\zeta) \equiv 1$ 不可能. 而后者 $h^{(k)}(\zeta) \neq 1$, 根据推论 4.5.4 和推论 4.5.5 同样知亦不可能.

情形 2.2 数列 $\{z_n/\rho_n\}$ 有界. 此时有子列, 不妨仍设为 $\{z_n/\rho_n\}$ 使得 $z_n/\rho_n \to c$, 其中 c 为有限常数. 此时, 由 (6.5.84) 知

$$\phi_n(\zeta) := \rho_n^{m-k}\zeta^m f_n(\rho_n\zeta) = h_n\left(\zeta - \frac{z_n}{\rho_n}\right) \xrightarrow[\mathbb{C}]{\chi} H(\zeta) := h(\zeta - c). \tag{6.5.88}$$

由于 $f_n(0) \neq \infty$, 因此 0 是 $H(\zeta)$ 的重数至少为 m 的零点.

由 (6.5.88), 我们进一步有

$$\Phi_n(\zeta) := \rho_n^{m-k} f_n(\rho_n\zeta) = \zeta^{-m}\phi_n(\zeta) \xrightarrow[\mathbb{C}^*]{\chi} \Phi(\zeta) := \zeta^{-m}H(\zeta). \tag{6.5.89}$$

特别地, 有 $\Phi(0) \neq \infty$, 也因此 $\Phi^{(k)}(\zeta) \not\equiv \zeta^{-m}$.

由于在 $\mathbb{C}^* \setminus \Phi^{-1}(\infty)$ 上有 $\Phi_n^{(k)}(\zeta) - \zeta^{-m}\psi(\rho_n\zeta) \to \Phi^{(k)}(\zeta) - \zeta^{-m} \not\equiv 0$ 并且在 $\mathbb{C}$ 上内闭一致地有

$$\Phi_n^{(k)}(\zeta) - \zeta^{-m}\psi(\rho_n\zeta) = \rho_n^m\left[f_n^{(k)}(\rho_n\zeta) - \phi(\rho_n\zeta)\right] \neq 0,$$

因此由定理 1.1.9 知 $\mathbb{C}$ 上有 $\Phi_n^{(k)}(\zeta) - \zeta^{-m}\psi(\rho_n\zeta) \to \Phi^{(k)}(\zeta) - \zeta^{-m}$, 且由 Hurwitz 定理有 $\Phi^{(k)}(\zeta) - \zeta^{-m} \neq 0$.

于是, 由定理 4.6.1 和定理 4.6.2 知 Φ 是有理函数, 再根据引理 6.5.2 知 Φ 是一次数至多 $k-1$ 的多项式, 但 Φ 的零点之级至少 $k+1$, 因此 Φ 一常数 C. 显然 $C \neq 0$. 否则, $h \equiv 0$, 与 h 非常数矛盾. 从而 $H(\zeta) = C\zeta^m$. 于是由 (6.5.88) 得

$$\phi_n(\zeta) := \rho_n^{m-k}\zeta^m f_n(\rho_n\zeta) \xrightarrow[\mathbb{C}]{\chi} C\zeta^m. \tag{6.5.90}$$

由此可知函数列 $\{f_n(\rho_n\zeta)\}$ 于 $\mathbb{C}$ 内闭一致全纯并且非零. 于是由 (6.5.90) 和定理 1.1.9 知于 $\mathbb{C}$ 有

$$\rho_n^{m-k} f_n(\rho_n\zeta) \to C. \tag{6.5.91}$$

特别地, $f_n(0) \neq 0, \infty$.

现在我们证明存在正数 τ 和正整数 N 使得当 $n > N$ 时 f_n 在 $\Delta(0,\tau) \subset D$ 内没有零点. 否则, 存在 $\{f_n\}$ 的一个子列仍然记为 $\{f_n\}$ 使得每个 f_n 至少有一个零点, 而且

$$\min\{|z|:\ f_n(z) = 0\} \to 0. \tag{6.5.92}$$

设 w_n^* 是 f_n 的模最小的零点, 则 $w_n^* \to 0$. 另外, 由 $f_n(0) \neq 0$ 知 $w_n^* \neq 0$, 从而由 (6.5.91) 知 $w_n^*/\rho_n \to \infty$.

现在记

$$F_n(\zeta) := (w_n^*)^{m-k} f_n(w_n^*\zeta). \tag{6.5.93}$$

则 $\{F_n\}$ 于 $\mathbb{C}$ 内闭一致亚纯, $F_n(\zeta) \neq 0$ 于 $\Delta(0,1)$, $F_n(1) = 0$, 并且

$$T_n(\zeta) := F_n^{(k)}(\zeta) - \zeta^{-m}\psi(w_n^*\zeta) = (w_n^*)^m \left[f_n^{(k)}(w_n^*\zeta) - \phi(w_n^*\zeta)\right] \neq 0.$$

于是由定理 6.5.3 和定理 6.5.4 知 $\{F_n\}$ 于 $\mathbb{C}^*$ 正规. 由于 $F_n(1) = 0$, 故 $\{F_n\}$ 有子列仍然设为 $\{F_n\}$, 其在 $\mathbb{C}^*$ 按球距内闭一致收敛于亚纯函数 F, 满足 $F(1) = 0$. 注意 1 是 F 的至少 $k+1$ 重零点.

我们断言 $F \not\equiv 0$. 否则, 于 $\mathbb{C}^*$ 有 $T_n \to -\zeta^{-m}$ 和 $T_n' \to m\zeta^{-m-1}$, 从而

$$\begin{aligned} n\left(1, \frac{1}{T_n}\right) - n(1, T_n) &= \frac{1}{2\pi i}\int_{|\zeta|=1} \frac{T_n'}{T_n} d\zeta \\ &\to -\frac{1}{2\pi i}\int_{|\zeta|=1} \frac{m}{\zeta} d\zeta = -m. \end{aligned} \tag{6.5.94}$$

由于 $T_n \neq 0$, 故 (6.5.94) 式表明当 n 充分大时 $n(1, T_n) = m$. 由此及 $F_n(0) \neq \infty$ 可知, F_n 于 $\Delta(0,1)$ 全纯. 于是由定理 1.1.9 知, $\{F_n\}$ 在原点处从而在整个 $\mathbb{C}$ 上内闭一致收敛于 $F \equiv 0$. 这与

$$F_n(0) = (w_n^*)^{m-k} f_n(0) = \left(\frac{w_n^*}{\rho_n}\right)^{m-k} \cdot \rho_n^{m-k} f_n(0) \to \infty \tag{6.5.95}$$

相矛盾.

于是 $F \not\equiv 0$. 由于 $F_n(z) \neq 0$ 于 $\Delta(0,1)$, 故由定理 1.1.9 知 F 可亚纯延拓至原点, 并且 $\{F_n\}$ 在 $\mathbb{C}$ 按球距内闭一致收敛于亚纯函数 F. 由 (6.5.95) 知 $F(0) = \infty$, 并且由 Hurwitz 定理知 $F(z) \neq 0$ 于 $\Delta(0,1)$. 再结合 $F(1) = 0$ 就知 F 非常数. 我们进而知于 $\mathbb{C}^* \setminus F^{-1}(\infty)$ 有

$$T_n(\zeta) \to T(\zeta) := F^{(k)}(\zeta) - \frac{1}{\zeta^m}. \tag{6.5.96}$$

由 $T(1)=-1$ 知 $T\not\equiv 0$, 从而由 $T_n\neq 0$ 及定理 1.1.9 知 (6.5.96) 于 $\mathbb{C}$ 成立, 并且 Hurwitz 定理保证了 $T\neq 0$. 由定理 4.6.1 和定理 4.6.2 知 F 为有理函数.

由于

$$T(\zeta)=\left(F(\zeta)-\frac{c}{\zeta^{m-k}}\right)^{(k)}\neq 0, \tag{6.5.97}$$

这里 c 为非零常数: $c=\dfrac{(-1)^k}{(m-k)(m-k+1)\cdots(m-1)}$, 我们讨论两种情形.

情形 2.2.1 $F(\zeta)-\dfrac{c}{\zeta^{m-k}}$ 为一多项式, 则 T 为一非零常数. 从而由

$$n\left(1,\frac{1}{T_n}\right)-n\left(1,T_n\right)=\frac{1}{2\pi i}\int_{|\zeta|=1}\frac{T_n'}{T_n}d\zeta\to 0 \tag{6.5.98}$$

及 $T_n\neq 0$ 知, 当 n 充分大时 $n\left(1,T_n\right)=0$. 这不可能, 因为 0 是 T_n 的极点.

情形 2.2.2 $F(\zeta)-\dfrac{c}{\zeta^{m-k}}$ 不是多项式, 则由定理 4.2.2 知

$$T(\zeta)=\frac{A}{(\zeta-\zeta_0)^p}, \tag{6.5.99}$$

这里 $A\neq 0$, ζ_0 为常数, $p>k$ 为正整数.

首先我们证明 $\zeta_0=0$. 事实上, 如果 $\zeta_0\neq 0$, 则由

$$\begin{aligned}n\left(\frac{|\zeta_0|}{2},\frac{1}{T_n}\right)-n\left(\frac{|\zeta_0|}{2},T_n\right)&=\frac{1}{2\pi i}\int_{|\zeta|=\frac{|\zeta_0|}{2}}\frac{T_n'}{T_n}d\zeta\\&\to\frac{1}{2\pi i}\int_{|\zeta|=\frac{|\zeta_0|}{2}}\frac{T'}{T}d\zeta=0\end{aligned} \tag{6.5.100}$$

及 $T_n\neq 0$ 知, 当 n 充分大时 $n\left(\dfrac{|\zeta_0|}{2},T_n\right)=0$. 这不可能, 因为 0 是 T_n 的极点.

再证明 $p\geqslant m$. 事实上, 由

$$\begin{aligned}n\left(\frac{1}{2},\frac{1}{T_n}\right)-n\left(\frac{1}{2},T_n\right)&=\frac{1}{2\pi i}\int_{|\zeta|=\frac{1}{2}}\frac{T_n'}{T_n}d\zeta\\&\to\frac{1}{2\pi i}\int_{|\zeta|=\frac{1}{2}}\frac{T'}{T}d\zeta=-p\end{aligned} \tag{6.5.101}$$

及 $T_n\neq 0$ 知当 n 充分大时 $n\left(\dfrac{1}{2},T_n\right)=p$. 由于 $n\left(\dfrac{1}{2},T_n\right)\geqslant m$, 即得 $p\geqslant m$.

于是由 (6.5.99) 及 $\zeta_0 = 0$ 知

$$F(\zeta) = \frac{c}{\zeta^{m-k}} + P_{k-1}(\zeta) + \frac{B}{\zeta^{p-k}}, \tag{6.5.102}$$

这里 P_{k-1} 是至多 $k-1$ 次多项式, B 为某非零常数. 由于 $F(0) = \infty$, 故 0 为 F 的 $p-k$ 重极点. 于是, 仍由辐角原理并注意到 $F(\zeta) \neq 0$ 于 $\Delta(0,1)$ 知 n 充分大时

$$n\left(\frac{1}{2}, \frac{1}{F_n}\right) - n\left(\frac{1}{2}, F_n\right) = n\left(\frac{1}{2}, \frac{1}{F}\right) - n\left(\frac{1}{2}, F\right) = -(p-k). \tag{6.5.103}$$

于是由 $F_n(z) \neq 0$ 于 $\Delta(0,1)$ 知 $n\left(\frac{1}{2}, F_n\right) = p-k > 0$. 结合 $F_n(0) \neq \infty$, 我们得到

$$n\left(\frac{1}{2}, T_n\right) = n\left(\frac{1}{2}, F_n^{(k)}\right) + m \geqslant (p-k) + k + m > p. \tag{6.5.104}$$

这与 $n\left(\frac{1}{2}, T_n\right) = p$ 相矛盾. □

第 7 章 正规族与分担值或分担函数

本章将讨论亚纯函数族的正规性与分担值或分担函数的关系, 该课题的研究始于 W. Schwick[147]. 值得指出的是本章所给出的正规定则通常不能用 Nevanlinna 理论结合 Miranda 的方法来获得, 原因是相应的界囿不等式通常不成立.

7.1 与导函数具有分担值的正规族

我们先说明一下本章所用的一些相关记号.

设 a 为常数. 如果对区域 D 上的亚纯函数 f 和 g, 方程 $f(z)=a$ 和 $g(z)=a$ 于 D 有相同的解集, 则称 f 和 g 在区域 D 上分担 a, 也称 a 为 f 和 g 在区域 D 上的一个分担值, 并且记为 $f(z)=a \iff g(z)=a$. 这里的解通常不考虑重数; 当考虑重数时的分担就强调是 CM 分担. 另外, 对常数 a, b, 当方程 $f(z)=a$ 和 $g(z)=b$ 于 D 有相同的解集时, 我们也用 $f(z)=a \iff g(z)=b$ 来表示. 而当方程 $f(z)=a$ 的解集包含在方程 $g(z)=b$ 的解集中时, 我们用 $f(z)=a \implies g(z)=b$ 来表示.

7.1.1 Schwick 定理及相关结果

W. Schwick[147] 于 1992 年首先认识到函数族的正规性与分担值之间具有联系, 并且证明了如下定理.

定理 7.1.1 设 a, b, $c\in\mathbb{C}$ 互相判别, 设 $\mathcal{F}$ 是区域 D 上的一族亚纯函数. 如果对每个 $f\in\mathcal{F}$, f 和 f' 在区域 D 上具有分担值 a, b, c, 则 $\mathcal{F}$ 于 D 正规.

W. Schwick 对此定理的证明是通过 Zalcman 引理, 即定理 3.1.1, 并结合 Nevanlinna 理论来进行的, 过程比较复杂. 后来, 庞学诚与 L. Zalcman[138] 利用 Zalcman-Pang 引理给出了较简单的证明, 而且还将条件减弱为具有两个分担值.

定理 7.1.2 设 a, $b\in\mathbb{C}$ 相异, 设 $\mathcal{F}$ 是区域 D 上的一族亚纯函数. 如果对每个 $f\in\mathcal{F}$, f 和 f' 在区域 D 上具有两有穷分担值 a, b, 则 $\mathcal{F}$ 于 D 正规.

证明 此处的证明来自 [56], 较庞学诚与 L. Zalcman[138] 的证明更简单. 因 a, $b\in\mathbb{C}$ 相异, 故可设 $b\neq 0$. 记

$$\mathcal{G}=\{g=f-a:\ f\in\mathcal{F}\},\tag{7.1.1}$$

则 $\mathcal{G}$ 和 $\mathcal{F}$ 于 D 是否正规是等价的. 根据条件, 每个 $g\in\mathcal{G}$ 满足

$$g(z)=0 \iff g'(z)=a, \quad g(z)=B \iff g'(z)=b, \tag{7.1.2}$$

这里 $B=b-a\neq 0$.

现在假设 $\mathcal{F}$ 于 D 内某点 z_0 处不正规, 则 $\mathcal{G}$ 于 z_0 处也不正规. 应用 Zalcman-Pang 引理知存在函数列 $\{g_n\}\subset\mathcal{G}$, 点列 $\{z_n\}\subset D$, $z_n\to z_0$ 和正数列 $\rho_n\to 0$ 使得函数列

$$G_n(\zeta)=\frac{g_n(z_n+\rho_n\zeta)}{\rho_n}\xrightarrow[\mathbb{C}]{\chi} G(\zeta), \tag{7.1.3}$$

其中 G 为复平面 $\mathbb{C}$ 上非常数有穷级亚纯函数, 并且满足 $G^{\#}(\zeta)\leqslant G^{\#}(0)=|a|+1$. 由 (7.1.2) 知, 于 $\mathbb{C}$ 内闭一致地有

$$G_n(\zeta)=0 \iff G_n'(\zeta)=a, \quad G_n(\zeta)=\frac{B}{\rho_n}\iff G_n'(\zeta)=b, \tag{7.1.4}$$

断言 1　$G(\zeta)=0 \Longrightarrow G'(\zeta)=a$.

设 $G(\zeta_0)=0$, 则由 Hurwitz 定理, 存在点列 $\zeta_n\to\zeta_0$ 使得 $G_n(\zeta_n)=0$, 从而 $g_n(z_n+\rho_n\zeta_n)=0$. 于是由 (7.1.4) 知 $G_n'(\zeta_n)=0$. 由于在 ζ_0 的某邻域上有 $G_n'(\zeta)\to G'(\zeta)$, 因此得到 $G'(\zeta_0)=0$. 这就证明了 $G(\zeta)=0 \Longrightarrow G'(\zeta)=a$.

断言 2　$G'(\zeta)\neq b$.

首先由断言 1 知 $G'(\zeta)\not\equiv b$. 现设 $G'(\zeta_0)=b$, 则 G 在 ζ_0 的某邻域上全纯, 因而在该邻域上有 $G_n(\zeta)\to G(\zeta)$ 和 $G_n'(\zeta)\to G'(\zeta)$. 于是根据 Hurwitz 定理, 存在点列 $\zeta_n\to\zeta_0$ 使得 $G_n'(\zeta_n)=b$. 从而由 (7.1.4) 知 $G_n(\zeta_n)=\dfrac{B}{\rho_n}\to\infty$. 这与 $G_n(\zeta)\to G(\zeta)$ 及 $G(\zeta_0)\neq\infty$ 矛盾.

断言 3　$G(\zeta)$ 为整函数.

设 G 有极点 ζ_0, 其重级设为 $m\geqslant 1$, 则由 $G_n(\zeta)\xrightarrow{\chi}G(\zeta)$ 知存在 ζ_0 的某邻域 $\overline{\Delta}(\zeta_0,\delta)$ 使得 $1/G_n$ (n 充分大) 和 $1/G$ 都全纯并且 $\{1/G_n\}$ 一致收敛于 $1/G$, 进而 $\left\{\dfrac{1}{G_n}-\dfrac{\rho_n}{B}\right\}$ 也一致收敛于 $1/G$. 由于 ζ_0 为 $1/G$ 的 m 重零点, 由 Hurwitz 定理, 对任何正数 ε, 存在正整数 N 使得当 $n>N$ 时 $\dfrac{1}{G_n}-\dfrac{\rho_n}{B}$ 在 $\Delta(\zeta_0,\varepsilon)$ 内有 m 个零点 (计重数). 在这 m 个零点处有 $G_n=\dfrac{B}{\rho_n}$, 从而由 (7.1.4) 知也有 $G_n'=b$. 于是在这 m 个零点处有

$$\left(\frac{1}{G_n}-\frac{\rho_n}{B}\right)'=-\frac{G_n'}{G_n^2}=-\frac{b\rho_n^2}{B^2}\neq 0. \tag{7.1.5}$$

这一方面表明这 m 个零点都是单的, 即互不相同, 另一方面表示这 m 个零点也都是函数

$$\left(\frac{1}{G_n}\right)' + \frac{b\rho_n^2}{B^2}. \tag{7.1.6}$$

的零点. 由于 (7.1.6) 表示的函数列于 $\overline{\Delta}(\zeta_0,\delta)$ 一致收敛于 $\left(\dfrac{1}{G}\right)'$, 故根据 Hurwitz 定理知, 极限函数 $\left(\dfrac{1}{G}\right)'$ 在 $\Delta(\zeta_0,\varepsilon)$ 内至少有 m 个零点 (计重数). 由 ε 的任意性, 这些个零点都是 ζ_0, 即 ζ_0 是 $\left(\dfrac{1}{G}\right)'$ 的至少 m 重零点. 这与 ζ_0 为 $1/G$ 的 m 重零点相矛盾.

断言 4 $G(\zeta)$ 为多项式.

否则由断言 3 和 $G^{\#}(\zeta)\leqslant|a|+1$ 知 G 是级不超过 1 的超越整函数, 于是由断言 2 知 $G'(\zeta)=b+Ae^{\lambda\zeta}$, 其中 A, λ 都是非零常数. 进而有

$$G(\zeta)=b\zeta+C+\frac{A}{\lambda}e^{\lambda\zeta}, \tag{7.1.7}$$

其中 C 为常数. 显然, G 有无穷多个零点. 设 ζ_0 为 G 的任一个零点, 则由断言 1 有

$$b\zeta_0+C+\frac{A}{\lambda}e^{\lambda\zeta_0}=0,\quad b+Ae^{\lambda\zeta_0}=a.$$

由此得到 $\zeta_0=\dfrac{1}{b}\left(\dfrac{b-a}{\lambda}-C\right)$. 这与 G 有无穷多个零点相矛盾.

现在根据断言 2 和断言 4, 即知 G' 为一常数. 因为 G 非常数, 断言 1 说明 $G'\equiv a$, 但这与 $G^{\#}(0)=|a|+1$ 相矛盾. □

从定理 7.1.2 的证明过程可看出, 用同样的方法可得如下结果.

定理 7.1.3 设 a, $b\in\mathbb{C}$ 是非零常数, 设 $\mathcal{F}$ 是区域 D 上的一族没有单零点的亚纯函数. 如果对每个 $f\in\mathcal{F}$, 在区域 D 上 $f(z)=a \iff f'(z)=b$, 则 $\mathcal{F}$ 于 D 正规.

方明亮和 L. Zalcman[79] 以及叶亚盛和庞学诚[167] 将定理 7.1.3 推广到了高阶导数.

定理 7.1.4 设 a, $b\in\mathbb{C}$ 是非零常数, $k\in\mathbb{N}$ 为正整数, 设 $\mathcal{F}$ 是区域 D 上的一族零点至少 $k+1$ 重的亚纯函数. 如果对每个 $f\in\mathcal{F}$, 在区域 D 上 $f(z)=a \iff f^{(k)}(z)=b$, 则 $\mathcal{F}$ 于 D 正规.

证明 假设 $\mathcal{F}$ 于 D 内某点 z_0 处不正规, 则应用 Zalcman-Pang 引理知存在函数列 $\{f_n\}\subset\mathcal{F}$, 点列 $\{z_n\}\subset D$, $z_n\to z_0$ 和正数列 $\rho_n\to 0$ 使得函数列

$$g_n(\zeta)=\frac{f_n(z_n+\rho_n\zeta)}{\rho_n^k}\xrightarrow[\mathbb{C}]{\chi}g(\zeta), \tag{7.1.8}$$

其中 g 为复平面 $\mathbb{C}$ 上非常数有穷级亚纯函数, 并且满足 $g^{\#}(\zeta)\leqslant g^{\#}(0)=1$. 显然, g 的零点重级至少 $k+1$. 这意味着 $g^{(k)}\not\equiv b$.

我们断言: $g^{(k)}\neq b$.

事实上, 如果 $g^{(k)}(\zeta_0)=b$, 则 g 以及 g_n (n 充分大) 在 ζ_0 的某个邻域上全纯, 从而在该邻域上 $g_n^{(k)}-b\to g^{(k)}-b$. 由于 $g^{(k)}\not\equiv b$, 根据 Hurwitz 定理, 存在点列 $\zeta_n\to\zeta_0$ 使得 $g_n^{(k)}(\zeta_n)=b$, 即 $f_n^{(k)}(z_n+\rho_n\zeta_n)=b$. 根据条件就有 $f_n(z_n+\rho_n\zeta_n)=a$, 从而 $g_n(\zeta_n)=a\rho_n^{-k}\to\infty$. 这与 $g_n(\zeta_n)\to g(\zeta_0)\neq\infty$ 矛盾.

于是根据定理 4.5.4 知 g 为有理函数, 并且上述 g 的性质保证 g 不可能为多项式. 这样根据推论 4.2.2 可知 g 必有如下形式

$$g(\zeta)=\frac{b(\zeta-\zeta_1)^{k+1}}{k!(\zeta-\zeta_0)},$$

其中 ζ_0 和 ζ_1 是两不同有穷复数. 由于 g 只有单极点, 故由定理 1.2.13 知

$$g_n^{(k)}\xrightarrow[\mathbb{C}]{\chi}g^{(k)}.$$

由于 g 只有一个单极点 ζ_0, 因此在 ζ_0 的某个闭邻域上 $\dfrac{1}{g}$ 全纯, 因而当 n 充分大时 $\dfrac{1}{g_n}$ 也全纯, 故在 ζ_0 的该闭邻域上 $\dfrac{1}{g_n}\to\dfrac{1}{g}$, 从而也有 $\dfrac{1}{g_n}-\dfrac{\rho_n^k}{a}\to\dfrac{1}{g}$. 于是由 Hurwitz 定理, 存在点列 $\zeta_n\to\zeta_0$ 使得 $\dfrac{1}{g_n(\zeta_n)}-\dfrac{\rho_n^k}{a}=0$, 即 $g_n(\zeta_n)=a\rho_n^{-k}$. 由此可知 $f_n(z_n+\rho_n\zeta_n)=a$. 根据条件, 即得 $f_n^{(k)}(z_n+\rho_n\zeta_n)=b$, 从而 $g_n^{(k)}(\zeta_n)=b$. 于是由 $g_n^{(k)}\xrightarrow[\mathbb{C}]{\chi}g^{(k)}$ 知 $g^{(k)}(\zeta_0)=b$, 与 ζ_0 为 g 的极点矛盾. □

定理 7.1.3 中函数没有单零点这一条件是不能去除的, 如下例所示.

例 7.1.1 设

$$f_n(z)=e^{nz}+1-\frac{1}{n},\quad n=1,2,\cdots.$$

则 $f_n'(z)-1=ne^{nz}-1=n[f_n(z)-1]$, 因此 $f(z)=1\iff f'(z)=1$, 但显然 $\{f_n\}$ 在原点是不正规的.

因此, 一个有意义的问题就是当 $k>1$ 时, 定理 7.1.4 中函数的零点重级至少 $k+1$ 能否降低为函数的零点重级至少 k. 从定理的证明过程可看出, 当 k 阶导数在函数的零点处一致有界时, 答案是肯定的, 原因是此时 (7.1.8) 仍然成立.

7.1.2 与导数分担一个三元数集的正规族

在 Schwick 定理中, 函数与其导函数具有三个分担值. 刘晓俊和庞学诚[108]减弱此条件转而考虑了分担集合的情形. 我们称两个函数 f 和 g 在区域 D 上具有分担集 $S\subset\mathbb{C}$, 如果对任何 $z\in D$, $f(z)\in S$ 当且仅当 $g(z)\in S$. 通常用 $f\in S_1 \iff g\in S_2$ 来表示 $f(z)\in S_1$ 当且仅当 $g(z)\in S_2$.

定理 7.1.5 设 $a, b, c\in\mathbb{C}$ 互相判别, 设 $\mathcal{F}$ 是区域 D 上的一族亚纯函数. 如果每个函数 $f\in\mathcal{F}$ 和其导数 f' 于 D 具有分担集 $\{a, b, c\}$, 则 $\mathcal{F}$ 于 D 正规.

证明 设 $\mathcal{F}$ 于 D 内某点 z_0 处不正规, 则由 Zalcman 引理知存在函数列 $\{f_n\}\subset\mathcal{F}$, 点列 $\{z_n\}\subset D$, $z_n\to z_0$ 和正数列 $\rho_n\to 0$ 使得函数列

$$g_n(\zeta)=f_n(z_n+\rho_n\zeta)\xrightarrow[\mathbb{C}]{\chi} g(\zeta), \tag{7.1.9}$$

其中 g 为复平面 $\mathbb{C}$ 上非常数有穷级亚纯函数.

由于 g 非常数, 故由 Picard 定理知, a, b, c 三个中至少有一个, 设为 a, 不是 g 的 Picard 例外值. 设 ζ_0 为 g 的一个 a 值点, 即 $g(\zeta_0)=a$. 由于 g 非常数, 故存在正数 δ 使得 g 于 $\Delta(\zeta_0,\delta)$ 全纯, 并且于空心邻域 $\Delta^\circ(\zeta_0,\delta)$ 满足 $g(\zeta)\neq a$. 另外, 由 Hurwitz 定理, 存在点列 $\zeta_n\to\zeta_0$ 使得 $g_n(\zeta_n)=a$.

现在记

$$h_n(\zeta)=\frac{g_n(\zeta)-a}{\rho_n}=\frac{f_n(z_n+\rho_n\zeta)-a}{\rho_n},\quad n=1,2,\cdots. \tag{7.1.10}$$

显然, 函数列 $\{h_n\}$ 于 $\mathbb{C}$ 内闭一致亚纯, 并且在点 ζ_0 的某邻域上内闭一致全纯.

断言 1 函数列 $\{h_n\}$ 在点 ζ_0 处不正规.

若不然, 设 $\{h_n\}$ 有子列, 仍然记为 $\{h_n\}$, 其在 ζ_0 的某邻域 $\Delta(\zeta_0,\delta_1)\subset\Delta(\zeta_0,\delta)$ 内闭一致收敛于全纯函数 h, h 可恒为 ∞.

由于 $h_n(\zeta_n)=0$, 因此 h 不恒为无穷, 并且 $h(\zeta_0)=0$. 但另一方面, 对任何 $\zeta\in\Delta^\circ(\zeta_0,\delta_1)$ 有

$$h(\zeta)=\lim_{n\to\infty}h_n(\zeta)=\lim_{n\to\infty}\frac{g_n(\zeta)-a}{\rho_n}=\infty.$$

于是 h 在点 ζ_0 处不 (按球距) 连续. 矛盾.

由于 $h_n(\zeta)=0 \Longrightarrow h_n'(\zeta)\in\{a,\ b,\ c\}$, 因此由断言 1 和 Zalcman-Pang 引理知存在 $\{h_n\}$ 的子列仍设为 $\{h_n\}$, 点列 $\zeta_n\to\zeta_0$ 和正数列 $\eta_n\to 0$ 使得

$$H_n(\omega)=\frac{h_n(\zeta_n+\eta_n\omega)}{\eta_n}\underset{\mathbb{C}}{\to} H(\omega), \tag{7.1.11}$$

其中 H 为有穷级非常数整函数, 而且满足 $H^{\#}(0)=|a|+|b|+|c|+1$.

断言 2　H 只有有限个零点. 事实上, 若 ζ_0 作为 g 的一个 a 值点是 k 重的, 则 H 只有至多 k 个不同的零点.

假设 H 有 $k+1$ 个不同的零点 $\omega_1,\cdots,\omega_{k+1}$, 则因 $H\not\equiv 0$, 由 Hurwitz 定理知存在 $\omega_{n,1}\to\omega_1,\ \cdots,\omega_{n,k+1}\to\omega_{k+1}$ 使得 $H_n(\omega_{n,j})=0,\ j=1,2,\cdots,k+1$. 于是 $h_n(\zeta_n+\eta_n\omega_{n,j})=0$, 即 $g_n(\zeta_n+\eta_n\omega_{n,j})=a$. 由于 $\zeta_n+\eta_n\omega_{n,j}\to\zeta_0$, 根据 Hurwitz 定理, ζ_0 是 $g-a$ 的至少 $k+1$ 重零点. 矛盾.

断言 3　$H'(\omega)\in\{a,b,c\}\Longleftrightarrow H(\omega)=0$.

设 ω_0 为 H 的一个零点, 则因 $H\not\equiv 0$, 由 Hurwitz 定理知存在 $\omega_n\to\omega_0$ 使得 $H_n(\omega_n)=0$. 于是由 (7.1.10) 和 (7.1.11) 知 $f_n(z_n+\rho_n(\zeta_n+\eta_n\omega_n))=a$, 从而由条件知 $f_n'(z_n+\rho_n(\zeta_n+\eta_n\omega_n))\in\{a,\ b,\ c\}$, 进而有 $H_n'(\omega_n)\in\{a,\ b,\ c\}$. 取极限, 即得 $H'(\omega_0)\in\{a,\ b,\ c\}$. 这就证明了 $H(\omega)=0\Longrightarrow H'(\omega)\in\{a,\ b,\ c\}$.

再证另一半. 设 $H'(\omega_0)\in\{a,\ b,\ c\}$. 首先由 $H^{\#}(0)=|a|+|b|+|c|+1$ 知 $H'(\omega)\not\equiv H'(\omega_0)$, 因此由 Hurwitz 定理, 存在 $\omega_n\to\omega_0$ 使得 $H_n'(\omega_n)=H'(\omega_0)\in\{a,\ b,\ c\}$. 于是由 (7.1.10) 和 (7.1.11) 知 $f_n'(z_n+\rho_n(\zeta_n+\eta_n\omega_n))=a$, 从而由条件知 $f_n(z_n+\rho_n(\zeta_n+\eta_n\omega_n))\in\{a,\ b,\ c\}$. 于是由 (7.1.10) 和 (7.1.11) 知

$$H_n(\omega_n)\in\left\{0,\frac{b-a}{\rho_n\eta_n},\frac{c-a}{\rho_n\eta_n}\right\}.$$

由于 $H_n(\omega_n)\to H(\omega_0)\neq\infty$, 因此上式保证了 $H_n(\omega_n)=0$ (n 充分大), 从而 $H(\omega_0)=0$. 这就证明了 $H'(\omega)\in\{a,\ b,\ c\}\Longrightarrow H(\omega)=0$. 断言 3 得证.

根据断言 2 和断言 3, 整函数 H' 的 a 值点, b 值点, c 值点均只有有限个, 因此 H' 从而 H 是一个多项式, 并且由断言 3 知 H 的次数至少为 2. 现在记

$$\phi=\frac{HH''}{(H'-a)(H'-b)(H'-c)}.$$

根据断言 3, ϕ 仍然是多项式, 但不难验证 $\phi(\omega)\to 0$ ($\omega\to\infty$). 因此得 $\phi\equiv 0$, 这导致 $H''\equiv 0$, 与 H 的次数至少为 2 矛盾. □

定理 7.1.5 中三元集 S 可以换成有限 m 元集 ($3\leqslant m<+\infty$). 但对一般的无限数集, 定理 7.1.5 不再成立, 例如函数列 $\{e^{nz}\}$ 在原点处不正规, 但族中每个函数

$f_n(z) = e^{nz}$ 和其导数 $f'_n(z) = ne^{nz}$ 分担有理数集 $\mathbb{Q}$: $f_n(z) \in \mathbb{Q} \Longleftrightarrow f'_n(z) \in \mathbb{Q}$. 注意到 $\mathbb{Q}$ 是一稠密集, 我们提出如下问题: 定理 7.1.5 中的三元分担集合可替换为什么样的无限集? 特别地, 我们提出如下猜想.

猜想 7.1.1　设 $\mathcal{F}$ 是区域 D 上的一族亚纯函数. 如果对每个 $f \in \mathcal{F}$, f 和 f' 在区域 D 上分担整数集 $\mathbb{Z}$ 或正整数集 $\mathbb{N}$, 则 $\mathcal{F}$ 于 D 正规.

7.1.3　与导数分担一个二元数集的正规族

本小节, 我们来考虑定理 7.1.5 中三元集 S 是否可以换成二元集. 下面的例子表明一般而言是不可以的.

例 7.1.2　设

$$f_n(z) = \frac{n+2-\sqrt{n^2+4}}{2n} - \frac{\sqrt{n^2+4}-2}{n(e^{nz}-1)}, \quad n = 1, 2, \cdots.$$

则直接验证可有

$$f'_n(z) - 1 = \left(\sqrt{n^2+4}+2\right) f_n(z)\left[f_n(z)-1\right],$$

并且 $f'_n(z) \neq 0$. 因此每个 f_n 和 f'_n 具有分担集 $\{0, 1\}$. 但显然 $\{f_n\}$ 在原点是不正规的.

例 7.1.3　设

$$f_n(z) = \frac{1}{2}\left(1+\frac{1}{n}\right)e^{nz} + \frac{1}{2}\left(1-\frac{1}{n}\right)e^{-nz}, \quad n = 1, 2, \cdots.$$

则直接验证可有

$$\left[f_n(z)-1\right]\left[f_n(z)+1\right] = \left[f'_n(z)-1\right]\left[f'_n(z)+1\right],$$

因此每个 f_n 和 f'_n 具有分担集 $\{-1, 1\}$. 但显然 $\{f_n\}$ 在原点是不正规的.

另外, 在 [59] 中还利用椭圆函数给出了在原点处不正规的亚纯函数列 $\{f_n\}$, 其中每个函数 f_n 和 f'_n 具有分担集 $\{-2, 1\}$ 或 $\{-3, 1\}$.

注意到上述诸例中二元分担集的特殊性, 我们[59] 提出如下猜想.

猜想 7.1.2　设 $a, b \in \mathbb{C}$ 为相异非零复数使得 a/b 不是负有理数, 设 $\mathcal{F}$ 是区域 D 上的一族亚纯函数. 如果对每个 $f \in \mathcal{F}$, f 和 f' 在区域 D 上分担集合 $\{a, b\}$, 则 $\mathcal{F}$ 于 D 正规.

此猜想目前只有如下部分结果[59].

定理 7.1.6　设 $a, b \in \mathbb{C}$ 为相异非零复数满足 $|a-b| < |a|$ 或者对某正整数 k 有 $(a-b)^k = a^k$. 设 $\mathcal{F}$ 是区域 D 上的一族亚纯函数. 如果对每个 $f \in \mathcal{F}$, f 和 f' 在区域 D 上分担集合 $\{a, b\}$, 则 $\mathcal{F}$ 于 D 正规.

如果相异非零复数 a, $b \in \mathbb{C}$ 满足 $|\arg(a/b)| \leqslant \pi/3$, 则或者 $|a-b| < |a|$, 或者 $(a-b)^6 = a^6$, 或者 $|b-a| < |b|$, 或者 $(b-a)^6 = b^6$. 另外, 当 $|\arg(a/b)| < \pi$ 时 a/b 就一定不是负有理数. 因此定理 7.1.6 有如下推论.

推论 7.1.1 设 a, $b \in \mathbb{C}$ 为相异非零复数满足 $|\arg(a/b)| \leqslant \pi/3$. 设 $\mathcal{F}$ 是区域 D 上的一族亚纯函数. 如果对每个 $f \in \mathcal{F}$, f 和 f' 在区域 D 上分担集合 $\{a, b\}$, 则 $\mathcal{F}$ 于 D 正规.

定理 7.1.6 的证明需要若干引理.

引理 7.1.1 设 a, $b \in \mathbb{C}$ 为相异非零复数满足 $|a-b| < |a|$ 或者对某正整数 k 有 $(a-b)^k = a^k$, 则全平面 $\mathbb{C}$ 上满足 $f(z) = 0 \Longleftrightarrow f'(z) \in \{a, b\}$ 的有穷级亚纯函数 f 只能为有理函数.

证明 我们可不妨设 $a = 1$, 从而 $0 < |1-b| < 1$ 或 $(1-b)^k = 1$.

先证明 $f'-b$ 只有有限个零点. 为此, 记 $F(z) = z - f(z)$, 则 $F'(z) = 1 - f'(z)$. 于是由条件 $f(z) = 0 \Longleftrightarrow f'(z) \in \{1, b\}$ 知 $F(z) = z \Longleftrightarrow F'(z) \in \{0, 1-b\}$.

由 $F'(z) = 0 \Longrightarrow F(z) = z$ 知, F 的非极点的临界点和有穷临界值相同, 并且都是 F 的超吸性不动点, 因此由 Bergweiler-Eremenko 定理知 F 只有至多 2ρ 个渐近值, 这里 $\rho(< +\infty)$ 为 f 的级.

现在设 $f' - b$ 有无限个零点 $\{z_n\}$, 则 $F'(z_n) = 1 - b$, 从而由 $F'(z) = 1 - b \Longrightarrow F(z) = z$ 知 z_n 也是 F 的不动点. 由于 $F'(z_n) = 1 - b$, 我们有或者 $0 < |F'(z_n)| < 1$ 或者 $(F'(z_n))^k = 1$, 即 z_n 或者是 F 的吸性 (但非超吸性) 不动点, 或者是 F 的有理中性不动点.

如果 z_n 是 F 的吸性 (但非超吸性) 不动点, 则由 [5, 定理 2.1] 知存在一个吸引盆 U_n 使得 $z_n \in U_n$ 以及 F 的迭代函数列 $\{F^j\}$ 于 U_n 内闭一致收敛于 z_n. 但是由 [17, 定理 7] 知, 每个吸引盆都含有至少一个奇异值. 因此, 至多除 2ρ 个例外, U_n 含有一个 F 的临界值, 进而因临界值是超吸性不动点知 U_n 含有 F 的一个超吸性不动点. 由于 $\{F^j\}$ 于 U_n 内闭一致收敛于 z_n, z_n 与这个超吸性不动点重合, 矛盾.

类似地, 可证明 z_n 除有限个外也不能是 F 的有理中性不动点. 于是, 我们证明了 $f' - b$ 只有至多有限个零点.

再证明 f 只有至多有限个零点. 假设 f 有无穷个零点 $\{\zeta_n\}$, 则 $\zeta_n \to \infty$. 记 $G(z) = z - \dfrac{f(z)}{b}$, 则 G 的级也为 ρ, 并且 $G'(z) = 1 - \dfrac{f'(z)}{b}$ 只有至多有限个零点. 从而 G 只有有限个临界值进而也只有至多有限个渐近值. 于是由 $G(\zeta_n) = \zeta_n$ 和定理 4.3.1 知对充分大的 n 有

$$|G'(\zeta_n)| \geqslant \frac{|G(\zeta_n)| \log |G(\zeta_n)|}{16\pi |\zeta_n|} = \frac{\log |\zeta_n|}{16\pi} \to \infty.$$

然而, 由于 $f(z)=0 \Longleftrightarrow f'(z)\in\{1,\ b\}$ 以及 $f'-b$ 只有至多有限个零点, 当 n 充分大时有 $f'(\zeta_n)=1$, 于是 $G'(\zeta_n)=1-\dfrac{1}{b}$. 这与上式矛盾.

于是由 Hayman 定理知, f 为有理函数. □

引理 7.1.2 设 $a,\ b\in\mathbb{C}$ 为相异非零复数, P 为 k 次非常数多项式. 如果 $P(z)=0 \Longleftrightarrow P'(z)\in\{a,\ b\}$, 则 $k\geqslant 2$, 并且 $\dfrac{a}{b}\in\left\{-(k-1),-\dfrac{1}{k-1}\right\}$.

证明 容易看出 $k\geqslant 2$. 记

$$A:=\frac{PP''}{(P'-a)(P'-b)}. \tag{7.1.12}$$

由于 P 是多项式并且满足 $P(z)=0 \Longleftrightarrow P'(z)\in\{a,b\}$, 因此 A 也是一多项式, 而且不难验证有

$$\lim_{z\to\infty} A=\frac{k-1}{k}. \tag{7.1.13}$$

于是 A 事实上为常数 $A=\dfrac{k-1}{k}$, 从而由 (7.1.12) 有

$$\frac{k-1}{k}\cdot\frac{P'}{P}=\frac{a}{a-b}\cdot\frac{P''}{P'-a}-\frac{b}{a-b}\cdot\frac{P''}{P'-b}. \tag{7.1.14}$$

设 z_0 为 $P'-a$ 的 m 重零点, 则由条件 $P(z)=0 \Longleftrightarrow P'(z)\in\{a,b\}$ 可知 z_0 为 P 的单零点, 故比较 (7.1.14) 两边在 z_0 处的留数可知

$$\frac{k-1}{k}=m\frac{a}{a-b}. \tag{7.1.15}$$

同理, 对 $P'-b$ 的 n 重零点 z_0, 我们有

$$\frac{k-1}{k}=n\frac{b}{b-a}. \tag{7.1.16}$$

这意味着 $P'-a$ 的零点的重数都是

$$m=\frac{k-1}{k}\cdot\frac{a-b}{a}; \tag{7.1.17}$$

$P'-b$ 的零点的重数都是

$$n=\frac{k-1}{k}\cdot\frac{b-a}{b}. \tag{7.1.18}$$

现在设 $P'-a$ 和 $P'-b$ 分别有 s 和 t 个不同的零点, 则

$$sm = nt = k-1. \tag{7.1.19}$$

另由条件 $P(z)=0 \Longleftrightarrow P'(z)\in\{a,b\}$ 知, 这 $s+t$ 个 $P'-a$ 和 $P'-b$ 的零点恰为 P 的零点. 再注意到 P 只有单零点, 故而得

$$s+t=k. \tag{7.1.20}$$

由 (7.1.19) 和 (7.1.20) 可知 s 和 t 是互质的. 否则 $k-1$ 和 k 也不互质而矛盾. 因此由 (7.1.19) 知 s 和 t 是 $k-1$ 的两个不同的因数, 从而 $st\leqslant k-1$. 再由 (7.1.20) 可知 $(s-1)(t-1)\leqslant 0$. 这意味着或者 $s=1$ 或者 $t=1$, 从而或者 $m=k-1$ 或者 $n=k-1$. 于是或者 $a-b=ka$ 或者 $b-a=kb$. □

引理 7.1.3　设 $a,\ b\in\mathbb{C}$ 为相异非零复数满足 $|a-b|<|a|$ 或者对某正整数 k 有 $(a-b)^k=a^k$, 则全平面 $\mathbb{C}$ 上不存在非常数整函数 f 满足 $f(z)=0\Longleftrightarrow f'(z)\in\{a,\ b\}$.

证明　假设存在非常数整函数 f 满足 $f(z)=0\Longleftrightarrow f'(z)\in\{a,\ b\}$.

如果 f 有穷级, 则由引理 7.1.1 和引理 7.1.2 知或者 $a=-pb$ 或者 $b=-pa$, 这里 p 为正整数. 与 $a,\ b$ 所满足的条件矛盾.

如果 f 无穷级, 则存在点列 $z_n\to\infty$ 使得 $f^{\#}(z_n)\to\infty$. 于是由 Marty 定则知函数列 $\{f_n(z)=f(z_n+z)\}$ 在原点处不正规, 并且由条件 $f(z)=0\Longleftrightarrow f'(z)\in\{a,b\}$ 知 $f_n(z)=0\Longleftrightarrow f_n'(z)\in\{a,b\}$.

于是由 Zalcman-Pang 引理, 存在 $\{f_n\}$ 的子列, 仍然设为 $\{f_n\}$, 点列 $z_n^*\to 0$ 和正数列 $\rho_n\to 0$ 使得于 $\mathbb{C}$ 有

$$g_n(\zeta)=\frac{f_n(z_n^*+\rho_n\zeta)}{\rho_n}\to g(\zeta),$$

这里 g 是非常数有穷级整函数, 满足 $g^{\#}(\zeta)\leqslant g^{\#}(0)=|a|+|b|+1$. 根据 Hurwitz 定理不难知 g 满足 $g(\zeta)=0\Longleftrightarrow g'(\zeta)\in\{a,b\}$. 由上一情形知, 这样的非常数整函数不存在. □

定理 7.1.6 的证明　假设 $\mathcal{F}$ 在 D 内某点 z_0 处不正规, 则函数族 $\mathcal{G}=\{g=f-a:f\in\mathcal{F}\}$ 在 z_0 处也不正规. 由于 $f(z)\in\{a,\ b\}\Longleftrightarrow f'(z)\in\{a,\ b\}$, 因此每个函数 $g\in\mathcal{G}$ 满足

$$g(z)\in\{0,b-a\}\Longleftrightarrow g'(z)\in\{a,b\}. \tag{7.1.21}$$

由此可知 $g(z)=0\Longrightarrow|g'(z)|\leqslant|a|+|b|$. 因此由 Zalcman-Pang 引理知存在函数列 $g_n\in\mathcal{G}$, 点列 $z_n\to z_0$ 和正数列 $\rho_n\to 0$ 使得

$$h_n(\zeta)=\frac{g_n(z_n+\rho_n\zeta)}{\rho_n}\overset{\chi}{\underset{\mathbb{C}}{\to}}h(\zeta),\tag{7.1.22}$$

这里 h 是 $\mathbb{C}$ 上非常数有穷级亚纯函数而且满足 $h^{\#}(\zeta)\leqslant h^{\#}(0)=|a|+|b|+1$.

断言 1 $h(\zeta)=0\Longleftrightarrow h'(\zeta)\in\{a,b\}$.

先证明 $h(\zeta)=0\Longrightarrow h'(\zeta)\in\{a,\ b\}$. 为此设 ζ_0 为 h 的任一零点, 则由 Hurwitz 定理, 存在点列 $\zeta_n\to\zeta_0$ 使得 $h_n(\zeta_n)=0$, 即 $g_n(z_n+\rho_n\zeta_n)=0$. 于是由 (7.1.21) 知 $h_n'(\zeta_n)=g_n'(z_n+\rho_n\zeta_n)\in\{a,\ b\}$. 由于 h 在 ζ_0 处全纯, 因此在 ζ_0 的一个邻域上有 $h_n'\to h'$, 故而得到 $h'(\zeta_0)\in\{a,\ b\}$.

再证 $h'(\zeta)\in\{a,\ b\}\Longrightarrow h(\zeta)=0$, 即要证 $h'(\zeta)=a\Longrightarrow h(\zeta)=0$ 和 $h'(\zeta)=b\Longrightarrow h(\zeta)=0$.

先证 $h'(\zeta)=a\Longrightarrow h(\zeta)=0$. 为此设 ζ_0 为 h 的任一 a 值点. 于是 h 在 ζ_0 处全纯, 因此在 ζ_0 的一个邻域上有 $h_n'\to h'$. 由于 $h^{\#}(0)=|a|+|b|+1$, 我们有 $h'-a\not\equiv 0$, 因此由 Hurwitz 定理, 存在点列 $\zeta_n\to\zeta_0$ 使得 $h_n'(\zeta_n)=a$, 即 $g_n'(z_n+\rho_n\zeta_n)=a$. 于是由 (7.1.21) 知 $g_n(z_n+\rho_n\zeta_n)\in\{0,\ b-a\}$, 即有 $h_n(\zeta_n)\in\left\{0,\dfrac{b-a}{\rho_n}\right\}$. 由于 $h_n\to h$ 并且 h 在 ζ_0 处全纯, 因此得到 $h(\zeta_0)=0$.

同理可证得 $h'(\zeta)=b\Longrightarrow h(\zeta)=0$. 这就证明了断言 1.

断言 2 h 没有单极点.

假设 ζ_0 为 h 的一个单极点, 则 ζ_0 是 $H=\dfrac{1}{h}$ 的一个单零点, 并且存在 ζ_0 的一个闭邻域 U 使得 $H_n=\dfrac{1}{h_n}$ (n 充分大) 和 H 于其上全纯. 于是于 U 上 $H_n\to H$, 从而也有 $H_n-\dfrac{\rho_n}{b-a}\to H$. 再根据 Hurwitz 定理, 就知存在点列 $\zeta_n\to\zeta_0$ 使得 $H_n(\zeta_n)-\dfrac{\rho_n}{b-a}=0$, 即 $g_n(z_n+\rho_n\zeta_n)=b-a$. 于是由条件 (7.1.21) 就知 $h_n'(\zeta_n)=g_n'(z_n+\rho_n\zeta_n)\in\{a,\ b\}$. 于是

$$H_n'(\zeta_n)=-h_n'(\zeta_n)H_n^2(\zeta_n)\in\left\{-\frac{a}{(b-a)^2}\rho_n^2,-\frac{b}{(b-a)^2}\rho_n^2\right\}.\tag{7.1.23}$$

从而有

$$|H_n'(\zeta_n)|=|h_n'(\zeta_n)|\,|H_n(\zeta_n)|^2\leqslant\frac{|a|+|b|}{|b-a|^2}\rho_n^2\to 0.$$

由此得知 $H'(\zeta_0)=0$, 即 ζ_0 是 H 的重零点, 也即 ζ_0 是 h 的重极点. 矛盾.

断言 3　如果 h 有极点, 则 a/b 为负有理数.

设 ζ_0 是 h 的极点, 则由断言 2 知其重数 $m \geqslant 2$, 并且 ζ_0 是 $H = \dfrac{1}{h}$ 的 m 重零点. 由于在 ζ_0 的某个邻域上有 $H_n - \dfrac{\rho_n}{b-a} \to H$, 因此对任何充分小正数 ε, 存在 N 使得当 $n > N$ 时 $H_n - \dfrac{\rho_n}{b-a}$ 在 $\Delta(\zeta_0, \varepsilon)$ 内恰好有 m 个零点 $\zeta_{n,j}$ (按重数计). 类似于断言 2 中证明, 在每个零点处, H_n' 满足 (7.1.23) 而知 $H_n' \neq 0$. 这意味着 $H_n - \dfrac{\rho_n}{b-a}$ 在 $\Delta(\zeta_0, \varepsilon)$ 内的这 m 个零点都是单零点. 按照 (7.1.23), 这 m 个零点分成两类, 分别满足

$$H_n'(\zeta) = -\frac{a}{(b-a)^2}\rho_n^2 \quad 和 \quad H_n'(\zeta) = -\frac{b}{(b-a)^2}\rho_n^2.$$

通过选取子列, 可设第一类有 k 个, 第二类有 $m-k$ 个, 这里 k 与 n 无关. 于是

$$\begin{aligned}\sum_{j=1}^{m} \operatorname{Res}\left(\frac{1}{H_n - \dfrac{\rho_n}{b-a}}, \zeta_{n,j}\right) &= \sum_{j=1}^{m} \frac{1}{H_n'(\zeta_{n,j})} \\ &= -k\frac{(b-a)^2}{a\rho_n^2} - (m-k)\frac{(b-a)^2}{b\rho_n^2} \\ &= -\frac{(b-a)^2}{\rho_n^2}\left(\frac{k}{a} + \frac{m-k}{b}\right). \end{aligned} \tag{7.1.24}$$

但由 Cauchy 留数定理知

$$\begin{aligned}\sum_{j=1}^{m} \operatorname{Res}\left(\frac{1}{H_n - \dfrac{\rho_n}{b-a}}, \zeta_{n,j}\right) &= \frac{1}{2\pi i}\int_{|\zeta-\zeta_0|=\varepsilon} \left(H_n(\zeta) - \frac{\rho_n}{b-a}\right) d\zeta \\ &\to \frac{1}{2\pi i}\int_{|\zeta-\zeta_0|=\varepsilon} H(\zeta) d\zeta = \operatorname{Res}(h, \zeta_0). \end{aligned} \tag{7.1.25}$$

这样, 由 (7.1.24) 和 (7.1.25) 可知必有 $\dfrac{k}{a} + \dfrac{m-k}{b} = 0$, 即 a/b 为负有理数. 而且, 还可知有 $\operatorname{Res}(h, \zeta_0) = 0$.

现在, 我们来完成定理 7.1.6 的证明. 由条件 $|a-b| < |a|$ 或 $(a-b)^k = a^k$ 和断言 3 知 h 为整函数. 但随之由断言 1 和引理 7.1.3 而得矛盾. □

7.2 函数与导数、导数与导数具有分担值

7.2.1 函数与导数、导数与导数的分担值相同

现在, 我们来考虑这样的函数族的正规性, 族中函数 f 与其导数 f', f'' 分担一个非零常数[69].

定理 7.2.1 设 $a \in \mathbb{C}$ 为非零复数. 设 $\mathcal{F}$ 是区域 D 上的一族亚纯函数. 如果每个 $f \in \mathcal{F}$ 都与其导数 f', f'' 分担复数 a, 则 $\mathcal{F}$ 于 D 正规.

定理 7.2.1 的条件进一步地可弱化而得到如下结论[129].

定理 7.2.2 设 $a \in \mathbb{C}$ 为非零复数, $M \in \mathbb{R}^+$ 为一正数. 设 $\mathcal{F}$ 是区域 D 上的一族亚纯函数. 如果每个 $f \in \mathcal{F}$ 满足

$$f(z) = 0 \Longleftrightarrow f'(z) = a, \quad f'(z) = a \Longrightarrow 0 < |f''(z)| \leqslant M,$$

则 $\mathcal{F}$ 于 D 正规.

证明 这就是定理 3.2.6. □

用完全相同的证明方法, 可将上述结果推广到高阶导数的情形[137].

定理 7.2.3 设 $a \in \mathbb{C}$ 为非零复数, $k \in \mathbb{N}$ 为正整数, $M \in \mathbb{R}^+$ 为正数. 设 $\mathcal{F}$ 是区域 D 上的一族零点重级至少为 k 的亚纯函数. 如果每个 $f \in \mathcal{F}$ 满足

$$f(z) = 0 \Longleftrightarrow f^{(k)}(z) = a, \quad f^{(k)}(z) = a \Longrightarrow 0 < |f^{(k+1)}(z)| \leqslant M,$$

则 $\mathcal{F}$ 于 D 正规.

注记 7.2.1 我们看到在定理 7.2.2 (和定理 7.2.3) 的证明中, 导数的 a 值点都是单的这一条件起了很重要的作用. 事实上, 下面的例子表明, 至少对 $k = 1, 2$, 这个条件是不可或缺的.

例 7.2.1 在原点处不正规的亚纯函数列 $\{f_n\}$:

$$f_n(z) = \frac{2(e^{nz} + 1)}{n(e^{nz} - 1)}, \quad n = 1, 2, \cdots.$$

可直接验证 f_n 满足 $f_n(z) = 0 \Longleftrightarrow f'(z) = 1$ 并且 $f'(z) = 1 \Longrightarrow f''(z) = 0$.

例 7.2.2 在原点处不正规并且零点均 2 重的全纯函数列 $\{f_n\}$:

$$f_n(z) = \frac{1}{n^2}\left(e^{nz} - e^{-nz}\right)^2, \quad n = 1, 2, \cdots.$$

可直接验证 f_n 满足 $f_n(z) = 0 \Longleftrightarrow f''(z) = 8$ 并且 $f''(z) = 8 \Longrightarrow f'''(z) = 0$.

然而, 下面的定理表明只要 $k \neq 2$, 对全纯函数族, 定理 7.2.2 和定理 7.2.3 中导数的 a 值点都是单的这一条件就可以去掉[38, 55].

定理 7.2.4　设 $a \in \mathbb{C}$ 为非零复数, $k \neq 2$ 为正整数, $M \in \mathbb{R}^{+}$ 为正数. 设 $\mathcal{F}$ 是区域 D 上的一族零点重级至少为 k 的全纯函数. 如果每个 $f \in \mathcal{F}$ 都满足

$$f(z)=0 \Longrightarrow f^{(k)}(z)=a, \quad f^{(k)}(z)=a \Longrightarrow |f^{(k+1)}(z)| \leqslant M,$$

则 $\mathcal{F}$ 于 D 正规.

当 $k=2$ 时则有如下结果.

定理 7.2.5　设 $a \in \mathbb{C}$ 为非零复数, $s \geqslant 4$ 为偶整数, $M \in \mathbb{R}^{+}$ 为正数. 设 $\mathcal{F}$ 是区域 D 上的一族零点重级至少为 2 的全纯函数. 如果每个 $f \in \mathcal{F}$ 都满足

$$f(z)=0 \Longrightarrow f''(z)=a, \quad f''(z)=a \Longrightarrow |f'''(z)|+|f^{(s)}(z)| \leqslant M,$$

则 $\mathcal{F}$ 于 D 正规.

当 $k=1$ 时则有如下更强的结果.

定理 7.2.6　设 $a \in \mathbb{C}$ 为非零复数, $s>1$ 为正整数, $M \in \mathbb{R}^{+}$ 为正数. 设 $\mathcal{F}$ 是区域 D 上的一族全纯函数. 如果每个 $f \in \mathcal{F}$ 都满足

$$f(z)=0 \Longrightarrow f'(z)=a, \quad f'(z)=a \Longrightarrow |f^{(s)}(z)| \leqslant M,$$

则 $\mathcal{F}$ 于 D 正规.

7.2.2　若干引理

为了证明定理 7.2.4—定理 7.2.6, 我们需要如下的引理. 它们本身, 特别是引理 7.2.3 也很有意义.

引理 7.2.1　设 $a \in \mathbb{C}$ 为非零复数, $k \neq 2$ 为正整数. 设 g 为级不超过 1 的非常数整函数并且零点之重级至少为 k. 如果 $g(z)=0 \Longrightarrow g^{(k)}(z)=a$ 并且 $g^{(k)}(z)=a \Longrightarrow g^{(k+1)}(z)=0$, 则

(1) 当 $k \neq 2$ 时,

$$g(z)=\frac{a}{k!}(z-z_0)^k; \tag{7.2.1}$$

(2) 当 $k=2$ 时,

$$\text{或者} g(z)=\frac{a}{2}(z-z_0)^2, \text{或者 } g(z)=\left(Ae^{\lambda z}-\frac{a}{8A\lambda^2}e^{-\lambda z}\right)^2, \tag{7.2.2}$$

这里, z_0, A, λ 为常数, 并且后两者不为零.

证明　首先由条件可知 g 的零点, 若存在, 则其级均恰好为 k, 因此由于 g 为整函数知存在一个非常数整函数 h, 其至多只有单零点, 使得

$$g(z)=h^k(z). \tag{7.2.3}$$

现在, 我们证明

$$h(z)=0 \Longrightarrow h''(z)=0. \tag{7.2.4}$$

为此, 设 z_0 为 h 的一个零点, 则其也是 g 的零点, 因而有

$$g^{(k)}(z_0)=a, \quad g^{(k+1)}(z_0)=0. \tag{7.2.5}$$

另一方面, 在 z_0 处, h 具有展开式:

$$h(z)=h'(z_0)(z-z_0)+\frac{1}{2}h''(z_0)(z-z_0)^2+O((z-z_0)^3).$$

于是由 (7.2.3) 有

$$\begin{aligned} g(z)&=\left[h'(z_0)(z-z_0)+\frac{1}{2}h''(z_0)(z-z_0)^2+O((z-z_0)^3)\right]^k \\ &=[h'(z_0)]^k(z-z_0)^k+\frac{k}{2}[h'(z_0)]^{k-1}h''(z_0)(z-z_0)^{k+1} \\ &\quad +O((z-z_0)^{k+2}). \end{aligned} \tag{7.2.6}$$

由上式和 (7.2.5) 可知

$$\begin{aligned} &[h'(z_0)]^k=\frac{1}{k!}g^{(k)}(z_0)=\frac{a}{k!}, \\ &\frac{k}{2}[h'(z_0)]^{k-1}h''(z_0)=\frac{1}{(k+1)!}g^{(k+1)}(z_0)=0. \end{aligned}$$

于是, 我们知 $h''(z_0)=0$. 这就证明了 (7.2.4).

现在, 由 (7.2.4) 和 h 只有单零点就知函数

$$P(z)=\frac{h''(z)}{h(z)}$$

是整函数. 由于 $\rho(h)=\rho(g)\leqslant 1$, 根据对数导数引理的推论 2.5.1,

$$T(r,P)=m\left(r,\frac{h''}{h}\right)=o(\log r).$$

这说明整函数 P 事实上为一常数.

情形 1 常数 P 为 0, 从而 $h''(z)=0$, 即 $h(z)=c(z-z_0)$, 其中 $c\neq 0$, z_0 为常数.

于是 $g(z)=c^k(z-z_0)^k$, 进而 $g^{(k)}(z)=k!c^k$. 根据条件 $g(z)=0\Longrightarrow g^{(k)}(z)=a$ 就知 $c^k=a/k!$. 这样就得 (7.2.1).

情形 2　常数 P 不为 0, 则通过解方程 $h''-Ph=0$ 得

$$h(z)=Ae^{\lambda z}+Be^{-\lambda z},\tag{7.2.7}$$

这里 A, B, λ 为常数. 根据引理的条件容易看出 A, B, λ 都不是零.

于是, 我们得到

$$g(z)=h^k(z)=\sum_{j=0}^{k}\binom{k}{j}A^jB^{k-j}e^{(2j-k)\lambda z},\tag{7.2.8}$$

$$g^{(k)}(z)=\lambda^k\sum_{j=0}^{k}\binom{k}{j}A^jB^{k-j}(2j-k)^ke^{(2j-k)\lambda z},\tag{7.2.9}$$

$$g^{(k+1)}(z)=\lambda^{k+1}\sum_{j=0}^{k}\binom{k}{j}A^jB^{k-j}(2j-k)^{k+1}e^{(2j-k)\lambda z}.\tag{7.2.10}$$

情形 2.1　k 为奇数. 取常数 K 满足 $K^2=-\dfrac{B}{A}$, 则存在 z_0 和 z_1 分别满足 $e^{\lambda z_0}=K$ 和 $e^{\lambda z_1}=-K$, 从而由 (7.2.7) 知 $g(z_0)=g(z_1)=0$. 于是根据条件就知 $g^{(k)}(z_0)=g^{(k)}(z_1)=a$. 但是由 (7.2.9) 有

$$\begin{aligned}2a&=g^{(k)}(z_0)+g^{(k)}(z_1)\\&=\lambda^k\sum_{j=0}^{k}\binom{k}{j}A^jB^{k-j}(2j-k)^k\left[K^{2j-k}+(-K)^{2j-k}\right]=0.\end{aligned}$$

这与 $a\neq 0$ 矛盾.

情形 2.2　k 为偶数, 设 $k=2m$. 此时

$$g(z)=\sum_{j=0}^{2m}\binom{2m}{j}A^jB^{2m-j}e^{(2j-2m)\lambda z},\tag{7.2.11}$$

$$g^{(2m)}(z)=\lambda^{2m}\sum_{j=0}^{2m}\binom{2m}{j}A^jB^{2m-j}(2j-2m)^{2m}e^{(2j-2m)\lambda z},\tag{7.2.12}$$

$$g^{(2m+1)}(z)=\lambda^{2m+1}\sum_{j=0}^{2m}\binom{2m}{j}A^jB^{2m-j}(2j-2m)^{2m+1}e^{(2j-2m)\lambda z}.\tag{7.2.13}$$

取点 z_0 满足 $e^{2\lambda z_0}=-\dfrac{B}{A}$, 则 $h(z_0)=0$ 进而 $g(z_0)=0$, 从而由条件和 (7.2.12) 得

$$\begin{aligned}a=g^{(2m)}(z_0)&=\lambda^{2m}\sum_{j=0}^{2m}\binom{2m}{j}A^jB^{2m-j}(2j-2m)^{2m}\left(-\frac{B}{A}\right)^{j-m}\\&=\lambda^{2m}A^mB^m\sum_{j=0}^{2m}(-1)^{j-m}\binom{2m}{j}(2j-2m)^{2m}.\end{aligned}\tag{7.2.14}$$

特别地, 如果 $m=1$, 即 $k=2$, 则 $a=-8AB\lambda^2$, 从而 $B=-\dfrac{a}{8A\lambda^2}$, 由此得到 (7.2.2) 的后一式.

以下设 $m\geqslant 2$, 并且记

$$\omega=-\frac{A}{B}e^{2\lambda z}.\tag{7.2.15}$$

这样, 由 (7.2.12)—(7.2.14) 可得

$$g^{(2m)}(z)-a=(2\lambda)^{2m}B^{2m}e^{-2m\lambda z}Q(\omega),\tag{7.2.16}$$

$$g^{(2m+1)}(z)=(2\lambda)^{2m+1}B^{2m}e^{-2m\lambda z}P(\omega),\tag{7.2.17}$$

其中 P 和 Q 都是多项式:

$$Q(\omega)=\sum_{j=0}^{2m}(-1)^j\binom{2m}{j}(j-m)^{2m}\omega^j-\omega^m\sum_{j=0}^{2m}(-1)^j\binom{2m}{j}(j-m)^{2m},\tag{7.2.18}$$

$$P(\omega)=\sum_{j=0}^{2m}(-1)^j\binom{2m}{j}(j-m)^{2m+1}\omega^j.\tag{7.2.19}$$

于是根据条件 $g^{(k)}(z)=a\Longrightarrow g^{(k+1)}(z)=0$ 知于 $\mathbb{C}^*$ 有

$$Q(\omega)=0\Longrightarrow P(\omega)=0.\tag{7.2.20}$$

注意有 $Q(0)\neq 0$. 由于

$$\begin{aligned}Q'(\omega)&=\sum_{j=0}^{2m}(-1)^j\binom{2m}{j}(j-m)^{2m}j\omega^{j-1}-m\omega^{m-1}\sum_{j=0}^{2m}(-1)^j\binom{2m}{j}(j-m)^{2m}\\&=\sum_{j=0}^{2m}(-1)^j\binom{2m}{j}(j-m)^{2m+1}\omega^{j-1}+m\sum_{j=0}^{2m}(-1)^j\binom{2m}{j}(j-m)^{2m}\omega^{j-1}\end{aligned}$$

$$
\begin{aligned}
&- m\omega^{m-1}\sum_{j=0}^{2m}(-1)^j\binom{2m}{j}(j-m)^{2m} \\
&= \frac{1}{\omega}P(\omega) + \frac{m}{\omega}Q(\omega),
\end{aligned}
$$

故由 (7.2.20) 知 Q 的零点都是重零点. 再改写 Q 如下:

$$
\begin{aligned}
Q(\omega) &= \sum_{j=0}^{m-1}(-1)^j\binom{2m}{j}(j-m)^{2m}\left(\omega^j + \omega^{2m-j} - 2\omega^m\right) \\
&= (\omega-1)^2\sum_{j=0}^{m-1}(-1)^j\binom{2m}{j}(j-m)^{2m}\omega^j\left(\sum_{s=0}^{m-j-1}\omega^s\right)^2. \qquad (7.2.21)
\end{aligned}
$$

显然, Q 是一个整系数多项式, 因此由整数环 $\mathbb{Z}[\omega]$ 上多项式的因式分解定理知

$$
Q(\omega) = N_0(\omega-1)^{p_0}Q_1^{p_1}(\omega)Q_2^{p_2}(\omega)\cdots Q_n^{p_n}(\omega), \qquad (7.2.22)
$$

其中 N_0 是 Q 的所有系数的最大公因数, p_j 是正整数, Q_j 是 $\mathbb{Z}[\omega]$ 上不可约多项式. 因为 Q 的零点都是重零点, 因此每个 $p_j \geqslant 2$.

情形 2.2.1 $m = 2l$ 为偶数. 记

$$
a_j = (-1)^j\binom{2m}{j}(j-m)^{2m}, \quad j = 0, 1, \cdots, m-1, m+1, \cdots, 2m.
$$

则 $2m$ 是所有 a_j 的公因数. 事实上, $a_0 = m^{2m} = 2m \cdot 2^{2m-2}\left(\frac{m}{2}\right)^{2m-1}$, 而当 $j \geqslant 1$ 时有

$$
a_j = (-1)^j\binom{2m}{j}\sum_{s=0}^{2m}\binom{2m}{s}j^s(-m)^{2m-s} = \sum_{s=0}^{2m}(-1)^{j+s}\binom{2m}{s}c_{j,s},
$$

其中

$$
c_{j,s} = \binom{2m}{j}j^s m^{2m-s} = \begin{cases} 2m\binom{2m-1}{j-1}j^{s-1}m^{2m-s}, & s \geqslant 1, \\ 2m\binom{2m}{j}2^{2m-2}\left(\dfrac{m}{2}\right)^{2m-1}, & s = 0. \end{cases}
$$

因此 $2m$ 是所有 a_j 的公因数. 又由于 $a_1 = -2m(m-1)^{2m}$, 其与 $a_0 = 2m \cdot \frac{1}{2}m^{2m-1}$ 有最大公因数 $2m$, 故而 $2m$ 是所有 a_j 的最大公因数.

由 (7.2.18) 知 Q 的系数为

$$a_0,\ a_1, \cdots, a_{m-1},\ -\sum_{j=0}^{2m} a_j,\ a_{m+1}, \cdots, a_{2m}$$

因此 Q 的系数的最大公因数为 $2m$, 从而 $N_0 = 2m$. 现在再记

$$a_j^* = \frac{1}{2m} a_j.$$

则 a_j^* 为整数, 并且由上可知 $a_0^* \equiv 0 \mod 2$ 以及当 $j \geqslant 1$ 时

$$a_j^* \equiv (-1)^j \binom{2m-1}{j-1} j^{2m-1} \mod 2.$$

进而有当 j 为偶数时 $a_j^* \equiv 0 \mod 2$; 当 j 为奇数时 $a_j^* \equiv \binom{2m-1}{j-1} \mod 2$.

现在记 $R(\omega) = \dfrac{1}{N_0} Q(z)$, 则 R 也是整系数多项式, 并且由 (7.2.21) 知

$$\begin{aligned} R(\omega) &= \sum_{j=0}^{m-1} a_j^* \left(\omega^j + \omega^{2m-j} - 2\omega^m\right) \\ &\equiv \sum_{i=0}^{l-1} \binom{4l-1}{2i} \left(\omega^{2i+1} + \omega^{4l-2i-1}\right) \mod 2. \end{aligned} \tag{7.2.23}$$

这里, 对两个整系数多项式 P 和 Q, 记号 $P(\omega) \equiv Q(\omega) \mod p$ 表示多项式 $P-Q$ 的所有系数都能整除 p. 由 (7.2.23) 知 $R(0) \equiv 0 \mod 2$.

另一方面, 由 (7.2.22) 知

$$R(\omega) = (\omega - 1)^{p_0} Q_1^{p_1}(\omega) Q_2^{p_2}(\omega) \cdots Q_n^{p_n}(\omega). \tag{7.2.24}$$

于是由 $R(0) \equiv 0 \mod 2$ 知 $Q_1(0), \cdots, Q_n(0)$ 中至少有一个为偶数, 不妨设 $Q_1(0) \equiv 0 \mod 2$, 则

$$Q_{11}(\omega) = \frac{Q_1(\omega) - Q_1(0)}{\omega}$$

也是整系数多项式, 并且 $Q_1(\omega) = \omega Q_{11}(\omega) + Q_1(0) \equiv \omega Q_{11}(\omega) \mod 2$. 于是由 (7.2.23) 和 (7.2.24) 得到

$$\sum_{i=0}^{l-1} \binom{4l-1}{2i} \left(\omega^{2i+1} + \omega^{4l-2i-1}\right)$$

$$\equiv (\omega-1)^{p_0}\omega^{p_1}Q_{11}^{p_1}(\omega)Q_2^{p_2}(\omega)\cdots Q_n^{p_n}(\omega) \mod 2. \tag{7.2.25}$$

公式 (7.2.25) 左边多项式的一次项系数为 1. 由于 $p_1 \geqslant 2$, (7.2.25) 右边多项式的一次项系数为 0. 于是得 $1 \equiv 0 \mod 2$. 矛盾.

情形 2.2.2　m 为奇数. 此时同情形 2.2.1 一样可证得所有 a_j 有最大公因数 m, 因此 $N_0 = m$, 并且有 $b_0^* = \dfrac{1}{m}a_0 \equiv 0 \mod m$, 及当 $j \geqslant 1$ 时

$$b_j^* = \frac{1}{m}a_j \equiv (-1)^j 2\binom{2m-1}{j-1}j^{2m-1} \mod m.$$

于是整系数多项式 $R(\omega) = Q(\omega)/N_0$ 满足

$$\begin{aligned}R(\omega) &= \sum_{j=0}^{m-1} b_j^*\left(\omega^j + \omega^{2m-j} - 2\omega^m\right)\\ &\equiv 2\sum_{j=1}^{m-1}(-1)^j\binom{2m-1}{j-1}j^{2m-1}\left(\omega^j + \omega^{2m-j} - 2\omega^m\right) \mod m.\end{aligned} \tag{7.2.26}$$

特别地有 $R(0) \equiv 0 \mod m$. 另一方面, 我们同样有 (7.2.24), 从而得到

$$(-1)^{p_0}Q_1^{p_1}(0)Q_2^{p_2}(0)\cdots Q_n^{p_n}(0) \equiv 0 \mod m.$$

设 $p \geqslant 3$ 是 m 的一个质因数, 则上式表明 p 也是 $Q_1(0),\cdots,Q_n(0)$ 中某一个的质因数, 设 $Q_1(0) \equiv 0 \mod p$ 并且记

$$Q_{11}(\omega) = \frac{Q_1(\omega) - Q_1(0)}{\omega}.$$

则 Q_{11} 也是整系数多项式, 并且 $Q_1(\omega) \equiv \omega Q_{11}(\omega) \mod p$. 于是由 (7.2.24) 和 (7.2.26) 得到

$$\begin{aligned}&2\sum_{j=1}^{m-1}(-1)^j\binom{2m-1}{j-1}j^{2m-1}\left(\omega^j + \omega^{2m-j} - 2\omega^m\right)\\ &\equiv (\omega-1)^{p_0}\omega^{p_1}Q_{11}^{p_1}(\omega)Q_2^{p_2}(\omega)\cdots Q_n^{p_n}(\omega) \mod p,\end{aligned}$$

上式左边一次项的系数 -2. 但由于 $p_1 \geqslant 2$, 上式右边一次项的系数为 0, 因此得 $-2 \equiv 0 \mod p$. 这与 p 为奇质因数矛盾. □

引理 7.2.2 设 $a \in \mathbb{C}$ 为非零复数, $s \geqslant 4$ 为偶整数. 设 g 为级不超过 1 的非常数整函数并且没有单零点. 如果 $g(z)=0 \Longrightarrow g''(z)=a$ 并且 $g''(z)=a \Longrightarrow g'''(z)=g^{(s)}(z)=0$, 则

$$g(z)=\frac{a}{2}(z-z_0)^2. \tag{7.2.27}$$

这里 z_0 为常数.

证明 由引理 7.2.1, 如果 g 不具有形式 (7.2.27), 则 g 有形式

$$g(z)=\left(Ae^{\lambda z}-\frac{a}{8A\lambda^2}e^{-\lambda z}\right)^2=A^2e^{2\lambda z}-\frac{a}{4\lambda^2}+\frac{a^2}{64A^2\lambda^4}e^{-2\lambda z}. \tag{7.2.28}$$

这里 A 和 λ 为非零常数. 于是,

$$g''(z)-a=4\lambda^2A^2e^{2\lambda z}-a+\frac{a^2}{16A^2\lambda^2}e^{-2\lambda z}=4\lambda^2g(z),$$

$$g^{(s)}(z)=(2\lambda)^s\left(A^2e^{2\lambda z}+\frac{a^2}{64A^2\lambda^4}e^{-2\lambda z}\right)=(2\lambda)^s\left(g(z)+\frac{a}{4\lambda^2}\right).$$

这与 $g''(z)=a \Longrightarrow g^{(s)}(z)=0$ 矛盾. □

引理 7.2.3 [54] 设

$$F(z)=\sum_{j=1}^{n}P_j(z)e^{w_jz}, \tag{7.2.29}$$

这里 $n>1$ 是整数, P_j 是不恒为零的多项式, w_j 是互相判别的有限复数. 用 Ω 表示 $\overline{w}_j$ $(1 \leqslant j \leqslant n)$ 的最小凸闭包, 这里 $\overline{w}$ 表示 w 的共轭复数. 记 $\partial_1, \partial_2, \cdots, \partial_m$ 为凸多边形 Ω 的边界 $\partial\Omega$ 的各条边, 并记各边的长度分别为 $l_1, l_2, \cdots, l_m$, 再记各边的外法线分别为 $\arg z=\theta_1, \arg z=\theta_2, \cdots, \arg z=\theta_m$. 再用 $n(Y,\theta,\varepsilon;F)$ 表示 F 在区域 $\{z:\Re(ze^{-i\theta})<Y, |\arg z-\theta|<\varepsilon\}$ 内的零点个数 (计重数), 则对充分小的正数 ε 有

$$n(Y,\theta_j,\varepsilon;F)=\frac{l_j}{2\pi}Y+O(1), \quad Y\to+\infty, \tag{7.2.30}$$

并且对任何 $\theta \notin \{\theta_1,\cdots,\theta_m\}$, 存在正数 $\varepsilon=\varepsilon(\theta)$ 使得

$$n(Y,\theta,\varepsilon;F)=O(1), \quad Y\to+\infty. \tag{7.2.31}$$

证明　设边 ∂_1 上依次包含点 $\overline{w}_1, \cdots, \overline{w}_k$, 即 $\overline{w}_1$ 和 $\overline{w}_k$ 为其两端点. 又设 ∂_1 的两条邻边为 ∂_2 和 ∂_m, 与 ∂_1 分别有公共端点 $\overline{w}_1$ 和 $\overline{w}_k$. 于是我们只要对 θ_1 证明 (7.2.30) 及对 $\theta_1 < \theta < \theta_2$ 证明 (7.2.31).

显然, 我可以假设当我们沿着 ∂_1 从 $\overline{w}_1$ 走向 $\overline{w}_k$ 时, 整个 Ω 都在右侧.

由于 $e^{-w_1 z}F(z)$ 和 $F(z)$ 有相同的零点并且重级亦相同, 故可设 $w_1 = 0$, 即原点为 ∂_1 与 ∂_2 的公共端点. 此时, ∂_1 位于从 ∂_1 的端点原点出发的某条射线 $\arg z = \alpha (0 \leqslant \alpha < 2\pi)$ 上. 现在, 考虑函数 $G(z) = F(e^{-\alpha i}z)$. 容易看出有

$$n(Y, \theta+\alpha, \varepsilon; G) = n(Y, \theta, \varepsilon; F),$$

因此我们可不妨设 $\alpha = 0$, 即 ∂_1 落在正实轴上, 并且可改写 F 为

$$F(z) = P_1(z) + \sum_{j=2}^{k} P_j(z)e^{w_j z} + \sum_{j=k+1}^{n} P_j(z)e^{w_j z}, \tag{7.2.32}$$

这里 $w_1(=0), w_2, \cdots, w_k$ 为实数满足 $0 = w_1 < w_2 < \cdots < w_k$, 而 $w_{k+1}, \cdots, w_n$ 是复数位于上半平面 H 内. 于是 $\arg z = \dfrac{\pi}{2}(=\theta_1)$ 是边 ∂_1 的外法线.

先证明当正数 $\varepsilon < \dfrac{1}{2}\min\{\theta-\theta_1, \theta_2-\theta\}$ 时 (7.2.31) 对 $\theta_1 < \theta < \theta_2$ 成立.

设 $z = re^{i\nu}$, $|\nu - \theta| < \varepsilon$ 和 $w_j = |w_j|e^{i\phi_j}$ $(2 \leqslant j \leqslant n)$, 则 $0 \leqslant \phi_j \leqslant \dfrac{3}{2}\pi - \theta_2$, 从而

$$\frac{\pi}{2} + \varepsilon < \theta - \varepsilon < \nu \leqslant \phi_j + \nu < \frac{3}{2}\pi - \theta_2 + \theta + \varepsilon < \frac{3}{2}\pi - \varepsilon.$$

于是对任何 $t > 0$, 当 $r \to +\infty$ 时有

$$|e^{w_j z}| = e^{|w_j| r\cos(\phi_j + \nu)} = o(r^{-t}),$$

从而得知

$$F(z) = P_1(z)[1 + o(1)], \quad r \to +\infty.$$

这就证明了 (7.2.31).

现在我们来证明 (7.2.30) 对 $\theta_1 = \dfrac{\pi}{2}$ 成立.

设 ε 是正数满足 $0 < \varepsilon < \min\left\{\dfrac{\pi}{2}, \theta_2 - \theta_1, \theta_1 - \theta_m\right\}$ 以及当 $k+1 \leqslant j \leqslant n$ 时 $|\Re(w_j) - w_k|\tan\varepsilon < \Im(w_j)$.

对给定的 $y \geqslant 0$, 置

$$S(y) = \left\{z:\ \Im(z) = y,\ \left|\arg z - \frac{\pi}{2}\right| \leqslant \varepsilon\right\}, \tag{7.2.33}$$

$$I(y)=\{x:\ -y\tan\varepsilon\leqslant x\leqslant y\tan\varepsilon\}. \tag{7.2.34}$$

不失一般性, 我们可设 $P_k(z)$ 是首一多项式并且 $P_k(iy)(y\in\mathbb{R})$ 的虚部不恒为零. 否则, 可代替 $F(z)$ 转而考虑函数 $zF(z)$.

断言 存在正数 Y_0 使得对任何给定的 $y\geqslant Y_0$, 函数 $F(z)=F(x+iy)$ 的虚部作为 x 的实函数 $\Im F(z)=\Im F(x+iy)$ 在区间 $I(y)$ 上只要不恒为零, 就至多只有 $m_1+m_2+\cdots+m_k+k-1$ 个零点, 这里 $m_j=\deg(P_j)$.

假设断言不成立, 则对任何正数 N, 存在 $y>N$ 使得 $\Im F(z)=\Im F(x+iy)$ 在区间 $I(y)$ 上至少有 $m_1+m_2+\cdots+m_k+k$ 个零点.

设 $z=x+iy\in S(y)$, 则

$$\begin{aligned}g_1(x)=\Im F(z)&=\frac{F(z)-\overline{F(z)}}{2i}\\&=\frac{1}{2i}\left\{P_1(z)-\overline{P_1(z)}+\sum_{j=2}^{k}\left[P_j(z)e^{w_jz}-\overline{P_j(z)}e^{w_j\overline{z}}\right]\right.\\&\quad\left.+\sum_{j=k+1}^{n}\left[P_j(z)e^{w_jz}-\overline{P_j(z)}e^{\overline{w}_j\overline{z}}\right]\right\} \qquad (7.2.35)\\&=Q_{1,1}(x)+\sum_{j=2}^{k}Q_{j,1}(x)e^{w_jx}+\sum_{j=k+1}^{n}Q_{j,1}(x)e^{\Re(w_j)x-\Im(w_j)y}, \qquad (7.2.36)\end{aligned}$$

其中

$$\begin{aligned}Q_{1,1}(x)&=\frac{1}{2i}\left[P_1(z)-\overline{P_1(z)}\right],\\Q_{j,1}(x)&=\frac{1}{2i}\left[P_j(z)e^{w_jyi}-\overline{P_j(z)}e^{-w_jyi}\right],\quad j=2,\cdots,k,\\Q_{j,1}(x)&=\frac{1}{2i}\left[P_j(z)e^{(\Im(w_j)x+\Re(w_j)y)i}-\overline{P_j(z)}e^{-(\Im(w_j)x+\Re(w_j)y)i}\right],\\&\quad j=k+1,\cdots,n.\end{aligned}$$

注意所有 $Q_{j,1}$ 都是 x 的实函数, 而且当 $1\leqslant j\leqslant k$ 时, $Q_{j,1}$ 是多项式, 并且 $\deg Q_{j,1}\leqslant m_j$. 于是我们得到

$$g_2(x)=e^{-w_2x}\frac{d^{m_1+1}}{dx^{m_1+1}}g_1(x)$$

$$= Q_{2,2}(x) + \sum_{j=3}^{k} Q_{j,2}(x)e^{(w_j-w_2)x} + \sum_{j=k+1}^{n} Q_{j,2}(x)e^{\Re(w_j)x-w_2x-\Im(w_j)y}, \tag{7.2.37}$$

这里

$$Q_{j,2}(x) = e^{-w_jx}\frac{d^{m_1+1}}{dx^{m_1+1}}\left(Q_{j,1}(x)e^{w_jx}\right), \quad j=2,3,\cdots,k,$$

$$Q_{j,2}(x) = e^{-\Re(w_j)x}\frac{d^{m_1+1}}{dx^{m_1+1}}\left(Q_{j,1}(x)e^{\Re(w_j)x}\right), \quad j=k+1,\cdots,n$$

也是 x 的实函数, 而且当 $2\leqslant j\leqslant k$ 时, $Q_{j,2}$ 是多项式, 并且 $\deg Q_{j,2}\leqslant m_j$.

由 Rolle 中值定理知, $g_2(x)$ 在 $I(y)$ 上至少有 $m_2+\cdots+m_k+k-1$ 个零点. 由归纳法, 我们得到下面的函数

$$g_k(x) = Q_{k,k}(x) + \sum_{j=k+1}^{n} Q_{j,k}(x)e^{\Re(w_j)x-w_kx-\Im(w_j)y} \tag{7.2.38}$$

在 $I(y)$ 上至少有 m_k+1 个零点, 其中 $Q_{k,k}(x)$ 是多项式满足 $\deg(Q_{k,k})\leqslant m_k$.

现在设

$$Q_{k,j}(x) = \frac{A_{j,1}}{m_k!}x^{m_k} + \frac{A_{j,2}}{(m_k-1)!}x^{m_k-1} + \cdots + A_{j,m_k+1},$$
$$j=1,2,\cdots,k, \tag{7.2.39}$$

这里系数 $A_{j,l}$ 都是 y 的函数.

现在, 我们来证明存在非奇异的 $(m_k+1)\times(m_k+1)$ 常数矩阵 M 使得

$$(A_{k,1}, A_{k,2}, \cdots, A_{k,m_k+1}) = (A_{1,1}, A_{1,2}, \cdots, A_{1,m_k+1})\,M. \tag{7.2.40}$$

记 $A_j = (A_{j,1}, A_{j,1}, \cdots, A_{j,m_k+1})$. 由于

$$Q_{k,j+1}(x) = e^{-(w_k-w_j)x}\frac{d^{m_j+1}}{dx^{m_j+1}}\left(Q_{k,j}(x)e^{(w_k-w_j)x}\right), \quad j=1,2,\cdots,k-1,$$

通过计算我们可知 $A_{j+1}=A_jM_j$, 其中

$$M_j = \begin{pmatrix} (w_k-w_j)^{m_j+1} & a_{1,2} & \cdots & a_{1,m_k+1} \\ 0 & (w_k-w_j)^{m_j+1} & \cdots & a_{2,m_k+1} \\ \vdots & \vdots & & \vdots \\ 0 & 0 & \cdots & (w_k-w_j)^{m_j+1} \end{pmatrix},$$

这里 $a_{i,j}$ 是常数. 于是若令 $M=M_1M_2\cdots M_{k-1}$, 则 M 非奇异并且 $A_k=A_1M$. 这就证明了 (7.2.40). 由此我们知

$$(A_{1,1},A_{1,2},\cdots,A_{1,m_k+1})=(A_{k,1},A_{k,2},\cdots,A_{k,m_k+1})\,M^{-1}. \tag{7.2.41}$$

现在, 再对 $g_k(x)$ 应用 Rolle 中值定理, 可知对任何 $t=0,1,\cdots,m_k$, $g_k^{(t)}(x)$ 在 $I(y)$ 上至少有一个零点 x_t, 这里由 (7.2.38) 和 (7.2.39) 知

$$\begin{aligned} g_k^{(t)}(x)=&\frac{A_{k,1}}{(m_k-t)!}x^{m_k-t}+\frac{A_{k,2}}{(m_k-t-1)!}x^{m_k-t-1}\\ &+\cdots+A_{k,m_k-t+1}-R_t(x), \end{aligned} \tag{7.2.42}$$

其中

$$R_t(x)=-\sum_{k+1}^{n}\frac{d^t}{dx^t}\left(Q_{j,k}(x)e^{\Re(w_j)x-w_kx-\Im(w_j)y}\right). \tag{7.2.43}$$

由于 $g_k^{(t)}(x_t)=0$, 我们得到

$$A_{k,1}=R_{m_k}\left(x_{m_k}\right), \tag{7.2.44}$$

$$\begin{aligned} A_{k,m_k-t+1}=&R_t(x_t)-\frac{A_{k,1}}{(m_k-t)!}x^{m_k-t}-\frac{A_{k,2}}{(m_k-t-1)!}x^{m_k-t-1}\\ &-\cdots-A_{k,m_k-t}x_t,\quad t=m_k-1,m_k-2,\cdots,1,0. \end{aligned} \tag{7.2.45}$$

由于对任何 $x\in I(y)$ 有

$$\begin{aligned} \Re(w_j)x-w_kx-\Im(w_j)y&\leqslant|\Re(w_j)-w_k|\,|x|-\Im(w_j)y\\ &\leqslant(|\Re(w_j)-w_k|\tan\varepsilon-\Im(w_j))\,y, \end{aligned} \tag{7.2.46}$$

并且当 $j=k+1,\cdots,n$ 时有 $|\Re(w_j)-w_k|\tan\varepsilon-\Im(w_j)<0$, 因此由 (7.2.43)—(7.2.45) 可知

$$A_{k,l}=O\left(e^{-cy}\right),\quad l=1,2,\cdots,m_k\quad(y\to+\infty), \tag{7.2.47}$$

这里 c 为某正常数. 于是由 (7.2.41) 也有

$$A_{1,l}=O\left(e^{-cy}\right),\quad l=1,2,\cdots,m_k\quad(y\to+\infty). \tag{7.2.48}$$

由于 $P_k(z)$ 是首一多项式,

$$P_k(z) = P_k(x+iy) = (x+iy)^{m_k} + \cdots = U(x,y) + iV(x,y), \tag{7.2.49}$$

这里 U 和 V 为 x 和 y 的二元多项式. 通过计算, 我们就知

$$Q_{k,1} = \sin(w_k y)x^{m_k} + \cdots + [V(0,y)\cos(w_k y) + U(0,y)\sin(w_k y)]. \tag{7.2.50}$$

从而

$$A_{1,1} = m_k!\sin(w_k y), \tag{7.2.51}$$

$$A_{1,m_k+1} = V(0,y)\cos(w_k y) + U(0,y)\sin(w_k y). \tag{7.2.52}$$

于是

$$\begin{aligned} V^2(0,y) &= [V(0,y)\sin(w_k y)]^2 + [V(0,y)\cos(w_k y)]^2 \\ &= \left[\frac{1}{m_k!}A_{1,1}V(0,y)\right]^2 + \left[A_{1,m_k+1} - \frac{1}{m_k!}A_{1,1}U(0,y)\right]^2. \end{aligned} \tag{7.2.53}$$

由于 $U(0,y)$, $V(0,y)$ 是 y 的多项式, 故由 (7.2.48) 知当 $y \to +\infty$ 时有 $V(0,y) \to 0$. 这意味着 $V(0,y) \equiv 0$. 与假设 $V(0,y) = \Im(P_k(iy)) \not\equiv 0$ 矛盾. 至此, 我们证明了断言.

由于在射线 $z = re^{i\left(\frac{\pi}{2}+\varepsilon\right)}$ 上, 当 $r \to +\infty$ 时有 $F(z) = P_1(z)[1+o(1)]$, 并且在射线 $z = re^{i\left(\frac{\pi}{2}-\varepsilon\right)}$ 上, 当 $r \to +\infty$ 时有 $F(z) = e^{w_k z}P_k(z)[1+o(1)]$, 故存在一个正数, 设为 $Y_1 > 2Y_0$, 使得当 z 在线段

$$\left\{z = re^{i\left(\frac{\pi}{2}+\varepsilon\right)}:\ \frac{Y_1}{\cos\varepsilon} \leqslant r \leqslant \frac{y}{\cos\varepsilon}\right\}$$

滑动时, 辐角 $\arg F(z)$ 的变化量的绝对值不超过 $1/2$, 并且当 z 在线段

$$\left\{z = re^{i\left(\frac{\pi}{2}-\varepsilon\right)}:\ \frac{Y_1}{\cos\varepsilon} \leqslant r \leqslant \frac{y}{\cos\varepsilon}\right\}$$

滑动时, 辐角 $\arg F(z)$ 的变化量, 记为 Δ, 满足

$$|\Delta - w_k(y - Y_1)| \leqslant \frac{1}{2}. \tag{7.2.54}$$

另外, F 在线段

$$L_1 = \left\{z:\ \Im z = Y_1,\ \left|\arg z - \frac{\pi}{2}\right| \leqslant \varepsilon\right\}$$

上没有零点.

对给定的 $Y > 2Y_1$, 取正数 $\delta < \min\{1, Y_0\}$ 使得 F 在两线段

$$L_2 = \left\{z:\ \Im z = Y + \delta,\ \left|\arg z - \frac{\pi}{2}\right| \leqslant \varepsilon\right\} \text{ 和}$$

$$L_3 = \left\{z:\ \Im z = Y - \delta,\ \left|\arg z - \frac{\pi}{2}\right| \leqslant \varepsilon\right\}$$

上都没有零点. 现在根据断言, 对每个 L_j $(j = 1, 2, 3)$, 如果在 L_j 上有 $\Im F(z) \not\equiv 0$, 那么 $\Im F(z)$ 在 L_j 上至多有 $\sum_{j=1}^{k}(m_j + 1) - 1$ 个零点. 由于在 L_j 上 F 没有零点, 因此辐角 $\arg F(z)$ 在每个 L_j 上的变化量的绝对值至多是 $\pi\sum_{j=1}^{k}(m_j + 1)$.

现在记

$$D_1 = \left\{z:\ Y_1 \leqslant \Im z \leqslant Y + \delta, \left|\arg z - \frac{\pi}{2}\right| \leqslant \varepsilon\right\}, \tag{7.2.55}$$

$$D_2 = \left\{z:\ Y_1 \leqslant \Im z \leqslant Y - \delta, \left|\arg z - \frac{\pi}{2}\right| \leqslant \varepsilon\right\}. \tag{7.2.56}$$

这是两个梯形区域. 再用 $\Delta_{\partial D_j} \arg F(z)$ 表示当 z 沿着 D_j 的正向边界滑动时辐角 $\arg F(z)$ 的总变化量, 则根据上述讨论和 (7.2.54) 有

$$\begin{aligned}\Delta_{\partial D_1} \arg F(z) &\leqslant w_k(Y + \delta - Y_1) + 1 + 2\pi\sum_{j=1}^{k}(m_j + 1)\\ &\leqslant w_k Y + O(1), \quad Y \to +\infty,\end{aligned} \tag{7.2.57}$$

$$\begin{aligned}\Delta_{\partial D_2} \arg F(z) &\geqslant w_k(Y - \delta - Y_1) - 1 - 2\pi\sum_{j=1}^{k}(m_j + 1)\\ &\geqslant w_k Y - O(1), \quad Y \to +\infty.\end{aligned} \tag{7.2.58}$$

根据辐角原理, F 在 D_1 的零点个数至多为 $\dfrac{w_k}{2\pi}Y + O(1)$, 而在 D_2 内的零点个数至少为 $\dfrac{w_k}{2\pi}Y - O(1)$. 于是, F 在三角形区域

$$\left\{z:\ \Im z \leqslant Y,\ \left|\arg z - \frac{\pi}{2}\right| \leqslant \varepsilon\right\}$$

的零点个数为 $\dfrac{w_k}{2\pi}Y + O(1)$. □

引理 7.2.4 设 $k > 1$ 为一正整数, g 是一级不超过 1 的非常数整函数满足

$$g(z) = 0 \Longrightarrow g'(z) = 1 \text{ 和} g'(z) = 1 \Longrightarrow\ g^{(k)}(z) = 0, \tag{7.2.59}$$

则 $g(z) = z - z_0$, 其中 z_0 为常数.

证明 先设 g 为多项式. 由于 $g(z)=0 \Longrightarrow g'(z)=1$, g 的零点都是单零点从而有 $\deg(g)$ 个相异零点, 而且都是次数为 $\deg(g)-1$ 的多项式 $g'-1$ 的零点, 这意味着 $g'-1\equiv 0$, 即 $g(z)=z-z_0$.

现在我们来证明 g 不可能是超越的. 假设 g 超越. 首先由条件知 g 的零点都是单的, 而且都是 $g^{(k)}$ 的零点, 因此函数 $g^{(k)}/g$ 是不恒为零的整函数. 由于 g 的级不超过 1, 根据对数导数引理, 可知 $g^{(k)}/g$ 为常数, 设为 $C\neq 0$. 取常数 $\lambda\neq 0$ 满足 $\lambda^k=1/C$, 并且记 $f(z)=g(\lambda z)$, 则由 $g^{(k)}(z)=Cg(z)$ 有

$$f^{(k)}(z)=f(z), \tag{7.2.60}$$

并且

$$f(z)=0 \Longleftrightarrow f'(z)=\lambda. \tag{7.2.61}$$

解方程 (7.2.60) 得

$$f(z)=\sum_{j=0}^{k-1} C_j e^{\omega^j z}, \tag{7.2.62}$$

其中, $\omega=\exp\left(\dfrac{2\pi}{k}i\right)$ 为 1 的 k 次单位根, C_j 为常数. 由于 f 是超越的, 因此 C_j 不全为零, 设不为 0 的 C_j 依次为 C_{j_m}. 于是

$$f(z)=\sum_{m=0}^{s} C_{j_m} e^{\omega^{j_m} z}. \tag{7.2.63}$$

由 (7.2.61) 知 $s\geqslant 1$.

情形 1 设以 $\overline{\omega}^{j_m}(0\leqslant m\leqslant s)$ 为顶点的凸多边形 Ω 的某条边不经过原点. 不妨设该条边为 ∂_1, 其端点为 $\overline{\omega}^{j_0}$ 和 $\overline{\omega}^{j_1}$.

设

$$F(z)=-\omega^{j_0}f(z)+f'(z)-\lambda, \tag{7.2.64}$$

则由 (7.2.61) 知 $f(z)=0\Longrightarrow F(z)=0$, 并且

$$F(z)=-\lambda+\sum_{m=1}^{s} C_{j_m}\left(\omega^{j_m}-\omega^{j_0}\right)e^{\omega^{j_m} z}. \tag{7.2.65}$$

设 Ω 于边 ∂_1 的外法线为 $\arg z=\theta_1$, 则由引理 7.2.3 知有 $n(Y,\theta_1,\varepsilon;f)=\dfrac{|\partial_1|}{2\pi}Y+O(1)$ 和 $n(Y,\theta_1,\varepsilon;F)=O(1)$. 注意到 f 的零点都是单的, 因此这和 $f(z)=0\Longrightarrow F(z)=0$ 相矛盾.

情形 2 若情形 1 不发生, 那么必有 $s=1$ 及 $\omega^{j_1}=-\omega^{j_0}$, 即

$$f(z)=C_{j_0}e^{\omega^{j_0}z}+C_{j_1}e^{-\omega^{j_0}z}, \tag{7.2.66}$$

从而

$$f'(z)=C_{j_0}\omega^{j_0}e^{\omega^{j_0}z}-\omega^{j_0}C_{j_1}e^{-\omega^{j_0}z}. \tag{7.2.67}$$

不难验证这与 (7.2.61) 相矛盾. □

7.2.3 定理 7.2.4—定理 7.2.6 的证明

三个定理的证明是完全类似的, 因此我们只证明定理 7.2.4 如下.

定理 7.2.4 的证明 假设 $\mathcal{F}$ 于 D 内某点 z_0 处不正规, 则由 Zalcman-Pang 引理知存在函数列 f_n, 点列 $z_n\to z_0$ 和正数列 $\rho_n\to 0$ 使得

$$g_n(\zeta)=\frac{f_n(z_n+\rho_n\zeta)}{\rho_n^k}\to g(\zeta), \tag{7.2.68}$$

这里 g 是 $\mathbb{C}$ 上非常数并且级不超过 1 的整函数, 零点之级均至少为 k, 而且满足 $g^{\#}(\zeta)\leqslant g^{\#}(0)=k(|a|+1)+1$. 根据条件, 函数列 g_n 于 $\mathbb{C}$ 内闭一致地满足

$$g_n(\zeta)=0\Longrightarrow g_n^{(k)}(\zeta)=a;\quad g_n^{(k)}(\zeta)=a\Longrightarrow \left|g_n^{(k+1)}(\zeta)\right|\leqslant\rho_n M. \tag{7.2.69}$$

于是, 根据 Hurwitz 定理和 (7.2.69), 我们就可知函数 g 满足

$$g(\zeta)=0\Longrightarrow g^{(k)}(\zeta)=a;\quad g^{(k)}(\zeta)=a\Longrightarrow g^{(k+1)}(\zeta)=0. \tag{7.2.70}$$

由于 $k\neq 2$, 根据引理 7.2.1 可知

$$g(\zeta)=\frac{a}{k!}(\zeta-\zeta_0)^k.$$

从而

$$g^{\#}(0)=\frac{\left|\dfrac{a}{(k-1)!}\zeta_0^{k-1}\right|}{1+\left|\dfrac{a}{k!}\zeta_0^k\right|^2}\leqslant\max\{k,a\}<k(|a|+1)+1,$$

与 $g^{\#}(0)=k(|a|+1)+1$ 相矛盾. □

这里我们提出如下的问题: 对没有单级极点的亚纯函数族, 定理 7.2.4—定理 7.2.6 是否成立? 我们猜测答案是肯定的. 事实上, 可以证明[39] 存在正整数 K 使得对极点之级均至少为 K 的亚纯函数族, 定理 7.2.4—定理 7.2.6 成立. 我们猜测这个正整数 K 可取 2.

7.2.4 函数与导数、导数与导数的分担值相异

本节中, 我们要考虑定理 7.2.1 中被 f' 和 f'' 分担的 a 能否换为另外的数. 方明亮和 L. Zalcman[78] 首先就全纯函数族的情形研究了该问题并且获得了如下结论.

定理 7.2.7 设 $a,\ b\in\mathbb{C}$ 为相异非零复数. 设 $\mathcal{F}$ 是区域 D 上的一族全纯函数. 如果每个 $f\in\mathcal{F}$ 在区域 D 内都满足 $f(z)=a\Longleftrightarrow f'(z)=a$ 并且 $f'(z)=b\Longleftrightarrow f''(z)=b$, 则 $\mathcal{F}$ 于 D 正规.

然而, 对亚纯函数族, [40] 中构造了例子说明定理 7.2.7 一般不成立.

例 7.2.3 对任何正整数 m, 可以构造一个在单位圆 $\Delta(0,1)$ 不正规的亚纯函数族 $\mathcal{F}$, 族中每个函数 f 都满足 $f(z)=m+1\Longleftrightarrow f'(z)=m+1$ 和 $f'(z)=1\Longleftrightarrow f''(z)=1$.

首先设

$$P_n(z)=\frac{n+1}{n+1-ne^{\frac{1}{m}z}},\quad n\in\mathbb{N}.$$

容易看出当 $n>n_0$ 时 P_n 在单位圆 $\Delta(0,1)$ 内只有唯一的极点

$$z_n=m\log\frac{n+1}{n}\to 0,\quad n\to\infty,$$

而且该极点时单极点. 计算可知 P_n 在 z_n 处的留数为 $-m$, 因此

$$Q_n(z)=P_n(z)+\frac{m}{z-z_n}$$

在单位圆 $\Delta(0,1)$ 内解析. 现在记

$$g_n(z)=iz_n^m e^{\int_0^z Q_n(t)dt}+(m+1)e^{\int_0^z Q_n(t)dt}\int_0^z(\zeta-z_n)^m e^{-\int_0^\zeta Q_n(t)dt}d\zeta,$$

$$f_n(z)=m+1+\frac{g_n(z)}{(z-z_n)^m}.$$

我们可看出, g_n 是单位圆 $\Delta(0,1)$ 内解析函数, 满足 $g_n(0)=iz_n^m$ 和

$$g_n(z_n)=\left(iz_n^m+(m+1)\int_0^{z_n}(\zeta-z_n)^m e^{-\int_0^\zeta Q_n(t)dt}d\zeta\right)e^{\int_0^{z_n}Q_n(t)dt}\neq 0.$$

上式是因为 z_n 是实数, 以及对实的 z, $Q_n(z)$ 也是实的. 于是, $f_n(0)=m+1+(-1)^m i$ 和 $f_n(z_n)=\infty$. 这意味着函数列 $\{f_n\}$ 在原点处不等度连续因而也不正规.

现在我们来验证 f_n 满足

$$f_n(z)=m+1 \Longleftrightarrow f'_n(z)=m+1 \text{ 和} f'_n(z)=1 \Longleftrightarrow f''_n(z)=1.$$

首先, 由 g_n 的表达式, g_n 满足

$$g'_n(z)=Q_n(z)g_n(z)+(m+1)(z-z_n)^m.$$

从而 f_n 满足

$$f'_n(z)-(m+1)=P_n(z)\left[f_n(z)-(m+1)\right].$$

由于在单位圆 $\Delta(0,1)$ 内 $P_n(z)\neq 0$, 并且 P_n 和 f_n 的极点均为 z_n, 因此上式表明 $f_n(z)=m+1 \Longleftrightarrow f'_n(z)=m+1$. 而且由上式还有

$$f'_n(z)-1=P_n(z)\left[f_n(z)-(m+1)\right]+m,$$

$$f''_n(z)-1=\left[P_n^2(z)+P'_n(z)\right]\left[f_n(z)-(m+1)\right]+(m+1)P_n(z)-1.$$

注意到 $mP'_n=P_n^2-P_n$, 我们就得到

$$\begin{aligned}
&f''_n(z)-1\\
=&\frac{1}{m}P_n(z)[(m+1)P_n(z)-1]\left[f_n(z)-(m+1)\right]+(m+1)P_n(z)-1\\
=&\frac{1}{m}[(m+1)P_n(z)-1]\left(P_n(z)\left[f_n(z)-(m+1)\right]+m\right)\\
=&\frac{1}{m}[(m+1)P_n(z)-1][f'_n(z)-1].
\end{aligned}$$

由此, 并且注意到 $(m+1)P_n(z)-1\neq 0$, 就知有 $f'_n(z)=1 \Longleftrightarrow f''_n(z)=1$.

然而我们[40] 仍然有如下结果.

定理 7.2.8 设 $a,\ b\in\mathbb{C}$ 为相异非零复数满足 $a/b\notin\mathbb{N}$. 设 $\mathcal{F}$ 是区域 D 上的一族亚纯函数. 如果每个 $f\in\mathcal{F}$ 在区域 D 内都满足 $f(z)=a\Longrightarrow f'(z)=a$ 并且 $f'(z)=b\Longrightarrow f''(z)=b$, 则 $\mathcal{F}$ 于 D 正规.

定理 7.2.8 的证明包含了定理 7.2.7 的证明, 而且可看出定理 7.2.7 的两个双向分担都可减弱为单向分担. 因此, 我们将只给定理 7.2.8 的证明. 我们先给出一个引理.

引理 7.2.5 设 f 是复平面 $\mathbb{C}$ 上有穷级亚纯函数, $a,\ b$ 为两个非零复数. 如果 $f(z)=0\Longrightarrow f'(z)=a$ 并且 $f'(z)\neq b$, 则 f 为有理函数.

证明 如果 $a=b$, 则条件意味着 $f\neq 0$ 和 $f'\neq a$, 故由 Hayman 定理, f 为常数. 因此以下设 $a\neq b$. 假设 f 是超越函数, 则由 $f'\neq a$ 和 Hayman 定理知, f 有无穷多个零点, 设为 $\{z_n\}$. 显然 $z_n\to\infty$. 根据条件 $f(z)=0\Longrightarrow f'(z)=a$ 可知 $f'(z_n)=a$.

记 $F(z)=z-\dfrac{f(z)}{b}$, 则 $F'=1-\dfrac{f'(z)}{b}\neq 0$, 即 F 没有有穷临界值. 于是, 根据 Denjoy-Carleman-Ahlfors 定理, F 只有有限个有穷渐近值. 这样, 我们就可应用定理 4.3.1 知, 当 n 充分大时有

$$|F'(z_n)|\geqslant\frac{|F(z_n)|\log|F(z_n)|}{16\pi|z_n|}.$$

由于 $F(z_n)=z_n$, $F'(z_n)=1-\dfrac{f'(z_n)}{b}=1-\dfrac{a}{b}$, 因此由上式得到矛盾:

$$\left|1-\frac{a}{b}\right|\geqslant\frac{|z_n|\log|z_n|}{16\pi|z_n|}=\frac{\log|z_n|}{16\pi}\to\infty.$$

这就证明了引理 7.2.5. □

定理 7.2.8 的证明 假设 $\mathcal{F}$ 于 D 内某点 z_0 处不正规, 则函数族 $\mathcal{G}=\{g:=f-a:f\in\mathcal{F}\}$ 亦在点 z_0 处不正规. 另外, 由条件 $f(z)=a\Longrightarrow f'(z)=a$ 和 $f'(z)=b\Longrightarrow f''(z)=b$ 知对任何 $g\in\mathcal{G}$ 有

$$g(z)=0\Longrightarrow g'(z)=a,\quad g'(z)=b\Longrightarrow g''(z)=b. \tag{7.2.71}$$

于是由 Zalcman-Pang 引理知存在函数列 g_n, 点列 $z_n\to z_0$ 和正数列 $\rho_n\to 0$ 使得

$$h_n(\zeta)=\frac{g_n(z_n+\rho_n\zeta)}{\rho_n}\overset{\chi}{\underset{\mathbb{C}}{\rightarrow}}h(\zeta), \tag{7.2.72}$$

这里 h 是 $\mathbb{C}$ 上非常数有穷级亚纯函数, 而且满足 $h^{\#}(\zeta)\leqslant h^{\#}(0)=|a|+|b|+1$. 根据 (7.2.71) 和 (7.2.72), 函数列 h_n 于 $\mathbb{C}$ 内闭一致地满足

$$h_n(\zeta)=0\Longrightarrow h_n'(\zeta)=a;\quad h_n'(\zeta)=b\Longrightarrow h_n''(\zeta)=\rho_n b. \tag{7.2.73}$$

于是, 就像以前所做, 根据 Hurwitz 定理就有

$$h(\zeta)=0\Longrightarrow h'(\zeta)=a;\quad h'(\zeta)=b\Longrightarrow h''(\zeta)=0. \tag{7.2.74}$$

现在, 我们进一步证明 $h'(\zeta)\neq b$. 首先由于 $h^{\#}(0)=|a|+|b|+1$, 容易得知 $h'(\zeta)\not\equiv b$. 其次, 假设在某点 ζ_0 处有 $h'(\zeta_0)=b$, 则由 (7.2.74) 知 ζ_0 为 $h'(\zeta)-b$

的重级 $k \geqslant 2$ 的零点. 由于在 ζ_0 的某个闭邻域 $\overline{U}(\zeta_0)$ 上, $h'_n - b$ 一致收敛于 $h' - b$ 并且 $h' - b \not\equiv 0$, 故对任何充分小正数 ε, 当 n 充分大时, $h'_n - b$ 在 $\Delta(\zeta_0, \varepsilon)$ 内有 k 个零点 (计重数), 设为 $\zeta_{n,1}, \zeta_{n,2}, \cdots, \zeta_{n,k}$. 但由 (7.2.73) 知在这些点处有 $(h'_n - b)'(\zeta_{n,j}) = h''_n(\zeta_{n,j}) = \rho_n b \neq 0$. 这说明不仅这些零点都是 $h'_n - b$ 的单零点而互不相同, 而且都是 $h''_n - \rho_n b$ 的零点. 注意在 $\Delta(\zeta_0, \varepsilon)$ 上, $h''_n - \rho_n b$ 一致收敛于 h'', 根据 Hurwitz 定理, h'' 在 $\Delta(\zeta_0, \varepsilon)$ 至少有 k 个零点. 因为 ε 是任意的, 因此 ζ_0 是 h'' 的至少 k 重零点. 这与 ζ_0 为 $h'(\zeta) - b$ 的 k 重零点矛盾. 这就证明了 $h'(\zeta) \neq b$.

于是, 由引理 7.2.5 知 h 为有理函数. 由于 $(h - b\zeta)' = h' - b \neq 0$, 故由定理 4.2.2, 或者 $h - b\zeta = \alpha\zeta + \beta$, 或者 $h - b\zeta = \dfrac{\alpha}{(\zeta + \zeta_0)^m} + \beta$, 这里 $\alpha(\neq 0), \beta, \zeta_0$ 是常数, m 为某正整数.

如果是前者, 因为 h 非常数, 故而有 $\alpha + b \neq 0$. 再由 $h(\zeta) = 0 \Longrightarrow h'(\zeta) = a$ 容易知 $h(\zeta) = a\zeta + \beta$. 这与 $h^{\#}(0) = |a| + |b| + 1$ 相矛盾.

对后者, 则有

$$h(\zeta) = b\zeta + \beta + \frac{\alpha}{(\zeta + \zeta_0)^m} = \frac{b\left(\zeta + \dfrac{\beta}{b}\right)(\zeta + \zeta_0)^m + \alpha}{(\zeta + \zeta_0)^m}, \tag{7.2.75}$$

$$h'(\zeta) - a = b - a - \frac{m\alpha}{(\zeta + \zeta_0)^{m+1}} = \frac{(b - a)(\zeta + \zeta_0)^{m+1} - m\alpha}{(\zeta + \zeta_0)^{m+1}}. \tag{7.2.76}$$

再由条件 $h(\zeta) = 0 \Longrightarrow h'(\zeta) = a$ 就可知 $\dfrac{\beta}{b} = \zeta_0$ 和 $\dfrac{b}{b - a} = \dfrac{\alpha}{-m\alpha}$. 于是 $a = (m + 1)b$. 这与条件 $a/b \notin \mathbb{N}$ 相矛盾. □

7.3 同族函数具有分担值

我们前面考虑的是族中函数与其导数具有分担值的情况. 这里我们考虑函数族中不同函数具有分担值时的正规族问题, 这类正规族由方明亮和 L. Zalcman[78] 首先研究.

定理 7.3.1 设 k 为一正整数, $\mathcal{F}$ 是区域 D 上的一族零点重级至少为 $k + 2$ 的亚纯函数. 如果 $\mathcal{F}$ 中任何两个函数 f 和 g 在区域 D 内都满足 $f(z) = 0 \Longleftrightarrow g(z) = 0$ 和 $f^{(k)}(z) = 1 \Longleftrightarrow g^{(k)}(z) = 1$, 则 $\mathcal{F}$ 于 D 正规.

定理 7.3.2 设 k 为一正整数, $\mathcal{F}$ 是区域 D 上的一族零点重级至少为 $k + 3$ 的亚纯函数. 如果 $\mathcal{F}$ 中任何两个函数 f 和 g 在区域 D 内都满足 $f^{(k)}(z) = 1 \Longleftrightarrow g^{(k)}(z) = 1$, 则 $\mathcal{F}$ 于 D 正规.

注记 7.3.1 下面的两个例子表明, 定理 7.3.1 和定理 7.3.2 中函数零点重级的要求都是必要并且最好的.

例 7.3.1 考虑如下定义的函数列 $\{f_n\}$:

$$f_n(z)=\frac{z^{k+1}}{k!\left(z-\dfrac{1}{n}\right)}=\frac{1}{k!}\left(z^k+P_{k-1}(z)+\frac{1}{n^{k+1}\left(z-\dfrac{1}{n}\right)}\right),\quad n=1,2,3,\cdots,$$

这里 P_{k-1} 是次数为 $k-1$ 的多项式. 显然, 每个 f_n 的零点之级至少 $k+1$, 并且任何两个 f_n 和 f_m 分担 0. 进一步地, 由于

$$f_n^{(k)}(z)=1+\frac{(-1)^k}{n^{k+1}\left(z-\dfrac{1}{n}\right)^{k+1}}\neq 1,$$

任何两个 f_n 和 f_m 的 k 阶导数也分担 1. 但函数列 $\{f_n\}$ 在原点处不正规. 此例表明定理 7.3.1 中函数零点重级至少 $k+2$ 是必要的.

例 7.3.2 考虑如下定义的函数列 $\{f_n\}$:

$$f_n(z)=\frac{\left(z+\dfrac{1}{n}\right)^{k+2}}{k!\left(z-\dfrac{k+1}{n}\right)^2},\quad n=1,2,3,\cdots,$$

由于

$$\left(z+\frac{1}{n}\right)^{k+2}=\left[\left(z-\frac{k+1}{n}\right)+\frac{k+2}{n}\right]^{k+2},$$

我们有

$$f_n(z)=\frac{1}{k!}\left(z^k+P_{k-1}(z)+\frac{(k+2)\left(\dfrac{k+2}{n}\right)^{k+1}}{\left(z-\dfrac{k+1}{n}\right)}+\frac{\left(\dfrac{k+2}{n}\right)^{k+2}}{\left(z-\dfrac{k+1}{n}\right)^2}\right),$$

这里 P_{k-1} 是次数为 $k-1$ 的多项式. 于是

$$f_n^{(k)}(z)=1+\frac{(-1)^k(k+2)^{k+2}}{n^{k+1}\left(z-\dfrac{k+1}{n}\right)^{k+1}}+\frac{(-1)^k(k+1)(k+2)^{k+2}}{n^{k+2}\left(z-\dfrac{k+1}{n}\right)^{k+2}}$$

$$= 1 + \frac{(-1)^k (k+2)^{k+2} z}{n^{k+1}\left(z - \frac{k+1}{n}\right)^{k+2}}.$$

由此可看出, 每个 f_n 的零点之级至少 $k+2$, 并且任何两个 f_n 和 f_m 的 k 阶导数也分担 1. 但函数列 $\{f_n\}$ 在原点处不正规. 此例表明定理 7.3.2 中函数零点重级至少 $k+3$ 是必要的.

我们[42] 对定理 7.3.1 和定理 7.3.2 做了进一步的研究. 先对两定理的条件做一点分析. 在定理 7.3.2 中, 如果我们选定一个函数 $g \in \mathcal{F}$, 则得到一个集合 $E = \{z \in D: g^{(k)}(z) = 1\} \subset D$. 由于 g 的零点之级均大于 k, 因此 $g^{(k)}(z)$ 不恒等于 1, 从而 E 是 D 的离散子集, 即在 D 内没有聚点. 条件 $f^{(k)}(z) = 1 \Longleftrightarrow g^{(k)}(z) = 1$ 就保证了任一函数 $f \in \mathcal{F}$ 在 $D \setminus E$ 内都满足 $f^{(k)}(z) \neq 1$. 于是定理 7.3.1 和定理 7.3.2 是如下稍强定理的推论[42].

定理 7.3.3 设 k 为一正整数, $\mathcal{F}$ 是区域 D 上的一族零点重级至少为 $k+2$ 的亚纯函数. 如果存在一个 D 的离散子集 E 使得对任何 $f \in \mathcal{F}$, 在区域 $D \setminus E$ 内都满足 $f(z) \neq 0$ 和 $f^{(k)}(z) \neq 1$, 则 $\mathcal{F}$ 于 D 正规.

注记 7.3.2 当 E 是空集时, 定理 7.3.3 即为顾永兴定则.

定理 7.3.4 设 k 为一正整数, $\mathcal{F}$ 是区域 D 上的一族零点重级至少为 $k+3$ 的亚纯函数. 如果存在一个 D 的离散子集 E 使得对任何 $f \in \mathcal{F}$, 在区域 $D \setminus E$ 内都满足 $f^{(k)}(z) \neq 1$, 则 $\mathcal{F}$ 于 D 正规.

我们看到定理 7.3.4 是定理 5.4.1 的推论 (取 $m = 1$). 定理 7.3.3 可类似证明.

7.4 异族函数具有分担值

7.3 节中, 函数族中的函数与同一函数族中某函数具有某些分担性质. 本节, 我们考虑这样的函数族, 族中每个函数与一个指定正规族中的某个函数具有分担性质. 这类正规族首先由刘晓俊和庞学诚[108] 等人所研究.

定理 7.4.1 [108] 设 $\mathcal{F}$ 和 $\mathcal{G}$ 是区域 D 上两族亚纯函数, a_1, a_2, a_3, a_4 是四个判别复数, 其中之一可为 ∞. 如果对任何的 $f \in \mathcal{F}$, 存在 $g \in \mathcal{G}$ 使得 f 和 g 在 D 上分担 a_1, a_2, a_3, a_4, 则当 $\mathcal{G}$ 正规时, $\mathcal{F}$ 也正规.

证明 设 $\{f_n\} \subset \mathcal{F}$ 为任一函数列. 根据条件存在函数列 $\{g_n\} \subset \mathcal{G}$ 使得 f_n 和 g_n 在 D 上分担 a_1, a_2, a_3, a_4 . 由于 $\mathcal{G}$ 正规, $\{g_n\}$ 有子列, 仍设为 $\{g_n\}$, 其按球距于 D 内闭一致收敛, 设极限函数为 g.

现在设 z_0 为 D 内任一点, 则 a_1, a_2, a_3, a_4 至少有三个数, 设为 a_1, a_2, a_3 使得 $g(z_0) \neq a_1$, a_2, a_3. 从而存在 z_0 的某个闭邻域 $\overline{U}(z_0) \subset D$ 使得对任何 $z \in \overline{U}(z_0)$ 有 $g(z) \neq a_1$, a_2, a_3.

由于 $\{g_n\}$ 按球距于 D 内闭一致收敛 g, 因此当 n 充分大时, 于 $\overline{U}(z_0)$ 也有 $g_n(z) \neq a_1, a_2, a_3$. 由于 f_n 和 g_n 在 D 上分担 a_1, a_2, a_3, a_4, 由此可知, 当 n 充分大时, 于 $\overline{U}(z_0)$ 也有 $f_n(z) \neq a_1, a_2, a_3$.

根据 Montel 定理, $\{f_n\}$ 于 z_0 处正规. 由 z_0 的任意性, $\mathcal{F}$ 于 D 正规. □

推论 7.4.1 设 $\mathcal{F}$ 是区域 D 上的一族亚纯函数, a_1, a_2, a_3 是三个判别有穷复数. 如果对任何的 $f \in \mathcal{F}$, f 和 f' 在 D 上分担 a_1, a_2, a_3, 则不仅 $\mathcal{F}$ 正规, 而且 $\mathcal{F}' = \{f' : f \in \mathcal{F}\}$ 也正规.

证明 由 Schwick 定理和定理 7.4.1 立得. □

需要指出的是, 定理 7.4.1 中分担值数目不能从 4 个降为 3 个, 如下例所示.

例 7.4.1 [108] 考虑如下在原点处不正规的函数列 $\{f_n\}$: $f_n(z) = \tan(n\pi z)$. 每个函数 f_n 不取 $\pm i$ 两数并且在单位圆内的零点为 $\frac{k}{n}$: $k = 0, \pm 1, \cdots, \pm(n-1)$. 现定义函数列 $\{g_n\}$ 如下:

$$g_n(z) = \prod_{k=-(n-1)}^{n-1} \frac{z - \frac{k}{n}}{1 - \frac{k}{n}z}.$$

则容易验证在单位圆 $\Delta(0,1)$ 内有 $|g_n(z)| < 1$. 于是 $\{g_n\}$ 于单位圆正规, 每个函数在单位圆内也不取 $\pm i$ 两数, 而且 f_n 和 g_n 分担 0.

定理 7.4.1 的条件 “四个分担值” 不能替换成分担一个 (4 元) 有限集. 事实上, 设 S 是任何一个非空有限集. 考虑函数列 $\{f_n(z) = e^{nz}\}$. 这个函数列显然在单位圆 $\Delta(0,1)$ 内不正规. 对每个 f_n, 集合

$$f_n^{-1}(S) \cap \Delta(0,1) = \{z \in \Delta(0,1) : f_n(z) \in S\}$$

是有限集. 现在定义函数 h_n 如下:

$$h_n(z) = \prod_{w \in f_n^{-1}(S) \cap \Delta(0,1)} (z - w),$$

则 h_n 于单位圆 $\Delta(0,1)$ 全纯, 并且满足

$$|h_n(z)| < 2^{\sigma_n}.$$

这里, σ_n 表示集合 $f_n^{-1}(S) \cap \Delta(0,1)$ 的元素个数. 现在再取定一点 $a \in S$ 并且记

$$\delta = \min\{|z - a| : z \in S, z \neq a\} > 0.$$

最后定义函数列 $\{g_n\}$ 如下:

$$g_n(z) = a + 2^{-\sigma_n}\delta h_n(z),$$

则每个函数 g_n 满足 $|g_n - a| < \delta$. 从而由 Montel 定则知函数列 $\{g_n\}$ 正规. 注意对每个 $b \in S \setminus \{a\}$ 有 $g_n(z) \neq b$, 因此就有

$$g_n^{-1}(S) = g^{-1}(a) = h_n^{-1}(0) = f_n^{-1}(S) \cap \Delta(0,1),$$

也即两函数列 $\{f_n\}$ 与 $\{g_n\}$ 在 $\Delta(0,1)$ 内分担集合 S.

当两族函数的导数具有分担值时, 两族函数的正规性之间有如下结果.

定理 7.4.2 [108] 设 $\mathcal{F}$ 和 $\mathcal{G}$ 是区域 D 上的两族亚纯函数, $\mathcal{F}$ 中每个函数的零点之级均至少为 $k+2$; $\mathcal{G}$ 中每个函数的零点之级均至少为 $k+1$. 如果对任何的 $f \in \mathcal{F}$, 存在 $g \in \mathcal{G}$ 使得 f 和 g 在 D 上分担 0 和 ∞, 并且 $f^{(k)}$ 和 $g^{(k)}$ 在 D 上 CM 分担 1, 则当 $\mathcal{G}$ 正规, 并且没有子列内闭一致 χ-收敛于 ∞ 或函数 g 满足 $g^{(k)} \equiv 1$ 时, $\mathcal{F}$ 也正规.

证明 假设 $\mathcal{F}$ 于 D 内某点 z_0 不正规, 则由 Zalcman-Pang 引理知存在函数列 $\{f_n\}$, 点列 $\{z_n\}$: $z_n \to z_0$ 和正数列 $\{\rho_n\}$: $\rho_n \to 0$ 使得

$$F_n(\zeta) = \frac{f_n(z_n + \rho_n\zeta)}{\rho_n^k} \xrightarrow[\mathbb{C}]{\chi} F(\zeta), \tag{7.4.1}$$

这里 F 是 $\mathbb{C}$ 上有穷级的非常数亚纯函数, 零点之级均至少为 $k+2$.

对应函数列 $\{f_n\}$, 按条件存在函数列 $\{g_n\} \subset \mathcal{G}$ 使得 f_n 和 g_n 在 D 上分担 0 和 ∞, 并且 $f_n^{(k)}$ 和 $g_n^{(k)}$ 在 D 上 CM 分担 1. 由于 $\mathcal{G}$ 正规, 因此可设函数列 $\{g_n\}$ 于区域 D 内闭一致 χ-收敛于函数 g. 注意按条件, $g \not\equiv \infty$ 于 D 亚纯, 零点之级至少 $k+1$, 并且满足 $g^{(k)} \not\equiv 1$.

情形 1 z_0 不是 g 的零点或极点. 于是存在一个 z_0 的邻域 $U(z_0)$ 使得当 n 充分大时在 $U(z_0)$ 内 $g_n \neq 0, \infty$. 于是根据条件, 在 $U(z_0)$ 内当 n 充分大时也有 $f_n \neq 0, \infty$. 这样, 由 (7.4.1) 和 Hurwitz 定理, F 是于 $\mathbb{C}$ 没有零点的非常数整函数, 从而 F 是超越整函数.

于是根据 Hayman 定理, $F^{(k)} - 1$ 至少有一个零点, 设为 ζ_0. 由于 $F^{(k)} - 1 \not\equiv 0$ (否则, F 为 k 次多项式, 与 $F \neq 0$ 矛盾), 因此由 Hurwitz 定理, 存在 $\zeta_n \to \zeta_0$, 使得 $f_n^{(k)}(z_n + \rho_n\zeta_n) = F_n^{(k)}(\zeta_n) = 1$. 再由条件就得到 $g_n^{(k)}(z_n + \rho_n\zeta_n) = 1$. 再注意到 $\{g_n^{(k)}\}$ 于邻域 $U(z_0)$ 内闭一致收敛于 $g^{(k)}$, 故由 $g_n^{(k)}(z_n + \rho_n\zeta_n) = 1$ 知 $g^{(k)}(z_0) = 1$.

由于 $g^{(k)}(z) \not\equiv 1$, 因此 z_0 是 $g^{(k)} - 1$ 的 $p \geqslant 1$ 重零点. 由于 $\{g_n^{(k)}\}$ 于邻域 $U(z_0)$ 内闭一致收敛于 $g^{(k)}$, 因此对任何充分小正数 ε, 当 n 充分大时 $g_n^{(k)} - 1$ 在

$\Delta(z_0,\varepsilon)$ 内至多有 p 个零点. 由 CM 分担条件, 当 n 充分大时 $f_n^{(k)}-1$ 在 $\Delta(z_0,\varepsilon)$ 内也至多有 p 个零点. 由于 $F_n^{(k)}(\zeta)=f_n^{(k)}(z_n+\rho_n\zeta)$, 这意味着 $F^{(k)}-1$ 只有至多 p 个零点. 根据 Hayman 定理, 这与 $F\neq 0$ 并且是超越整函数矛盾.

情形 2 z_0 是 g 的零点. 于是存在一个 z_0 的邻域 $U(z_0)$ 使得当 n 充分大时在 $U(z_0)$ 内 g_n 全纯. 于是根据分担条件, 在 $U(z_0)$ 内当 n 充分大时 f_n 全纯. 这样, 由 (7.4.1), F 是一非常数整函数, 零点之级至少 $k+2$.

由于 g 的零点之级至少 $k+1$, 故 $g^{(k)}(z_0)=0\neq 1$, 故可设在 $U(z_0)$ 内当 n 充分大时 $g_n^{(k)}(z)\neq 1$, 进而根据分担条件也有 $f_n^{(k)}(z)\neq 1$. 再由 (7.4.1)、$F_n^{(k)}(\zeta)=f_n^{(k)}(z_n+\rho_n\zeta)$ 和 Hurwitz 定理就知要么 $F^{(k)}\equiv 1$, 要么 $F^{(k)}\neq 1$. 由于 F 是一零点之级至少 $k+2$ 的非常数整函数, 两者均不可能.

情形 3 z_0 是 g 的极点. 于是存在一个 z_0 的邻域 $U(z_0)$ 使得在 $U(z_0)$ 内 g 没有零点, 在 $U^\circ(z_0)$ 内 g 没有极点, 进而当 n 充分大时在 $U(z_0)$ 内 g_n 没有零点. 于是根据分担条件, 在 $U(z_0)$ 内当 n 充分大时 f_n 也没有零点.

由于在 $U^\circ(z_0)$ 内 $g\neq 0,\infty$, 因此根据情形 1 的证明知, $\{f_n\}$ 在 $U^\circ(z_0)$ 内正规. 由于 $\{f_n\}$ 在 z_0 处不正规并且在 $U(z_0)$ 内当 n 充分大时 f_n 没有零点, 故可设 $\{f_n\}$ 在 $U^\circ(z_0)$ 内按球距内闭一致收敛于 0. 于是根据辐角原理, 对任何充分小正数 ε, 当 n 充分大时

$$n\left(z_0,\varepsilon;\frac{1}{f_n^{(k)}-1}\right)-n\left(z_0,\varepsilon;f_n^{(k)}-1\right)=0. \tag{7.4.2}$$

设 z_0 是 g 的 $\tau\geqslant 1$ 重极点, 则由 $\{g_n\}$ 按球距内闭一致收敛于 g 知, 对任何充分小正数 ε, 当 n 充分大时, g_n 在 $\Delta(z_0,\varepsilon)$ 内也有 τ 个极点 (计重数). 从而在 $\Delta(z_0,\varepsilon)$ 内 $g_n^{(k)}$ 至多有 $(k+1)\tau$ 个极点 (计重数).

另一方面, 根据辐角原理, 当 n 充分大时我们有

$$\begin{aligned}&n\left(z_0,\varepsilon;\frac{1}{g_n^{(k)}-1}\right)-n\left(z_0,\varepsilon;g_n^{(k)}-1\right)\\&=n\left(z_0,\varepsilon;\frac{1}{g^{(k)}-1}\right)-n\left(z_0,\varepsilon;g^{(k)}-1\right).\end{aligned} \tag{7.4.3}$$

再注意到当 ε 充分小时, 在 $\Delta(z_0,\varepsilon)$ 内 $g^{(k)}(z)\neq 1$, 我们就知

$$\begin{aligned}n\left(z_0,\varepsilon;\frac{1}{g_n^{(k)}-1}\right)&=n\left(z_0,\varepsilon;g_n^{(k)}\right)-n\left(z_0,\varepsilon;g^{(k)}\right)\\&=n\left(z_0,\varepsilon;g_n^{(k)}\right)-(\tau+k).\end{aligned} \tag{7.4.4}$$

根据 CM 分担条件和 (7.4.2)—(7.4.4), 我们得到

$$n\left(z_0,\varepsilon;f_n^{(k)}\right)=n\left(z_0,\varepsilon;g_n^{(k)}\right)-(\tau+k). \tag{7.4.5}$$

由于对任何亚纯函数 h 有 $n\left(z_0,\varepsilon;h^{(k)}\right)=n(z_0,\varepsilon;h)+k\overline{n}(z_0,\varepsilon;h)$, 以及由 f_n 和 g_n 分担极点知 $\overline{n}(z_0,\varepsilon;f_n)=\overline{n}(z_0,\varepsilon;g_n)$, 从上式我们得到

$$n(z_0,\varepsilon;f_n)=n(z_0,\varepsilon;g_n)-(\tau+k)\leqslant\tau-(\tau+k)<0.$$

这自然不可能. 定理 7.4.2 证毕. □

值得指出的是, 两函数族间函数分担极点这个条件是必需的.

例 7.4.2 考虑函数列如下定义的两函数列 $\{f_n\}$ 和 $\{g_n\}$:

$$f_n(z)=\frac{1}{nz}, \tag{7.4.6}$$

$$g_n(z)=\frac{(k+1)!}{(2k+1)!}z^{2k+1}+\left(1-\frac{(-1)^kk!}{n}\right)\frac{z^k}{k!}+3. \tag{7.4.7}$$

可以看到在单位圆 $\Delta(0,1)$ 内 $f_n\neq0$, $g_n\neq0$, 因此 f_n 和 g_n 分担 0. 又 $f_n^{(k)}(z)=\dfrac{(-1)^kk!}{nz^{k+1}}$ 和 $g_n^{(k)}(z)=1+z^{k+1}-\dfrac{(-1)^kk!}{n}$, 因此 $f_n^{(k)}$ 和 $g_n^{(k)}$ CM 分担 1. 但是容易看出 $\{f_n\}$ 在原点处不正规, 而 $\{g_n\}$ 在单位圆内强正规.

问题 7.4.1 定理 7.4.2 中导数 CM 分担 1 是否可换成不计重数的分担?

对上述问题, 当 $k=1$ 时可肯定回答.

定理 7.4.3 [48] 设 $\mathcal{F}$ 和 $\mathcal{G}$ 是区域 D 上两亚纯函数族, 每个函数 $f\in\mathcal{F}$ 和每个函数 $g\in\mathcal{G}$ 都没有单零点. 如果函数族 $\mathcal{F}$ 与 $\mathcal{G}$ 分担 0 和 ∞, 并且导函数族 $\mathcal{F}'$ 与 $\mathcal{G}'$ 分担 1, 则当函数族 $\mathcal{G}$ 于 D 正规, 并且 $\mathcal{G}$ 没有子列 χ-收敛于 ∞ 或函数 g 满足 $g'\equiv1$ 时, 函数族 $\mathcal{F}$ 也于 D 正规.

定理 7.4.3 包含于如下稍一般性的结果之中.

定理 7.4.4 设 $\mathcal{F}$ 和 $\mathcal{G}$ 是区域 D 上两亚纯函数族, 每个函数 $f\in\mathcal{F}$ 和每个函数 $g\in\mathcal{G}$ 的零点重级至少为 $k+1$; 每个函数 $f\in\mathcal{F}$ 的极点重级至少为 k. 如果函数族 $\mathcal{F}$ 与 $\mathcal{G}$ 分担 0 和 ∞, 并且 k 阶导函数族 $\mathcal{F}^{(k)}$ 与 $\mathcal{G}^{(k)}$ 分担 1, 则当函数族 $\mathcal{G}$ 于 D 正规, 并且 $\mathcal{G}$ 没有子列 χ-收敛于 ∞ 或函数 g 满足 $g^{(k)}\equiv1$ 时, 函数族 $\mathcal{F}$ 也于 D 正规.

证明 假设 $\mathcal{F}$ 于 D 内某点 z_0 不正规, 则由 Zalcman-Pang 引理知存在函数列 $\{f_n\}$, 点列 $\{z_n\}$: $z_n\to z_0$ 和正数列 $\{\rho_n\}$: $\rho_n\to0$ 使得

$$F_n(\zeta)=\frac{f_n(z_n+\rho_n\zeta)}{\rho_n^k}\xrightarrow[\mathbb{C}]{\chi}F(\zeta), \tag{7.4.8}$$

这里 F 是 $\mathbb{C}$ 上有穷级的非常数亚纯函数, 零点之级均至少为 $k+1$, 极点之极均至少 k 重.

按条件, 对应函数列 $\{f_n\}$, 存在函数列 $\{g_n\}\subset\mathcal{G}$ 使得 f_n 和 g_n 在 D 上分担 0 和 ∞, 并且 $f_n^{(k)}$ 和 $g_n^{(k)}$ 在 D 上分担 1. 由于 $\mathcal{G}$ 正规, 并且 $\infty\notin\overline{\mathcal{G}}$, 因此我们可设 $g_n\xrightarrow[D]{\chi}g$, 这里 $g\not\equiv\infty$ 于 D 亚纯, 零点均至少 $k+1$ 重, 并且 $g^{(k)}\not\equiv1$.

现在与定理 7.4.2 的证明一样, 分三种情形讨论. 前两种情形与定理 7.4.2 的证明一致, 因此我们只讨论第三种情形: z_0 是 g 的极点. 设重级为 $\tau\geqslant1$.

于是存在 z_0 的邻域 $U(z_0)$ 使得在 $U(z_0)$ 内 g 没有零点, 在 $U^\circ(z_0)$ 内 g 没有极点, 进而当 n 充分大时在 $U(z_0)$ 内 g_n 没有零点. 于是根据分担条件, 在 $U(z_0)$ 内当 n 充分大时 f_n 也没有零点. 由此, 根据 (7.4.8), 在复平面 $\mathbb{C}$ 上函数 F 没有零点: $F\neq0$.

由于 $g_n\xrightarrow[\mathrm{D}]{\chi}g$ 以及 z_0 是 g 的重级为 $\tau\geqslant1$ 的极点, 可设 g_n 在 $U(z_0)$ 内恰有 $s\leqslant\tau$ 个互不相同的极点 $z_{1,n},\cdots,z_{s,n}$ 趋于 z_0, 并且各自的重级 $\alpha_1,\cdots,\alpha_s$ 满足 $\alpha_1+\cdots+\alpha_s=\tau$. 通过选取子列, 可设这些极点的个数 s 和这些极点的重数 α_i 都与 n 无关.

现在设

$$G_n(z)=g_n(z)\prod_{i=1}^{s}(z-z_{i,n})^{\alpha_i},\tag{7.4.9}$$

则在 $U(z_0)$ 上有 $G_n\to G$, 其中 G 在 $U(z_0)$ 上全纯并且 $G(z_0)\neq0$.

现在利用莱布尼茨高阶导数公式

$$(f_0f_1f_2\cdots f_m)^{(k)}=\sum_{j_0+j_1+\cdots+j_m=k}\frac{k!}{j_0!j_1!j_2!\cdots j_m!}f_0^{(j_0)}f_1^{(j_1)}\cdots f_m^{(j_m)},\tag{7.4.10}$$

我们就有

$$\begin{aligned}g_n^{(k)}(z)&=\left(G_n(z)\prod_{i=1}^{s}(z-z_{i,n})^{-\alpha_i}\right)^{(k)}\\&=\sum_{j_0+j_1+j_2+\cdots+j_s=k}\frac{k!}{j_0!j_1!\cdots j_s!}G_n^{(j_0)}(z)\prod_{i=1}^{s}\left((z-z_{i,n})^{-\alpha_i}\right)^{(j_i)}\\&=\sum_{j_0+j_1+j_2+\cdots+j_s=k}A_jG_n^{(j_0)}(z)\prod_{i=1}^{s}(z-z_{i,n})^{-\alpha_i-j_i}\end{aligned}$$

$$= T_n(z)\prod_{i=1}^{s}(z-z_{i,n})^{-\alpha_i-k}, \tag{7.4.11}$$

其中

$$A_j = \frac{(-1)^{k-j_0}k!}{j_0!j_1!\cdots j_s!}\prod_{i=1}^{s}\frac{(\alpha_i+j_i-1)!}{(\alpha_i-1)!},$$

$$T_n(z) = \sum_{j_0+j_1+j_2+\cdots+j_s=k} A_j G_n^{(j_0)}(z)\prod_{i=1}^{s}(z-z_{i,n})^{k-j_i}.$$

在 $U(z_0)$ 上, 我们有

$$\begin{aligned}T_n(z)\to T(z) &= \sum_{j_0+j_1+j_2+\cdots+j_s=k} A_j G^{(j_0)}(z)\,(z-z_0)^{sk-(j_1+j_2+\cdots+j_s)}\\ &= (z-z_0)^{(s-1)k}\,T_0(z),\end{aligned}$$

这里

$$T_0(z) = \sum_{j_0+j_1+j_2+\cdots+j_s=k} A_j G^{(j_0)}(z)\,(z-z_0)^{j_0},$$

满足

$$T_0(z_0) = (-1)^k G(z_0)\sum_{j_1+j_2+\cdots+j_s=k}\frac{k!}{j_1!\cdots j_s!}\prod_{i=1}^{s}\frac{(\alpha_i+j_i-1)!}{(\alpha_i-1)!}\neq 0.$$

于是

$$g_n^{(k)}(z)-1 = L_n(z)\prod_{i=1}^{s}(z-z_{i,n})^{-\alpha_i-k},$$

其中

$$L_n(z) = T_n(z)-\prod_{i=1}^{s}(z-z_{i,n})^{\alpha_i+k}.$$

注意有

$$\begin{aligned}L_n(z) &\to (z-z_0)^{(s-1)k}T_0(z)-(z-z_0)^{\tau+sk}\\ &= (z-z_0)^{(s-1)k}\left(T_0(z)-(z-z_0)^{\tau+k}\right).\end{aligned}$$

由于

$$\left(T_0(z)-(z-z_0)^{\tau+k}\right)_{z=z_0} = T_0(z_0)\neq 0,$$

因此 $L_n(z)$ 进而 $g_n^{(k)}(z)-1$ 在 $U(z_0)$ 内有至多 $(s-1)k$ 个互不相同的零点. 于是, 按分担条件, $f_n^{(k)}(z)-1$ 在 $U(z_0)$ 内有至多 $(s-1)k$ 个互不相同的零点.

由于 $F_n^{(k)}(\zeta)=f_n^{(k)}(z_n+\rho_n\zeta)$, 根据 (7.4.8), $F^{(k)}(\zeta)-1$ 只有有限个零点. 因 $F\neq 0$ 并且 F 非常数, 根据 Hayman 定理即知函数 F 为有理函数. 于是由 $F\neq 0$ 知

$$F(\zeta)=\frac{1}{P(\zeta)},$$

这里 P 为某非常数多项式. 于是由 (7.4.8) 知, 对 P 的每个零点 ζ, f_n 在 $U(z_0)$ 内至少有一个极点 $z_n+\rho_n\zeta_n$ 满足 $\zeta_n\to\zeta$.

另一方面, 由于 f_n 和 g_n 分担 ∞, 因此 f_n 在 $U(z_0)$ 内的极点为 $z_{1,n},\cdots,z_{s,n}$. 因此 f_n 在 $U(z_0)$ 内的这 s 个极点分成两类: 第一类 ν 个极点 $z_{1,n},\cdots,z_{\nu,n}$ 满足

$$\frac{z_{i,n}-z_n}{\rho_n}\to\zeta_i\in P^{-1}(0),\quad 1\leqslant i\leqslant\nu.$$

显然 $1\leqslant\nu\leqslant s$. 第二类是余下的极点, 满足

$$\frac{z_{i,n}-z_n}{\rho_n}\to\infty,\quad \nu<i\leqslant s.$$

注意 $P^{-1}(0)=\{\zeta_i:\ 1\leqslant i\leqslant\nu\}$.

现在由 (7.4.11), 我们计算 $g_n^{(k)}(z_n+\rho_n\zeta)$. 由于

$$\begin{aligned}&\prod_{i=1}^{s}(z_n+\rho_n\zeta-z_{i,n})^{-\alpha_i-j_i}\\&=\prod_{i=1}^{s}(z_n+\rho_n\zeta-z_{i,n})^{-\alpha_i}\prod_{i=1}^{s}(z_n+\rho_n\zeta-z_{i,n})^{-j_i}\\&=\rho_n^{-\sum_{i=1}^{s}j_i}\prod_{i=1}^{s}(z_n+\rho_n\zeta-z_{i,n})^{-\alpha_i}\cdot\prod_{i=1}^{s}\left(\zeta-\frac{z_{i,n}-z_n}{\rho_n}\right)^{-j_i},\end{aligned}$$

因此由 (7.4.11) 有

$$\begin{aligned}&g_n^{(k)}(z_n+\rho_n\zeta)\\&=\sum_{j_0+j_1+j_2+\cdots+j_s=k}A_jG_n^{(j_0)}(z_n+\rho_n\zeta)\prod_{i=1}^{s}(z_n+\rho_n\zeta-z_{i,n})^{-\alpha_i-j_i}\\&=\sum_{j_0+j_1+j_2+\cdots+j_s=k}\rho_n^{-k+j_0}\prod_{i=1}^{s}(z_n+\rho_n\zeta-z_{i,n})^{-\alpha_i}\end{aligned}$$

$$\cdot A_j G_n^{(j_0)}(z_n+\rho_n\zeta)\prod_{i=1}^{s}\left(\zeta-\frac{z_{i,n}-z_n}{\rho_n}\right)^{-j_i}$$

$$=\rho_n^{-k}\prod_{i=1}^{s}(z_n+\rho_n\zeta-z_{i,n})^{-\alpha_i}$$

$$\cdot\sum_{j_0+j_1+j_2+\cdots+j_s=k}A_j\rho_n^{j_0}G_n^{(j_0)}(z_n+\rho_n\zeta)\prod_{i=1}^{s}\left(\zeta-\frac{z_{i,n}-z_n}{\rho_n}\right)^{-j_i}. \tag{7.4.12}$$

现在将上式右端求和分成两部分, 第一部分满足 $j_0+j_{\nu+1}+\cdots+j_s=0$, 即 $j_0=j_{\nu+1}=\cdots=j_s=0$; 第二部分则满足 $j_0+j_{\nu+1}+\cdots+j_s>0$, 即 j_0, $j_{\nu+1}$, $\cdots$, j_s 中至少有一大于 0. 于是有

$$\sum_{j_0+j_1+j_2+\cdots+j_s=k}A_j\rho_n^{j_0}G_n^{(j_0)}(z_n+\rho_n\zeta)\prod_{i=1}^{s}\left(\zeta-\frac{z_{i,n}-z_n}{\rho_n}\right)^{-j_i}$$

$$=\sum_{j_1+j_2+\cdots+j_\nu=k}C_jG_n(z_n+\rho_n\zeta)\prod_{i=1}^{\nu}\left(\zeta-\frac{z_{i,n}-z_n}{\rho_n}\right)^{-j_i}$$

$$+\sum_{II}A_j\rho_n^{j_0}G_n^{(j_0)}(z_n+\rho_n\zeta)\prod_{i=1}^{s}\left(\zeta-\frac{z_{i,n}-z_n}{\rho_n}\right)^{-j_i},$$

其中

$$C_j=\frac{(-1)^k k!}{j_1!\cdots j_\nu!}\prod_{i=1}^{\nu}\frac{(\alpha_i+j_i-1)!}{(\alpha_i-1)!}.$$

因此由 (7.4.12) 知, $g_n^{(k)}(z_n+\rho_n\zeta)-1=0$ 等价于

$$H_n(\zeta):=\sum_{j_1+j_2+\cdots+j_\nu=k}C_jG_n(z_n+\rho_n\zeta)\prod_{i=1}^{\nu}\left(\zeta-\frac{z_{i,n}-z_n}{\rho_n}\right)^{-j_i}+R_n(\zeta)=0,$$

这里

$$R_n(\zeta)=-\rho_n^{k}\prod_{i=1}^{s}(z_n+\rho_n\zeta-z_{i,n})^{\alpha_i}$$

$$+\sum_{II}A_j\rho_n^{j_0}G_n^{(j_0)}(z_n+\rho_n\zeta)\prod_{i=1}^{s}\left(\zeta-\frac{z_{i,n}-z_n}{\rho_n}\right)^{-j_i}.$$

由于在 $\mathbb{C}\setminus\{\zeta_1,\cdots,\zeta_\nu\}$ 上内闭一致地成立 $R_n(\zeta)\to 0$, 因此在 $\mathbb{C}\setminus\{\zeta_1,\cdots,\zeta_\nu\}$ 上内闭一致地成立

$$H_n(\zeta)\to H(\zeta):=G(0)\sum_{j_1+j_2+\cdots+j_\nu=k}C_j\prod_{i=1}^{\nu}(\zeta-\zeta_i)^{-j_i}.$$

由于 $F_n^{(k)}(\zeta)=f_n^{(k)}(z_n+\rho_n\zeta)$ 以及 $f_n^{(k)}=1\Longleftrightarrow g_n^{(k)}=1$, 我们得到

$$F_n^{(k)}=1\Longleftrightarrow H_n=0.$$

由于在 $\mathbb{C}\setminus\{\zeta_1,\cdots,\zeta_\nu\}$ 上内闭一致地有 $F_n^{(k)}(\zeta)\to F^{(k)}(\zeta)$, 并且 $F^{(k)}\not\equiv 1, H\not\equiv 0$, 因此由 Hurwitz 定理即知

$$F^{(k)}=1\Longleftrightarrow H=0.$$

这说明每个 $F^{(k)}-1$ 的零点都是多项式

$$\sum_{j_1+j_2+\cdots+j_\nu=k}C_j\prod_{i=1}^{\nu}(\zeta-\zeta_i)^{k-j_i}$$

的零点. 注意这个多项式的次数为 $\sum_{i=1}^{\nu}(k-j_i)=\nu k-k$, 因此 $F^{(k)}-1$ 至多有 $\nu k-k$ 个不同零点. 然而, 引理 5.4.1 说 $F^{(k)}-1$ 至少有 $k+\deg(P)$ 个不同零点. 于是 $k+\deg(P)\leqslant \nu k-k$, 即有 $\deg(P)\leqslant \nu k-2k$. 由于 F 的所有极点, 即多项式 P 的所有零点都至少 k 重, 这不可能. □

如下的例子表明, 定理 7.4.4 的条件, 除 "每个 $f\in\mathcal{F}$ 的极点重级至少为 k" 之外都是必要的.

例 7.4.3 条件 "$\mathcal{F}$ 与 $\mathcal{G}$ 分担 ∞" 是必要的. 考虑如下定义的两函数列 $\{f_n\}$ 和 $\{g_n\}$:

$$f_n(z)=\frac{1}{nz^{k+1}}, \tag{7.4.13}$$

$$g_n(z)=\frac{(2k+1)!}{(3k+1)!}z^{3k+1}+\left(1-\frac{(-1)^k(2k)!}{k!n}\right)\frac{z^k}{k!}+3. \tag{7.4.14}$$

在单位圆 $\Delta(0,1)$ 内有 $f_n\neq 0$ 及 $g_n\neq 0$, 从而 $\{f_n\}$ 和 $\{g_n\}$ 分担 0. 直接计算也容易看出 $\{f_n^{(k)}\}$ 和 $\{g_n^{(k)}\}$ 分担 1. 此时, 函数列 $\{f_n\}$ 在单位圆 $\Delta(0,1)$ 内不正规, 但函数列 $\{g_n\}$ 在单位圆 $\Delta(0,1)$ 内正规, 并且 $g_n\to g$, 这里

$$g(z)=\frac{(2k+1)!}{(3k+1)!}z^{3k+1}+\frac{z^k}{k!}+3$$

显然满足 $g^{(k)}\not\equiv 1$.

例 7.4.4 条件 “$\infty \notin \overline{\mathcal{G}}$” 是必要的. 这只要在单位圆内考察函数列 $\{f_n(z) = e^{nz}\}$ 和函数列 $\{g_n(z) = e^{nz} + e^n\}$ 即可看出. 注意函数列 $\{f_n\}$ 在单位圆 $\Delta(0,1)$ 内不正规, 但函数列 $\{g_n\}$ 在单位圆 $\Delta(0,1)$ 内正规, 并且 $g_n \to \infty$.

例 7.4.5 条件 “满足 $g^{(k)}(z) \equiv 1$ 的函数 $g \notin \overline{\mathcal{G}}$” 是必要的. 此时考虑函数列 $\{f_n(z) = e^{nz}\}$ 和 $\left\{g_n(z) = e^{nz-n} + (1 - e^{-n})\dfrac{z^k}{k!} + 2\right\}$. 前者在单位圆 $\Delta(0,1)$ 内不正规, 但后者在单位圆 $\Delta(0,1)$ 内正规, 并且 $g_n \to g$, 这里 $g(z) = \dfrac{z^k}{k!} + 2$ 满足 $g^{(k)}(z) \equiv 1$. 可验证其余条件均满足.

例 7.4.6 关于零点重级的条件亦是必要的. 考虑如下定义的两函数列 $\{f_n\}$ 和 $\{g_n\}$:

$$f_n(z) = -\frac{nz^{k+2}}{k!}, \quad g_n(z) = \frac{z^k}{k!}\left(z^2 + 1 + \frac{1}{n}\right), \quad z \in \Delta(0,1).$$

此时函数列 $\{f_n\}$ 在单位圆 $\Delta(0,1)$ 内不正规, 但函数列 $\{g_n\}$ 在单位圆 $\Delta(0,1)$ 内正规, 并且 $g_n \to g$, 这里 $g(z) = \dfrac{z^k}{k!}(z^2+1)$. 可验证其余条件均满足.

我们在这里提出如下问题.

问题 7.4.2 当 $k > 1$ 时, 定理 7.4.4 的条件 “每个 $f \in \mathcal{F}$ 的极点重级至少为 k” 是否必要?

定理 7.4.4 有如下的推论, 其中记号 $(\mathcal{F}^l)^{(k)} = \{(f^l)^{(k)} : f \in \mathcal{F}\}$.

推论 7.4.2 设 k, l 为正整数, 满足 $l \geqslant k+1$. 设 $\mathcal{F}$ 和 $\mathcal{G}$ 是区域 D 上两亚纯函数族. 如果在区域 D 上, 函数族 $\mathcal{F}$ 与 $\mathcal{G}$ 分担 0 和 ∞, 函数族 $(\mathcal{F}^l)^{(k)}$ 与 $(\mathcal{G}^l)^{(k)}$ 分担 1, 则当函数族 $\mathcal{G}$ 于 D 正规, 并且没有子列 χ-收敛于 ∞ 或函数 g 满足 $(g^l)^{(k)} \equiv 1$ 时, 函数族 $\mathcal{F}$ 也于 D 正规.

7.5 涉及分担函数的正规族

到目前为止, 本章给出了与分担值相关的诸多正规定则. 自然地, 可以研究将分担值推广为分担函数情形的正规定则. 目前已经有许多相关的结果[46]. 这里介绍的下述定理 7.5.1, 是定理 7.1.3 的推广.

定理 7.5.1 [110] 设 $\mathcal{F}$ 是区域 D 上没有单零点的亚纯函数族, $a(z)$, $b(z)$ 是两个全纯函数满足 $a \neq 0$ 和 $b(z) = 0 \Longrightarrow a'(z) \neq 0$. 如果每个函数 $f \in \mathcal{F}$ 在 D 内满足 $f(z) = a(z) \Longleftrightarrow f'(z) = b(z)$, 则函数族 $\mathcal{F}$ 于 D 正规.

注意, 上述定理中关于函数 a 和 b 的条件都是必要的.

例 7.5.1　考虑函数列 $\{f_n\}$:

$$f_n(z) = n\left(z + \frac{1}{n}\right)^2,$$

以及 $a = 4z$ 和 $b = 4$. 显然, $\{f_n\}$ 在 0 处不正规. 此时, 除了 $a \neq 0$ 之外, 其余条件在单位圆 $\Delta(0,1)$ 内均可验证是满足的.

例 7.5.2　考虑函数列 $\{f_n\}$:

$$f_n(z) = \frac{\left(z^2 - \dfrac{1}{n}\right)^2}{2\left(z^2 + \dfrac{1}{2n^2}\right)},$$

以及 $a(z) = 1 + \frac{1}{2}z^2$ 和 $b(z) = z$. 此时, $\{f_n\}$ 在 0 处不正规, 除了 $b(z) = 0 \Longrightarrow a'(z) \neq 0$ 之外, 其余条件在单位圆 $\Delta(0,1)$ 内均可验证是满足的.

定理 7.5.1 的证明分成两部分. 第一部分证明 $a(z) \neq 0$ 和 $b(z) \neq 0$ 的情形. 由于第二部分证明的需要, 我们先对第一部分情形给出如下稍强一点的结论.

引理 7.5.1　设 $\{f_n\}$ 是区域 D 上一列没有单零点的亚纯函数, $\{a_n(z)\}$ 和 $\{b_n(z)\}$ 是两列于 D 内闭一致收敛的全纯函数列使得 $a_n \to a \neq 0$ 和 $b_n \to b \neq 0, \infty$. 如果每个 f_n 在 D 内满足 $f_n(z) = a_n(z) \Longleftrightarrow f_n'(z) = b_n(z)$, 则函数列 $\{f_n\}$ 于 D 正规.

证明　假设 $\{f_n\}$ 在某点 $z_0 \in D$ 处不正规, 则由 Zalcman-Pang 引理, 存在子列, 不妨设 $\{f_n\}$ 自身, 点列 $\{z_n\} \subset D$ 满足 $z_n \to z_0$, 和正数列 $\{\rho_n\}$ 满足 $\rho_n \to 0$, 使得

$$F_n(\zeta) = \frac{f_n(z_n + \rho_n\zeta)}{\rho_n} \overset{\chi}{\underset{\mathbb{C}}{\Rightarrow}} F(\zeta), \tag{7.5.1}$$

这里 F 是复平面上没有单零点的非常数亚纯函数.

由于 $f_n(z) = a_n(z) \Longleftrightarrow f_n'(z) = b_n(z)$, 因此

$$F_n(\zeta) = \frac{a_n^*(\zeta)}{\rho_n} \Longleftrightarrow F_n'(\zeta) = b_n^*(\zeta), \tag{7.5.2}$$

这里

$$a_n^*(\zeta) = a_n(z_n + \rho_n\zeta) \to a(z_0) \neq 0,$$
$$b_n^*(\zeta) = b_n(z_n + \rho_n\zeta) \to b(z_0) \neq 0,\ \infty.$$

然后, 就像在定理 7.1.2 的证明中一样, 我们就有

$$F'(\zeta) \neq b(z_0). \tag{7.5.3}$$

进一步地, 可以证明函数 F 没有单极点. 事实上, 如果 F 有单极点 ζ_0, 则由 $F_n \overset{\chi}{\underset{\mathbb{C}}{\Rightarrow}} F$ 知, 存在某邻域 $U(\zeta_0)$ 使得在其上, $1/F$ 和 $1/F_n$ (n 充分大) 都全纯并且 $\dfrac{1}{F_n} \to \dfrac{1}{F}$, 进而也有 $\dfrac{1}{F_n} - \dfrac{\rho_n}{a_n^*} \to \dfrac{1}{F}$. 由于 ζ_0 是 $\dfrac{1}{F}$ 的单零点, 对任何正数 $\varepsilon > 0$, 函数 $\dfrac{1}{F_n} - \dfrac{\rho_n}{a_n^*}$ (n 充分大) 在 $\Delta(\zeta_0, \varepsilon)$ 内有一个零点 $\zeta_n \to \zeta_0$.

由 (7.5.2) 有 $\dfrac{1}{F_n} - \dfrac{\rho_n}{a_n^*} = 0 \Longrightarrow F_n = \dfrac{a_n^*}{\rho_n} \Longrightarrow F_n' = b_n^*$, 因此

$$\left(\frac{1}{F_n}\right)'(\zeta_n) = -\frac{F_n'(\zeta_n)}{F_n^2(\zeta_n)} = -\frac{\rho_n^2 b_n^*(\zeta_n)}{a_n^{*2}(\zeta_n)} \to 0.$$

由此可知 $\left(\dfrac{1}{F}\right)'(\zeta_0) = 0$, 这与 ζ_0 是 $\dfrac{1}{F}$ 的单零点矛盾.

于是由推论 4.5.2 知 F 是常数, 矛盾. □

定理 7.5.1 的证明 首先, 在 $D \setminus E$ 上, 这里 $E = b^{-1}(0)$, 对函数族 $\mathcal{F}$ 的任一函数列应用引理 7.5.1, 即知函数族 $\mathcal{F}$ 于 $D \setminus E$ 正规. 因此, 我们只要证明函数族 $\mathcal{F}$ 在任何点 $z_0 \in b^{-1}(0) \setminus (a')^{-1}(0)$ 处正规.

用反证法. 假设函数族 $\mathcal{F}$ 在某点 $z_0 \in b^{-1}(0) \setminus (a')^{-1}(0)$ 处不正规, 则有某函数列 $\{f_n\} \subset \mathcal{F}$, 其任何子列在 z_0 处都不正规. 由于 $b(z_0) = 0$, 不妨设 $z_0 = 0$, 并且是 b 的 m 重零点, 则

$$\phi(z) = \frac{b(z)}{z^m}$$

在某邻域 $\Delta(0) \subset D$ 内全纯并且不取 0. 可进一步不妨设 $\phi(0) = 1$.

由于在 $\Delta^\circ(0)$ 上 $a \neq 0$ 并且 $b \neq 0$, 因此 $\mathcal{F}$ 在 $\Delta^\circ(0)$ 上正规.

我们再指出函数 $f \in \mathcal{F}$ 满足 $f(0) \neq 0$. 事实上, 如果 $f(0) = 0$, 则由 f 没有单零点知 $f'(0) = 0 = b(0)$, 因此由条件知 $f(0) = a(0)$, 从而 $a(0) = 0$, 与假设 $a \neq 0$ 矛盾.

现在考虑函数列

$$\mathcal{G} = \{g_n(z) = z^{-m} f_n(z) : \ f_n \in \mathcal{F}\}.$$

注意, 每个函数 $g \in \mathcal{G}$ 没有单零点, 以 0 为 m 重极点. 另外, 由于 $\mathcal{F}$ 于 $\Delta^\circ(0)$ 正规, $\mathcal{G}$ 也于 $\Delta^\circ(0)$ 正规.

现在, 我们证明函数列 $\mathcal{G}$ 在 0 处正规.

假设函数列 $\mathcal{G}$ 在 0 处不正规, 则由 Zalcman-Pang 引理, 存在函数列 $\mathcal{G}=\{g_n\}$ 的子列, 不妨设就是 $\{g_n\}$ 自身, 点列 $\{z_n\}\subset\Delta(0)$ 满足 $z_n\to 0$, 正数列 $\{\rho_n\}$ 满足 $\rho_n\to 0$, 使得

$$G_n(\zeta)=\frac{g_n(z_n+\rho_n\zeta)}{\rho_n}=\frac{f_n(z_n+\rho_n\zeta)}{\rho_n(z_n+\rho_n\zeta)^m}\overset{\chi}{\underset{\mathbb{C}}{\rightarrow}}G(\zeta), \tag{7.5.4}$$

这里 G 是复平面 $\mathbb{C}$ 上有穷级非常数亚纯函数, 并且没有单零点.

情形 1　点列 $\{z_n/\rho_n\}$ 无界. 此时通过选取子列, 可设 $z_n/\rho_n\to\infty$. 于是由 (7.2.28) 有

$$\widehat{G}_n(\zeta):=\frac{f_n(z_n+\rho_n\zeta)}{\rho_n z_n^m}=\left(1+\frac{\rho_n}{z_n}\zeta\right)^m G_n(\zeta)\overset{\chi}{\underset{\mathbb{C}}{\rightarrow}}G(\zeta). \tag{7.5.5}$$

在此基础上, 通过做与引理 7.5.1 的证明中相同的讨论, 可以得知 $G'\neq\phi(0)$ 并且 G 没有单极点. 于是由推论 4.5.2 知 G 是常数, 矛盾.

情形 2　点列 $\{z_n/\rho_n\}$ 有界. 此时通过选取子列, 可设 $z_n/\rho_n\to c\in\mathbb{C}$. 首先, 由 (7.2.28), 我们得到

$$\widetilde{G}_n(\zeta):=\frac{f_n(\rho_n\zeta)}{\rho_n^{m+1}\zeta^m}=G_n\left(\zeta-\frac{z_n}{\rho_n}\right)\overset{\chi}{\underset{\mathbb{C}}{\rightarrow}}G(\zeta-c)=:\widetilde{G}(\zeta). \tag{7.5.6}$$

注意 $\widetilde{G}$ 没有单零点, 并且由 $f_n(0)\neq 0$ 知, 0 是 $\widetilde{G}$ 的极点, 重数至少为 m.

由 (7.5.6) 有

$$H_n(\zeta):=\frac{f_n(\rho_n\zeta)}{\rho_n^{m+1}}=\zeta^m\widetilde{G}_n(\zeta)\xrightarrow[\mathbb{C}\setminus\{0\}]{\chi}\zeta^m\widetilde{G}(\zeta)=:H(\zeta). \tag{7.5.7}$$

由于在某 $U(0)$ 上, $H_n\neq 0$, 并且 $H\not\equiv 0$, 根据定理 1.2.15, 我们有

$$H_n(\zeta)\overset{\chi}{\underset{\mathbb{C}}{\rightarrow}}H(\zeta). \tag{7.5.8}$$

注意, $H(0)\neq 0$, 并且 H 没有单零点.

现在我们证明 $H'(\zeta)\neq\zeta^m$. 为此, 我们先证明 $H'(\zeta)\not\equiv\zeta^m$. 若不然, 则 $H(\zeta)=\dfrac{1}{m+1}\zeta^{m+1}+\alpha$, 其中 α 为一常数, 这与 $H(0)\neq 0$ 并且 H 没有单零点相矛盾. 现在再设在某点 $\zeta_0\in\mathbb{C}$ 处, $H'(\zeta_0)=\zeta_0^m$, 则在某 $\Delta(\zeta_0)$ 上函数 H 从而 H_n (n 充分大) 都全纯, 进而有

$$\frac{f_n'(\rho_n\zeta)-b(\rho_n\zeta)}{\rho_n^m}=H_n'(\zeta)-\zeta^m\phi(\rho_n\zeta)\xrightarrow[\Delta(\zeta_0)]{}H'(\zeta)-\zeta^m. \tag{7.5.9}$$

于是根据 Hurwitz 定理, 存在点列 $\zeta_n \to \zeta_0$ 使得 $f'_n(\rho_n\zeta_n) - b(\rho_n\zeta_n) = 0$. 由于 $f_n(z) = a(z) \Longleftrightarrow f'_n(z) = b(z)$, 我们得到 $f_n(\rho_n\zeta_n) = a(\rho_n\zeta_n)$. 注意 $a(\rho_n\zeta_n) \to a(0) \neq 0$, 因此我们就有

$$H(\zeta_0) = \lim_{n\to\infty} H(\zeta_n) = \lim_{n\to\infty} \frac{f_n(\rho_n\zeta_n)}{\rho_n^{m+1}} = \lim_{n\to\infty} \frac{a(\rho_n\zeta_n)}{\rho_n^{m+1}} = \infty.$$

这与 H 在点 ζ_0 处全纯矛盾.

现在我们进一步证明 H 是一个整函数, 即没有极点. 假设 H 有一个 p 重极点 ζ_0, 则 ζ_0 是 $1/H$ 的 p 重零点, 进而在某 $\Delta(\zeta_0)$ 上函数 $1/H$ 从而 $1/H_n$ (n 充分大) 都全纯. 于是就有

$$L_n(\zeta) := \frac{1}{H_n(\zeta)} - \frac{\rho_n^{m+1}}{a(\rho_n\zeta)} \xrightarrow[\Delta(\zeta_0)]{} \frac{1}{H(\zeta)}.$$

据此, 根据 Hurwitz 定理, 对任何正数 $\varepsilon > 0$, L_n (n 充分大) 在 $\Delta(\zeta_0, \varepsilon)$ 中有 p 个零点. 由于

$$\begin{aligned} L_n(\zeta) = 0 &\Longrightarrow H_n(\zeta) = \frac{a(\rho_n\zeta)}{\rho_n^{m+1}} \\ &\Longrightarrow f_n(\rho_n\zeta) = a(\rho_n\zeta) \\ &\Longrightarrow f'_n(\rho_n\zeta) = b(\rho_n\zeta) \\ &\Longrightarrow H'_n(\zeta) = \frac{b(\rho_n\zeta)}{\rho_n^m}, \end{aligned}$$

我们得到

$$\begin{aligned} L_n(\zeta) = 0 \Longrightarrow L'_n(\zeta) &= -\frac{H'_n(\zeta)}{H_n^2(\zeta)} + \frac{\rho_n^{m+2} a'(\rho_n\zeta)}{a^2(\rho_n\zeta)} \\ &= -\frac{\rho_n^{m+2}\left[b(\rho_n\zeta) - a'(\rho_n\zeta)\right]}{a^2(\rho_n\zeta)}. \end{aligned}$$

由于 $b(\rho_n\zeta) - a'(\rho_n\zeta) \to b(0) - a'(0) = -a'(0) \neq 0$, 因此上式表明 L_n 的 p 个零点都是单零点而互不相同. 另一方面, 我们也有

$$L_n(\zeta) = 0 \Longrightarrow \left(\frac{1}{H_n(\zeta)}\right)' = -\frac{\rho_n^{m+2} b(\rho_n\zeta)}{a^2(\rho_n\zeta)}.$$

由此可知 $\left(\dfrac{1}{H_n(\zeta)}\right)' + \dfrac{\rho_n^{m+2}b(\rho_n\zeta)}{a^2(\rho_n\zeta)}$ 在 $\Delta(\zeta_0,\varepsilon)$ 中有至少 p 个零点. 由于

$$\left(\frac{1}{H_n(\zeta)}\right)' + \frac{\rho_n^{m+2}b(\rho_n\zeta)}{a^2(\rho_n\zeta)} \xrightarrow[\Delta(\zeta_0,\,\varepsilon)]{} \left(\frac{1}{H(\zeta)}\right)',$$

因此由 Hurwitz 定理知 $\left(\dfrac{1}{H(\zeta)}\right)'$ 在 $\Delta(\zeta_0,\varepsilon)$ 中有至少 p 个零点. 由 ε 的任意性, ζ_0 是 $\left(\dfrac{1}{H(\zeta)}\right)'$ 的重级至少为 p 的零点. 这与 ζ_0 是 $1/H$ 的 p 重零点相矛盾.

于是, 由定理 4.6.2 知函数 H 是有理函数, 从而是一多项式. 由于 $H'(\zeta)\neq\zeta^m$, 因此 $H'(\zeta)=\zeta^m+\beta$, 进而 $H(\zeta)=\dfrac{1}{m+1}\zeta^{m+1}+\beta\zeta+\gamma$, 这里 $\beta(\neq 0)$ 和 γ 是常数. 由于 H 没有单零点, 因此必有 $m=1$ 并且

$$H(\zeta)=\frac{(\zeta+\beta)^2}{2}.$$

于是 (7.5.8) 变成

$$H_n(\zeta)=\rho_n^{-2}f_n(\rho_n\zeta)\xrightarrow[\mathbb{C}]{\chi} H(\zeta)=\frac{(\zeta+\beta)^2}{2}. \tag{7.5.10}$$

由于 f_n 没有单零点, 由 (7.5.10) 知 f_n 有一个二重零点 $z_{n,0}=\rho_n\zeta_n$, 其中 $\zeta_n\to-\beta$. 令

$$f_n^*(z)=\frac{f_n(z)}{(z-z_{n,0})^2}, \tag{7.5.11}$$

则由 (7.5.10) 有

$$(\zeta-\zeta_n)^2 f_n^*(\rho_n\zeta)=H_n(\zeta)\xrightarrow[\mathbb{C}]{\chi} H(\zeta)=\frac{(\zeta+\beta)^2}{2}.$$

于是由 $\zeta_n\to-\beta$ 知 $\{f_n^*(\rho_n\zeta)\}$ 于 $\mathbb{C}$ 内闭一致全纯, 并且

$$f_n^*(\rho_n\zeta)\xrightarrow[\mathbb{C}]{}\frac{1}{2}. \tag{7.5.12}$$

特别地有 $f_n^*(0)\to\dfrac{1}{2}$.

现在, 我们来证明存在一个邻域 $\Delta(0)$ 使得每个 f_n^* (n 充分大) 在 $\Delta(0)$ 内没有零点.

如若不然, 则存在 $\{f_n^*\}$ 的一个子列, 设为 $\{f_n^*\}$ 自身, 使得每个 f_n^* 的模最小的零点 $z_{n,0}^*$ 满足 $z_{n,0}^* \to 0$, 并且由 (7.5.12) 有

$$\frac{z_{n,0}^*}{\rho_n} \to \infty. \tag{7.5.13}$$

记

$$\hat{f}_n^*(z) = f_n^*(z_{n,0}^* z), \tag{7.5.14}$$

则函数列 $\{\hat{f}_n^*\}$ 于 $\mathbb{C}$ 内闭一致亚纯, 在单位圆域 $\Delta(0,1)$ 内满足 $\hat{f}_n^* \neq 0$, 以及 $\hat{f}_n^*(1) = 0$. 再记

$$\hat{f}_n(z) = \left(z - \frac{\rho_n}{z_{n,0}^*}\zeta_n\right)^2 \hat{f}_n^*(z) = z_{n,0}^{*-2} f_n(z_{n,0}^* z). \tag{7.5.15}$$

由于 $f_n(z) = a(z) \Longleftrightarrow f_n'(z) = b(z)$ 以及 $b(z) = z\phi(z)$, 我们有

$$\hat{f}_n(z) = z_{n,0}^{*-2} a(z_{n,0}^* z) \Longleftrightarrow \hat{f}_n'(z) = z\phi(z_{n,0}^* z). \tag{7.5.16}$$

现在对函数列 $\{\hat{f}_n\}$ 和 $a_n(z) = z_{n,0}^{*-2} a(z_{n,0}^* z) \to \infty$ 及 $b_n(z) = z\phi(z_{n,0}^* z) \to z \neq 0, \infty$ 在 $\mathbb{C}^* = \mathbb{C} \setminus \{0\}$ 上应用引理 7.5.1, 就知函数列 $\{\hat{f}_n\}$ 于 $\mathbb{C}^*$ 正规. 再由 (7.5.15), 函数列 $\{\hat{f}_n^*\}$ 于 $\mathbb{C}^*$ 也正规. 于是, 通过选取子列, 我们可不妨设 $\hat{f}_n^* \xrightarrow[\mathbb{C}^*]{\chi} \hat{f}^*$. 由于 $\hat{f}_n^*(1) = 0$, 我们有 $\hat{f}^*(1) = 0$, 因此函数 $\hat{f}^*$ 于 $\mathbb{C}^*$ 亚纯.

我们再证明每个 $\hat{f}_n^*$ (n 充分大) 在某个邻域 $\Delta(0)$ 内没有极点. 若不然, 则有子列, 不妨设 $\{\hat{f}_n^*\}$ 自身, 使得每个 $\hat{f}_n^*$ 的模最小的极点 $z_{n,\infty}$ 满足 $z_{n,\infty} \to 0$. 由于 $f_n^*(z_{n,0}^* z_{n,\infty}) = \hat{f}_n^*(z_{n,\infty}) = \infty$, 因此由 (7.5.12), 我们有

$$\frac{z_{n,0}^* z_{n,\infty}}{\rho_n} \to \infty. \tag{7.5.17}$$

令

$$\breve{f}_n^*(z) := f_n^*(z_{n,\infty} z), \tag{7.5.18}$$

则函数列 $\{\breve{f}_n^*\}$ 于 $\mathbb{C}$ 内闭一致亚纯, $\breve{f}_n^*(1) = \infty$, 并且在单位圆 $\Delta(0,1)$ 内全纯. 由于在单位圆 $\Delta(0,1)$ 内 $f_n^* \neq 0$, 因此函数列 $\{\breve{f}_n^*\}$ 于 $\mathbb{C}$ 内闭一致不取 0 值.

定义

$$\breve{f}_n(z) := \left(z - \frac{\rho_n}{z_{n,0}^* z_{n,\infty}}\zeta_n\right)^2 \breve{f}_n^*(z), \tag{7.5.19}$$

则

$$\breve{f}_n(z) = z_{n,\infty}^{-2}\hat{f}_n(z_{n,\infty}z) = \left(z_{n,0}^{*}z_{n,\infty}\right)^{-2} f_n(z_{n,0}^{*}z_{n,\infty}z).$$

根据假设条件 $f_n(z) = a(z) \Longleftrightarrow f_n'(z) = b(z)$ 和 $b(z) = z\phi(z)$, 就有

$$\breve{f}_n(z) = \left(z_{n,0}^{*}z_{n,\infty}\right)^{-2} a(z_{n,0}^{*}z_{n,\infty}z) \Longleftrightarrow \breve{f}_n'(z) = z\phi(z_{n,0}^{*}z_{n,\infty}z). \tag{7.5.20}$$

现在将引理 7.5.1 应用于 $\mathbb{C}^*$ 上的函数列 $\{\breve{f}_n\}$, 其中

$$a_n(z) = \left(z_{n,0}^{*}z_{n,\infty}\right)^{-2} a(z_{n,0}^{*}z_{n,\infty}z) \to \infty,$$
$$b_n(z) = z\phi(z_{n,0}^{*}z_{n,\infty}z) \to z \neq 0, \infty,$$

就知函数列 $\{\breve{f}_n\}$ 于 $\mathbb{C}^*$ 正规, 进而函数列 $\{\breve{f}_n^*\}$ 于 $\mathbb{C}^*$ 也正规. 由于在圆 $\Delta(0,1)$ 内 $\breve{f}_n^* \neq 0, \infty$, 因此函数列 $\{\breve{f}_n^*\}$ 于整个复平面 $\mathbb{C}$ 也正规. 通过选取子列, 我们可不妨设 $\breve{f}_n^* \xrightarrow[\mathbb{C}]{\chi} \breve{f}^*$. 由于 $\breve{f}_n^*(1) = \infty$ 和 $\breve{f}_n^*(0) = f_n^*(0) \to \dfrac{1}{2}$, 我们得到 $\breve{f}^*(1) = \infty$ 和 $\breve{f}^*(0) = \dfrac{1}{2}$. 特别地, $\breve{f}^*$ 是 $\mathbb{C}$ 上非常数亚纯函数. 于是由 (7.5.19) 就有

$$\breve{f}_n(z) \xrightarrow[\mathbb{C}]{\chi} z^2\breve{f}^*(z) =: \breve{f}(z). \tag{7.5.21}$$

这表明函数 $\breve{f}(z) = z^2\breve{f}^*(z)$ 在 0 处全纯并且 $\breve{f}'(0) = 0$. 再由 $\breve{f}(1) = \breve{f}^*(1) = \infty$ 知 $\breve{f}'(z) \not\equiv z$. 于是由于在某 $\Delta(0)$ 内 $\breve{f}_n'(z) - z\phi(z_{n,0}^{*}z_{n,\infty}z) \to \breve{f}'(z) - z$, 以及 $\breve{f}'(0) = 0$, 根据 Hurwitz 定理, 存在点列 $\{\breve{z}_n\}$, 满足 $\breve{z}_n \to 0$, 使得 $\breve{f}_n'(\breve{z}_n) - \breve{z}_n\phi(z_{n,0}^{*}z_{n,\infty}\breve{z}_n) = 0$. 由 (7.5.20), 也就有 $\breve{f}_n(\breve{z}_n) = \left(z_{n,0}^{*}z_{n,\infty}\right)^{-2} a(z_{n,0}^{*}z_{n,\infty}\breve{z}_n)$. 于是

$$\breve{f}(0) = \lim_{n\to\infty}\breve{f}_n(\breve{z}_n) = \lim_{n\to\infty}\left(z_{n,0}^{*}z_{n,\infty}\right)^{-2} a(z_{n,0}^{*}z_{n,\infty}\breve{z}_n) = \infty,$$

这与 $\breve{f}(0) = 0$ 矛盾.

至此, 我们证明了每个 $\hat{f}_n^*$ (n 充分大) 在某个邻域 $\Delta(0)$ 内全纯. 由于 $\hat{f}_n^* \xrightarrow[\mathbb{C}^*]{\chi} \hat{f}^*$ 以及在 $\Delta(0,1)$ 内 $\hat{f}_n^*(z) \neq 0$, 因此我们有 $\hat{f}_n^* \xrightarrow[\mathbb{C}]{\chi} \hat{f}^*$. 由 $\hat{f}_n^*(1) = 0$ 和 $\hat{f}_n^*(0) = f_n^*(0) \to \dfrac{1}{2}$, 我们得到 $\hat{f}^*(1) = 0$ 和 $\hat{f}^*(0) = \dfrac{1}{2}$. 这表明函数 $\hat{f}^*$ 在 0 处全纯, 从而由 (7.5.15) 有

$$\hat{f}_n(z) \xrightarrow[\mathbb{C}]{\chi} z^2\hat{f}^*(z) =: \hat{f}(z). \tag{7.5.22}$$

于是函数 $\hat{f}(z) = z^2\hat{f}^*(z)$ 在 0 处全纯, 并且满足 $\hat{f}(0) = 0$ 和 $\hat{f}(1) = 0$. 于是, 在某个邻域 $\Delta(0)$ 内有 $\hat{f}_n'(z) - z\phi(z_{n,0}^{*}z) \to \hat{f}'(z) - z$. 注意 $\hat{f}'(z) - z \not\equiv 0$. 事实上,

若 $\hat{f}'(z)-z\equiv 0$, 则 $\hat{f}'(1)=1\neq 0$, 这与 1 是 $\hat{f}$ 的重零点矛盾. 由于 $\hat{f}'(0)-0=0$, 根据 Hurwitz 定理, 存在点列 $\{\hat{z}_n\}$, 满足 $\hat{z}_n\to 0$, 使得 $\hat{f}_n'(\hat{z}_n)-\hat{z}_n\phi(z_{n,0}^*\hat{z}_n)=0$. 由 (7.5.16) 知就有 $\hat{f}_n(\hat{z}_n)=z_{n,0}^{*-2}a(z_{n,0}^*\hat{z}_n)$. 于是

$$\hat{f}(0)=\lim_{n\to\infty}\hat{f}_n(\hat{z}_n)=\lim_{n\to\infty}z_{n,0}^{*-2}a(z_{n,0}^*\hat{z}_n)=\infty.$$

这与 $\hat{f}(0)=0$ 矛盾.

至此, 我们证明了每个 f_n^* (n 充分大) 在某 $\Delta(0)$ 内没有零点.

现在, 我们证明每个 f_n^* (n 充分大) 在某 $\Delta(0)$ 内也没有极点. 首先, 由于 $f_n^*(0)\to\dfrac{1}{2}$, 因此当 n 充分大时 $f_n^*(0)\neq\infty$. 假设断言不成立, 则存在子列, 不妨设 $\{f_n^*\}$ 自身, 使得 f_n^* 的模最小的极点 $z_{n,\infty}^*$ 满足 $z_{n,\infty}^*\to 0$, 并且由 (7.5.12) 有

$$\frac{z_{n,\infty}^*}{\rho_n}\to\infty. \tag{7.5.23}$$

定义

$$\tilde{f}_n^*(z):=f_n^*(z_{n,\infty}^*z), \tag{7.5.24}$$

则函数列 $\{\tilde{f}_n^*\}$ 于 $\mathbb{C}$ 内闭一致亚纯, 于 $\Delta(0,1)$ 全纯, 满足 $\tilde{f}_n^*(1)=\infty$, 由于 f_n^* (n 充分大) 在某 $\Delta(0)$ 内没有零点, 函数列 $\{\tilde{f}_n^*\}$ 于 $\mathbb{C}$ 内闭一致不取 0. 令

$$\tilde{f}_n(z):=\left(z-\frac{\rho_n}{z_{n,\infty}^*}\zeta_n\right)^2\tilde{f}_n^*(z)=z_{n,\infty}^{*-2}f_n(z_{n,\infty}^*z), \tag{7.5.25}$$

则由条件 $f_n(z)=a(z)\Longleftrightarrow f_n'(z)=b(z)$ 和 $b(z)=z\phi(z)$ 有

$$\tilde{f}_n(z)=z_{n,\infty}^{*-2}a(z_{n,\infty}^*z)\Longleftrightarrow\tilde{f}_n'(z)=z\phi(z_{n,\infty}^*z). \tag{7.5.26}$$

由此, 对函数列 $\{\tilde{f}_n\}$ 应用引理 7.5.1 就知函数列 $\{\tilde{f}_n\}$ 于 $\mathbb{C}^*$ 正规, 从而由 (7.5.25) 知函数列 $\{\tilde{f}_n^*\}$ 也于 $\mathbb{C}^*$ 正规. 由于在 $\Delta(0,1)$ 内 $\tilde{f}_n^*\neq 0,\infty$, 由此函数列 $\{\tilde{f}_n^*\}$ 在整个复平面 $\mathbb{C}$ 上正规. 通过选取子列, 可不妨设 $\tilde{f}_n^*\underset{\mathbb{C}}{\overset{\chi}{\to}}\tilde{f}^*$. 由 $\tilde{f}_n^*(1)=\infty$ 和 $\tilde{f}_n^*(0)=f_n^*(0)\to\dfrac{1}{2}$, 我们可有 $\tilde{f}^*(1)=\infty$ 和 $\tilde{f}^*(0)=\dfrac{1}{2}$. 于是 $\tilde{f}^*$ 在 0 处全纯, 并且由 (7.5.25) 知

$$\tilde{f}_n(z)\underset{\mathbb{C}}{\overset{\chi}{\to}}z^2\tilde{f}^*(z)=:\tilde{f}(z). \tag{7.5.27}$$

于是 $\tilde{f}(z)=z^2\tilde{f}^*(z)$ 在 0 处全纯并且 $\tilde{f}(0)=0$ 和 $\tilde{f}(1)=\infty$. 由此可知在某 $\Delta(0)$ 上有 $\tilde{f}_n'(z)-z\phi(z_{n,0}^*z)\to\tilde{f}'(z)-z$. 注意由 $\tilde{f}(1)=\infty$ 有 $\tilde{f}'(z)-z\not\equiv 0$.

由于 $\tilde{f}'(0)-0=0$, 因此由 Hurwitz 定理, 存在点列 $\{\tilde{z}_n\}$, 满足 $\tilde{z}_n\to 0$, 使得 $\tilde{f}_n'(\tilde{z}_n)-\tilde{z}_n\phi(z_{n,0}^*\tilde{z}_n)=0$. 于是由 (7.5.26) 有 $\tilde{f}_n(\tilde{z}_n)=z_{n,0}^{*-2}a(z_{n,0}^*\tilde{z}_n)$, 从而得

$$\tilde{f}(0)=\lim_{n\to\infty}\tilde{f}_n(\tilde{z}_n)=\lim_{n\to\infty}z_{n,0}^{*-2}a(z_{n,0}^*\tilde{z}_n)=\infty.$$

这与 $\tilde{f}(0)=0$ 矛盾.

至此, 我们证明了函数 f_n^*, 除有限个外, 在某邻域 $\Delta(0)$ 上全纯并且不取 0 值. 由于函数列 $\{f_n\}$ 在空心邻域 $\Delta^\circ(0)$ 正规, 函数列 $\{f_n^*\}$ 在空心邻域 $\Delta^\circ(0)$ 也正规. 于是由定理 1.1.9, 函数列 $\{f_n^*\}$ 在邻域 $\Delta(0)$ 正规. 通过选取子列, 我们可不妨设在 $\Delta(0)$ 内有 $f_n^*\to f^*$. 由 $f_n^*(0)\to\dfrac{1}{2}$ 知 $f^*(0)=\dfrac{1}{2}$. 于是, f^* 在 0 处全纯, 并且

$$f_n(z)=(z-z_{n,0})^2f_n^*(z)\xrightarrow[\Delta(0)]{}z^2f^*(z).$$

这与 $\{f_n\}$ 在 0 处不正规的假设矛盾.

至此, 我们证明了函数列 $\mathcal{G}=\{g_n\}$ 在 0 处正规. 通过选取子列, 可不妨设 $g_n\xrightarrow[\Delta(0)]{\chi}g$. 由 $g_n(0)=\infty$ 知 $g(0)=\infty$, 从而在某 $\Delta(0)$ 上, 除有限个外, $g_n(z)\neq 0$. 因为 $f_n(0)\neq\infty$, 因此在 $\Delta(0)$ 上也有 $f_n(z)\neq 0$. 另一方面, 由于 $\dfrac{1}{g}$ 在 0 处全纯, 因此在 $\Delta(0)$ 上, 函数列 $\dfrac{1}{g_n}\to\dfrac{1}{g}$, 从而在空心邻域 $\Delta^\circ(0)$ 上有

$$\frac{1}{f_n(z)}=\frac{1}{z^m}\cdot\frac{1}{g_n(z)}\to\frac{1}{z^m}\cdot\frac{1}{g(z)}.$$

由于函数列 $\{1/f_n\}$ 在 $\Delta(0)$ 上全纯, 因此由定理 1.1.9 知, 在 $\Delta(0)$ 上有 $\dfrac{1}{f_n}\to\dfrac{1}{z^m}\cdot\dfrac{1}{g(z)}$. 这仍然与 $\{f_n\}$ 在 0 处不正规的假设矛盾. □

第 8 章　亚纯函数拟正规族

亚纯函数拟正规族也是由 P. Montel 于 20 世纪初引入并且开始研究, 但方法的欠缺使得其并没有像正规族一样得到深入的研究. 但是随着 Zalcman-Pang 引理的深入应用, 新近获得了很好的拟正规族判定准则, 这些拟正规定则在亚纯函数模分布的研究中被发现有重要应用.

8.1　基本概念与基本性质

定义 8.1.1　设 $\mathcal{F}$ 是区域 D 内的一族亚纯函数. 如果对 $\mathcal{F}$ 的任一函数列 $\{f_n\}$, 都存在一个子列 $\{f_{n_k}\}$ 和一个于 D 内无聚点的点集 $E\subset D$ (可能与该子列相关) 使得 $\{f_{n_k}\}$ 于 $D\setminus E$ 按球距内闭一致收敛, 则称 $\mathcal{F}$ 于区域 D 拟正规, 或称 $\mathcal{F}$ 是区域 D 内的一个拟正规族. 进一步地, 如果对每个函数列 $\{f_n\}$, 集合 E 总可选择为至多 q 个点并且有一个函数列的集合 E 恰含有 q 个点, 则称 $\mathcal{F}$ 是区域 D 内的一个 q 阶拟正规族.

由此定义, 我们看到拟正规概念是正规概念的推广. 正规族可以看成是 0 阶拟正规族.

例 8.1.1　设 P 为一具有 q 个相异零点的多项式, 则函数列 $\{nP(z)\}$ 于复平面 $\mathbb{C}$ 是阶为 q 的拟正规族. 特别地, 函数列 $\{nz\}$ 于复平面 $\mathbb{C}$ 是阶为 1 的拟正规族.

例 8.1.2　函数列 $\{e^{nz}\}$ 于包含有虚轴或虚轴上某线段的任何区域内都不拟正规, 这是因为该函数列的任何子列在虚轴上任何点处都不正规.

例 8.1.3　函数族 $\left\{\dfrac{z-a}{z-b}:\ a,b\in\mathbb{C}\right\}$ 于复平面 $\mathbb{C}$ 是阶为 1 的拟正规族. 注意这个函数族在复平面上任何点处都不正规.

定理 8.1.1　如果区域 D 上亚纯函数族 $\mathcal{F}$ 不是至多 q 阶拟正规族, 那么存在 D 中 $q+1$ 个点和 $\mathcal{F}$ 的一函数列 $\{f_n\}$ 使得 $\{f_n\}$ 的任何子列在这 $q+1$ 个点中任一点处都不正规.

证明　由于 $\mathcal{F}$ 不是至多 q 阶拟正规族, 根据定义, 存在 $\mathcal{F}$ 的一函数列 $\{f_n\}$ 使得其任何子列 $\{f_{n_k}\}$ 于去除含有任何 q 个点的集合 E 后的区域 $D\setminus E$ 不按球距内闭一致收敛.

于是, 存在 $\{f_n\}$ 的子列 $\{f_n^{(1)}\}$ 和点 $z_1 \in D$ 使得 $\{f_n^{(1)}\}$ 的任何子列在 z_1 处不正规; 存在 $\{f_n^{(1)}\}$ 的子列 $\{f_n^{(2)}\}$ 和点 $z_2 \in D \setminus \{z_1\}$ 使得 $\{f_n^{(2)}\}$ 的任何子列在 z_2 处不正规; $\cdots$; 存在 $\{f_n^{(q-1)}\}$ 的子列 $\{f_n^{(q)}\}$ 和点 $z_q \in D \setminus \{z_1, \cdots, z_{q-1}\}$ 使得 $\{f_n^{(q)}\}$ 的任何子列在 z_q 处不正规; 存在 $\{f_n^{(q)}\}$ 的子列 $\{f_n^{(q+1)}\}$ 和点 $z_{q+1} \in D \setminus \{z_1, \cdots, z_q\}$ 使得 $\{f_n^{(q+1)}\}$ 的任何子列在 z_{q+1} 处不正规.

于是, 函数列 $\{f_n^{(q+1)}\}$ 的任何子列在 $\{z_1, \cdots, z_{q+1}\}$ 中每个点处都不正规.

□

类似地, 利用对角线法则我们有

定理 8.1.2 如果区域 D 上亚纯函数族 $\mathcal{F}$ 不是拟正规族, 那么存在 D 中没有聚点的可数点集 E 和 $\mathcal{F}$ 的一函数列 $\{f_n\}$ 使得 $\{f_n\}$ 的任何子列在 E 中任一点处都不正规.

拟正规族在适当的条件下可以含有正规子族.

定理 8.1.3 设 $\mathcal{F}$ 是区域 D 上某拟正规亚纯函数族的子族. 如果存在两相异复数 $a, b \in \overline{\mathbb{C}}$, 使得对任何 $f \in \mathcal{F}$ 有 $f \neq a, b$, 那么 $\mathcal{F}$ 于 D 正规.

证明 不妨设 $a = 0$, $b = \infty$. 设 z_0 为 D 内任一点, $\{f_n\} \subset \mathcal{F}$ 为任一函数列. 注意由于 $f_n \neq 0, \infty$, $\{f_n\}$ 和 $\{1/f_n\}$ 均为全纯函数列.

假设 $\{f_n\}$ 的任何子列在 z_0 处都不正规, 则由于 $\mathcal{F}$ 是区域 D 上某拟正规亚纯函数族的子族, 因此存在 $\{f_n\}$ 的某子列, 仍然设为 $\{f_n\}$, 使得其在 z_0 的某空心邻域 $\Delta^\circ(z_0, \delta)$ 内按球距内闭一致收敛. 设极限函数为 f.

若 $f \not\equiv \infty$, 则由于 $\{f_n\}$ 是全纯函数列, 根据定理 1.1.9 就知 f 可全纯延拓至 $\Delta(z_0, \delta)$ 并且 $\{f_n\}$ 于 $\Delta(z_0, \delta)$ 内闭一致收敛于 f. 这与假设 $\{f_n\}$ 的任何子列在 z_0 处都不正规矛盾.

若 $f \equiv \infty$, 则由于 $\{1/f_n\}$ 是全纯函数列, 根据定理 1.1.9 就知 $\{1/f_n\}$ 于 $\Delta(z_0, \delta)$ 内闭一致收敛于 0, 从而 $\{f_n\}$ 于 $\Delta(z_0, \delta)$ 按球距内闭一致收敛于 ∞. 这也与假设 $\{f_n\}$ 的任何子列在 z_0 处都不正规矛盾.

于是 $\{f_n\}$ 有子列在 z_0 处正规. 这就证明了定理 8.1.3. □

类似地, 还可证明如下的两结果.

定理 8.1.4 设 $\mathcal{F}$ 是区域 D 上某阶为 q 的拟正规全纯函数族的子族. 如果存在 D 中 $q+1$ 个点使得 $\mathcal{F}$ 中所有函数在这些点上一致有界, 那么 $\mathcal{F}$ 于 D 正规.

定理 8.1.5 设 $\mathcal{F}$ 是区域 D 上某阶为 q 的拟正规亚纯函数族的子族. 如果存在 D 中 $q+1$ 个点使得 $\mathcal{F}$ 中所有函数的球面导数在这些点上一致有界, 那么 $\mathcal{F}$ 于 D 正规.

8.2 Montel 拟正规定则

定理 4.2.3 (Montel 定则) 说不取两个有穷复数的全纯函数族是正规的. 下面的定理是属于 Montel 的相应的拟正规定则.

定理 8.2.1 [145] 设 $\mathcal{F}$ 是区域 D 上的全纯函数族. 如果存在两相异有穷复数 $a,\ b\in\mathbb{C}$, 使得任何 $f\in\mathcal{F}$ 在 D 内取 a 和 b 的点分别至多 p 个和 q 个 (不计重数), 那么 $\mathcal{F}$ 于 D 拟正规, 并且阶不超过 $\min\{p,q\}$.

证明 假设结论不成立, 不妨设 $a=0$, $b=1$ 和 $p\leqslant q$, 则根据定理 8.1.1, 存在 D 中 $p+1$ 个点 $z_1,z_2,\cdots,z_{p+1}$ 和 $\mathcal{F}$ 的一函数列 $\{f_n\}$ 使得 $\{f_n\}$ 的任何子列在这 $p+1$ 个点中任一点处都不正规. 取正数 δ 使得小圆域 $\Delta(z_i,\delta)$ 互不相交并且都含在 D 内.

由于 $\{f_n\}$ 在 z_1 处不正规, 因此由 Zalcman 引理, 存在子列, 仍设为 $\{f_n\}$, 点列 $z_{n,1}\to z_1$ 和正数列 $\rho_{n,1}\to 0$ 使得于复平面 $\mathbb{C}$ 有

$$g_{n,1}(\zeta)=f_n(z_{n,1}+\rho_{n,1}\zeta)\to g_1(\zeta),$$

这里 g_1 是非常数整函数. 由于 f_n 的零点和 1 值点分别至多 p 个和 q 个, 因此 $g_{n,1}$ 的零点和 1 值点也分别至多 p 个和 q 个. 于是 g_1 只有有限个零点和 1 值点. 由此即知 g_1 只能为一非常数多项式. 这意味着当 n 充分大时, 每个 f_n 至少有一个零点在 $\Delta(z_1,\delta)$ 内. 去除有限项, 我们得到一个子列, 仍然设为 $\{f_n\}$, 每个 f_n 至少有一个零点在 $\Delta(z_1,\delta)$ 内.

同样的方法, 可知上述 $\{f_n\}$ 有子列, 仍然设为 $\{f_n\}$, 每个 f_n 至少有一个零点在 $\Delta(z_2,\delta)$ 内. 依次地, 我们得到一个子列, 仍然设为 $\{f_n\}$, 每个 f_n 至少有一个零点在 $\Delta(z_{p+1},\delta)$ 内. 这意味着最后的这个子列中每个函数在 D 内都至少有 $p+1$ 个零点. 与条件矛盾. □

定理 8.2.2 设 $\mathcal{F}$ 是区域 D 上的亚纯函数族. 如果存在三相异复数 $a,\ b,\ c\in\overline{\mathbb{C}}$, 使得任何 $f\in\mathcal{F}$ 在 D 内取 a,b 和 c 的点分别至多 p 个, q 个和 r 个 (不计重数), 那么 $\mathcal{F}$ 于 D 有穷阶拟正规, 并且阶不超过 $(p+q+r)/2$.

证明 不妨设 $a=0$, $b=1$, $c=\infty$ 并且记 $d=(p+q+r)/2$. 假设结论不成立, 那么根据定理 8.1.1, 存在 D 中 $d+1$ 个点 $z_1,\ z_2,\cdots,\ z_{d+1}$ 和 $\mathcal{F}$ 的一函数列 $\{f_n\}$ 使得 $\{f_n\}$ 的任何子列在这 $d+1$ 个点中任一点处都不正规. 取正数 δ 使得小圆域 $\Delta(z_i,\delta)$ 互不相交并且都含在 D 内.

由于 $\{f_n\}$ 在 z_1 处不正规, 因此由 Zalcman 引理, 存在子列, 仍设为 $\{f_n\}$, 点列 $z_{n,1}\to z_1$ 和正数列 $\rho_{n,1}\to 0$ 使得于复平面 $\mathbb{C}$ 有

$$g_{n,1}(\zeta)=f_n(z_{n,1}+\rho_{n,1}\zeta)\xrightarrow[\mathbb{C}]{\chi} g_1(\zeta),$$

这里 g_1 是非常数亚纯函数. 由于 f_n 的零点, 1 值点和极点分别至多 p 个、q 个和 r 个, 因此同定理 8.2.1 一样的讨论可知 g_1 只有有限个零点、1 值点和极点. 于是 g_1 只能为一非常数有理函数. 这意味着当 n 充分大时, 每个 f_n 在 $\Delta(z_1,\delta)$ 内最多不取 $0, 1, \infty$ 中的一个. 去除有限项, 我们得到一个子列, 仍然设为 $\{f_n\}$, 每个 f_n 在 $\Delta(z_1,\delta)$ 内最多不取 $0, 1, \infty$ 中的一个.

同样的方法, 可知上述 $\{f_n\}$ 有子列, 仍然设为 $\{f_n\}$, 每个 f_n 在 $\Delta(z_2,\delta)$ 内最多不取 $0, 1, \infty$ 中的一个. 依次地, 我们得到一个子列, 仍然设为 $\{f_n\}$, 每个 f_n 在 $\Delta(z_{d+1},\delta)$ 内最多不取 $0, 1, \infty$ 中的一个. 这意味着最后的这个子列中每个函数 f_n 在每个 $\Delta(z_i,\delta)$ 内最多不取 $0, 1, \infty$ 中的一个.

于是根据条件, 我们得到 $p+q+r \geqslant 2(d+1)$ 而得到矛盾. □

完全类似地可证明如下的拟正规定则.

定理 8.2.3 设 $\mathcal{F}$ 是区域 D 上的亚纯函数族, $a_j \in \overline{\mathbb{C}}$ 为 $k \geqslant 3$ 个相异复数, p_j 为 $k \geqslant 3$ 个正整数 (可为 $+\infty$) 满足

$$\sum_{j=1}^{k} \frac{1}{p_j} < k-2.$$

又 q_j 为 $k \geqslant 3$ 个非负整数. 如果任何 $f \in \mathcal{F}$ 在 D 内取每个 a_j 的重级小于 p_j 的点至多 q_j 个 (不计重数), 那么 $\mathcal{F}$ 于 D 有穷阶拟正规, 并且阶不超过 $\dfrac{1}{k-1}\sum_{j=1}^{k} q_j$.

8.3 涉及导数的拟正规定则

本节中我们将研究涉及导数的拟正规定则. 此类拟正规定则是由庞学诚等[131]首先获得的, 已经发现其在值分布理论中有着重要应用.

定理 8.3.1 [131] 设 $\mathcal{F}$ 是区域 D 上不正规的亚纯函数族. 如果任何 $f \in \mathcal{F}$ 都没有单零点而且其导数 f' 都满足 $f' \neq 1$, 则 $\mathcal{F}$ 于 D 是阶为 1 的拟正规族.

条件没有单零点可进一步减弱, 而得到

定理 8.3.2 [45] 设 $\mathcal{F}$ 是区域 D 上不正规的亚纯函数族. 如果任何 $f \in \mathcal{F}$ 都满足 $f' \neq 1$, 并且存在正数 M 使得在任何 $f \in \mathcal{F}$ 的任何零点处导数 f' 满足 $|f'| \leqslant M$, 则 $\mathcal{F}$ 于 D 是阶为 1 的拟正规族. 进一步地, 对任一函数列 $\{f_n\} \subset \mathcal{F}$, 如果其任何子列在某点 $z_0 \in D$ 处都不正规, 则存在 $\{f_n\}$ 的子列, 仍然记为 $\{f_n\}$, 使得在 $D \setminus \{z_0\}$ 上有 $f_n \to z - z_0$, 并且在某个 $\Delta(z_0,\delta)$ 内每个 f_n 取任何复数 $w \in \overline{\mathbb{C}}$ 至多 $\max\{2, M\}$ 次.

定理 8.3.1 和定理 8.3.2 的证明相似, 都比较长, 需要较多的引理, 我们将稍后给出定理 8.3.2 的证明. 根据同样的方法, 还可证明如下的拟正规定则, 其证明参见 [60].

定理 8.3.3 设 $\mathcal{F}$ 是区域 D 上不正规的亚纯函数族, $m \geqslant 2$ 为一正整数. 如果任何函数 $f \in \mathcal{F}$ 都满足 $f(z) = 0 \Longleftrightarrow f'(z) \in \{1, m\}$, 那么 $\mathcal{F}$ 于 D 是阶为 1 的拟正规族. 进一步地, 对任一函数列 $\{f_n\} \subset \mathcal{F}$, 如果其任何子列在某点 $z_0 \in D$ 处都不正规, 则存在 $\{f_n\}$ 的子列, 仍然记为 $\{f_n\}$, 使得在 $D \setminus \{z_0\}$ 上有 $f_n \to z - z_0$, 并且在某个 $\Delta(z_0, \delta)$ 内每个 f_n 取任何复数 $w \in \overline{\mathbb{C}}$ 至多 m 次.

8.3.1 若干引理

引理 8.3.1 设 f 是复平面 $\mathbb{C}$ 上有穷级非常数亚纯函数满足 $f' \neq 1$. 如果存在某正数 $M \geqslant 1$ 使得 $f'(f^{-1}(0)) \subset \overline{\Delta}(0, M)$, 则 f 为有理函数, 而且或者

$$f(z) = z + a + \frac{b}{(z+c)^m}, \tag{8.3.1}$$

或者 $f(z) = \alpha z + \beta$, 这里 $a,\ b,\ c, \alpha,\ \beta$ 为常数满足 $b \neq 0$, $|\alpha| \leqslant M$, m 为正整数满足 $m \leqslant \max\{1, M-1\}$.

证明 记 $g(z) = z - f(z)$, 则根据条件有 $g' = 1 - f' \neq 0$.

假设 g 是超越的, 则由 Hayman 定理, f 有无穷多个零点 $z_1,\ z_2,\ \cdots$. 在这些点处有 $g(z_n) = z_n$ 而且由条件有 $|g'(z_n)| = |1 - f'(z_n)| \leqslant 1 + M$. 于是由 Bergweiler-Eremenko 定理, g 只有有限多个渐近值. 这样根据定理 4.3.1 就知对充分大的 n 有 $|g'(z_n)| > \dfrac{\log|z_n|}{16\pi}$. 这与 $|g'(z_n)| \leqslant 1 + M$ 矛盾.

于是 g 是有理函数. 如果 g 是多项式, 则由 $g' \neq 0$ 立即知 g' 为非零常数, 即 f' 为常数, 于是 $f(z) = \alpha z + \beta$, 其中 $\alpha,\ \beta$ 为常数并且 $|\alpha| \leqslant M$.

现在设 g 为非多项式有理函数. 由定理 4.2.2 立知 f 具有形式 (8.3.1). 再证明 m 满足 $m \leqslant \max\{1, M-1\}$.

由 (8.3.1), 我们有

$$f(z) = (z+c)\left(1 + \frac{a-c}{z+c} + \frac{b}{(z+c)^{m+1}}\right), \tag{8.3.2}$$

$$f'(z) = 1 - \frac{mb}{(z+c)^{m+1}}. \tag{8.3.3}$$

由于 $f'(f^{-1}(0)) \subset \overline{\Delta}(0, M)$, 我们知

$$1 + \frac{a-c}{z+c} + \frac{b}{(z+c)^{m+1}} = 0 \Longrightarrow \left|1 + m\left(1 + \frac{a-c}{z+c}\right)\right| \leqslant M,$$

即

$$P(z) := 1 + (a-c)z + bz^{m+1} = 0 \Longrightarrow |m + 1 + m(a-c)z| \leqslant M. \tag{8.3.4}$$

若 $m > 1$, 则多项式 P 的 $m+1$ 个零点 z_1, $z_2, \cdots$, z_{m+1} 满足

$$z_1 + z_2 + \cdots + z_{m+1} = 0,$$

从而得到

$$(m+1)^2 = \left|\sum_{i=1}^{m+1}(m+1+m(a-c)z_i)\right| \leqslant (m+1)M.$$

这就证明了 $m \leqslant M-1$. □

引理 8.3.2 如果有理函数 (8.3.1) 有两个零点 $\pm\dfrac{1}{2}$ 并且满足

$$f'(f^{-1}(0)) \subset \overline{\Delta}(0, M),$$

则存在正数 $K = K(M)$ 使得

$$\sup_{\Delta(0,1)} f^{\#}(z) \leqslant K. \tag{8.3.5}$$

证明 首先由上引理知 $m \leqslant \max\{1, M-1\}$. 由于 $f(\pm 1/2) = 0$, 我们得到

$$a + \frac{1}{2} + \frac{b}{\left(c+\dfrac{1}{2}\right)^m} = 0, \quad a - \frac{1}{2} + \frac{b}{\left(c-\dfrac{1}{2}\right)^m} = 0.$$

于是知

$$a = \frac{1}{2} - \frac{\left(c+\dfrac{1}{2}\right)^m}{\left(c+\dfrac{1}{2}\right)^m - \left(c-\dfrac{1}{2}\right)^m}, \quad b = \frac{\left(c^2-\dfrac{1}{4}\right)^m}{\left(c+\dfrac{1}{2}\right)^m - \left(c-\dfrac{1}{2}\right)^m}. \tag{8.3.6}$$

再由条件有

$$|f'(\pm 1/2)| = \left|1 - \frac{mb}{\left(c \pm \dfrac{1}{2}\right)^{m+1}}\right| \leqslant M.$$

注意到 $m \leqslant \max\{1, M-1\}$, 我们知存在正数 $\delta = \delta(M)$ 使得

$$c \in E := \left\{c \in \mathbb{C} : \left|c \pm \frac{1}{2}\right| \geqslant \delta, \quad \left|\left(c+\frac{1}{2}\right)^m - \left(c-\frac{1}{2}\right)^m\right| \geqslant \delta\right\}. \tag{8.3.7}$$

于是

$$f^{\#}(z)=\frac{|f'(z)|}{1+|f(z)|^2}=\frac{\left|1-\dfrac{mb}{(z+c)^{m+1}}\right|}{1+\left|z+a+\dfrac{b}{(z+c)^m}\right|^2}$$

$$=\frac{|z+c|^{m-1}\left|(z+c)^{m+1}-mb\right|}{|z+c|^{2m}+\left|(z+a)(z+c)^m+b\right|^2}:=F_m(z,c) \qquad (8.3.8)$$

对每个 $m\leqslant\max\{1,M-1\}$ 都是 (z,c) 在 $\overline{\Delta}(0,1)\times E$ 上的连续函数.

假设引理结论不成立, 那么对某个 $m\leqslant\max\{1,M-1\}$, 存在点列 $(z_n,c_n)\in\overline{\Delta}(0,1)\times E$ 使得当 $n\to\infty$ 时有 $F_m(z_n,c_n)\to\infty$.

不妨设 $z_n\to z_0\in\overline{\Delta}(0,1)$. 如果 $\{c_n\}$ 有界, 则可取子列的方式而设 $c_n\to c_0\in E$. 从而 $F_m(z_n,c_n)\to F_m(z_0,c_0)\neq\infty$ 而得到矛盾.

因此 $\{c_n\}$ 无界, 仍选取子列可设 $c_n\to\infty$. 此时相应地, 有

$$b_n=\frac{\left(c_n^2-\dfrac{1}{4}\right)^m}{\left(c_n+\dfrac{1}{2}\right)^m-\left(c_n-\dfrac{1}{2}\right)^m}$$

$$=\frac{1}{m}c_n^{m+1}-\frac{(m+1)(m+2)}{24}c_n^{m-1}+o(c_n^{m-2}).$$

因此得到

$$F_m(z_n,c_n)\leqslant\frac{\left|(z_n+c_n)^{m+1}-mb_n\right|}{|z_n+c_n|^{m+1}}=\left|1-\frac{mb_n}{(z_n+c_n)^{m+1}}\right|\to 0.$$

与 $F_m(z_n,c_n)\to\infty$ 矛盾. □

引理 8.3.3 设 $\mathcal{F}$ 是区域 D 上全纯函数族, 族中函数满足 $f'\neq 1$ 并且 $f'(f^{-1}(0))\subset\overline{\Delta}(0,M)$, 则 $\mathcal{F}$ 于 D 正规.

证明 假设在某点 z_0 处不正规, 则由 Zalcman-Pang 引理, 存在函数列 $\{f_n\}$, 点列 $\{z_n\}$: $z_n\to z_0$ 和正数列 $\{\rho_n\}$: $\rho_n\to 0$ 使得

$$F_n(\zeta)=\frac{f_n(z_n+\rho_n\zeta)}{\rho_n}\to F(\zeta), \qquad (8.3.9)$$

这里 F 是 $\mathbb{C}$ 上有穷级的非常数整函数, 满足 $F^{\#}(\zeta)\leqslant F^{\#}(0)=M+1$.

根据条件和 Hurwitz 定理, 不难得到 F 满足 $F'(F^{-1}(0)) \subset \overline{\Delta}(0,M)$ 以及有 $F' \neq 1$. 于是由引理 8.3.1 知 $F(\zeta) = \alpha\zeta + \beta$, 其中 α, β 为常数, 而且 $|\alpha| \leqslant M$. 于是 $F^{\#}(0) \leqslant |F'(0)| \leqslant M$ 与 $F^{\#}(0) = M+1$ 矛盾. 这就证明了引理 8.3.3. □

引理 8.3.4 设 $\{f_n\}$ 和 $\{h_n\}$ 是区域 D 上两列亚纯函数, 使得在区域 D 上有 $f_n \neq 0$ 和 $(h_n f_n)' \neq 1$. 如果在区域 D 上有 $h_n \to h$ 并且 $h \neq 0$, ∞, 则 $\{f_n\}$ 于 D 正规.

证明 由于 $h_n \to h$ 并且 $h \neq 0, \infty$, 因此可设 $h_n \neq 0$, ∞. 于是 $F_n = h_n f_n$ 满足 $F_n \neq 0$ 和 $F_n' \neq 1$. 由顾永兴定则知 $\{F_n\}$ 正规. 从而由于 $f_n = \dfrac{F_n}{h_n}$ 及 $\dfrac{1}{h_n} \to \dfrac{1}{h} \neq 0, \infty$ 而知 $\{f_n\}$ 于 D 也正规. □

引理 8.3.5 设 $\{f_n\}$ 是区域 D 上一列亚纯函数满足 $f_n' \neq 1$ 和 $f_n'(f_n^{-1}(0)) \subset \overline{\Delta}(0,M)$. 如果在某点 $z_0 \in D$ 处有

(i) $\{f_n\}$ 的任何子列在 z_0 处不正规;

(ii) 每个 f_n 只有一个极点 (可能为重极点) 趋于 z_0;

(iii) $\{f_n\}$ 于 $D \setminus \{z_0\}$ 正规,

则 $\{f_n\}$ 有子列仍然记为 $\{f_n\}$, 使得

(I) $\{f_n\}$ 可以表示为如下形式:

$$f_n(z) = R_n(z) f_n^*(z), \quad R_n(z) = \frac{\prod_{i=1}^{m+1}(z - z_{n,0}^{(i)})}{(z - z_{n,\infty})^m}, \tag{8.3.10}$$

这里 $f_n^* \to 1$ 于 D, $m \leqslant \max\{1, M-1\}$ 为一正整数, $z_{n,0}^{(i)}, z_{n,\infty} (\neq z_{n,0}^{(i)})$ 为趋于 z_0 的点. 特别地, $f_n \to z - z_0$ 于 $D \setminus \{z_0\}$;

(II) 每个 f_n (对充分大的 n) 在 z_0 的某个闭邻域 $\overline{\Delta}(z_0, \delta) \subset D$ 上取任何有穷或无穷复数至多 $m+1 \leqslant \max\{2, M\}$ 次.

证明 不妨设 $z_0 = 0$. 由于 $\{f_n\}$ 于 z_0 不正规, 因此由 Zalcman-Pang 引理, 存在子列, 仍然设为 $\{f_n\}$, 点列 $\{z_n\}$: $z_n \to z_0$ 和正数列 $\{\rho_n\}$: $\rho_n \to 0$ 使得

$$g_n(\zeta) = \frac{f_n(z_n + \rho_n\zeta)}{\rho_n} \xrightarrow[\mathbb{C}]{\chi} g(\zeta), \tag{8.3.11}$$

这里 g 是 $\mathbb{C}$ 上有穷级的非常数亚纯函数, 满足 $g^{\#}(\zeta) \leqslant g^{\#}(0) = M+1$. 由于 $f_n'(f_n^{-1}(0)) \subset \overline{\Delta}(0,M)$, 根据 Hurwitz 定理可得 $g'(g^{-1}(0)) \subset \overline{\Delta}(0,M)$. 同样由 $f_n' \neq 1$ 和 Hurwitz 定理可得或者 $g' \equiv 1$ 或者 $g' \neq 1$. 前者 $g' \equiv 1$ 与 $g^{\#}(0) = M+1$ 相矛盾, 因此只能有后者 $g' \neq 1$. 于是由引理 8.3.1,

$$g(\zeta) = \zeta + a + \frac{b}{(\zeta+c)^m} = \frac{(\zeta+a)(\zeta+c)^m + b}{(\zeta+c)^m}. \tag{8.3.12}$$

这里 a, b, c 为常数, $b \neq 0$, $m \leqslant \max\{1, M-1\}$ 为正整数.

于是, 由 (8.3.11) 和 (8.3.12) 及 Hurwitz 定理知, f_n 有 $m+1$ 个零点 $z_{n,0}^{(i)} = z_n + \rho_n \zeta_{n,0}^{(i)}$, 以及由条件 (ii) 知 f_n 有一个 m 重极点 $z_{n,\infty} = z_n + \rho_n \zeta_{n,\infty}$, 这里 $\zeta_{n,\infty} \to -c$, $\zeta_{n,0}^{(i)} \to \zeta_0^{(i)}$, 其中 $\zeta_0^{(i)}$ 是 g 的 $m+1$ 个零点.

现在对由 (8.3.10) 定义的 R_n, 显然有

$$\frac{R_n(z_n + \rho_n \zeta)}{\rho_n} \xrightarrow[\mathbb{C}]{\chi} g(\zeta), \tag{8.3.13}$$

从而对函数 $f_n^* = f_n / R_n$, 于 $\mathbb{C} \setminus (g^{-1}(0) \cup g^{-1}(\infty))$ 有

$$g_n^*(\zeta) := f_n^*(z_n + \rho_n \zeta) = \frac{g_n(\zeta)}{R_n(z_n + \rho_n \zeta)/\rho_n} \to 1. \tag{8.3.14}$$

由于 $\{g_n^*\}$ 于 $\mathbb{C}$ 内闭一致全纯, 因此定理 1.1.9 保证上式于 $\mathbb{C}$ 成立.

由于 $R_n(z) \to z$ 于 $\mathbb{C}^*$, 由条件 (iii) 知, $\{f_n^*\}$ 于 $D \setminus \{0\}$ 正规. 现在我们来证明 $\{f_n^*\}$ 于整个 D 正规. 这只要证明其在原点处正规. 由条件 (ii), 存在正数 δ 使得 f_n^* (n 充分大) 于 $\Delta(0, \delta) \subset D$ 全纯.

首先, 我们证明存在正数, 仍然设为 δ 使得 f_n^* (n 充分大) 于 $\Delta(0, \delta) \subset D$ 没有零点.

否则, 由于由 (8.3.14) 知 $f_n^*(z_n) \neq 0$, 因此存在离 z_n 最近的零点 $z_{n,0}^* \to 0$ 使得 f_n^* 在 $\Delta(z_n, |z_{n,0}^* - z_n|)$ 内没有零点. 于是由 (8.3.14) 知

$$\zeta_{n,0}^* = \frac{z_{n,0}^* - z_n}{\rho_n} \to \infty. \tag{8.3.15}$$

现在记

$$\hat{f}_n^*(z) = f_n^*(z_n + (z_{n,0}^* - z_n) z), \tag{8.3.16}$$

则 $\{\hat{f}_n^*\}$ 于 $\mathbb{C}$ 内闭一致全纯, $\hat{f}_n^*(1) = 0$, 并且在 $\Delta(0,1)$ 上有 $\hat{f}_n^*(z) \neq 0$.

再记

$$L_n(z) = \frac{R_n(z_n + (z_{n,0}^* - z_n) z)}{z_{n,0}^* - z_n}, \tag{8.3.17}$$

$$\hat{f}_n(z) = L_n(z) \hat{f}_n^*(z) = \frac{f_n(z_n + (z_{n,0}^* - z_n) z)}{z_{n,0}^* - z_n}. \tag{8.3.18}$$

则 $\{\hat{f}_n\}$ 于 $\mathbb{C}^*$ 内闭一致全纯, 并且 $\hat{f}_n' \neq 1$ 及 $\hat{f}_n'(\hat{f}_n^{-1}(0)) \subset \Delta(0, M)$.

由于在 $\mathbb{C}^*$ 内,

$$L_n(z)=\frac{\prod_{i=1}^{m+1}\left(z-\zeta_{n,0}^{(i)}/\zeta_{n,0}^*\right)}{\left(z-\zeta_{n,\infty}/\zeta_{n,0}^*\right)^m},\tag{8.3.19}$$

函数列 $\{L_n\}$ 于 $\mathbb{C}^*$ 内闭一致收敛于 z. 注意 $z\neq 0,\ \infty$ 于 $\mathbb{C}^*$. 于是由引理 8.3.3 知函数列 $\{\hat{f}_n\}$ 于 $\mathbb{C}^*$ 正规, 从而函数列 $\{\hat{f}_n^*\}$ 于 $\mathbb{C}^*$ 也正规. 由于 $\hat{f}_n^*(1)=0$, 我们可设 $\hat{f}_n^*\to\hat{f}^*$ 于 $\mathbb{C}^*$, 其中 $\hat{f}^*$ 于 $\mathbb{C}^*$ 全纯并且满足 $\hat{f}^*(1)=0$.

如果 $\hat{f}^*\equiv 0$, 则 $\hat{f}_n\to 0,\ \hat{f}_n'\to 0,\ \hat{f}_n''\to 0$ 于 $\mathbb{C}^*$, 从而有

$$\left|n(1,\hat{f}_n'-1)-n\left(1,\frac{1}{\hat{f}_n'-1}\right)\right|=\frac{1}{2\pi}\left|\int_{|z|=1}\frac{\hat{f}_n''}{\hat{f}_n'-1}dz\right|\to 0.$$

由于上式左边是整数, 因此对充分大的 n 有

$$n(1,\hat{f}_n'-1)=n\left(1,\frac{1}{\hat{f}_n'-1}\right)=0,$$

即 $\hat{f}_n$ 在 $\Delta(0,1)$ 内没有极点. 这不可能, 因为 $\hat{f}_n$ 有极点 $\zeta_{n,\infty}/\zeta_{n,0}^*\to 0$.

于是 $\hat{f}^*\not\equiv 0$. 这样, 由于在单位圆 $\Delta(0,1)$ 上则有 $\hat{f}_n^*(z)\neq 0$, 根据定理 1.1.9, 我们就知 $\hat{f}^*$ 可解析延拓至 $\mathbb{C}$, 并且 $\hat{f}_n^*\to\hat{f}^*$ 于 $\mathbb{C}$. 由 (8.3.14) 知 $\hat{f}_n^*(0)=f_n^*(z_n)=g_n^*(0)\to 1$, 从而得到 $\hat{f}^*(0)=1$. 特别地, $\hat{f}^*$ 非常数.

另一方面, 由 (8.3.18) 和 (8.3.19) 知于 $\mathbb{C}^*$ 有 $\hat{f}_n'-1\to(z\hat{f}^*)'-1$. 如果 $(z\hat{f}^*)'-1\equiv 0$, 则 $z\hat{f}^*(z)=z+\lambda$, λ 为常数. 由 $\hat{f}^*(0)=1$ 知 $\lambda=0$, 从而 $\hat{f}^*(z)\equiv 1$, 与 $\hat{f}^*$ 非常数矛盾. 因此 $(z\hat{f}^*)'-1\not\equiv 0$. 再有 $\hat{f}_n'-1\neq 0$ 和定理 1.1.9 即知 $\hat{f}_n'-1\to(z\hat{f}^*)'-1$ 于 $\mathbb{C}$ 并且由 Hurwitz 定理有 $(z\hat{f}^*)'-1\neq 0$. 但是我们有 $(z\hat{f}^*(z))'\Big|_{z=0}=\hat{f}^*(0)-1=0$. 矛盾. 至此, 我们证明了前面的断言.

根据上述断言, 并且结合 $\{f_n^*\}$ 于 $D\setminus\{0\}$ 正规, 根据定理 1.1.9 就知函数列 $\{f_n^*\}$ 于 D 正规. 由于 $f_n^*(z_n)=g_n^*(0)\to 1$, 我们就可假设 $f_n^*\to f^*$ 于 D 使得 $f^*(0)=1$.

我们再证明 $f^*\equiv 1$. 否则我们可直接验证有 $(zf^*)'-1\not\equiv 0$. 由于 $f_n'-1\neq 0$ 并且 $f_n'-1\to(zf^*)'-1$ 于 $\Delta^\circ(0,\delta)$, 因此根据定理 1.1.9 知于 $\Delta(0,\delta)$ 有 $f_n'-1\to(zf^*)'-1$ 并且 $(zf^*)'-1\neq 0$. 但这与 $(zf^*)'|_{z=0}=f^*(0)-1=0$ 矛盾. (I) 证毕.

现在, 我们接着证明 (II).

对 $w=\infty$, 由 (I) 立即知 f_n 在某个闭邻域 $\overline{\Delta}(0,\delta_0)$ 内有且仅有一个 m 重极点.

对 $w \neq \infty$, 我们考虑两种情形. 首先设 $|w| \leqslant \delta_0/2$, 则由 (I) 知

$$\frac{1}{2\pi i}\int_{|z|=\delta_0}\frac{f_n'}{f_n-w}dz \to \frac{1}{2\pi i}\int_{|z|=\delta_0}\frac{1}{z-w}dz = 1.$$

这里极限关于 w 是一致的. 这表明存在 N_1 使得当 $n > N_1$ 时, f_n 在 $\overline{\Delta}(0,\delta_0)$ 内取每个 $w \in \overline{\Delta}(0,\delta_0/2)$ 至多 $m+1$ 次.

再考虑 $|w| \geqslant \delta_0/2$, 则由 (I) 知,

$$\frac{1}{2\pi i}\int_{|z|=\delta_0/4}\frac{f_n'}{f_n-w}dz \to \frac{1}{2\pi i}\int_{|z|=\delta_0/4}\frac{1}{z-w}dz = 0.$$

这里极限关于 w 是一致的. 这表明存在 N_2 使得当 $n > N_2$ 时, f_n 在 $\overline{\Delta}(0,\delta_0/4)$ 内取每个 $|w| \geqslant \delta_0/2$ 恰好 m 次.

于是对 $n > N = \max\{N_1, N_2\}$, f_n 在闭邻域 $\overline{\Delta}(0,\delta_0/4)$ 内取每个 $w \in \mathbb{C}$ 至多 $m+1$ 次. □

引理 8.3.6 设 $\{f_n\}$ 是区域 D 上一列亚纯函数满足 $f_n'(f_n^{-1}(0)) \subset \overline{\Delta}(0,M)$ 和 $f_n' \neq 1$. 如果在某点 $z_0 \in D$ 处有

(i) $\{f_n\}$ 的任何子列在 z_0 处不正规;

(ii) 每个 f_n 至少有两个不同的极点趋于 z_0,

则 $\{f_n\}$ 有子列仍然记为 $\{f_n\}$, 每个函数 f_n 至少有两个不同的零点 a_n 和 b_n 趋于 z_0 使得

$$\sup_{\overline{\Delta}(0,1)} h_n^{\#}(z) \to \infty, \tag{8.3.20}$$

这里

$$h_n(z) = \frac{f_n((a_n+b_n)/2 + (a_n-b_n)z)}{a_n-b_n}. \tag{8.3.21}$$

证明 仍然设 $z_0 = 0$, 并且就像上面引理 8.3.5 所证, 存在 $\{f_n\}$ 的子列, 仍记为 $\{f_n\}$, 点列 $\{z_n\}$: $z_n \to 0$ 和正数列 $\{\rho_n\}$: $\rho_n \to 0$ 使得

$$\begin{aligned} g_n(\zeta) &= \frac{f_n(z_n+\rho_n\zeta)}{\rho_n} \\ &\overset{\chi}{\underset{\mathbb{C}}{\to}} g(\zeta) = \zeta + a + \frac{b}{(\zeta+c)^m} = \frac{(\zeta+a)(\zeta+c)^m+b}{(\zeta+c)^m}, \end{aligned} \tag{8.3.22}$$

这里 a, b, c 为常数, $b \neq 0$, $m \leqslant \max\{1, M-1\}$ 为正整数. 于是 f_n 有 $m+1$ 个零点 $z_{n,0}^{(i)} = z_n + \rho_n \zeta_{n,0}^{(i)}$ 和一个极点 $z_{n,\infty} = z_n + \rho_n \zeta_{n,\infty}$, 这里 $\zeta_{n,\infty} \to -c$, $\zeta_{n,0}^{(i)} \to \zeta_0^{(i)}$, 而 $\zeta_0^{(i)}$ 为 g 的 $m+1$ 个零点.

我们先断言极点 $z_{n,\infty}$ 的重级恰为 m. 如若不然, 则由 (8.3.22), f_n 有 $s \geqslant 2$ 个不同的极点 $z_{n,\infty}^{(i)} = z_n + \rho_n \zeta_{n,\infty}^{(i)}$, 各自的重级分别为 m_i 满足 $\sum_{i=1}^{s} m_i = m$ 和 $\zeta_{n,\infty}^{(i)} \to -c$. 通过选取子列, 可不妨设 s 和 m_i 均与 n 无关.

记

$$f_n^*(z) = \frac{\prod_{i=1}^{s}(z - z_{n,\infty}^{(i)})^{m_i}}{\prod_{i=1}^{m+1}(z - z_{n,0}^{(i)})} f_n(z), \tag{8.3.23}$$

$$g_n(\zeta) = f_n^*(z_n + \rho_n \zeta). \tag{8.3.24}$$

于是由 (8.3.22) 知

$$g_n(\zeta) = \frac{\prod_{i=1}^{m+1}(\zeta - \zeta_{n,0}^{(i)})}{\prod_{i=1}^{s}(\zeta - \zeta_{n,\infty}^{(i)})^{m_i}} g_n^*(\zeta) \to g(\zeta). \tag{8.3.25}$$

由此, 类似于上面引理 8.3.5 的证明可知

$$g_n^*(\zeta) \to 1 \quad 于 \quad \mathbb{C}. \tag{8.3.26}$$

由 (8.3.25) 知

$$g_n'(\zeta) = \frac{(P_n g_n^*)' \prod_{i=1}^{s}(\zeta - \zeta_{n,\infty}^{(i)}) - P_n g_n^* \sum_{i=1}^{s} m_i \prod_{j \neq i}(\zeta - \zeta_{n,\infty}^{(j)})}{\prod_{i=1}^{s}(\zeta - \zeta_{n,\infty}^{(i)})^{m_i+1}}, \tag{8.3.27}$$

这里 $P_n(\zeta) = \prod_{i=1}^{m+1}(\zeta - \zeta_{n,0}^{(i)})$. 由于 $g_n'(\zeta) = f_n'(z_n + \rho_n \zeta) \neq 1$, 故 $g_n'(\zeta) - 1$ 的分子

$$\begin{aligned} T_n(\zeta) := {} & (P_n g_n^*)' \prod_{i=1}^{s}(\zeta - \zeta_{n,\infty}^{(i)}) \\ & - P_n g_n^* \sum_{i=1}^{s} m_i \prod_{j \neq i}(\zeta - \zeta_{n,\infty}^{(j)}) - \prod_{i=1}^{s}(\zeta - \zeta_{n,\infty}^{(i)})^{m_i+1} \neq 0. \end{aligned} \tag{8.3.28}$$

然而由于 $P_n g_n^* \to (\zeta + a)(\zeta + c)^m + b$ 以及 $\zeta_{n,\infty}^{(j)} \to -c$, 我们有

$$\begin{aligned} T_n(\zeta) \to {} & [(\zeta + a)(\zeta + c)^m]'(\zeta + c)^s \\ & - [(\zeta + a)(\zeta + c)^m + b]m(\zeta + c)^{s-1} - (\zeta + c)^{m+s} \end{aligned}$$

$$= -bm(\zeta + c)^{s-1}.$$

此式与 (8.3.28) 一起与 Hurwitz 定理相矛盾.

于是, 我们证明了 f_n 的极点 $z_{n,\infty}$ 的重级恰为 m. 现在记

$$f_n^*(z) = \frac{f_n(z)}{R_n(z)}, \quad R_n(z) = \frac{\prod_{i=1}^{m+1}(z - z_{n,0}^{(i)})}{(z - z_{n,\infty})^m}. \tag{8.3.29}$$

则同上可证得

$$g_n^*(\zeta) \to 1 \quad 于 \quad \mathbb{C}. \tag{8.3.30}$$

我们断言 f_n^* 有零点趋于 0. 否则, $f_n^* \neq 0$ 于某 $\Delta(0,\delta) \subset D$. 由于 $f_n' = (R_n f_n^*)' \neq 1$ 及 $R_n \to z$ 于 $\mathbb{C}^*$, 故由引理 8.3.4 知 $\{f_n^*\}$ 于 $\Delta^\circ(0,\delta)$ 正规. 于是可设 $f_n^* \to f^*$ 于 $\Delta^\circ(0,\delta)$, 这里 f^* 允许恒为 ∞.

先证明 $f^* \not\equiv 0$. 事实上, 如果 $f^* \equiv 0$, 则 $f_n \to 0$, $f_n' \to 0$, $f_n'' \to 0$ 于 $\Delta^\circ(0,\delta)$. 于是得到

$$\left| n\left(\frac{\delta}{2}, f_n' - 1\right) - n\left(\frac{\delta}{2}, \frac{1}{f_n' - 1}\right) \right| = \frac{1}{2\pi} \left| \int_{|z|=\frac{\delta}{2}} \frac{f_n''}{f_n' - 1} dz \right| \to 0.$$

这意味着对充分大的 n 有

$$n\left(\frac{\delta}{2}, f_n' - 1\right) = n\left(\frac{\delta}{2}, \frac{1}{f_n' - 1}\right) = 0.$$

但这显然不可能, 因为 f_n 有极点 $z_{n,\infty} \to 0$.

于是 $f^* \not\equiv 0$, 于是再结合 $f_n^* \neq 0$, 根据定理 1.2.15 就知 f^* 可亚纯延拓至原点, 并且 $f_n^* \xrightarrow{\chi} f^*$ 于 $\Delta(0,\delta)$. 由于 $f_n^*(z_n) = g_n^*(0) \to 1$, 我们得到 $f^*(0) = 1$. 但这表明 f_n^* 没有极点趋于 0. 与假设条件 (ii) 矛盾.

于是 f_n^* 有零点 z_n^* 趋于 0. 由 (8.3.30) 知

$$\zeta_n^* = \frac{z_n^* - z_n}{\rho_n} \to \infty.$$

再记

$$h_n(z) = \frac{f_n((z_n^* + z_{n,0}^{(1)})/2 + (z_{n,0}^{(1)} - z_n^*)z)}{z_{n,0}^{(1)} - z_n^*},$$

则我们知

$$h_n(1/2) = 0, \quad h_n\left(\frac{z_{n,\infty} - (z_n^* + z_{n,0}^{(1)})/2}{z_{n,0}^{(1)} - z_n^*}\right) = \infty.$$

由于

$$\frac{z_{n,\infty}-(z_n^*+z_{n,0}^{(1)})/2}{z_{n,0}^{(1)}-z_n^*}=\frac{2\zeta_{n,\infty}-\zeta_{n,0}^{(1)}-\zeta_n^*}{2(\zeta_{n,0}^{(1)}-\zeta_n^*)}\to\frac{1}{2},$$

函数列 $\{h_n\}$ 的任何子列在点 $z=1/2$ 的任何邻域内都不等度连续, 从而不正规. 最后, 式 (8.3.20) 由 Marty 定理即得. □

引理 8.3.7　设 f 是复平面 $\mathbb{C}$ 上无穷级亚纯函数, 则存在点列 $z_n\to\infty$ 和正数列 $\varepsilon_n\to 0$ 使得

$$A(\overline{\Delta}(z_n,\varepsilon_n),f)=\frac{1}{\pi}\iint_{\overline{\Delta}(z_n,\varepsilon_n)}(f^{\#}(z))^2d\sigma\to\infty. \tag{8.3.31}$$

证明　利用亚纯函数的 Ahlfors-Shimizu 特征函数和反证法立得. □

引理 8.3.8　设 f 是复平面 $\mathbb{C}$ 上无穷级亚纯函数, 满足 $f'(f^{-1}(0))\subset\overline{\Delta}(0,M)$ 和 $f'\neq 1$, 则 f 有无穷多对零点 $(z_{n,1},z_{n,2})$ 使得 $z_{n,1}-z_{n,2}\to 0$ 和

$$\sup_{\overline{\Delta}(0,1)}F_n^{\#}(z)\to\infty, \tag{8.3.32}$$

这里

$$F_n(z)=\frac{f((z_{n,1}+z_{n,2})/2+(z_{n,1}-z_{n,2})z)}{z_{n,1}-z_{n,2}}.$$

证明　由于 f 无穷级, 因此我们有 (8.3.31). 于是存在点 $w_n\in\overline{\Delta}(z_n,\varepsilon_n)$ 使得 $f^{\#}(w_n)\to\infty$. 根据 Marty 定理就知函数列 $\{f_n(z)\}=\{f(w_n+z)\}$ 的任何子列在原点处都不正规.

如果 f_n 至多只有一个极点 (可重) 趋于原点, 则由引理 8.3.3, 存在正数 δ 使得 $\{f_n\}$ 于 $\Delta^\circ(0,\delta)$ 正规. 于是由引理 8.3.5(II), 存在子列, 仍然记为 $\{f_n\}$ 使得对某正数 $\eta<\delta$, 每个 f_n 在 $\Delta(0,\eta)$ 取任何复数 $a\in\overline{\mathbb{C}}$ 至多 $\max\{2,M\}$ 次, 计重数. 从而有

$$A(\overline{\Delta}(z_n,\varepsilon_n),f)\leqslant A(\overline{\Delta}(0,\eta),f_n)\leqslant\max\{2,M\}.$$

这与 (8.3.31) 矛盾.

于是 f_n 至少有两个不同极点趋于原点. 于是由引理 8.3.6, 存在子列, 仍然记为 $\{f_n\}$ 使得每个 f_n 有两个不同零点 a_n 和 b_n 趋于原点而且

$$\sup_{\overline{\Delta}(0,1)}h_n^{\#}(z)\to\infty,\quad 这里\quad h_n(z)=\frac{f_n((a_n+b_n)/2+(a_n-b_n)z)}{a_n-b_n}. \tag{8.3.33}$$

现在记 $z_{n,1}=w_n+a_n$ 和 $z_{n,2}=w_n+b_n$, 则它们是 f 的一对相异零点满足 $z_{n,1}-z_{n,2}\to 0$. 而式 (8.3.32) 则可由 (8.3.33) 和 $f_n(z)=f(w_n+z)$ 立即可知. □

8.3.2 定理 8.3.2 的证明

任取一列函数 $\{f_n\} \subset \mathcal{F}$, 并记 $E \subset D$ 是函数列 $\{f_n\}$ 的不正规点集.

我们**断言**对任何 $z_0 \in E$ 和 $\{f_n\}$ 的任一在 z_0 处没有正规子列的子列, 仍然记为 $\{f_n\}$, 每个 f_n 至多有一个趋于 z_0 的极点 (可为重极点).

否则, 对某个 $z_0 \in E$, 存在 $\{f_n\}$ 的一个在 z_0 处没有正规子列的子列, 仍然记为 $\{f_n\}$, 使得每个 f_n 至少有两个不同的趋于 z_0 的极点. 根据引理 8.3.6, 存在 $\{f_n\}$ 的一个子列, 仍然记为 $\{f_n\}$, 使得每个 f_n 至少有两个趋于 z_0 的不同零点 a_n 和 b_n 使得

$$\sup_{\overline{\Delta}(0,1)} h_n^{\#}(z) > K + 1, \tag{8.3.34}$$

这里

$$h_n(z) = \frac{f_n((a_n + b_n)/2 + (a_n - b_n)z)}{a_n - b_n},$$

以及 K 为引理 8.3.2 中的常数, 并且可设 $K > 1$.

固定正数 δ, 对 f_n 在 $\Delta(z_0, \delta)$ 内的相异零点对 (a, b), 定义

$$h_{n,a,b}(z) = \frac{f_n((a + b)/2 + (a - b)z)}{a - b}.$$

于是由 (8.3.34) 知. 使得

$$\sup_{\overline{\Delta}(0,1)} h_{n,a,b}^{\#}(z) > K + 1 \tag{8.3.35}$$

成立的相异零点对 (a, b) 存在, 即 (a_n, b_n), 而且只有有限对. 取其中一对, 记为 $(\tilde{a}_n, \tilde{b}_n)$, 使得

$$\tau(a, b) := \frac{|a - b|}{\delta - \left|\dfrac{a + b}{2} - z_0\right|} \tag{8.3.36}$$

在 $(\tilde{a}_n, \tilde{b}_n)$ 处最小, 即对 f_n 在 $\Delta(z_0, \delta)$ 内的任何一对相异零点 (a, b) 有

$$\tau_n = \tau(\tilde{a}_n, \tilde{b}_n) \leqslant \tau(a, b).$$

于是

$$\tau_n \leqslant \tau(a_n, b_n) \to 0. \tag{8.3.37}$$

现在记 $\tilde{h}_n(z)=h_{n,\tilde{a}_n,\tilde{b}_n}(z)$, 则函数列 $\{\tilde{h}_n\}$ 于 $\mathbb{C}$ 内闭一致亚纯. 我们断言函数列 $\{\tilde{h}_n\}$ 没有子列于 $\mathbb{C}$ 正规.

否则, 可选取子列, 仍记为 $\{\tilde{h}_n\}$ 使得 $\tilde{h}_n\to\tilde{h}$ 于 $\mathbb{C}$. 由于 $\tilde{h}_n\left(\pm\dfrac{1}{2}\right)=0$, $\tilde{h}_n'(\tilde{h}_n^{-1}(0))\subset\Delta(0,M)$ 和 $\tilde{h}_n'\neq 1$, 我们有 $\tilde{h}\left(\pm\dfrac{1}{2}\right)=0$, $\tilde{h}'(\tilde{h}^{-1}(0))\subset\Delta(0,M)$ 以及或者 $\tilde{h}'\neq 1$ 或者 $\tilde{h}'\equiv 1$. 由 (8.3.35), 我们还有

$$\sup_{\overline{\Delta}(0,1)}\tilde{h}^{\#}(z)\geqslant K+1. \tag{8.3.38}$$

这就排除了 $\tilde{h}'\equiv 1$, 即我们总有 $\tilde{h}'\neq 1$. 再由引理 8.3.1 和引理 8.3.2 就知 $\tilde{h}$ 为无穷级. 于是由引理 8.3.8, $\tilde{h}$ 有两个相异零点 α 和 β 使得 $|\alpha-\beta|<1$, 而且

$$\sup_{\overline{\Delta}(0,1)}H^{\#}(z)>K+2, \tag{8.3.39}$$

其中

$$H(z)=\frac{\tilde{h}((\alpha+\beta)/2+(\alpha-\beta)z)}{\alpha-\beta}.$$

由于 $\tilde{h}_n\to\tilde{h}$, 因此存在点列 $\alpha_n\to\alpha$ 和 $\beta_n\to\beta$ 使得 $\tilde{h}_n(\alpha_n)=\tilde{h}_n(\beta_n)=0$ 以及由 (8.3.39) 对充分大的 n 有

$$\sup_{\overline{\Delta}(0,1)}L_n^{\#}(z)>K+1, \tag{8.3.40}$$

其中

$$L_n(z)=\frac{\tilde{h}_n((\alpha_n+\beta_n)/2+(\alpha_n-\beta_n)z)}{\alpha_n-\beta_n}.$$

现在记

$$\hat{a}_n=\frac{\tilde{a}_n+\tilde{b}_n}{2}+(\tilde{a}_n-\tilde{b}_n)\alpha_n,\quad \hat{b}_n=\frac{\tilde{a}_n+\tilde{b}_n}{2}+(\tilde{a}_n-\tilde{b}_n)\beta_n. \tag{8.3.41}$$

容易看出 $(\hat{a}_n,\hat{b}_n)$ 是 f_n 的一对相异零点. 由于 $\tau_n\to 0$ 和 $\alpha_n\to\alpha$, 我们知

$$\begin{aligned}|\hat{a}_n-z_0|&\leqslant\left|\frac{\tilde{a}_n+\tilde{b}_n}{2}-z_0\right|+|\tilde{a}_n-\tilde{b}_n||\alpha_n|\\&=\delta-\left(\frac{1}{\tau_n}-|\alpha_n|\right)|\tilde{a}_n-\tilde{b}_n|<\delta,\end{aligned}$$

即 $\hat{a}_n \in \Delta(z_0,\delta)$. 同理有 $\hat{b}_n \in \Delta(z_0,\delta)$.

由于

$$\begin{aligned} h_{n,\hat{a}_n,\hat{b}_n}(z) &= \frac{f_n((\hat{a}_n+\hat{b}_n)/2+(\hat{a}_n-\hat{b}_n)z)}{\hat{a}_n-\hat{b}_n} \\ &= \frac{\tilde{h}_n((\alpha_n+\beta_n)/2+(\alpha_n-\beta_n)z)}{\alpha_n-\beta_n} = L_n(z), \end{aligned}$$

因此由 (8.3.40) 知 $(\hat{a}_n,\hat{b}_n)$ 是 f_n 的在 $\Delta(z_0,\delta)$ 内满足 (8.3.35) 一对相异零点. 于是我们有

$$\tau(\hat{a}_n,\hat{b}_n) \geqslant \tau_n = \tau(\tilde{a}_n,\tilde{b}_n). \tag{8.3.42}$$

然而我们却有

$$\begin{aligned} \frac{\tau(\hat{a}_n,\hat{b}_n)}{\tau(\tilde{a}_n,\tilde{b}_n)} &= \frac{\delta-\left|\dfrac{\tilde{a}_n+\tilde{b}_n}{2}-z_0\right|}{\delta-\left|\dfrac{\tilde{a}_n+\tilde{b}_n}{2}-z_0+\dfrac{\alpha_n+\beta_n}{2}(\tilde{a}_n-\tilde{b}_n)\right|}|\alpha_n-\beta_n| \\ &\leqslant \frac{\delta-\left|\dfrac{\tilde{a}_n+\tilde{b}_n}{2}-z_0\right|}{\delta-\left|\dfrac{\tilde{a}_n+\tilde{b}_n}{2}-z_0\right|-\left|\dfrac{\alpha_n+\beta_n}{2}\right|\left|\tilde{a}_n-\tilde{b}_n\right|}|\alpha_n-\beta_n| \\ &= \frac{|\alpha_n-\beta_n|}{1-\left|\dfrac{\alpha_n+\beta_n}{2}\right|\tau_n} \\ &\to |\alpha-\beta|<1. \end{aligned}$$

这与 (8.3.42) 相矛盾.

这就证明了断言: $\{\tilde{h}_n\}$ 没有子列于 $\mathbb{C}$ 正规. 现在记 F 是 $\{\tilde{h}_n\}$ 的不正规点集.

如果对每个 $\zeta_0 \in F$, 每个 $\tilde{h}_n$ 至多只有一个极点趋于 ζ_0, 则根据引理 8.3.3, $\{\tilde{h}_n\}$ 于某个空心邻域 $\Delta^\circ(\zeta_0,\delta)$ 正规. 这意味着 $\{\tilde{h}_n\}$ 于 $\mathbb{C}$ 拟正规, 而且 F 于 $\mathbb{C}$ 没有聚点.

假设 $\{\tilde{h}_n\}$ 的每个子列都至少在两不同点 ζ_1, $\zeta_2 \in F$ 处不正规, 则由引理 8.3.5, 存在 $\{\tilde{h}_n\}$ 的子列, 仍然记为 $\{\tilde{h}_n\}$, 使得在 $\mathbb{C}\setminus F$ 上既有 $\tilde{h}_n \xrightarrow{\chi} z-\zeta_1$ 也有 $\tilde{h}_n \xrightarrow{\chi} z-\zeta_2$. 于是必有 $\zeta_1=\zeta_2$. 矛盾. 这个矛盾说明 $\{\tilde{h}_n\}$ 于 $\mathbb{C}$ 是阶为 1 的拟正

规族, 即 $\{\tilde{h}_n\}$ 的每个子列只在点 $\zeta_0 \in F$ 处不正规. 仍然由引理 8.3.5, 存在 $\{\tilde{h}_n\}$ 的子列, 仍然记为 $\{\tilde{h}_n\}$, 使得在 $\mathbb{C} \setminus \{\zeta_0\}$ 上有 $\tilde{h}_n \xrightarrow{\chi} z - \zeta_0$. 但是 $\tilde{h}_n\left(\pm\dfrac{1}{2}\right) = 0$, 故这也不可能.

于是存在 $\zeta_0 \in F$ 和 $\{\tilde{h}_n\}$ 的一个子列, 仍然记为 $\{\tilde{h}_n\}$ 使得每个 $\tilde{h}_n$ 至少有两个极点趋于 ζ_0. 从而由引理 8.3.6 知存在 $\{\tilde{h}_n\}$ 的一个子列, 仍然记为 $\{\tilde{h}_n\}$ 使得每个 $\tilde{h}_n$ 有一对零点 (a_n^*, b_n^*) 趋于 ζ_0 并且

$$\sup_{\overline{\Delta}(0,1)} H_n^{\#}(z) > K + 1, \tag{8.3.43}$$

其中

$$H_n(z) = \frac{\tilde{h}_n((a_n^* + b_n^*)/2 + (a_n^* - b_n^*)z)}{a_n^* - b_n^*}.$$

现在记

$$A_n = \frac{\tilde{a}_n + \tilde{b}_n}{2} + (\tilde{a}_n - \tilde{b}_n)a_n^*, \quad B_n = \frac{\tilde{a}_n + \tilde{b}_n}{2} + (\tilde{a}_n - \tilde{b}_n)b_n^*, \tag{8.3.44}$$

则同上可验证 (A_n, B_n) 是 f_n 在 $\Delta(0, \delta)$ 内的一对零点. 由于 $h_{n,A_n,B_n}(z) = H_n(z)$, 故而由 (8.3.43) 知 (A_n, B_n) 满足 (8.3.35). 于是我们有 $\tau(A_n, B_n) \geqslant \tau_n = \tau(\tilde{a}_n, \tilde{b}_n)$. 但是同上的讨论可知当 n 充分大时有相反的不等式, 从而得到矛盾.

至此, 我们证明了断言: 对任何 $z_0 \in E$ 和 $\{f_n\}$ 的任一在 z_0 处没有正规子列的子列, 仍然记为 $\{f_n\}$, 每个 f_n 至多有一个趋于 z_0 的极点 (可为重极点).

于是由引理 8.3.3, $\{f_n\}$ 于某个空心邻域 $\Delta^\circ(\zeta_0, \delta)$ 正规. 这意味着 $\{f_n\}$ 于 D 拟正规, 而且 E 于 D 没有聚点.

假设除 z_0 外, 另外还有一点 $z_1 \in E$, $z_1 \neq z_0$ 使得 $\{f_n\}$ 的每个子列在点 z_1 处不正规, 则由引理 8.3.5, 存在 $\{f_n\}$ 的子列, 仍然记为 $\{f_n\}$, 使得在 $D \setminus E$ 上同时有 $f_n \xrightarrow{\chi} z - z_0$ 和 $f_n \xrightarrow{\chi} z - z_1$. 于是必有 $z_1 = z_0$. 矛盾. 这个矛盾说明 $\{f_n\}$ 于 D 是阶为 1 的拟正规族, 即 $\{f_n\}$ 的每个子列只在点 $z_0 \in E$ 处不正规. 仍然由引理 8.3.5, 存在 $\{f_n\}$ 的子列, 仍然记为 $\{f_n\}$, 使得在 $D \setminus \{z_0\}$ 上有 $f_n \xrightarrow{\chi} z - z_0$, 并且每个 f_n 在某个 $\Delta(z_0, \delta)$ 上取任何复数 $w \in \overline{\mathbb{C}}$ 至多 $\max\{2, M\}$ 次. □

8.4　涉及对数导数的正规与拟正规定则

下述定理 8.4.1 由 W. K. Hayman[94] 猜测而由 G. Frank[83] 对 $k \geqslant 3$ 和 J. K. Langley[104] 对 $k = 2$ 证明.

定理 8.4.1 设 $k \geqslant 2$ 为整数, f 是复平面 $\mathbb{C}$ 上的亚纯函数满足 $f \neq 0$ 和 $f^{(k)} \neq 0$, 那么 f 必定具有形式:

$$f(z) = e^{a(z+b)} \quad \text{或} \quad f(z) = \frac{a}{(z+b)^n}, \tag{8.4.1}$$

这里 $a(\neq 0)$, b 为常数, n 为一正整数.

定理 8.4.1 表明复平面 $\mathbb{C}$ 上满足 $f \neq 0$ 和 $f^{(k)} \neq 0$ 的亚纯函数要么 f'/f 是常数要么 $f'/f = -n/(z+b)$. 于是亚纯函数族

$$\{f'/f:\ f \text{ 于 } \mathbb{C} \text{ 亚纯并且满足 } ff^{(k)} \neq 0\}$$

是复平面 $\mathbb{C}$ 上的正规族. 因此根据 Bloch 原理, 人们有理由认为区域 D 上这样的亚纯函数族也正规. 这就是由 W. Bergweiler[21] (对 $k=2$) 及 W. Bergweiler 和 J. K. Langley[28] (对 $k \geqslant 3$) 证明的如下定理.

定理 8.4.2 设 $k \geqslant 2$ 为正整数, $\mathcal{F}$ 是区域 $D \subset \mathbb{C}$ 上满足 $f \neq 0$ 和 $f^{(k)} \neq 0$ 的亚纯函数族, 那么函数族

$$\left\{\frac{f'}{f}:\ f \in \mathcal{F}\right\} \tag{8.4.2}$$

于区域 D 正规.

注意到有如下恒等式:

$$\frac{f^{(n+1)}}{f} = \left(\frac{f^{(n)}}{f}\right)' + \frac{f'}{f} \cdot \frac{f^{(n)}}{f}, \tag{8.4.3}$$

因此, 我们可以归纳地定义如下的微分算子 ϕ_n:

$$\phi_1[f](z) = f(z), \quad \phi_{n+1}[f](z) = f(z)\phi_n[f](z) + \frac{d}{dz}\phi_n[f](z). \tag{8.4.4}$$

这样, 我们就有

$$\phi_n\left[\frac{f'}{f}\right] = \frac{f^{(n)}}{f}. \tag{8.4.5}$$

对没有零点的亚纯函数 f, 函数 $F = f'/f$ 具有性质: F 的极点都是单的, 而且留数都是负整数. 因此, 我们可以转而考虑更一般的条件

$$\phi_k[F] \neq 0, \quad \mathrm{Res}_1(F) \cap \mathbb{N}_k^+ = \varnothing \tag{8.4.6}$$

之下全平面上亚纯函数 F 的形式, 或者某个区域内所有满足条件 (8.4.6) 亚纯函数 F 是否构成正规族的问题, 这里 $\mathrm{Res}_1(F, D)$ 或 $\mathrm{Res}_1(F)$ 表示 F 在其单极点处的留数形成的数集, $\mathbb{N}_k^+$ 表示集合 $\{1, \cdots, k\}$.

定理 8.4.3 [28] 复平面 $\mathbb{C}$ 上的亚纯函数 F 如果满足 (8.4.6), 那么当正整数 $k \geqslant 3$ 时 F 必定具有形式:

$$F(z) = \frac{(k-1)z+\alpha}{z^2+\beta z+\gamma}, \quad \text{或} \quad f(z) = \frac{\alpha}{z+\beta}, \tag{8.4.7}$$

这里 $\alpha(\neq 0)$, β, γ 为常数. 当 $k=2$ 时, 在附加条件 $\mathrm{Res}_1(F)$ 不以 0 为聚点之下, F 也具有上述形式.

显然, 由 (8.4.7) 中所有函数组成的函数族在复平面 $\mathbb{C}$ 是不正规的, 但是是拟正规的. 我们将证明如下的拟正规族.

定理 8.4.4 [49] 设 $\mathcal{F}$ 是区域 $D \subset \mathbb{C}$ 上一族亚纯函数. 如果有正整数 $k \geqslant 2$ 和正数 δ 使得族 $\mathcal{F}$ 中每个函数 f 都满足

$$\phi_k[f] \neq 0, \quad \mathrm{dis}(\mathrm{Res}_1(f), \mathbb{N}_k) \geqslant \delta, \tag{8.4.8}$$

则 $\mathcal{F}$ 是阶为 1 的拟正规族, 而且 $\mathcal{F}$ 中每个在点 $z_0 \in D$ 处不正规的函数列都含有一个子列其于 $D \setminus \{z_0\}$ 内闭一致收敛于函数 $(k-1)/(z-z_0)$.

这里, 集合 $\mathbb{N}_k = \{0, 1, \cdots, k\}$, 而 $\mathrm{dis}(\mathrm{Res}_1(F), \mathbb{N}_k)$ 表示两集合 $\mathrm{Res}_1(F)$ 和 $\mathbb{N}_k$ 之间的距离.

我们不难看到, 定理 8.4.2 是定理 8.4.4 的推论. 另外, 定理 8.4.4 还可有如下推论.

定理 8.4.5 设 $k \geqslant 2$ 为正整数, $\mathcal{F}$ 是区域 $D \subset \mathbb{C}$ 上亚纯函数族. 如果对每个函数 $f \in \mathcal{F}$, $ff^{(k)}$ 的零点都是 f 的重级至少为 k 的零点, 那么函数族

$$\left\{ \frac{f'}{f} : \ f \in \mathcal{F} \right\} \tag{8.4.9}$$

于区域 D 是阶至多为 1 的拟正规族.

例 8.4.1 考虑函数族 $\{f_n(z)\}$, 其中

$$f_n(z) = \frac{\left(z - \dfrac{1}{n}\right)^k}{z}, \quad n = 1, 2, \cdots. \tag{8.4.10}$$

则容易验证 $f^{(k)} \neq 0$, 并且

$$\frac{f_n'(z)}{f_n(z)} = \frac{k}{z - \dfrac{1}{n}} - \frac{1}{z} = \frac{(k-1)z + \dfrac{1}{n}}{z\left(z - \dfrac{1}{n}\right)}. \tag{8.4.11}$$

于是函数列 $\{f_n'/f_n\}$ 于 $\mathbb{C}$ 是阶为 1 的拟正规族.

8.4.1 定理 8.4.3 的证明

引理 8.4.1 设正整数 $k \geqslant 2$, f 于区域 D 亚纯使得 $\mathrm{Res}_1(f) \cap \mathbb{N}_k^+ = \varnothing$, 则对正整数 $n \leqslant k$, f 的每个 m 重极点 z_0 一定是 $\phi_n[f]$ 的 nm 重极点.

证明 由 (8.4.4) 及数学归纳法即得. □

引理 8.4.2 设 $k \geqslant 3$ 以及 F 是复平面上的非常数亚纯函数并且满足 (8.4.6), 则存在整函数 g, h 使得

$$\phi_k[F] = g^{-k}, \quad h = -Fg. \tag{8.4.12}$$

证明 由引理 8.4.1 即得. □

引理 8.4.3 对引理 8.4.2 中的整函数 g, h, 定义函数

$$f_j(z) = z^{j-1}, \quad w_j(z) = f_j'(z)g(z) + f_j(z)h(z), \quad 1 \leqslant j \leqslant k, \tag{8.4.13}$$

则这 k 个函数 $w_1, w_2, \cdots, w_k$ 是整函数并且是微分方程

$$w^{(k)} + \sum_{q=0}^{k-2} A_q w^{(q)} = 0 \tag{8.4.14}$$

的一组基本解, 其中系数 A_q 是由函数 $w_1, w_2, \cdots, w_k$ 确定的整函数, 并且满足

$$\begin{aligned} T(r, A_q) &= O(\log r + \max\{\log^+ T(r, w_j)\}) \\ &= O(\log(rT(r, F))) \quad (\text{n.e.}). \end{aligned} \tag{8.4.15}$$

证明 采用 G. Frank 的 Wronski 行列式方法. 首先, 在一个不含有 F 极点的单连通区域 D 内, 存在全纯函数 f 满足 $f'/f = F$. 由引理 8.4.2 及 (8.4.5) 就可知

$$W(f_1, \cdots, f_k, f) = W(f_1, \cdots, f_k) f^{(k)} = c_k f^{(k)} = c_k \phi_k[F] f = c_k f g^{-k}, \tag{8.4.16}$$

这里 $c_k = 2!3! \cdots (k-1)!$ 为非零常数. 于是由 Wronski 行列式的基本性质就有

$$\begin{aligned} c_k (fg)^{-k} &= W(f_1/f, \cdots, f_k/f, 1) \\ &= (-1)^k W((f_1/f)', \cdots, (f_k/f)'). \end{aligned} \tag{8.4.17}$$

再由于 $w_j = fg(f_j/f)'$ 就知有

$$W(w_1, w_2, \cdots, w_k) = (-1)^k c_k. \tag{8.4.18}$$

这就说明这些整函数 w_j 形成方程 $W(w_1, w_2, \cdots, w_k, w) = 0$ 的基本解组. 由于

$$\frac{W(w_1, w_2, \cdots, w_k, w)}{W(w_1, w_2, \cdots, w_k)} = w^{(k)} + \sum_{q=0}^{k-1} A_q w^{(q)} = 0, \tag{8.4.19}$$

并且 $A_{k-1} = \left(\frac{d}{dz}W(w_1, w_2, \cdots, w_k)\right) / W(w_1, w_2, \cdots, w_k) = 0$, 因此这些整函数 w_j 形成方程 (8.4.14) 的基本解组. 最后, (8.4.15) 可根据对数导数引理而得. □

引理 8.4.4　设 $k \geqslant 3$ 和函数 f_j 如 (8.4.13) 定义. 再记 G, H, A_0, A_1, $\cdots, A_{k-2}$ 为区域 D 内的亚纯函数, 则函数 $f_1H + f_1'G$, $f_2H + f_2'G$, $\cdots$, $f_kH + f_k'G$ 是方程 (8.4.14) 的解当且仅当对 $0 \leqslant \mu \leqslant k-1$ 有

$$M_{k,\mu}(H) = -M_{k,\mu-1}(G), \tag{8.4.20}$$

这里

$$\begin{aligned} M_{k,\mu}(w) &= \sum_{m=\nu}^{k} \frac{m!}{\mu!(m-\mu)!} A_m w^{(m-\mu)}, \quad M_{k,-1}(w) = 0, \\ A_k &= 1, \quad A_{k-1} = A_{-1} = 0. \end{aligned} \tag{8.4.21}$$

证明　记 $F_i = f_iH + f_i'G$, 则

$$\begin{aligned} F_i^{(q)} &= (f_iH)^{(q)} + (f_i'G)^{(q)} \\ &= \sum_{\mu=0}^{q} \binom{q}{\mu} f_i^{(\mu)} H^{(q-\mu)} + \sum_{\mu=0}^{q} \binom{q}{\mu} f_i^{(\mu+1)} G^{(q-\mu)}, \end{aligned}$$

因此有

$$\begin{aligned} \sum_{q=0}^{k} A_q F_i^{(q)} &= \sum_{q=0}^{k} \sum_{\mu=0}^{q} \binom{q}{\mu} A_q f_i^{(\mu)} H^{(q-\mu)} + \sum_{q=0}^{k} \sum_{\mu=0}^{q} \binom{q}{\mu} A_q f_i^{(\mu+1)} G^{(q-\mu)} \\ &= \sum_{\mu=0}^{k} \sum_{q=\mu}^{k} \binom{q}{\mu} A_q f_i^{(\mu)} H^{(q-\mu)} + \sum_{\mu=0}^{k} \sum_{q=\mu}^{k} \binom{q}{\mu} A_q f_i^{(\mu+1)} G^{(q-\mu)} \\ &= \sum_{\mu=0}^{k} f_i^{(\mu)} M_{k,\mu}(H) + \sum_{\mu=0}^{k} f_i^{(\mu+1)} M_{k,\mu}(G) \\ &= \sum_{\mu=0}^{k-1} f_i^{(\mu)} M_{k,\mu}(H) + \sum_{\mu=0}^{k} f_i^{(\mu)} M_{k,\mu-1}(G) \end{aligned}$$

$$= \sum_{\mu=0}^{k-1} f_i^{(\mu)} \left[M_{k,\mu}(H) + M_{k,\mu-1}(G) \right], \tag{8.4.22}$$

这里, 我们用了 $f_i^{(k)} = 0$ 以及 $M_{k,-1}(w) = 0$. 由此即得引理 8.4.4. □

引理 8.4.5 设 $k \geqslant 3$ 以及 F 于复平面非常数亚纯满足 (8.4.6), 则函数 F 为有理函数.

证明 对 (8.4.13) 中定义的函数 w_j 应用引理 8.4.3, 可看到整函数 g 和 h 满足微分方程

$$T_\mu(g) = S_\mu(h) = \sum_{j=0}^{k-\mu} c_{j,\mu} h^{(j)}, \quad 0 \leqslant \mu \leqslant k-1, \tag{8.4.23}$$

这里, T_μ 和 S_μ 是线性微分算子, 系数 λ_ν 是 A_j 和它们导数的有理函数, 而且由 (8.4.15) 知满足

$$T(r, \lambda_\nu) = O(\log(rT(r,F))) \quad \text{(n.e.)}. \tag{8.4.24}$$

特别地, 对 $\mu = k-1$ 有

$$h' = U(g) = -\frac{k-1}{2} g'' - \frac{A_{k-2}}{k} g. \tag{8.4.25}$$

现在按照 (8.4.23) 中 h 的系数函数 $c_{0,\mu}$, 区分情形来讨论.

情形 1 $c_{0,\mu}$ 至少有一个不恒为零. 设 ν, $0 \leqslant \nu \leqslant k-1$ 是最小的整数使得 $c_{0,\nu} \not\equiv 0$, 则由 (8.4.12)、(8.4.23) 和 (8.4.25) 知

$$h = -Fg = \frac{1}{c_{0,\nu}} \left(T_\nu(g) - \sum_{j=1}^{k-\nu} c_{j,\nu} \frac{d^{j-1}}{dz^{j-1}} U(g) \right) = V(g). \tag{8.4.26}$$

于是由 (8.4.23)、(8.4.25) 和 (8.4.26) 知 g 满足

$$U(g) = \frac{d}{dz}(V(g)), \quad S_\mu(V(g)) = T_\mu(g), \quad 0 \leqslant \mu \leqslant k-2. \tag{8.4.27}$$

情形 1.1 方程 (8.4.27) 的解空间维数是 1, 即每个满足 (8.4.27) 的函数都是 g 和一个常数的乘积.

此时, 根据微分方程理论, g 满足

$$p_1 g' + p_0 g = 0,$$

这里, $p_1(\not\equiv 0)$, p_0 都是 λ_ν 和它们导数的有理函数. 于是

$$T\left(r, \frac{g'}{g}\right) = O(\log rT(r, F)) \quad \text{(n.e.)}.$$

由此由 $F = -h/g$ 和 (8.4.26) 知

$$T(r, F) = O(\log rT(r, F)) \quad \text{(n.e.)}.$$

这就说明 F 为一有理函数.

情形 1.2　方程 (8.4.27) 的解空间维数大于 1, 即存在一个解 G 使得 G/g 非常数. (注意: 当联立方程 (8.4.27) 平凡时即属此种情形).

记 $H = V(G)$, 则由 (8.4.27) 知

$$H' = U(G), \quad S_\mu(H) = T_\mu(G), \quad 0 \leqslant \mu \leqslant k-2.$$

特别地, 联立方程 (8.4.23) 中 g 和 h 用 G 和 H 替代后依然成立. 于是由引理 8.4.4 知, 函数 $f_jH + f_j'G$ 是方程 (8.4.14) 的解. 于是存在次数不超过 $k-1$ 的多项式 g_j 使得

$$f_jH + f_j'G - g_jh - g_j'g = 0, \quad 1 \leqslant j \leqslant k. \tag{8.4.28}$$

这意味着线性方程组

$$f_jx + f_j'y - g_ju - g_j'v = 0, \quad 1 \leqslant j \leqslant k, \tag{8.4.29}$$

有非零解 $(x, y, u, v) = (H, G, h, g)$, 进而方程组 (8.4.29) 的系数矩阵的秩至多为 3. 现在, 我们证明该方程组系数矩阵的秩恰好为 3. 事实上, 如果秩小于 3, 那么存在不全恒为零的有理函数 ϕ_m, $m = 1, 2, 3$ 和同样不全恒为零的有理函数 ψ_m, $m = 1, 2, 3$ 使得

$$\phi_1f_j' + \phi_2f_j = \phi_3g_j, \quad \psi_1f_j' + \psi_2f_j = \phi_3g_j', \quad 1 \leqslant j \leqslant k. \tag{8.4.30}$$

由于 $W(f_1, f_2, \cdots, f_k) \not\equiv 0$, 因此 $\phi_3 \not\equiv 0$, $\psi_3 \not\equiv 0$, 从而可不妨设 $\phi_3 = 1$, $\psi_3 = 1$. 于是由 (8.4.30) 可知

$$\phi_1f_j'' + (\phi_1' + \phi_2 - \psi_1)f_j' + (\phi_2' - \psi_2)f_j = 0, \quad 1 \leqslant j \leqslant k. \tag{8.4.31}$$

仍然由 $W(f_1, f_2, \cdots, f_k) \not\equiv 0$ 可知

$$\phi_1 = \phi_1' + \phi_2 - \psi_1 = \phi_2' - \psi_2 = 0. \tag{8.4.32}$$

于是 $g_j=\phi_2 f_j$, 进而有 $W(g_1,g_2,\cdots,g_k)=(\phi_2)^k W(f_1,f_2,\cdots,f_k)$. 但由于 $f_1,\cdots,f_k$ 和 $g_1,\cdots,g_k$ 都是方程 $w^{(k)}=0$ 的解, 因此 ϕ_2 为常数. 现将 $g_j=\phi_2 f_j$ 代入 (8.4.28) 即得

$$(G-\phi_2 g)f_j'+(H-\phi_2 h)f_j=0. \tag{8.4.33}$$

依然由 $W(f_1,f_2,\cdots,f_k)\not\equiv 0$ 可知

$$G-\phi_2 g=H-\phi_2 h=0. \tag{8.4.34}$$

这就与 G/g 非常数矛盾.

于是方程组 (8.4.29) 系数矩阵的秩恰好为 3, 从而 $u/v=h/g$ 可用 f_j, g_j 和它们的一阶导数的行列式的商表示出, 即为有理函数. 于是 $F=-h/g$ 为有理函数.

情形 2 所有 $c_{0,\mu}$ 均恒为零. 在此种情形, $g=0$ 和 $h=1$ 满足方程 (8.4.23), 即 $G=0$ 和 $H=1$ 满足方程 (8.4.21). 因此由引理 8.4.4, 函数 f_j 是方程 (8.4.14) 的解, 从而方程 (8.4.14) 的每个系数 A_q 均恒为零, 也即方程 (8.4.14) 变为 $w^{(k)}=0$. 于是由于 $g_j=f_jh+f_j'g$, $1\leqslant j\leqslant k$ 是其解而一定是多项式. 再由 $f_1f_2'-f_1'f_2\not\equiv 0$ 知

$$F=-\frac{h}{g}=\frac{f_1'g_2-f_2'g_1}{f_1g_2-f_2g_1} \tag{8.4.35}$$

是一有理函数. □

定理 8.4.3 的证明 先考虑 $k\geqslant 3$. 首先, 由引理 8.4.5知 F 是有理函数, 从而引理 8.4.2 中的整函数 g 因满足 $g^k=\dfrac{1}{\phi_k[F]}$ 而为多项式. 另外, 由 (8.4.15) 知方程 (8.4.14) 的每个系数 A_q 也均为多项式. 更进一步地, 所有 w_j 为多项式, 而且由于这些 w_j 构成方程 (8.4.14) 的基本解组, 因此所有 A_q 均恒为零. 这样, 由 (8.4.25) 知

$$h'=-\frac{k-1}{2}g'',\quad h=-\frac{k-1}{2}g'-c, \tag{8.4.36}$$

其中, c 为常数. 于是

$$F=\frac{k-1}{2}\cdot\frac{g'}{g}+\frac{c}{g}. \tag{8.4.37}$$

由于 F 非常数, g 也是非常数. 我们断定多项式 g 的次数至多为 2. 事实上, 如果 g 的次数大于 2, 则由 (8.4.36) 知 $w_k=f_k'g+f_kh$ 的次数至少为 $k+1$. 而这与 w_k

是方程 $w^{(k)}=0$ 的解矛盾. 因此 g 的次数为 1 或 2. 由此即知 F 具有定理 8.4.3 中所叙述之形式. 当 $k\geqslant 3$ 时定理 8.4.3 证毕.

现在我们来考虑 $k=2$ 的情形. 记

$$h(z)=z-\frac{1}{F(z)}. \tag{8.4.38}$$

由于 $\phi_2[F]=F'+F^2\neq 0$, 因此 F 没有重零点, 从而 h 没有重极点. 由条件 $1\notin \mathrm{Res}_1(F)$ 知在 F 的极点处 $h'\neq 0$. 于是, 由 $\phi_2[F]=F'+F^2\neq 0$ 知 h' 没有零点.

如果 h 是有理函数, 则容易看出 F 具有定理所述形式. 现设 h 是超越的, 则由定理 11.3.3 知 h 有无穷多个不动点 z_n 使得 $h'(z_n)\to\infty$. 这些不动点 z_n 一定是 F 的单极点, 而且

$$h'(z_n)=1-\frac{1}{\mathrm{Res}(F,z_n)}. \tag{8.4.39}$$

这就与 $\mathrm{Res}_1(F)$ 不于 0 为聚点相矛盾. 这样当 $k=2$ 时定理 8.4.3 亦证毕. □

8.4.2　定理 8.4.4 的证明

定理 8.4.4 的证明过程与定理 8.3.2 的证明相仿, 需要建立一系列引理. 第一个引理实际上就是 Zalcman-Pang 引理.

引理 8.4.6　设 $\mathcal{F}$ 是区域 D 上一族亚纯函数, 且存在正数 δ 使得对任何 $f\in\mathcal{F}$ 有 $\mathrm{dis}(\mathrm{Res}_1(f,D),\{0\})\geqslant\delta$. 如果 $\mathcal{F}$ 在 D 内某点 z_0 处不正规, 那么存在函数列 $\{f_n\}\subset\mathcal{F}$, 收敛于 z_0 的点列 $\{z_n\}\subset D$ 和收敛于 0 的正数列 $\{\rho_n\}$ 使得函数列 $g_n(\zeta)=\rho_n f_n(z_n+\rho_n\zeta)$ 于复平面 $\mathbb{C}$ 按球距内闭一致收敛于非常数亚纯函数 g, 并且 g 满足 $g^{\#}(\zeta)\leqslant g^{\#}(0)=1+1/\delta$ 以及 $\mathrm{dis}(\mathrm{Res}_1(g),\{0\})\geqslant\delta$.

证明　对函数族 $\{1/f\ :f\in\mathcal{F}\}$ 应用 Zalcman-Pang 引理即得. □

引理 8.4.7　如果有理函数

$$F(z)=\frac{(k-1)z+\alpha}{z^2+\beta z+\gamma}, \tag{8.4.40}$$

这里 α, β, γ 为常数, 有两个极点 $\pm 1/2$ 并且满足 $\mathrm{dis}(\mathrm{Res}_1(F),\{0\})\geqslant\delta>0$, 那么存在常数 $K=K(\delta,k)>0$ 使得

$$\sup_{z\in\overline{\Delta}(0,1)}F^{\#}(z)\leqslant K. \tag{8.4.41}$$

证明　根据条件容易看出

$$F(z) \in \mathcal{F} = \left\{ f_\alpha(z) = \frac{(k-1)z+\alpha}{z^2 - \dfrac{1}{4}} : \left| \alpha \pm \frac{1}{2}(k-1) \right| \geqslant \delta \right\}. \tag{8.4.42}$$

可直接验证这个函数族 $\mathcal{F}$ 于 $\mathbb{C}$ 正规. 于是根据 Marty 定理, 引理结论成立. □

引理 8.4.8 设正整数 $k \geqslant 2$, $\delta > 0$, $\mathcal{F}$ 是区域 $D \subset \mathbb{C}$ 上一族亚纯函数. 如果族 $\mathcal{F}$ 中每个函数 f 都满足

$$f \neq 0, \quad \phi_k[f] \neq 0, \quad \mathrm{dis}(\mathrm{Res}_1(f,D), \mathbb{N}_k) \geqslant \delta, \tag{8.4.43}$$

则 $\mathcal{F}$ 是正规族.

证明 设 $\mathcal{F}$ 在 D 内某点 z_0 处不正规. 由于 $\mathrm{dis}(\mathrm{Res}_1(f,D), \mathbb{N}_k) \geqslant \delta$, 我们知 $\mathrm{dis}(\mathrm{Res}_1(f,D), \{0\}) \geqslant \delta$, 于是根据引理 8.4.6, 存在函数列 $\{f_n\} \subset \mathcal{F}$, 收敛于 z_0 的点列 $\{z_n\} \subset D$ 和收敛于 0 的正数列 $\{\rho_n\}$ 使得函数列

$$g_n(\zeta) = \rho_n f_n(z_n + \rho_n \zeta) \xrightarrow[\mathbb{C}]{\chi} g,$$

其中 g 为非常数亚纯函数且 g 满足 $g^{\#}(\zeta) \leqslant g^{\#}(0) = 1 + 1/\delta$ 以及 $\mathrm{dis}(\mathrm{Res}_1(g), \{0\}) \geqslant \delta$. 进一步地, 由于 $f_n \neq 0$, 因此还有 $g \neq 0$.

我们断言: $\mathrm{dis}(\mathrm{Res}_1(g), \mathbb{N}_k) \geqslant \delta$.

事实上, 设 ζ_0 是 g 的一个单极点, 则根据 Hurwitz 定理, 存在点列 $\zeta_n \to \zeta_0$ 使得 ζ_n 为 g_n 的单极点. 于是对任何 $j \in \mathbb{N}_k$ 有

$$|\mathrm{Res}(g_n, \zeta_n) - j| = |\mathrm{Res}(f_n, z_n + \rho_n \zeta_n) - j| \geqslant \delta.$$

由此即知 $\mathrm{dis}(\mathrm{Res}_1(g), \mathbb{N}_k) \geqslant \delta$.

这个断言和引理 8.4.1 说明 g 的极点都是 $\phi_k[g]$ 的极点.

再断言: $\phi_k[g] \neq 0$.

先证明 $\phi_k[g] \not\equiv 0$. 事实上, 如果 $\phi_k[g] \equiv 0$, 则 g 没有极点, 即为一非常数整函数. 设

$$h(\zeta) = \exp\left(\int_0^\zeta g(t)dt \right).$$

则 h 为整函数, 并且 $g = h'/h$, 从而 $h^{(k)} = h\phi_k[h'/h] = 0$. 由此可知 h 为一多项式. 由于 $h \neq 0$, 故 h 为常数, 进而 $g \equiv 0$. 矛盾.

现在记 A 为 g 的极点集, 则 $g_n \xrightarrow[\mathbb{C} \setminus A]{} g$, 进而也有 $\phi_k[g_n] \xrightarrow[\mathbb{C} \setminus A]{} \phi_k[g]$. 注意到 A 没有有穷聚点, 并且 $\phi_k[g_n](\zeta) = \rho_n^k \phi_k[f_n](z_n + \rho_n \zeta) \neq 0$, 因此我们知函数列 $\phi_k[g_n] \xrightarrow[\mathbb{C}]{\chi} \phi_k[g]$, 并且 $\phi_k[g] \neq 0$.

于是由定理 8.4.3 并注意到 $g \neq 0$ 就知 $g(\zeta) = a/(\zeta - b)$, 其中 a, b 为常数, 满足 $|a| \geqslant \delta$. 于是

$$g^{\#}(\zeta) = \frac{|a|}{|\zeta - b|^2 + |a|^2} \leqslant \frac{1}{|a|} \leqslant \frac{1}{\delta}.$$

这与 $g^{\#}(0) = 1 + 1/\delta$ 相矛盾. □

引理 8.4.9　设正整数 $k \geqslant 2$, $\mathcal{F}$ 是区域 $D \subset \mathbb{C}$ 上一族全纯函数. 如果族 $\mathcal{F}$ 中每个函数 f 都满足

$$\phi_k[f] \neq 0, \tag{8.4.44}$$

则 $\mathcal{F}$ 是正规族.

证明　与引理 8.4.8 的证明相似, 只是要注意此时极限函数 g 是整函数. □

引理 8.4.10　设正整数 $k \geqslant 2$, $\delta > 0$, $\mathcal{F}$ 是区域 $D \subset \mathbb{C}$ 上一族亚纯函数, 族 $\mathcal{F}$ 中每个函数 f 都满足

$$\phi_k[f] \neq 0, \quad \mathrm{dis}(\mathrm{Res}_1(f), \mathbb{N}_k) \geqslant \delta. \tag{8.4.45}$$

再设 $\{f_n\} \subset \mathcal{F}$ 并且 $z_0 \in D$. 如果

(a) 函数列 $f_n \xrightarrow[D \setminus \{z_0\}]{\chi} f$, 这里 f 可能恒为 ∞;

(b) 函数列 $\{f_n\}$ 任何子列在 z_0 处都不正规;

(c) 对某正数 η, 每个 f_n 在 $\Delta(z_0, \eta)$ 内至多只有一个零点 (不考虑重数),

那么必有

$$f(z) = \frac{k-1}{z - z_0}. \tag{8.4.46}$$

证明　不妨设 $z_0 = 0$. 由于 $\{f_n\}$ 在 $z_0 = 0$ 处都不正规, 因此类似于引理 8.4.8 的证明, 可知存在 $\{f_n\}$ 的一个子列, 仍然记为 $\{f_n\}$, 趋于 $z_0 = 0$ 的点列 $\{z_n\}$ 和趋于 0 的正数列 $\{\rho_n\}$ 使得

$$g_n(\zeta) = \rho_n f_n(z_n + \rho_n \zeta) \xrightarrow[\mathbb{C}]{\chi} g(\zeta) = \frac{(k-1)(\zeta - \alpha)}{(\zeta - \beta_1)(\zeta - \beta_2)}, \tag{8.4.47}$$

这里 α, β_1, β_2 是常数并且 $\alpha \neq \beta_1$, β_2. 根据 Hurwitz 定理, 存在点列 $\alpha_n \to \alpha$ 和 $\beta_{n,i} \to \beta_i$ $(i = 1, 2)$ 使得 $g_n(\alpha_n) = 0$ 以及 $g_n(\beta_{n,i}) = \infty$. 于是 f_n 有零点 $z_{n,0} = z_n + \rho_n \alpha_n$ 和两个极点 $z_{n,\infty}^{(i)} = z_n + \rho_n \beta_{n,i}$.

现在记

$$f_n^*(z) = \frac{f_n(z)}{R_n(z)}, \text{ 这里 } R_n(z) = \frac{z - z_{n,0}}{(z - z_{n,\infty}^{(1)})(z - z_{n,\infty}^{(2)})}. \tag{8.4.48}$$

由条件 (c) 知 $f_n^* \neq 0$ 于 $\Delta(0,\eta)$. 另外, 我们有

$$R_n^*(\zeta) = \rho_n R_n(z_n + \rho_n\zeta) = \frac{\zeta - \alpha_n}{(\zeta - \beta_{n,1})(\zeta - \beta_{n,2})} \xrightarrow[\mathbb{C}]{\chi} \frac{g(\zeta)}{k-1}. \tag{8.4.49}$$

记 $g_n^*(\zeta) = f_n^*(z_n + \rho_n\zeta)$, 则由 $f_n^* \neq 0$ 于 $\Delta(0,\eta)$ 知于 $\mathbb{C}$ 局部一致地有 $g_n^*(\zeta) \neq 0$. 由于 $g_n^*(\zeta)R_n^*(\zeta) = g_n(\zeta) \xrightarrow[\mathbb{C}]{\chi} g(\zeta)$, 因此由 (8.4.49) 知

$$g_n^*(\zeta) \xrightarrow[\mathbb{C}\setminus\{\alpha,\beta_1,\beta_2\}]{} k-1.$$

由于 $g_n^*(\zeta) \neq 0$, 因此 $g_n^*(\zeta) \xrightarrow[\mathbb{C}]{\chi} k-1$. 特别地, $f_n^*(z_n) = g_n^*(0) \to k-1$.

现在我们证明, 存在正数, 不妨仍然记为 η, 使得当 n 充分大时, f_n^* 在 $\Delta(0,\eta)$ 内没有极点. 事实上, 如若不然, 则存在 $\{f_n^*\}$ 的子列, 不妨仍然设为 $\{f_n^*\}$, 使得每个函数有一个极点 w_n 满足 $w_n \to 0$. 由于 $f_n^*(z_n)$ 收敛于 $k-1$, 因此 $w_n \neq z_n$. 我们可设 w_n 是离 z_n 最近的极点, 即在 $|z - z_n| < |w_n - z_n|$ 内, f_n^* 没有极点. 于是由 $g_n^*(\zeta) = f_n^*(z_n + \rho_n\zeta) \xrightarrow[\mathbb{C}]{\chi} k-1$ 知 $(w_n - z_n)/\rho_n \to \infty$, 从而

$$\rho_n^* = \frac{\rho_n}{w_n - z_n} \to 0. \tag{8.4.50}$$

于是

$$\begin{aligned}\widehat{R}_n(z) &= (w_n - z_n)R_n(z_n + (w_n - z_n)z)\\ &= \frac{z - \rho_n^*\alpha_n}{(z - \rho_n^*\beta_{n,1})(z - \rho_n^*\beta_{n,2})} \xrightarrow[\mathbb{C}^*]{} \frac{1}{z}.\end{aligned} \tag{8.4.51}$$

再记

$$\widehat{f_n^*}(z) = (w_n - z_n)f_n^*(z_n + (w_n - z_n)z). \tag{8.4.52}$$

则同样由 $f_n^* \neq 0$ 于 $\Delta(0,\eta)$ 知于 $\mathbb{C}$ 局部一致地有 $\widehat{f_n^*} \neq 0$, 并且由于 w_n 是 f_n^* 的离 z_n 最近的极点, 在单位圆 $\Delta(0,1)$ 内有 $\widehat{f_n^*} \neq \infty$, 以及 $\widehat{f_n^*}(1) = \infty$.

现在记

$$\widehat{f}_n(z) = \widehat{R}_n(z)\widehat{f_n^*}(z) = (w_n - z_n)f_n(z_n + (w_n - z_n)z). \tag{8.4.53}$$

则通过计算和条件 (8.4.45) 可有

$$\begin{aligned}&\phi_k\left[\widehat{f}_n\right](z) = (w_n - z_n)^k\phi_k\left[f_n\right](z_n + (w_n - z_n)z) \neq 0,\\ &\operatorname{dis}(\operatorname{Res}_1(\widehat{f}_n), \mathbb{N}_k) \geqslant \delta.\end{aligned} \tag{8.4.54}$$

于是由引理 8.4.1 知 $\phi_k\left[\widehat{f_n}\right](z)$ 有 $2k$ 个极点 (计重数) 趋于 0. 同时注意到, 由于于 $\mathbb{C}$ 局部一致地有 $\widehat{f_n^*}\neq 0$, 因此于 $\mathbb{C}^*$ 局部一致地有 $\widehat{f_n}\neq 0$. 这样, 根据引理 8.4.8, 函数列 $\{\widehat{f_n}\}$ 于 $\mathbb{C}^*$ 正规, 由此可知函数列 $\{\widehat{f_n^*}\}$ 于 $\mathbb{C}^*$ 也正规. 又由于在单位圆 $\Delta(0,1)$ 内有 $\widehat{f_n^*}\neq 0,\infty$, 因此函数列 $\{\widehat{f_n^*}\}$ 于整个复平面 $\mathbb{C}$ 也正规.

这样, 函数列 $\{\widehat{f_n^*}\}$ 就有子列, 仍然记为 $\{\widehat{f_n^*}\}$, 其于复平面 $\mathbb{C}$ 按球距内闭一致收敛, 设极限函数为 $\widehat{f^*}$. 由于 $\widehat{f_n^*}(1)=\infty$, 因此 $\widehat{f^*}(1)=\infty$; 由于 $\widehat{f_n^*}(0)=f_n^*(z_n)=g_n^*(0)\to k-1$, 因此 $\widehat{f^*}(0)=k-1$. 这表明函数 $\widehat{f^*}$ 非常数, 而且由于 $\widehat{f_n^*}\neq 0$ 还可知有 $\widehat{f^*}\neq 0$.

于是由 (8.4.53) 知 $\widehat{f_n}\xrightarrow[\mathbb{C}^*]{\chi}\widehat{f}(z)=\widehat{f^*}(z)/z$. 容易看出, 函数 $\widehat{f}$ 于 $\mathbb{C}$ 亚纯, 非常数, 不取 0, 而且以 0, 1 为极点. 特别地, 0 是单极点并且 $\mathrm{Res}(\widehat{f},0)=k-1$. 另外, 由于 $\mathrm{dis}(\mathrm{Res}_1(\widehat{f_n}),\mathbb{N}_k)\geqslant\delta$, 我们也有

$$\mathrm{dis}(\mathrm{Res}_1(\widehat{f},\mathbb{C}^*),\mathbb{N}_k)\geqslant\delta.$$

于是根据引理 8.4.1, 1 是 $\phi_k[\widehat{f}]$ 的极点, 从而 $\phi_k[\widehat{f}]$ 不恒为 0.

由于函数列 $\widehat{f_n}\xrightarrow[\mathbb{C}^*]{\chi}\widehat{f}$, 因此 $\phi_k[\widehat{f_n}]\xrightarrow[\mathbb{C}\setminus A]{}\phi_k[\widehat{f}]$, 这里 A 为 $\widehat{f}$ 的极点集. 由于 (8.4.54) 并且注意到 A 没有聚点以及 $\phi_k[\widehat{f}]$ 不恒为 0, 因此 $\phi_k[\widehat{f_n}]\xrightarrow[\mathbb{C}]{\chi}\phi_k[\widehat{f}]$. 由于 $\phi_k[\widehat{f_n}](z)$ 有 $2k$ 个极点 (计重数) 趋于 0, 因此 0 是 $\phi_k[\widehat{f}]$ 的重级至少 $2k$ 的极点. 然而, 由于 0 是 $\widehat{f}$ 的单极点, 由引理 8.4.1, 这是不可能的.

于是当 n 充分大时, f_n^* 在 $\Delta(0,\eta)$ 内没有极点. 我们可设所有 f_n^* 在 $\Delta(0,\eta)$ 内没有极点. 注意 f_n^* 在 $\Delta(0,\eta)$ 内也没有零点.

由于 $R_n(z)\xrightarrow[\mathbb{C}^*]{}1/z$, 因此由条件 (a), $f_n^*\xrightarrow[D\setminus\{0\}]{\chi}f^*(z)=zf(z)$. 由于 f_n^* 在 $\Delta(0,\eta)$ 内没有零点和极点, 因此 $f_n^*\xrightarrow[D]{\chi}f^*(z)=zf(z)$. 注意到 $f_n^*(z_n)=g_n^*(0)\to k-1$ 以及 $z_n\to 0$, 我们有 $f^*(0)=k-1$, 从而

$$f(z)=\frac{f^*(z)}{z}\not\equiv\infty \tag{8.4.55}$$

于 D 亚纯.

现在, 我们证明 $\phi_k[f]\equiv 0$. 设 $\phi_k[f]\not\equiv 0$. 由 (a), 我们知 $\phi_k[f_n]\xrightarrow[D\setminus B]{}\phi_k[f]$, 这里 B 为 f 的极点集. 由于 $\phi_k[f_n]\neq 0$ 并且 $\phi_k[f]\not\equiv 0$, 因此 $\phi_k[f_n]\xrightarrow[D]{\chi}\phi_k[f]$. 由于 f_n 有两个极点趋于 0, 因此由条件 (8.4.45) 和引理 8.4.1, $\phi_k[f_n]$ 有 $2k$ 个趋于 0 的极点, 这样 0 就成为 $\phi_k[f]$ 的重级至少 $2k$ 的极点. 但由于 0 是 f 的单极点, 而且 $\mathrm{Res}(f,0)=k-1$, 由引理 8.4.1知这是不可能的.

因此 $\phi_k[f] \equiv 0$. 由于 $f^*(0) = k-1$, 因此存在于某 $\Delta(0,\eta)$ 内全纯的函数 h, 使得 $f^*(z) = k - 1 + zh(z)$. 记

$$H(z) = z^{k-1} \exp\left(\int_0^z h(t)dt\right), \tag{8.4.56}$$

则 H 在 $\Delta(0,\eta)$ 内全纯, 并且

$$\frac{H'(z)}{H(z)} = \frac{k-1}{z} + h(z) = \frac{f^*(z)}{z} = f(z). \tag{8.4.57}$$

于是 $H^{(k)}(z) = H(z)\phi_k[f] \equiv 0$. 这说明 H 是一多项式, 由此可知 $h \equiv 0$, 从而 $f^* \equiv k - 1$. 于是 $f(z) = (k-1)/z$. □

引理 8.4.11 设正整数 $k \geqslant 2$, $\delta > 0$, $\mathcal{F}$ 是区域 $D \subset \mathbb{C}$ 上一族亚纯函数, 族 $\mathcal{F}$ 中每个函数 f 都满足

$$\phi_k[f] \neq 0, \quad \text{dis}(\text{Res}_1(f), \mathbb{N}_k) \geqslant \delta. \tag{8.4.58}$$

再设 $\{f_n\} \subset \mathcal{F}$ 并且 $z_0 \in D$. 如果

(b) 函数列 $\{f_n\}$ 任何子列在 z_0 处都不正规;

(d) 对任何正数 ε, 当 n 充分大时 f_n 在 $\Delta(z_0,\varepsilon)$ 内至少有两相异零点, 那么函数列 $\{f_n\}$ 必有子列, 仍然记为 $\{f_n\}$ 使得每个 f_n 有两个相异极点 a_n 和 b_n, 满足 $a_n \to z_0$, $b_n \to z_0$ 以及

$$\sup_{\overline{\Delta}(0,1)} h_n^{\#}(z) \to \infty, \tag{8.4.59}$$

这里

$$h_n(z) = (a_n - b_n) f_n\left(\frac{a_n + b_n}{2} + (a_n - b_n)z\right). \tag{8.4.60}$$

证明 不妨设 $z_0 = 0$. 由与上引理相同的讨论知, 存在 $\{f_n\}$ 的一个子列, 仍然记为 $\{f_n\}$, 趋于 $z_0 = 0$ 的点列 $\{z_n\}$ 和趋于 0 的正数列 $\{\rho_n\}$ 使得

$$g_n(\zeta) = \rho_n f_n(z_n + \rho_n\zeta) \xrightarrow[\mathbb{C}]{\chi} g(\zeta) = \frac{(k-1)(\zeta-\alpha)}{(\zeta-\beta_1)(\zeta-\beta_2)}, \tag{8.4.61}$$

这里 α, β_1, β_2 是常数并且 $\alpha \neq \beta_1$, β_2. 根据 Hurwitz 定理, 存在点列 $\alpha_n \to \alpha$ 和 $\beta_{n,i} \to \beta_i$ $(i = 1,2)$ 使得 $g_n(\alpha_n) = 0$ 以及 $g_n(\beta_{n,i}) = \infty$. 于是 f_n 有零点 $z_{n,0} = z_n + \rho_n\alpha_n$ 和两个极点 $z_{n,\infty}^{(i)} = z_n + \rho_n\beta_{n,i}$.

现在记

$$f_n^*(z)=\frac{f_n(z)}{R_n(z)},\ \text{这里}\ R_n(z)=\frac{z-z_{n,0}}{(z-z_{n,\infty}^{(1)})(z-z_{n,\infty}^{(2)})}. \tag{8.4.62}$$

则由与上引理相仿的讨论可知有 $g_n^*(\zeta)=f_n^*(z_n+\rho_n\zeta)\xrightarrow[\mathbb{C}]{\chi}k-1$. 特别地, $f_n^*(z_n)=g_n^*(0)\to k-1$.

现在, 我们证明对任何充分小正数 ε, 存在 N 使得当 $n>N$ 时, f_n^* 在圆 $\Delta(0,\varepsilon)\subset D$ 内至少有一个极点.

否则, 存在正数 η 和 $\{f_n^*\}$ 的子列仍然设为 $\{f_n^*\}$, 使得每个 f_n^* 在圆 $\Delta(0,\eta)\subset D$ 内没有极点, 即全纯. 然由条件 (d), 对充分大的 n, f_n^* 有趋于 0 的零点 w_n. 因为 $f_n^*(z_n)\to k-1$, 故有 $w_n\neq z_n$. 不妨设 w_n 是所有零点中离 z_n 最近的, 则根据 $g_n^*(\zeta)=f_n^*(z_n+\rho_n\zeta)\xrightarrow[\mathbb{C}]{\chi}k-1$ 知 $(w_n-z_n)/\rho_n\to\infty$, 即有

$$\rho_n^*=\frac{\rho_n}{w_n-z_n}\to 0. \tag{8.4.63}$$

于是

$$\begin{aligned}\widehat{R}_n(z)&:=(w_n-z_n)R_n(z_n+(w_n-z_n)z)\\&=\frac{z-\rho_n^*\alpha_n}{(z-\rho_n^*\beta_{n,1})(z-\rho_n^*\beta_{n,2})}\xrightarrow[\mathbb{C}^*]{}\frac{1}{z}.\end{aligned} \tag{8.4.64}$$

记 $\widehat{f}_n^*(z):=f_n^*(z_n+(w_n-z_n)z)$, 则由 f_n^* 于圆 $\Delta(0,\eta)$ 全纯知 $\{\widehat{f}_n^*\}$ 于 $\mathbb{C}$ 内闭一致全纯. 再由 w_n 是离 z_n 最近的零点知 $\widehat{f}_n^*\neq 0$ 于 $\Delta(0,1)$ 并且 $\widehat{f}_n^*(1)=0$. 再记

$$\widehat{f}_n(z):=\widehat{R}_n(z)\widehat{f}_n^*(z)=(w_n-z_n)f_n(z_n+(w_n-z_n)z), \tag{8.4.65}$$

则有

$$\begin{aligned}&\phi_k[\widehat{f}_n](z)=(w_n-z_n)^k\phi_k[f_n](z_n+(w_n-z_n)z)\neq 0,\\&\operatorname{dis}(\operatorname{Res}_1(\widehat{f}_n),\mathbb{N}_k)\geqslant\delta.\end{aligned} \tag{8.4.66}$$

于是, 由引理 8.4.1, $\phi_k[\widehat{f}_n]$ 有 $2k$ 个 (计重数) 极点趋于 0.

由于 $\{\widehat{f}_n^*\}$ 于 $\mathbb{C}$ 内闭一致全纯, 因此 $\{\widehat{f}_n\}$ 于 $\mathbb{C}^*$ 内闭一致全纯, 故由引理 8.4.9, $\{\widehat{f}_n\}$ 从而 $\{\widehat{f}_n^*\}$ 于 $\mathbb{C}^*$ 正规. 再注意到 $\widehat{f}_n^*\neq 0,\infty$ 于 $\Delta(0,1)$, 就知 $\{\widehat{f}_n^*\}$ 于 $\mathbb{C}$ 正规. 于是其有子列, 不妨仍设为 $\{\widehat{f}_n^*\}$, 于 $\mathbb{C}$ 内闭一致收敛. 设极限函数为 $\widehat{f}^*$, 即 $\widehat{f}_n^*\xrightarrow[\mathbb{C}]{}\widehat{f}^*$. 由于 $\widehat{f}_n^*(0)=f_n^*(z_n)=g_n^*(0)\to k-1$, 我们知 $f^*(0)=k-1$.

而由 $\widehat{f}_n^*(1) = 0$ 知 $f^*(1) = 0$. 于是 f^* 是非常数整函数, 满足 $f^*(0) = k-1$ 和 $f^*(1) = 0$.

现在记 $\widehat{f}(z) = \widehat{f}^*(z)/z$, 则与上引理相似地可证明 $\phi_k[\widehat{f}] \not\equiv 0$. 由于 $\widehat{R}_n \xrightarrow[\mathbb{C}^*]{} 1/z$, 因此 $\phi_k[\widehat{f}_n] \xrightarrow[\mathbb{C}^*]{} \phi_k[\widehat{f}]$. 由于 $\phi_k[\widehat{f}_n] \neq 0$ 并且 $\phi_k[\widehat{f}] \not\equiv 0$, 因此有 $\phi_k[\widehat{f}_n] \xrightarrow[\mathbb{C}]{\chi} \phi_k[\widehat{f}]$. 然而, 由于 $\phi_k[\widehat{f}_n]$ 有 $2k$ 个 (计重数) 极点趋于 0, 而 0 是 $\phi_k[\widehat{f}]$ 的重数至多为 k 的极点, 这不可能.

至此, 我们证明了: 对任何充分小正数 ε, 存在 N 使得当 $n > N$ 时, f_n^* 在圆 $\Delta(0,\varepsilon) \subset D$ 内至少有一个极点. 选取子列, 可设 f_n^* 至少有一个极点 $z_n^* \to 0$. 根据 $g_n^*(\zeta) = f_n^*(z_n + \rho_n\zeta) \xrightarrow[\mathbb{C}]{\chi} k-1$ 就知 $\zeta_n^* = (z_n^* - z_n)/\rho_n \to \infty$. 最后, 记

$$h_n(z) = (z_{n,\infty}^{(1)} - z_n^*) f_n\left(\frac{z_{n,\infty}^{(1)} + z_n^*}{2} + (z_{n,\infty}^{(1)} - z_n^*)z\right). \tag{8.4.67}$$

则有

$$h_n\left(\frac{1}{2}\right) = \infty, \quad h_n\left(\frac{z_{n,0} - \dfrac{z_{n,\infty}^{(1)} + z_n^*}{2}}{z_{n,\infty}^{(1)} - z_n^*}\right) = 0. \tag{8.4.68}$$

由于

$$\frac{z_{n,0} - \dfrac{z_{n,\infty}^{(1)} + z_n^*}{2}}{z_{n,\infty}^{(1)} - z_n^*} = \frac{2\zeta_{n,0} - \zeta_{n,\infty}^{(1)} - \zeta_n^*}{2(\zeta_{n,\infty}^{(1)} - \zeta_n^*)} \to \frac{1}{2},$$

函数列 $\{h_n\}$ 的任何子列在点 $z = 1/2$ 的任何邻域内都不等度连续, 因而也不正规. 再由 Marty 定理, 我们就得到 (8.4.59). □

定理 8.4.4 的证明 根据上述诸引理, 用与定理 8.3.2 证明相同的方法可证. 详略. 参考 [49]. □

第 9 章　正规族与迭代函数不动点

与迭代函数不动点相关的全纯或更一般的亚纯函数正规族, 始于杨乐[164] 的一个问题. 由于在复解析动力系统中, 最重要和最基本的概念 Fatou 集及其余集 Julia 集是利用正规族来定义的, 而研究这两种集合时整函数或亚纯函数迭代的不动点扮演着极为重要的角色, 因此与迭代函数不动点相关的全纯和亚纯函数正规族的研究具有重要的理论意义.

9.1　与迭代函数不动点相关的全纯函数正规族

我们先给出区域 D 内全纯函数或亚纯函数迭代的定义.

设 $f: D \to \overline{\mathbb{C}}$ 是一个亚纯函数, 则其 n 次迭代, 记为 $f^n: D_n \to \overline{\mathbb{C}}$, 可归纳地定义为

$$D_1 = D, \quad f^1 = f;$$

$$D_n = f^{-1}(D_{n-1}) = \{z \in D : f(z) \in D_{n-1}\}, \quad f^n = f^{n-1} \circ f \quad (n \geqslant 2).$$

注意总是有 $D_n \subset D_{n-1} \subset \cdots \subset D_1 = D$. 又, 如果点 $z_0 \in D$ 满足 $z_0 \in D_n$ 并且 $f^n(z_0) = z_0$, 则称点 $z_0 \in D$ 是 f^n 的一个不动点. 如果 $z_0 \in D$ 是 f^n 的不动点但不是任何 f^l, $l < n$ 的不动点, 则称 $z_0 \in D$ 是 f 的一个周期为 n 的周期点. 此时有前向轨道 $O^+(z_0) = \{z_0, f(z_0), \cdots, f^n(z_0)\} \subset D$.

本章的内容将围绕杨乐[164] 于 1992 年提出的如下问题及其推广展开.

问题 9.1.1　设 $\mathcal{F}$ 是一族整函数, $k \geqslant 2$ 为正整数. 若 $\mathcal{F}$ 中每个函数 f 和它的 k 次迭代 f^k 在区域 D 内都没有不动点, 那么 $\mathcal{F}$ 在 D 内是否正规?

9.1.1　杨乐问题的解答

1998 年, M. Essén 和伍胜健[75] 肯定地回答了杨乐的问题, 得到了如下结果.

定理 9.1.1　设 $\mathcal{F}$ 是区域 D 内的一族全纯函数, $k \geqslant 2$ 为正整数. 若对 $\mathcal{F}$ 中每个函数 f, 它的 k 次迭代 f^k 在 D 内都没有不动点, 那么 $\mathcal{F}$ 在 D 内正规.

为证明定理 9.1.1, 我们需要研究迭代整函数不动点的存在性.

引理 9.1.1　设 f 是一级不超过 1 的超越整函数, $k \geqslant 2$ 为正整数, 则 f^k 至少有一个不动点.

证明 假如 f 有不动点, 那么该不动点也是 f^k 的不动点. 因此, 下设 f 没有不动点. 由于 f 的级不超过 1, 因此可设

$$f(z)=z+e^{az+b},$$

其中 $a(\neq 0)$, b 是常数.

如果 f^k 没有不动点, 则存在整函数 ϕ 使得

$$f^k(z)=z+e^{\phi(z)}.$$

由于 $f^k=f(f^{k-1})$, 从而得到

$$f^{k-1}(z)+e^{af^{k-1}(z)+b}=z+e^{\phi(z)},$$

即有

$$e^{\psi(z)}-e^{\phi(z)}=L(z),$$

其中 $\psi(z)=af^{k-1}(z)+b$, $L(z)=z-f^{k-1}(z)$. 将上式两边求导, 得

$$\psi'(z)e^{\psi(z)}-\phi'(z)e^{\phi(z)}=L'(z).$$

从而就有 $\psi'(z)\left(e^{\phi(z)}+L(z)\right)-\phi'(z)e^{\phi(z)}=L'(z)$, 即

$$\left[\psi'(z)-\phi'(z)\right]e^{\phi(z)}=L'(z)-L(z)\psi'(z).$$

如果 $\psi'(z)-\phi'(z)\not\equiv 0$, 则

$$e^{\phi(z)}=\frac{L'(z)-L(z)\psi'(z)}{\psi'(z)-\phi'(z)}.$$

于是

$$\begin{aligned}T(r,e^{\phi(z)})&\leqslant T(r,L'(z)-L(z)\psi'(z))+T(r,\psi'(z)-\phi'(z))+O(1)\\&\leqslant m(r,L'(z)-L(z)\psi'(z))+m(r,\psi'(z)-\phi'(z))+O(1)\\&\leqslant m(r,L)+2m(r,\psi')+m(r,\phi')+m(r,L'/L)+O(1)\\&\leqslant m(r,f^{k-1})+o(T(r,e^{\phi(z)})).\end{aligned}$$

于是就有

$$T(r,f^k)\leqslant T(r,f^{k-1})+o(T(r,f^k)).$$

这不可能.

因此 $\psi'(z)-\phi'(z)\equiv 0$, 即 $\psi(z)=\phi(z)+c$, 这里 c 为常数. 于是 $L(z)=e^{\psi(z)}-e^{\phi(z)}=(e^c-1)e^{\phi(z)}$. 如果 $e^c-1\neq 0$, 则有 $T(r,e^{\phi(z)})\leqslant T(r,L)+O(1)$ 而同样得到矛盾: $T(r,f^k)\leqslant T(r,f^{k-1})+o(T(r,f^k))$. 故 $e^c-1=0$, 即有 $L\equiv 0$. 这自然也不可能.

这些矛盾就说明 f^k 至少有一个不动点. □

注记 9.1.1 引理 9.1.1 中关于函数级的条件可去掉. 事实上, 结论也可进一步加强为周期点的存在, 而且有无穷多个. 参考 [15].

定理 9.1.1 的证明 令

$$\mathcal{G}=\{g(z)=f(z)-z:\ f\in\mathcal{F}\}.$$

显然, $\mathcal{F}$ 在 D 内正规当且仅当 $\mathcal{G}$ 在 D 内正规.

由于 f^k 在 D 内没有不动点, 因此 f 在 D 内也没有不动点, 故对任何 $g\in\mathcal{G}$, 在 D 内有 $g(z)\neq 0$.

现假设 $\mathcal{G}$ 在某点 $z_0\in D$ 处不正规, 则由 Zalcman-Pang 引理知, 存在点列 $z_n\to z_0$, 正数列 $\rho_n\to 0$ 和函数列 $g_n(z)=f_n(z)-z\in\mathcal{G}$ 使得 $G_n(\zeta)=\dfrac{g_n(z_n+\rho_n\zeta)}{\rho_n}$ 在复平面 $\mathbb{C}$ 上内闭一致收敛于非常数整函数 G, 并且 G 的级至多为 1. 根据 Hurwitz 定理, 我们立知 $G(\zeta)\neq 0$ 于复平面 $\mathbb{C}$.

记

$$H_n(\zeta)=G_n(\zeta)+\zeta.$$

则由 $G_n(\zeta)=\dfrac{g_n(z_n+\rho_n\zeta)}{\rho_n}$ 知

$$H_n(\zeta)=\frac{f_n(z_n+\rho_n\zeta)-z_n}{\rho_n}.$$

由于 $z_n+\rho_nH_n(\zeta)=f_n(z_n+\rho_n\zeta)$, 因此

$$H_n^2(\zeta)=\frac{f_n(z_n+\rho_nH_n(\zeta))-z_n}{\rho_n}=\frac{f_n^2(z_n+\rho_n\zeta)-z_n}{\rho_n}.$$

类似地, 我们有

$$H_n^j(\zeta)=\frac{f_n^j(z_n+\rho_n\zeta)-z_n}{\rho_n},\quad j=1,2,3,\cdots.$$

进而就有

$$H_n^j(\zeta)-\zeta=\frac{f_n^j(z_n+\rho_n\zeta)-(z_n+\rho_n\zeta)}{\rho_n},\quad j=1,2,3,\cdots.$$

由于 $\{H_n\}$ 在复平面 $\mathbb{C}$ 上内闭一致收敛于整函数 $H(\zeta)=G(\zeta)+\zeta$, 因此对任何 j, $\{H_n^j\}$ 在复平面 $\mathbb{C}$ 上内闭一致收敛于整函数 $H^j(\zeta)$.

若 H^k 在 $\mathbb{C}$ 上有不动点 ζ_0, 则由 Hurwitz 定理, 存在点列 $\zeta_n\to\zeta_0$ 使得 $H_n^k(\zeta_n)=\zeta_n$, 即有 $f_n^k(z_n+\rho_n\zeta_n)=z_n+\rho_n\zeta_n$. 又对 $j\in\{1,2,\cdots,k-1\}$, 当 $n\to\infty$ 时有 $f_n^j(z_n+\rho_n\zeta_n)=z_n+\rho_n\zeta_n+\rho_n(H_n^j(\zeta_n)-\zeta_n)\to z_0\in D$. 于是当 n 充分大时, $z_n+\rho_n\zeta_n$ 是 f_n^k 的一个不动点. 这与假设矛盾.

故 H^k 于 $\mathbb{C}$ 没有不动点. 由于 H 的级与 G 相同, 因而也不超过 1, 故由引理 9.1.1 知 H 为多项式. 但对多项式 H, 容易由 H^k 于 $\mathbb{C}$ 没有不动点知 H 只能为 $\zeta+c$ 的形式, 这里 c 为非零常数. 于是 $G(\zeta)=H(\zeta)-\zeta=c$ 为常数. 与 G 非常数矛盾.

于是 $\mathcal{G}$ 在 D 内正规, 从而 $\mathcal{F}$ 在 D 内正规. □

9.1.2 没有周期点的全纯函数族的正规性与拟正规性

M. Essén 和伍胜健[75] 随后进一步改进了他们的定理.

定理 9.1.2 设 $\mathcal{F}$ 是区域 D 内的一族全纯函数. 若对 $\mathcal{F}$ 中每个函数 f, 它的某 $k=k(f)\geqslant 2$ 次迭代 f^k 在 D 内没有不动点, 那么 $\mathcal{F}$ 在 D 内正规.

由于定理 9.1.2 中整数集 $\{k(f)\}$ 可能无界, 因此定理 9.1.1 的证明方法似乎不再适用于定理 9.1.2. 此时, 将采用 Ahlfors 覆盖曲面理论来证明定理 9.1.2. 如下更强的结论由 W. Bergweiler[23] 证明.

定理 9.1.3 设 $\mathcal{F}$ 是区域 D 内的一族全纯函数. 若 $\mathcal{F}$ 中每个函数 f 没有周期为某 $k=k(f)\geqslant 2$ 的周期点, 那么 $\mathcal{F}$ 在 D 内拟正规并且阶为 1. 进一步地, 设 $\{f_n\}\subset\mathcal{F}$ 不含有收敛的子列, 则存在一个紧集 $K\subset D$ 使得 $\{f_n\}$ 于 $D\setminus K$ 内闭一致收敛到 ∞, 而且对充分大的 n, 存在单连通区域 $\Omega_n\subset K$ 使得 $\min_{z\in K\setminus\Omega_n}|f_n(z)|\to\infty$, 以及存在拟共形同胚 $\phi_n:\mathbb{C}\to\mathbb{C}$ 使得 $f_n=\phi_n^{-1}\circ p\circ\phi_n$, 其中 $p(z)=2z$ 或者 $p(z)=-z+z^2$.

很明显, 由定理 9.1.3 可得如下定理 9.1.2 的加强.

定理 9.1.4 设 $\mathcal{F}$ 是区域 D 内的一族全纯函数. 若 $\mathcal{F}$ 中每个函数 f 没有不动点也没有周期为某 $k=k(f)\geqslant 2$ 的周期点, 那么 $\mathcal{F}$ 在 D 内正规.

我们将只给出定理 9.1.3 的证明. 为此, 我们需要如下的若干引理. 首先, 将第 4 章中定理 4.1.5 改写成如下形式.

引理 9.1.2 设 $\mathcal{F}$ 是区域 D 上一不正规的函数族, 则对闭包不相交的两个 Jordan 区域 D_1, D_2, 存在一个函数 $f\in\mathcal{F}$, 其或者在 D_1 或者在 D_2 上有一个岛; 进而存在一列函数 $\{f_n\}\subset\mathcal{F}$, 或者每个函数在 D_1 有一个岛, 或者每个函数在 D_2 有一个岛.

引理 9.1.3 (类多项式的基本定理 [73])设 (f,U,V) 为次数为 d 的类多项式,

则存在次数为 d 的多项式和拟共形映照 $\phi:\mathbb{C}\to\mathbb{C}$ 使得 $f|_U=\phi^{-1}\circ p\circ\phi$. 进一步地, $\phi(U)$ 包含了多项式 p 的填充 Julia 集, 因而也包含了 p 的所有周期点.

注记 9.1.2 对次数为 1 的类多项式, 可取多项式 p 为 $p(z)=2z$. 事实上, 对 $d=1$, 根据类多项式基本定理有 $p(z)=az+b$, 并且根据类多项式的定义容易看出 $|a|>1$. 通过平移, 可不妨设 $b=0$. 记 $\psi(z)=z|z|^{\alpha}e^{i\beta\log|z|}$, 其中 $\alpha=\log 2/\log|a|-1$, $\beta=-\arg a/\log|a|$, 则有 $p(z)=az=\psi^{-1}(2\psi(z))$. 从而可取 $p(z)=2z$.

引理 9.1.4 每个类多项式都有不动点.

证明 根据定义或者由类多项式基本定理可知. □

设 U, $V\subset\mathbb{C}$ 是 Jordan 区域, 当全纯映照 $f:\ D\to\mathbb{C}$ 使得 $f|_{D\cap U}$ 在 V 上有岛时, 记为 $U\rightsquigarrow^f V$. 于是, 如果 $U\rightsquigarrow^f V$ 并且 $V\rightsquigarrow^g W$, 则有 $U\rightsquigarrow^{g\circ f} W$; 如果 $V\rightsquigarrow^f V$, 则存在 $U\subset V$ 使得 (f,U,V) 为类多项式. 由此即知

引理 9.1.5 如果 $V\rightsquigarrow^f V$, 则 f 于 V 有不动点.

我们还需要一点图论的基本概念. 对集合 V 和集合 $E\subset V\times V$, 称 $G=(V,E)$ 为有向图. 当 $E=V\times V$ 时, G 称为完全有向图. 集合 V 的元素称为顶点, 集合 E 的元素称为边. 注意, 允许有圈即形如 $e=(v,v)$, $v\in V$ 的边.

设 n 为正整数, 如果 $(v_0,v_1),\cdots,(v_{n-1},v_n)\in E$ 并且 $v_n=v_0$, 则称 $w=(v_0,v_1,\cdots,v_n)\in V^{n+1}$ 是长度为 n 的闭路. 进一步地, 如果不存在整数 $p\in\{1,2,\cdots,n-1\}$ 满足 $p|n$ 使得对任何满足 $p|(i-j)$ 的 $i,j\in\{1,2,\cdots,n\}$ 有 $v_i=v_j$, 则称闭路 $w=(v_0,v_1,\cdots,v_n)\in V^{n+1}$ 是本原的. 于是, 一个本原闭路不能由一个长度更短的闭路反复几次而得到. 另外, 每个顶点 v 的外次数定义为集合 $\{u\in V:\ (v,u)\in E\}$ 的基数.

引理 9.1.6 设 $G=(V,E)$ 为有向图. 如果存在 u, $v\in V$ 使得 $u\neq v$ 并且 $(v,v),(u,v),(v,u)\in E$, 则对任何正整数 n, G 有长度为 n 的本原闭路.

证明 当 $n=1$ 时, (v,v) 就是. 当 $n>1$ 时, $(u,\underbrace{v,\cdots,v}_{n-1\text{个}},u)$ 就是长度为 n 的本原闭路. □

引理 9.1.7 对任何正整数 n, 顶点至少 2 个的完全有向图 G 有长度为 n 的本原闭路.

证明 此为引理 9.1.6 的直接推论. □

引理 9.1.8 设 $G=(V,E)$ 为有向图, 有 $q\geqslant 4$ 个顶点. 如果 G 的每个顶点的外次数至少为 $q-1$, 则对任何正整数 $n\geqslant 2$, G 有长度为 n 的本原闭路.

证明 首先设存在 $v\in V$ 使得 $(v,v)\in E$. 由于顶点 v 的外次数至少为 3, 因此存在 $v_1,v_2\in V\setminus\{v\}$ 使得 $v_1\neq v_2$ 并且 $(v,v_1),(v,v_2)\in E$. 于是如果

$(v_1,v)\in E$ 或者 $(v_2,v)\in E$, 则结论可由引理 9.1.6 得到; 而如果 $(v_1,v)\notin E$ 并且 $(v_2,v)\notin E$, 那么就有 $(v_1,v_1),(v_1,v_2),(v_2,v_1)\in E$, 从而仍然由引理 9.1.6 知 G 有长度为 n 的本原闭路. □

现在设对任何 $v\in V$ 有 $(v,v)\notin E$, 则有 $E=V\times V\setminus\{(v,v):\ v\in V\}$. 取定 $v\in V$. 记 $v_0=v$, 然后依次取 $v_j\in V\setminus\{v\}, j=1,\cdots,n-1$ 使得 $v_j\neq v_{j-1}$, 最后再取 $v_n=v$, 则由定义知 $w=(v_0,v_1,\cdots,v_n)$ 是一个 G 的本原闭路. 例如, 对不同的三个顶点 $v,\ u,\ t\in V$, 闭路 (v,u,v), (v,u,t,v), (v,u,t,u,v) 分别是长度为 2, 3, 4 的本原闭路.

现在对全纯映照 $f:D\to\mathbb{C}$ 和互不相交的 Jordan 区域 $D_1,D_2,\cdots,D_q\subset\mathbb{C}$, 定义有向图 $G(V,E)$, 其中 $V=\{D_j:\ j=1,2,\cdots,D_q\}$ 以及 $E=\{(D_j,D_k)\in V\times V: D_j\rightsquigarrow^f D_k\}$. 该有向图记为 $G(f;\{D_1,\cdots,D_q\})$.

引理 9.1.9 如果有向图 $G(f;\{D_1,\cdots,D_q\})$ 有长度为 n 的本原闭路, 则 f 在属于这个本原闭路的每个区域 D_j 内含有一个周期为 n 的周期点.

证明 设 $(D_{j_0},\cdots,D_{j_n})$ 是长度为 n 的本原闭路, 则由引理 9.1.5 以及在该引理前的说明知, f^n 有一个不动点 $z_0\in D_{j_0}$ 使得 $f^k(z_0)\in D_{j_k}$, $k=1,2,\cdots,n-1$. 进一步地, 根据本原闭路的定义可知 z_0 是 f 的周期为 n 的周期点. □

我们还需要如下 I. N. Baker[4] 的关于不存在周期点的多项式的刻画定理.

引理 9.1.10 设 P 是一个次数为 $d\geqslant 2$ 的多项式, $n\geqslant 2$ 为一正整数. 如果 P 没有周期为 n 的周期点, 那么 $d=n=2$, 并且存在一个线性变换 L 使得 $P=L^{-1}\circ P_0\circ L$, 其中 $P_0(z)=-z+z^2$.

定理 9.1.3 的证明 我们可设 D 是有界的. 我们先证明 $\mathcal{F}$ 是阶至多为 3 的拟正规族.

如若不然, 则存在 $q\geqslant 4$ 个不同的点 $z_1,z_2,\cdots,z_q\in D$ 和一列函数 $\{f_n\}\subset\mathcal{F}$ 使得 $\{f_n\}$ 的任何子列在每个 z_j 处都不正规. 以每个 z_j 为圆心, 作小圆 D_j 使得它们的闭包 $\overline{D}_j\subset D$ 互不相交. 现在考察有向图 $G_n=G(f_n;\{D_1,\cdots,D_q\})$.

由引理 9.1.2 知对充分大的 n (以下同), G_n 的每个顶点的外次数至少为 $q-1$. 于是由引理 9.1.8 知对每个 $k\geqslant 2$, G_n 有长度为 k 的本原闭路. 从而由引理 9.1.9 知对每个 $k\geqslant 2$, f_n 有周期为 k 的周期点. 矛盾.

再证明 $\mathcal{F}$ 是阶至多为 1 的拟正规族. 若不然, 设 $\mathcal{F}$ 是阶为 q, $2\leqslant q\leqslant 3$ 的拟正规族, 则存在 q 个不同的点 $z_1,z_2,\cdots,z_q\in D$ 和一列函数 $\{f_n\}\subset\mathcal{F}$ 使得 $\{f_n\}$ 的任何子列在每个 z_j 处都不正规, 但 $\{f_n\}$ 于 $D\setminus\{z_1,z_2,\cdots,z_q\}$ 正规. 我们同样以每个 z_j 为圆心, 作小圆 D_j 使得它们的闭包 $\overline{D}_j\subset D$ 互不相交, 并且考虑有向图 $G_n=G(f_n;\{D_1,\cdots,D_q\})$.

由于 $\{f_n\}$ 是全纯函数列, 因此根据最大模原理, 我们必有 $f_n\to\infty$ 于 $D\setminus\{z_1,z_2,\cdots,z_q\}$, 从而对任何 $i,j\in\{1,\cdots,q\}$ 有 $f_n(\partial D_i)\cap\overline{D}_j=\varnothing$. 由于 $\{f_n\}$

的任何子列在每个 z_j 处都不正规, 我们还有 $f_n(D_i)\cap\overline{D}_j\neq\varnothing$. 于是对任何 $i,j\in\{1,\cdots,q\}$ 有 $D_i\rightsquigarrow^{f_n}D_j$. 这意味着 G_n 是一个完全有向图. 于是由引理 9.1.7 知对每个 $k\geqslant 1$, G_n 有长度为 k 的本原闭路. 从而由引理 9.1.9 知对每个 $k\geqslant 1$, f_n 有周期为 k 的周期点. 矛盾.

至此, 定理 9.1.3 前半部分证毕.

现在来证明定理 9.1.3 的后半部分. 由于 $\mathcal{F}$ 是阶为 1 的拟正规族, 因此存在 $z_0\in D$ 使得 $\{f_n\}$ 于 z_0 处不正规, 但于 $D\setminus\{z_0\}$ 正规. 由于 $\{f_n\}$ 不含有收敛的子列, 并且 $\{f_n\}$ 是全纯函数列, 因此根据最大模原理, 我们必有 $f_n\to\infty$ 于 $D\setminus\{z_0\}$, 并且存在点列 $z_n\to z_0$ 使得 $\{f_n(z_n)\}$ 有界: $|f_n(z_n)|\leqslant M$.

记 $H_n=\{z\in\mathbb{C}:\ |z-z_n|<\delta/2\}$, 其中 δ 为 z_0 到 D 的边界的距离. 再设 $m_n=\min\{|f_n(z)|:\ z\in\partial H_n\}$, 则存在 $\zeta_n\in\partial H_n$ 使得 $m_n=|f_n(\zeta_n)|$. 由于当 n 充分大时, ∂H_n 上的点 z 满足 $\delta/4\leqslant|z-z_0|\leqslant 3\delta/4$, 因此我们有 $m_n\to\infty$.

现在记 $\Delta_n=\{z\in\mathbb{C}:\ |z|<m_n/2\}$, 则有 $f_n(\partial H_n)\cap\overline{\Delta}_n=\varnothing$. 由于 n 充分大时, $m_n>2M$, 因此 $f_n(z_n)\in\Delta_n$, 即 $f_n(H_n)\cap\Delta_n\neq\varnothing$. 由此可知 $H_n\rightsquigarrow^{f_n}\Delta_n$. 另外, 显然还有 $\overline{H}_n\subset\Delta_n$. 记 $\Omega_n=f_n^{-1}(\Delta_n)\cap H_n$. 如果 Ω_n 有 $q\geqslant 2$ 个分支 $D_1,D_2,\cdots,D_q$, 那么 $G=G(f_n;D_1,D_2,\cdots,D_q)$ 是一个完全有向图. 根据引理 9.1.7 和引理 9.1.9 可知对每个 $k\geqslant 1$, f_n 有周期为 k 的周期点. 矛盾. 因此 Ω_n 是连通的, 并且根据最大模原理, Ω_n 是单连通的.

于是, (f_n,Ω_n,Δ_n) 是一个类多项式映照. 余下的证明就可由类多项式基本定理和引理 9.1.10 完成. □

9.1.3 没有排斥周期点的全纯函数族的正规性与拟正规性

设 $z_0\in D$ 是 $f:\ D\to\mathbb{C}$ 的一个周期为 n 的周期点, 则当 $|(f^n)'(z_0)|>1$ 时称 z_0 为 f 在 D 内的一个排斥周期点; 当 $|(f^n)'(z_0)|<1$ 时称 z_0 为 f 在 D 内的一个吸性周期点; 当 $|(f^n)'(z_0)|=1$ 时称 z_0 为 f 在 D 内的一个中性周期点. 对中性周期点 z_0, 当有某正整数 p 使得 $[(f^n)'(z_0)]^p=1$ 时, 称为有理中性周期点, 否则称为无理中性周期点.

M. Essén 和伍胜健[76] 还进一步研究了杨乐的问题, 获得了定理 9.1.1 的如下推广.

定理 9.1.5 设 $\mathcal{F}$ 是区域 D 内的一族全纯函数. 若对 $\mathcal{F}$ 中每个函数 f, 它的某 $k=k(f)\geqslant 2$ 次迭代 f^k 在 D 内都没有排斥不动点, 那么 $\mathcal{F}$ 在 D 内正规.

随后, Bargmann-Bergweiler[9] 及本书作者之一[41] 先后考虑了与定理 9.1.5 对应的拟正规定则, 并得到了比定理 9.1.5 更好的正规定则.

定理 9.1.6 设 $\mathcal{F}$ 是区域 D 内的一族全纯函数. 若有正数 M 使得 $\mathcal{F}$ 中每个函数 f 的周期为某 $k=k(f)\geqslant 2$ 的每个周期点 $\zeta\in D$ 都满足 $|(f^k)'(\zeta)|\leqslant M^k$,

那么 $\mathcal{F}$ 是 D 内阶至多为 1 的拟正规族.

定理 9.1.7 设 $\mathcal{F}$ 是区域 D 内的一族全纯函数. 若 $\mathcal{F}$ 中每个函数 f 没有弱排斥不动点, 并且有正数 M 使得 $\mathcal{F}$ 中每个函数 f 的周期为某 $k = k(f) \geqslant 2$ 的每个周期点 $\zeta \in D$ 都满足 $|(f^k)'(\zeta)| \leqslant M^k$, 那么 $\mathcal{F}$ 在 D 内正规.

这里, 称 z_0 为 f 的弱排斥不动点, 如果 z_0 是排斥不动点或者 z_0 是乘子 $f'(z_0) = 1$ 的不动点. 定理 9.1.7 中 "没有弱排斥不动点" 一般不能改为 "没有排斥不动点".

例 9.1.1 考虑全平面 $\mathbb{C}$ 上的全纯函数列

$$\mathcal{F} = \{f_n(z) = z + nz^2 :\ n = 1, 2, \cdots\}.$$

容易验证每个 f_n 没有排斥不动点, 并且周期为 2 的周期点 ζ 都满足 $|(f_n^2)'(\zeta)| \leqslant (\sqrt{5})^2$. 但显然 $\mathcal{F}$ 在原点处不正规.

定理 9.1.8 设 $\mathcal{F}$ 是区域 D 内的一族全纯函数. 若 $\mathcal{F}$ 中每个函数 f 没有排斥不动点, 并且也没有周期为 $k = k(f) \geqslant 2$ 的排斥周期点, 那么 $\mathcal{F}$ 在 D 内正规.

注记 9.1.3 [41] 证明了定理 9.1.8 中 "每个函数 f 没有排斥不动点" 可减弱为 "所有函数 f 的所有不动点的乘子一致小于 3". 甚至, 当 $k = k(f) \geqslant 4$ 时, 还可进一步减弱为 "所有函数 f 的所有不动点的乘子一致有界".

为证明上面的定理, 我们需要如下的一些引理. 首先将定理 4.1.8 改写成如下形式.

引理 9.1.11 设 $\mathcal{F}$ 是区域 D 上一不正规的函数族, 则对闭包互不相交的三个 Jordan 区域 D_1, D_2, $D_3 \subset \mathbb{C}$, 存在一个函数 $f \in \mathcal{F}$, 其或者在 D_1 或者在 D_2 或者在 D_3 上有一个单叶岛. 进而存在一列函数 $\{f_n\} \subset \mathcal{F}$, 或者每个函数在 D_1 有一个单叶岛, 或者每个函数在 D_2 上有一个单叶岛, 或者每个函数在 D_3 上有一个单叶岛.

引理 9.1.12 每个次数至少为 2 的类多项式至少有一个弱排斥不动点.

引理 9.1.13 设 (f, U, V) 是一个类多项式, 则对闭包含在 V 内并且闭包不相交的两个 Jordan 区域 D_1, D_2, 存在两个不相交的区域 U_1, $U_2 \subset U$ 使得它们是 D_1 或 D_2 上的单叶岛.

引理 9.1.14 设 $G = (V, E)$ 为有向图, 有 $q \geqslant 6$ 个顶点. 如果 G 的每个顶点的外次数至少为 $q - 2$, 则对任何正整数 $n \geqslant 2$, G 有长度为 n 的本原闭路.

证明 证明与引理 9.1.8 类似. 详略. □

引理 9.1.15 设 $U \subset D(c, r) \subset D(a, \varepsilon)$ 是单连通区域, 正数 $\lambda \geqslant 2$. 如果 $(f, U, D(a, \lambda\varepsilon))$ 是一个次数为 1 的类多项式, 则 f 有一个不动点 $z_0 \in U$ 满足

$$|f'(z_0)| \geqslant \frac{3\lambda\varepsilon}{4r}.$$

证明　不妨设 $a=0$ 以及 $\lambda\varepsilon=1$. 根据 Rouché 定理, f 有不动点 $z_0\in U$, 从而 $|z_0|<\varepsilon=1/\lambda\leqslant 1/2$. 现在记 $\phi(z)=(f^{-1}(z)-c)/r$, 则 ϕ 是单位圆的自映照, 并且 $\phi(z_0)=(z_0-c)/r$. 应用 Schwarz-Pick 引理, 我们得到

$$|\phi'(z_0)|\leqslant\frac{|\phi'(z_0)|}{1-\dfrac{|z_0-c|^2}{r^2}}\leqslant\frac{1}{1-|z_0|^2}.$$

由于 $\phi'(z_0)=1/(rf'(z_0))$, 因此就有

$$|f'(z_0)|\geqslant\frac{1-|z_0|^2}{r}\geqslant\frac{3}{4r}.$$ □

引理 9.1.16　设 $U\subset D(a,\varepsilon)$ 和 $V\supset D(b,\lambda\varepsilon)$ 是单连通区域, 其中正数 $\lambda\geqslant 2$. 如果 (f,U,V) 是一个次数为 1 的类多项式, 则对 $D(c,r)\subset D(b,\varepsilon)$, 存在一个圆 $D(c',r')\subset D(a,\varepsilon)$ 使得 $r'<3r/\lambda$ 并且 $f^{-1}(D(c,r))\subset D(c',r')$.

证明　不妨设 $a=b=0$ 以及 $\lambda\varepsilon=1$, 则 $\phi(z)=f^{-1}(z)/\varepsilon$ 是单位圆的自映照. 对 $\zeta\in D(c,r)$, 应用 Schwarz-Pick 引理, 我们得到

$$\frac{|\phi(\zeta)-\phi(c)|}{|1-\overline{\phi(\zeta)}\phi(c)|}\leqslant\frac{|\zeta-c|}{|1-\overline{\zeta}c|}\leqslant\frac{r}{1-\lambda^{-2}}.$$

由于

$$\frac{|\phi(\zeta)-\phi(c)|}{|1-\overline{\phi(\zeta)}\phi(c)|}\geqslant\frac{1}{2}|\phi(\zeta)-\phi(c)|=\frac{1}{2\varepsilon}|f^{-1}(\zeta)-f^{-1}(c)|,$$

我们就得到

$$|f^{-1}(\zeta)-f^{-1}(c)|\leqslant\frac{2\varepsilon r}{1-\lambda^{-2}}<\frac{3r}{\lambda}.$$ □

定理 9.1.6 的证明　先证明 $\mathcal{F}$ 是有穷阶拟正规族, 并且阶至多为 5. 如若不然, 则存在 6 个点 $a_1,a_2,\cdots,a_6\in D$ 和一列函数 $\{f_n\}\subset\mathcal{F}$, 其任何子列在每个 a_j 处都不正规. 取正数 $\delta<\dfrac{1}{2}\min\{|a_i-a_j|:\ 1\leqslant i<j\leqslant 6\}$, $\lambda=3M\geqslant 3$ 和 $\varepsilon=\delta/\lambda$.

现在对固定的 n, 考虑有向图 $G_n=(V,E_n)$, 其中顶点集 V 和边集 E_n 分别为

$$V=\{a_1,a_2,\cdots,a_6\},$$

$$E_n=\left\{(a_i,a_j):\ f_n\text{ 在 }D(a_j,\delta)\text{ 上有一个单叶岛 }\Omega_n\subset D(a_i,\varepsilon)\right\}.$$

对充分大的 n, 根据引理 9.1.11, 此图每个顶点的外次数至少为 4. 再根据引理 9.1.14, 对任何正整数 $k\geqslant 2$, 图 G_n 就有一个长度为 k 的本原回路 $(a_{i_0},a_{i_1},\cdots,$

a_{i_k}). 于是 f_n 在 $D(a_{i_k},\delta)$ 上有单叶岛 $\Omega_{k-1}\subset D(a_{i_{k-1}},\varepsilon)$. 接着, f_n 在 $D(a_{i_{k-1}},\delta)$ 上有单叶岛 $\Omega_{k-2}\subset D(a_{i_{k-2}},\varepsilon)$, 从而 f_n 在 Ω_{k-1} 上有单叶岛 $\Omega'_{k-2}\subset D(a_{i_{k-2}},\varepsilon)$. 依次地, 对 $j=k-3,\cdots,1,0$, f_n 在 $D(a_{i_{j+1}},\delta)$ 上有单叶岛 $\Omega_j\subset D(a_{i_j},\varepsilon)$ 并且 f_n 在 Ω'_{j+1} 上有单叶岛 $\Omega'_j\subset D(a_{i_j},\varepsilon)$.

为方便起见, 记 $\Omega'_{k-1}=\Omega_{k-1}$ 以及 $D(a_{i_{k-1}},\varepsilon)=D(c_{k-1},r_{k-1})$, 则 $\Omega'_{k-1}\subset D(c_{k-1},r_{k-1})$, 并且根据引理 9.1.16, 对 $j=k-2,k-3,\cdots,1,0$, 依次地有

$$\Omega'_j=f_n^{-1}(\Omega'_{j+1})\subset f_n^{-1}(D(c_{j+1},r_{j+1}))\subset D(c_j,r_j)\subset D(a_{i_j},\varepsilon),$$

其中 $r_j<\dfrac{3}{\lambda}r_{j+1}$. 于是 $\Omega'_0\subset D(c_0,r_0)\subset D(a_{i_0},\varepsilon)$ 并且 $r_0<\left(\dfrac{3}{\lambda}\right)^{k-1}\varepsilon$. 进而根据引理 9.1.15, f_n^k 有一个不动点 $\zeta_0\in\Omega'_0\subset D$ 使得

$$\left|(f^k)'(\zeta_0)\right|\geqslant\frac{3}{4}\cdot\frac{\lambda\varepsilon}{r_0}>\frac{9}{4}\left(\frac{\lambda}{3}\right)^k>M^k.$$

另一方面, 由于 $(a_{i_0},a_{i_1},\cdots,a_{i_k})$ 是本原回路, 因此 f_n^k 的不动点 ζ_0 事实上是 f_n 的一个周期为 k 的周期点. 这就与 $f_n\in\mathcal{F}$ 相矛盾.

至此, 我们证明了 $\mathcal{F}$ 是阶至多为 5 的拟正规族. 设 $\mathcal{F}$ 是阶为 $q\leqslant 5$ 的拟正规族. 假设 $q\geqslant 2$, 则存在 q 个点 $a_1,a_2,\cdots,a_q\in D$ 和一列函数 $\{f_n\}\subset\mathcal{F}$, 其任何子列在每个 a_j 处都不正规. 根据最大模定理, 在区域 $D\setminus\{a_1,a_2,\cdots,a_q\}$ 上有 $f_n\to\infty$.

仍然取正数 $\delta<\dfrac{1}{2}\min\{|a_i-a_j|:\ 1\leqslant i<j\leqslant 6\}$, $\lambda=3M\geqslant 3$ 和 $\varepsilon=\delta/\lambda$. 再取正数 $R>\max\{|a_1|,|a_2|,\cdots,|a_q|\}+\delta$, 则由于 $f_n\to\infty$ 于 $D\setminus\{a_1,a_2,\cdots,a_q\}$, 当 n 充分大时, 在圆周集 $\bigcup_{j=1}^q\{z:\ |z-a_j|=\varepsilon\}$ 上有 $|f_n(z)|>R$. 另一方面, 由于 $\{f_n\}$ 的任何子列在每个 a_j 处都不正规, 因此当 n 充分大时, 对每个 j, $f_n(D(a_j,\varepsilon))\cap D(0,R)\neq\varnothing$. 这说明当 n 充分大时, $f_n^{-1}(D(0,R))$ 在每个圆 $D(a_j,\varepsilon)$ 内有分支 $U_j\subset D(a_j,\varepsilon)$. 于是 $f_n|_{U_j}:U_j\to D(0,R)$ 是类多项式映照.

于是由引理 9.1.13 知, 在 $D(a_1,\delta)$ 和 $D(a_2,\delta)$ 上, f_n 至少有两个单叶岛包含在 U_1 内, 也至少有两个单叶岛包含在 U_2 内. 不妨设, 这四个单叶岛中有两个 V_1, W_1 在 $D(a_1,\delta)$ 上. 注意我们有 $V_1\cup W_1\subset U_1\cup U_2$. 再根据引理 9.1.13, 依次对 $j=2,3,\cdots,k-1$, f_n 在 V_{j-1} 和 W_{j-1} 上有单叶岛 V_j, $W_j\subset U_2$. 最后, f_n 在 V_{k-1} 和 W_{k-1} 上有单叶岛 V_k, $W_k\subset U_1$. 从而 $f_n^k:V_k\to D(a_1,\delta)$ 是双射. 与上相同, 根据引理 9.1.16 和引理 9.1.15, f_n^k 在 V_n 内有一个不动点 ζ 满足 $|(f_n^k)'(\zeta)|>M^k$. 由于对 $j=1,2,\cdots,k-2$, $f_n^j(\zeta)\in V_{k-j}\cup W_{k-j}\subset U_2\subset D(a_2,\varepsilon)$, 因此当 $k=k(f_n)\geqslant 3$ 时 ζ 事实上是 f_n 的一个周期为 k 的周期点.

因此, 我们来考虑 $k = k(f_n) = 2$ 这种情形.

如果 $V_1 \cup W_1 \subset U_2$, 则上面的讨论对 $k=2$ 也适用, 这是因为上面得到的 f^2 的不动点 $\zeta \in V_2 \subset U_1$ 满足 $f(\zeta) \in V_1 \cup W_1 \subset U_2$, 因而一定不是 f 的不动点, 从而为 f 的周期为 2 的周期点. 与 $f_n \in \mathcal{F}$ 矛盾.

再考虑 $V_1 \cup W_1 \subset U_1$ 的情形. 由于 V_1 是 $D(a_1,\delta)$ 上的单叶岛并且 $W_1 \subset U_1 \subset D(a_1,\delta)$, 因此 V_1 包含一个 W_1 上的单叶岛 X, 从而 $f_n^2 : X \to D(a_1,\delta)$ 是双射, 于是 f_n^2 有不动点 $\zeta \in X$ 满足 $|(f_n^2)'(\zeta)| > M^2$. 由于 $f_n(\zeta) \in W_1$ 并且 $X \cap W_1 \subset V_1 \cap W_1 = \varnothing$, 故一定有 $f_n(\zeta) \neq \zeta$, 即 ζ 是 f_n 的周期为 2 的周期点. 与 $f_n \in \mathcal{F}$ 矛盾.

最后考虑 U_1 和 U_2 都只包含一个 $D(a_1,\delta)$ 上的单叶岛的情形. 设 $V_1 \subset U_1$, $W_1 \subset U_2$. 于是 $U_1 \cup U_2$ 包含两个 $D(a_2,\delta)$ 上的单叶岛 X_1, Y_1. 如果这两个单叶岛都在 U_1 内或者都在 U_2 内, 则由前述情形知 f_n 有周期为 2 的周期点 ζ 满足 $|(f_n^2)'(\zeta)| > M^2$. 与 $f_n \in \mathcal{F}$ 矛盾. 因此我们设 U_1 和 U_2 各包含一个, 设 $X_1 \subset U_1$, $Y_1 \subset U_2$, 则 X_1 包含一个 Y_1 上的单叶岛 Z, 从而 $f_n^2 : Z \to D(a_1,\delta)$ 是双射. 于是 f_n^2 有不动点 $\zeta \in X$ 满足 $|(f_n^2)'(\zeta)| > M^2$. 不难看出, 点 ζ 不是 f_n 的不动点, 因而是 f_n 的周期为 2 的周期点. 这与 $f_n \in \mathcal{F}$ 仍然相矛盾.

至此, 我们证明了 $q \leqslant 1$, 即 $\mathcal{F}$ 是阶至多为 1 的拟正规族. □

定理 9.1.7 的证明　设 $\mathcal{F}$ 于某点 $z_0 \in D$ 不正规, 则由定理 9.1.6, 存在函数列 $\{f_n\} \subset \mathcal{F}$, 其于 $D\backslash\{z_0\}$ 正规但没有子列在 z_0 处正规. 由最大模原理, $f_n \to \infty$ 于 $D \setminus \{z_0\}$.

取定正数 δ 使得 $\overline{D}(z_0,\delta) \subset D$ 以及数 $R = (|z_0| + \delta)M$. 由于 $f_n \to \infty$ 于 $D \setminus \{z_0\}$, 当 n 充分大时在 $|z - z_0| = \delta$ 上有 $|f_n(z)| > R$. 另一方面, 由于 $\{f_n\}$ 没有子列在 z_0 处正规, 我们有 $f(D(z_0,\delta)) \cap D(0,R) \neq \varnothing$, 因此 $f_n^{-1}(D(0,R))$ 有分支 $U_n \subset D(z_0,\delta) \subset D(0,R/M)$, 从而 $(f_n, U_n, D(0,R))$ 是一个类多项式. 根据引理 9.1.12, f_n 有一个弱排斥不动点. 矛盾. □

定理 9.1.8 的证明　同定理 9.1.7 的证明一样, 如果 $\mathcal{F}$ 于某点 $z_0 \in D$ 不正规, 我们得到一个类多项式 $(f_n, U_n, D(0,R))$. 但类多项式或者有排斥不动点, 或者有周期为 $k = k(f_n)$ 的排斥周期点. 矛盾. □

9.2　与迭代函数不动点相关的亚纯函数正规族

现在我们[38, 50] 考虑亚纯函数的杨乐问题及相关的进一步问题.

问题 9.2.1　设 $\mathcal{F}$ 是区域 D 内的一族亚纯函数, $k \geqslant 2$ 为正整数. 若对 $\mathcal{F}$ 中每个函数 f, 它的 k 次迭代 f^k 在 D 内都没有不动点, 那么 $\mathcal{F}$ 在 D 内是否正规?

答案是肯定的, 我们有如下结果.

定理 9.2.1 设 $\mathcal{F}$ 是区域 D 内的一族亚纯函数, $k \geqslant 2$ 为正整数. 若对 $\mathcal{F}$ 中每个函数 f, 它的 k 次迭代 f^k 在 D 内都没有不动点, 那么 $\mathcal{F}$ 在 D 内正规.

引理 9.2.1 [17] 设 f 是复平面 $\mathbb{C}$ 上的有穷级超越亚纯函数, $k \geqslant 2$ 为正整数, 则 f^k 至少有一个不动点. (事实上, 结论对无穷级也成立, 并且 f^k 有无穷多个不动点.)

证明 我们只证明 f 至少有两个极点的情形. 在 f 至多只有一个极点的情形, 其证明可仿引理 9.1.1 的证明来完成.

先设 $g = f^{k-1}$ 有至少 3 个极点 p_1, p_2, p_3, 它们的重级分别为 m_1, m_2, m_3, 则存在在原点的某邻域解析的函数 h_1, h_2, h_3 使得

$$g(p_j + h_j(z)) = z^{-m_j}.$$

记 $k_1(z) = p_1 + h_1(z^{m_2 m_3})$, $k_2(z) = p_2 + h_2(z^{m_1 m_3})$, $k_3(z) = p_3 + h_3(z^{m_1 m_2})$, 则有

$$g(k_j(z)) = z^{-m_1 m_2 m_3}.$$

现在设 f^k 在 p_1, p_2, p_3 的邻域内没有不动点, 则在原点的某邻域内有 $F(z) = f(z^{-m_1 m_2 m_3}) = f^k(k_j(z)) \neq k_j(z)$, 从而也有

$$\frac{(F(z) - k_1(z))(k_3(z) - k_2(z))}{(F(z) - k_2(z))(k_3(z) - k_1(z))} \neq 0, 1, \infty.$$

这与 Picard 定理相矛盾. 因此 f^k 至少有一个不动点.

再设 $g = f^{k-1}$ 恰有 2 个极点 p_1, p_2, 它们的重级分别为 m_1, m_2. 此时, 与上类似, 在假设 f^k 在 p_1, p_2 的邻域内没有不动点的情况下, 取 $k_1(z) = p_1 + h_1(z^{m_2})$, $k_2(z) = p_2 + h_2(z^{m_1})$, 则在原点的某邻域内 $F(z) = f(z^{-m_1 m_2})$ 满足

$$\frac{F(z) - k_1(z)}{F(z) - k_2(z)} \neq 0, 1, \infty.$$

同样与 Picard 定理相矛盾. 因此 f^k 至少有一个不动点.

现在我们设 $g = f^{k-1}$ 只有 1 个极点 p_1. 如果 f 至少有 3 个极点 z_1, z_2, z_3, 则 $k \geqslant 3$, 并且根据 Picard 定理, f 取 z_1, z_2, z_3 中至少一数无穷多次. 这导致 f^2 也因而 g 有无穷多个极点. 故 f 至多只有两个极点.

假设 f 恰有两个极点 z_1, z_2, 则同样有 $k \geqslant 3$ 并且根据 Picard 定理, f 取 z_1, z_2 中至少一数无穷多次. 这导致 f^2 也因而 g 有无穷多个极点. 故 f 至多只有 1 个极点. 与我们考虑的情形矛盾. □

引理 9.2.2 设 f 是一有理函数, $k \geqslant 2$ 为正整数, 则 f^k 于 $\mathbb{C}$ 至少有一个不动点, 除非 $f(z) = z + c$, 其中 c 为一常数.

证明 设 $f(z) \not\equiv z+c$. 如果 f 于 $\mathbb{C}$ 有一个不动点, 则结论成立. 现在设 f 于 $\mathbb{C}$ 没有不动点, 那么

$$f(z)=z+\frac{c}{P(z)},$$

其中 $P(z)$ 是一个首一多项式, 次数 $m \geqslant 1$, 而 c 为一非零常数. 利用数学归纳法, 可以证明对任何正整数 j 有

$$f^j(z)=z+\frac{Q_j(z)}{P_j(z)},$$

其中 P_j 和 Q_j 是互质多项式, 并且 Q_j 是首系为 jc 的 $(m+1)^j-m-1$ 次多项式, 而 P_j 为次数为 $(m+1)^j-1$ 的首一多项式.

事实上, 当 $j=1$ 时显然成立. 现在设对 j 成立, 我们证明对 $j+1$ 也成立. 设 $P(z)=z^m+a_1z^{m-1}+\cdots+a_m$, 其中 $a_1,\cdots,a_m$ 为常数, 则有

$$\begin{aligned}
f^{j+1}(z)=f(f^j(z))&=f\left(z+\frac{Q_j(z)}{P_j(z)}\right)\\
&=z+\frac{Q_j(z)}{P_j(z)}+\frac{c}{P\left(z+\dfrac{Q_j(z)}{P_j(z)}\right)}\\
&=z+\frac{Q_j(z)}{P_j(z)}+\frac{c\,[P_j(z)]^m}{H_j(z)}\\
&=z+\frac{Q_j(z)H_j(z)+c\,[P_j(z)]^{m+1}}{P_j(z)H_j(z)},
\end{aligned}$$

其中

$$\begin{aligned}
H_j(z)&=[zP_j(z)+Q_j(z)]^m\\
&\quad+a_1P_j(z)\,[zP_j(z)+Q_j(z)]^{m-1}+\cdots+a_m\,[P_j(z)]^m
\end{aligned}\tag{9.2.1}$$

是次数为 $m(m+1)^j$ 的首一多项式. 现在记

$$P_{j+1}(z)=P_j(z)H_j(z),\quad Q_{j+1}(z)=Q_j(z)H_j(z)+c\,[P_j(z)]^{m+1},\tag{9.2.2}$$

则由归纳假设容易看到 P_{j+1} 是次数为 $(m+1)^{j+1}-1$ 的首一多项式, 而 $Q_{j+1}(z)$ 是首系为 $(j+1)c$, 次数为 $(m+1)^{j+1}-m-1$ 的多项式. 因此, 我们只要再证明 $P_{j+1}(z)$ 和 $Q_{j+1}(z)$ 互质, 即没有公共零点. 假设它们有公共零点 z_0, 由于 $P_j(z_0)$ 和 $Q_j(z_0)$ 不同时为零, 因此由 (9.2.2) 必有 $P_j(z_0)=H_j(z_0)=0$. 但由 (9.2.1) 这将导致 $Q_j(z_0)=0$. 矛盾.

由于 $\deg(Q_k)=(m+1)^k-m-1>0$, 因此多项式 Q_k 有零点, 也即 f^k 有不动点. 另外, 容易看出, 对 f^k 任何不动点 a, 其轨道满足 $\{a,\ f(a),\ \cdots,\ f^k(a)\}\subset\mathbb{C}$, 即 a 是 f^k 于 $\mathbb{C}$ 的不动点. □

定理 9.2.1 的证明 根据上面引理 9.2.1 和引理 9.2.2、定理 9.2.1 的证明与定理 9.1.1 几乎完全相同. 详略. □

9.3 与迭代函数排斥不动点相关的亚纯函数正规族

现在我们自然会提出如下问题.

问题 9.3.1 设 $\mathcal{F}$ 是区域 D 内的一族亚纯函数, $k\geqslant 2$ 为正整数. 若对 $\mathcal{F}$ 中每个函数 f, 它的 k 次迭代 f^k 在 D 内都没有排斥不动点, 那么 $\mathcal{F}$ 在 D 内是否正规?

不正规函数族 $\{1/(nz)\}$ 表明这个问题的答案是否定的. 于是, 进一步地要问, 如果问题 9.3.1 中每个函数的 k 次迭代 f^k 在 D 内既没有排斥不动点也没有中性不动点, 即至多只有吸性不动点, 那么函数族是否正规的问题. 这个问题的答案依然是否定的.

定理 9.3.1 [57] 对每个正整数 $k\geqslant 2$, 存在于单位圆不正规的亚纯函数族 $\mathcal{F}$, 族中每个函数在单位圆内至多只有吸性不动点, 而且对任何 $2\leqslant j\leqslant k$, 其 j 次迭代 f^j 在单位圆内的不动点都是该函数本身的不动点.

9.3.1 定理 9.3.1 的证明

我们先给出一些要用到的辅助结果.

引理 9.3.1 数 e^i 因而数 $e^i-e^{-i}=2i\sin 1$ 是超越数, 即不存在整系数多项式 P 使得 $P(e^i-e^{-i})=0$.

证明 此为数论中之熟知结果. 证明见 [100]. □

引理 9.3.2 设 c 为非零常数. 如果函数列 $\{R_t(z)\}$ 满足递推关系

$$R_0(z)=c,\quad R_{t+1}(z)=z+\frac{1}{R_t(z)}\quad (t=0,1,2,\cdots),$$

则

$$R_t(z)=\frac{cU_t(z)+U_{t-1}(z)}{cU_{t-1}(z)+U_{t-2}(z)},\quad t=1,2,\cdots.$$

其中 $U_t(z)$ 是次数为 t 的整系数多项式, 满足

$$U_{-1}(z)=0,\ U_0(z)=1,\ U_{t+1}(z)=zU_t(z)+U_{t-1}(z),\quad t=0,1,2,\cdots.$$

进一步地, 多项式 $U_t(z)$ 满足关系式:

$$U_j(z)U_t(z)+U_{j-1}(z)U_{t-1}(z)=U_{j+t}(z),\quad j,t\geqslant 0.$$

$$U_j(z)U_t(z)-U_{j+1}(z)U_{t-1}(z)=(-1)^jU_{t-j-2}(z),\quad t\geqslant j+2.$$

证明 用数学归纳法. 详略. □

引理 9.3.3 如果数列 $\{a_t\}$ 满足递推关系式:

$$a_1=0,\quad a_{t+1}=\frac{1}{a_t-(e^i-e^{-i})},$$

则对 $t\geqslant 2$ 有

$$a_t=-\frac{U_{t-2}(e^i-e^{-i})}{U_{t-1}(e^i-e^{-i})}\neq 0,$$

这里 U_t 是引理 9.3.2 中定义的多项式.

证明 用数学归纳法. 详略. 至于 $a_t\neq 0$ 是因为数 $e^i-e^{-i}=2i\sin 1$ 是一个超越数. □

定理 9.3.1 的证明 在给出详细的证明前, 先说一下证明的思路. 首先找一个一次有理函数 H, 其任何次迭代都不会变成恒等映照: 对任何正整数 k 有 $H^k\neq\mathrm{id}$. 然后再找一列于全平面 $\mathbb{C}$ 内闭一致收敛于 1 的函数列 U_n 使得函数 $H_n(z)=z+(H(z)-z)U_n$ 和 H 在圆 $\Delta(0,n)$ 内有相同的不动点, 而且 H_n 的不动点是吸性的以及 H_n 在圆 $\Delta(0,n)$ 内没有周期为 k 的周期点. 最后, 构造函数列 $f_n(z)=H_n(nz)/n$ 就在单位圆 $\Delta(0,1)$ 内满足定理 9.3.1 的要求.

记

$$H(z)=z-\frac{(z-e^i)(z-e^{-i})}{z}=e^i-e^{-i}+\frac{1}{z},\tag{9.3.1}$$

$$H_n(z)=z-\frac{(z-e^i)(z-e^{-i})}{z}\cdot\frac{A_nz+B_n+n^5}{z+n^5},\tag{9.3.2}$$

其中, A_n, B_n 为

$$A_n=1+\frac{e^i(e^{2i}-1)}{(e^{2i}+1)^2}-\frac{2e^{2i}}{n^5(e^{2i}+1)^2},\tag{9.3.3}$$

$$B_n=-\frac{e^{4i}+1}{(e^{2i}+1)^2}+\frac{e^i(e^{2i}-1)}{n^5(e^{2i}+1)^2}.\tag{9.3.4}$$

再对 $j\geqslant 1$, 记

$$E_j = \bigcup_{t=1}^{j} H^{-t}(\infty) = \bigcup_{t=1}^{j} \{z \in \mathbb{C}:\ H^t(z) = \infty\}, \tag{9.3.5}$$

则不难验证

$$E_j = \{a_1, a_2, \cdots, a_j\}, \tag{9.3.6}$$

其中 a_t 满足

$$a_1 = 0, \quad a_{t+1} = \frac{1}{a_t - (e^i - e^{-i})},$$

从而由引理 9.3.3 知

$$a_t = -\frac{U_{t-2}(e^i - e^{-i})}{U_{t-1}(e^i - e^{-i})} \neq 0, \quad t \geqslant 2. \tag{9.3.7}$$

容易看出 $\{H_n\}$ 于 $\mathbb{C}\setminus\{0\}$ 内闭一致收敛于 H, 从而对任何 $j \geqslant 1$, $\{H_n^j\}$ 于 $\mathbb{C}\setminus E_j$ 内闭一致收敛于 H^j.

现在, 我们定义函数列 $\{f_n(z)\}$, 其中

$$f_n(z) = \frac{1}{n}H_n(nz) = z - \frac{\left(z - \dfrac{1}{n}e^i\right)\left(z - \dfrac{1}{n}e^{-i}\right)}{z} \cdot \frac{nA_n z + B_n + n^5}{nz + n^5}. \tag{9.3.8}$$

现在, 我们来证明对任何正整数 $k \geqslant 2$, 存在正整数 N_k 使得当 $n \geqslant N_k$ 时, $f_n(z)$ 在单位圆内没有周期为 k 的周期点.

如若不然, 设 f_n 在单位圆内有周期为 k 的周期点 z_n, 则有

$$\{z_n, f_n(z_n), \cdots, f_n^{k-1}(z_n)\} \subset \Delta(0,1),$$

并且 $f_n^k(z_n) = z_n$, 即 z_n 是方程 $f_n^k(z) - z = 0$ 的一个根. 由于 f_n 是 z 的 3 次有理函数, 系数是 n 的多项式, 因此 f_n^k 是一个 3^k 次有理函数, 系数是 n 的多项式. 这些 n 的多项式的系数和次数都只和 k 有关, 于是 z_n 作为 $f_n^k(z) - z = 0$ 的一个根, 一定存在非零常数 c 和实数 s 使得

$$z_n = \frac{c}{n^s} + o\left(n^{-s}\right), \quad n \to \infty. \tag{9.3.9}$$

由 $|z_n| < 1$ 知 $s \geqslant 0$. 下证 $s = 1$.

如果 $s > 2$, 则有

$$f_n(z_n) = \frac{n^{s-2}}{c} + o(n^{s-2}) \to \infty,$$

与 $f_n(z_n) \in \Delta(0,1)$ 矛盾. 故有 $0 \leqslant s \leqslant 2$.

如果 $1 < s \leqslant 2$, 则我们有

$$f_n(z_n) = \frac{1}{cn^{2-s}} + o(n^{-(2-s)}),$$

由于 $0 \leqslant 2 - s < 1$, 因此就有

$$f_n^2(z_n) = f_n(f_n(z_n)) = (e^i - e^{-i})\frac{1}{n} + o(n^{-1}), \quad n \to \infty.$$

于是, 利用归纳法可知, 当 $j \geqslant 2$ 时有

$$f_n^j(z_n) = \frac{U_{j-1}(e^i - e^{-i})}{U_{j-2}(e^i - e^{-i})}\frac{1}{n} + o(n^{-1}), \quad n \to \infty.$$

特别地, 就有

$$z_n = f_n^k(z_n) = \frac{U_{k-1}(e^i - e^{-i})}{U_{k-2}(e^i - e^{-i})}\frac{1}{n} + o(n^{-1}), \quad n \to \infty.$$

这与 (9.3.9) 及 $1 < s \leqslant 2$ 矛盾.

类似地, 如果 $0 \leqslant s < 1$, 我们也一样可得矛盾. 于是必有 $s = 1$, 从而

$$z_n = \frac{c}{n} + o\left(n^{-1}\right), \quad n \to \infty. \tag{9.3.10}$$

进而, 根据归纳法

$$f_n^j(z_n) = \frac{p_j}{n} + o\left(n^{-1}\right), \quad n \to \infty, \tag{9.3.11}$$

直到可能出现某个 j_0 使得 $p_{j_0} = 0$, 这里 p_j 满足递推关系式

$$p_0 = c, \quad p_{j+1} = e^i - e^{-i} + \frac{1}{p_j}. \tag{9.3.12}$$

现在我们证明, 如果这样的 j_0 存在, 则必有 $j_0 > k$. 事实上, 如果 $j_0 \leqslant k$, 则由 $z_n = f_n^k(z_n)$ 及 (9.3.10) 知有 $j_0 \neq k$, 从而 $1 \leqslant j_0 \leqslant k-1$. 进而由 $f_n^{j_0}(z_n) = f_n(f_n^{j_0-1}(z_n))$ 及 (9.3.11) ($j = j_0 - 1$) 和 (9.3.8) 知

$$f_n^{j_0}(z_n) = \frac{b_{j_0}}{n^{s_1}} + o(n^{-s_1}), \quad n \to \infty, \tag{9.3.13}$$

这里, $b_{j_0} \neq 0$ 和 $s_1 > 1$ 为常数.

如果 $s_1 > 2$, 则有

$$f_n^{j_0+1}(z_n) = f_n(f_n^{j_0}(z_n)) = \frac{n^{s_1-2}}{b_{j_0}} + o(n^{s_1-2}) \to \infty, \quad n \to \infty,$$

与 $f_n^{j_0+1}(z_n) \in \Delta(0,1)$ 矛盾.

如果 $1 < s_1 \leqslant 2$, 则有

$$f_n^{j_0+1}(z_n) = f_n(f_n^{j_0}(z_n)) = \frac{1}{b_{j_0}n^{2-s_1}} + o(n^{-(2-s_1)}), \quad n \to \infty.$$

与 (9.3.10) 比较就可知 $j_0 \neq k-1$, 即 $j_0 \leqslant k-2$. 由于 $0 \leqslant 2-s_1 < 1$, 我们就有

$$f_n^{j_0+2}(z_n) = f_n(f_n^{j_0+1}(z_n)) = (e^i - e^{-i})\frac{1}{n} + o(n^{-1}), \quad n \to \infty.$$

再由归纳法就知对 $j \geqslant 2$ 有

$$f_n^{j_0+j}(z_n) = f_n(f_n^{j_0+1}(z_n)) = \frac{U_{j-1}(e^i - e^{-i})}{U_{j-2}(e^i - e^{-i})} \cdot \frac{1}{n} + o(n^{-1}), \quad n \to \infty.$$

特别地, 就有

$$z_n = f_n^{j_0+(k-j_0)}(z_n) = \frac{U_{k-j_0-1}(e^i - e^{-i})}{U_{k-j_0-2}(e^i - e^{-i})} \cdot \frac{1}{n} + o(n^{-1}), \quad n \to \infty. \tag{9.3.14}$$

于是, 由 (9.3.10) 和 (9.3.14) 可知

$$c = \frac{U_{k-j_0-1}(e^i - e^{-i})}{U_{k-j_0-2}(e^i - e^{-i})}. \tag{9.3.15}$$

另一方面, 由引理 9.3.2 和 $p_{j_0} = 0$ 知 $cU_{j_0}(e^i - e^{-i}) + U_{j_0-1}(e^i - e^{-i}) = 0$. 于是结合 (9.3.15) 就知有

$$U_{k-j_0-1}(e^i - e^{-i})U_{j_0}(e^i - e^{-i}) + U_{k-j_0-2}(e^i - e^{-i})U_{j_0-1}(e^i - e^{-i}) = 0.$$

于是, 由引理 9.3.2 中多项式 U_j 的性质知 $U_{k-1}(e^i - e^{-i}) = 0$. 这就与引理 9.3.1 矛盾.

至此, 我们证明了对 $0 \leqslant j \leqslant k$ 有 $p_j \neq 0$, 从而 (9.3.11) 对 $1 \leqslant j \leqslant k$ 都成立. 于是由 (9.3.10) 和 (9.3.11) $(j = k)$ 及引理 9.3.2 知

$$c = p_k = \frac{cU_k(e^i - e^{-i}) + U_{k-1}(e^i - e^{-i})}{cU_{k-1}(e^i - e^{-i}) + U_{k-2}(e^i - e^{-i})}. \tag{9.3.16}$$

从而

$$c=-\frac{cU_{k-2}(e^i-e^{-i})-U_{k-1}(e^i-e^{-i})}{cU_{k-1}(e^i-e^{-i})-U_k(e^i-e^{-i})}. \tag{9.3.17}$$

现在, 我们再证明对 $0\leqslant j\leqslant k-1$ 有 $p_j\notin E_k$. 事实上, 如果有某 $0\leqslant j_0\leqslant k-1$ 和某 $1\leqslant t_0\leqslant k$ 使得 $p_{j_0}=a_{t_0}\in E_k$, 则 $1\leqslant j_0\leqslant k-1$, $2\leqslant t_0\leqslant k$, 并且由 (9.3.7) 有

$$\frac{cU_{j_0}(e^i-e^{-i})+U_{j_0-1}(e^i-e^{-i})}{cU_{j_0-1}(e^i-e^{-i})+U_{j_0-2}(e^i-e^{-i})}=-\frac{U_{t_0-2}(e^i-e^{-i})}{U_{t_0-1}(e^i-e^{-i})}. \tag{9.3.18}$$

于是由引理 9.3.2 知

$$\begin{aligned}c&=-\frac{U_{j_0-1}(e^i-e^{-i})U_{t_0-1}(e^i-e^{-i})+U_{j_0-2}(e^i-e^{-i})U_{t_0-2}(e^i-e^{-i})}{U_{j_0}(e^i-e^{-i})U_{t_0-1}(e^i-e^{-i})+U_{j_0-1}(e^i-e^{-i})U_{t_0-2}(e^i-e^{-i})}\\&=-\frac{U_{j_0+t_0-2}(e^i-e^{-i})}{U_{j_0+t_0-1}(e^i-e^{-i})}.\end{aligned} \tag{9.3.19}$$

将 (9.3.19) 代入 (9.3.17) 就得到

$$\begin{aligned}c&=-\frac{U_{j_0+t_0-2}(e^i-e^{-i})U_{k-2}(e^i-e^{-i})+U_{j_0+t_0-1}(e^i-e^{-i})U_{k-1}(e^i-e^{-i})}{U_{j_0+t_0-2}(e^i-e^{-i})U_{k-1}(e^i-e^{-i})+U_{j_0+t_0-1}(e^i-e^{-i})U_k(e^i-e^{-i})}\\&=-\frac{U_{j_0+t_0+k-2}(e^i-e^{-i})}{U_{j_0+t_0+k-1}(e^i-e^{-i})}.\end{aligned} \tag{9.3.20}$$

这样, 由 (9.3.19) 和 (9.3.20) 就得到

$$\begin{aligned}&U_{j_0+t_0-2}(e^i-e^{-i})U_{j_0+t_0+k-1}(e^i-e^{-i})\\&-U_{j_0+t_0-1}(e^i-e^{-i})U_{j_0+t_0+k-2}(e^i-e^{-i})=0.\end{aligned}$$

根据引理 9.3.2, 这导致 $U_{k-1}(e^i-e^{-i})=0$. 这与 e^i-e^{-i} 是超越数矛盾.

用类似的办法, 还可证明对 $0\leqslant j\leqslant k-1$ 有 $p_j\notin\{e^i,-e^{-i}\}$.

现在, 由于

$$\{nz_n,H_n(nz_n),\cdots,H_n^{k-1}(nz_n)\}=\{nz_n,nf_n(z_n),\cdots,nf_n^{k-1}(z_n)\}$$

是 H_n 的周期为 k 的周期轨道, 满足 $H_n^j(nz_n)=nf_n^j(z_n)\to p_j\notin E_k\cup\{e^i,-e^{-i}\}$. 再考虑到 e^i, $-e^{-i}$ 是 H_n 的两个不动点, 就得出 e^i, $-e^{-i}$ 和 $p_0,p_1,\cdots,p_{k-1}$ 都是 H^k 的不动点. 但 $\deg(H)=1$, 故而必有 $H^k(z)\equiv z$. 这自然不可能.

至此, 我们证明了: 对任何正整数 $k \geqslant 2$, 存在正整数 N_k 使得当 $n \geqslant N_k$ 时, $f_n(z)$ 在单位圆内没有周期为 k 的周期点. 作为推论, 我们就知, 对任何正整数 $k \geqslant 2$, 存在正整数 N 使得当 $n \geqslant N$ 时, 对任何 $2 \leqslant j \leqslant k$, $f_n(z)$ 在单位圆内没有周期为 j 的周期点, 即 f_n^j 除了 f_n 的不动点外, 没有其他的不动点.

另一方面, 当 $n \geqslant 2$ 时, f_n 在单位圆内恰有两个不动点 e^i/n 和 $-e^{-i}/n$, 乘子为

$$f_n'(e^i/n) = -\left(1 - \frac{1}{n^5}\right)e^{-2i}, \quad f_n'(-e^{-i}/n) = -\left(1 - \frac{1}{n^5}\right)e^{2i}$$

满足 $|f_n'(e^i/n)| < 1$ 和 $|f_n'(-e^{-i}/n)| < 1$, 即这两个不动点是吸性的.

现在, 我们考察函数列

$$\mathcal{F} = \{f_n(z) : \ n \geqslant N\}, \quad z \in \Delta(0,1).$$

其显然在原点处不正规, 故满足定理 9.3.1 的要求. □

9.3.2 问题 9.3.1 的进一步研究

定理 9.3.1 表明, 为了得到正规定则, 要么需要加强没有排斥及中性不动点的条件, 要么增加另外的条件. 事实上, 有如下的两个正规定则.

定理 9.3.2 [57] 设 $\mathcal{F}$ 是区域 D 内的一族亚纯函数, $k \geqslant 2$ 为正整数. 若 $\mathcal{F}$ 中每个函数 f 在 D 内没有周期为 k 的排斥周期点, 并且存在某正数 $\delta < 1$ 使得 $\mathcal{F}$ 中每个函数 f 在 D 内的每个不动点 ζ 的乘子都满足 $|f'(\zeta)| \leqslant \delta$, 那么 $\mathcal{F}$ 在 D 内正规.

定理 9.3.3 [61] 设 $\mathcal{F}$ 是区域 D 内的一族亚纯函数, $k \geqslant 3$ ($k \geqslant 2$) 为正整数. 若 $\mathcal{F}$ 中每个函数 f 在 D 内极点重级至少为 2 (至少为 3), 而且既没有排斥不动点也没有周期为 k 的排斥周期点, 那么 $\mathcal{F}$ 在 D 内正规.

定理 9.3.2 和定理 9.3.3 的证明需要较多的复解析动力系统知识, 请参相关文献 [57, 61]. 另外, 定理 9.3.3 中关于极点的要求是必需的, 见下面的例子.

例 9.3.1 设

$$\mathcal{F} = \left\{ f_n(z) = \frac{z}{3} + \frac{2}{3n^3z^2} : \ n = 1, 2, \cdots \right\}$$

则每个 f_n 的极点都是 2 重的, 而且由

$$f_n(z) = z - \frac{2\left(z^3 - 1/n^3\right)}{3z^2}, \quad f_n^2(z) = z - \frac{8\left(z^3 - 1/n^3\right)^3}{9z^2\left(z^3 + 2/n^3\right)^2}$$

知 $f_n^2(z)$ 没有排斥不动点. 但显然 $\mathcal{F}$ 在原点处不正规.

最后, 我们提一下与函数周期点相关的亚纯函数拟正规族. 用与定理 9.1.6 的第一部分证明完全相同的办法可证明如下结果.

定理 9.3.4　设 $\mathcal{F}$ 是区域 D 内的一族亚纯函数. 若有正数 M 使得 $\mathcal{F}$ 中每个函数 f 的周期为某 $k=k(f)\geqslant 2$ 的每个周期点 $\zeta\in D$ 都满足 $|(f^k)'(\zeta)|\leqslant M^k$, 那么 $\mathcal{F}$ 在 D 内是有穷阶拟正规的.

注记 9.3.1　我们不知道定理 9.3.4 中拟正规的阶是多少. 下面的例子表明阶至少为 2. 注意下面的例子中每个函数都没有 2 周期点.

例 9.3.2　设

$$\mathcal{F}=\left\{f_n(z)=\frac{1}{nz(z-1)}:\ n=1,2,\cdots\right\},$$

则由

$$f_n(z)=z-\frac{nz^3-nz^2-1}{nz(z-1)},\quad f_n^2(z)=z-\frac{z(nz^3-nz^2-1)}{nz^2-nz-1}$$

知每个 f_n 在 $\mathbb{C}$ 内没有周期为 2 的周期点. 容易看出, $\mathcal{F}$ 于 $\mathbb{C}$ 是阶为 2 的拟正规族.

第 10 章　共形度量与广义正规族

我们在本章中将用几何方法来考虑正规族问题, 主要介绍几种共形度量和广义正规族. 讨论解析映照正规族时, 通常的做法是利用欧几里得度量和等度连续. 然而在大多数情况下, 由于有双曲度量和 Schwarz-Pick 引理, 等度连续可以用更强的由共形不变度量表示的 Lipschitz 条件所代替. 从而在讨论映射正规族中, 可以不限定是解析映射, 而只要这些映射满足与多种共形度量, 特别是双曲度量和球面度量相关的一些一致 Lipschitz 条件. 由此, 许多解析映射正规族的经典结果可被推广到更广泛的满足一致 Lipschitz 条件的连续映射族. 本章主要介绍 A. F. Beardon 和 D. Minda[14] 的方法和结果. 我们认为, 这应该是正规族理论发展的一个新方向和新途径.

10.1　基 础 知 识

10.1.1　距离空间基础知识

我们需要一般距离空间或度量空间 (X, d_X) 理论中的一些符号、概念和基本结果. 用 $D_X(a, r)$ 表示 X 中以 a 为圆心 r 为半径的开圆盘, 用 $\overline{D}_X(a, r)$ 表示相应的闭圆盘. 对集合 $E \subset X$, 分别用 $\overline{E}$, E°, ∂E 表示集合 E 的闭包、内部、边界. 注意, 对集合 $E \subset X$, (E, d_X) 也是度量空间.

如果度量空间 (X, d_X) 中的每个 Cauchy 列在 X 中都有极限, 则称度量空间 (X, d_X) 完备, 同时, 也称距离函数 d_X 完备.

对度量空间 (X, d_X) 中集合 $E \subset X$, 如果 (E, d_X) 完备, 则称 E 关于 d_X 完备; 如果 E 的任何开覆盖都有有限子覆盖, 则称集合 E 关于 d_X 紧; 如果 E 中的任一点列包含一个极限在 E 中的收敛子列, 则称集合 E 关于 d_X 列紧; 如果对任意正数 ε, 存在有限个点 $a_1, a_2, \cdots, a_m \in E$ 使得 $E \subset \cup_{j=1}^{m} D_X(a_j, \varepsilon)$, 则称集合 E 关于 d_X 全有界.

度量空间中, 完备性、紧性和列紧性之间有如下重要关系:

$$\text{紧} \iff \text{列紧} \iff \text{完备且全有界}$$

这个结论的证明在很多教科书中都可找到. 完备度量空间中, 闭圆盘是紧的.

与正规族密切相关的概念是所谓相对紧. 对度量空间 (X, d_X) 中集合 $E \subset X$, 如果 E 的闭包 $\overline{E}$ 关于 d_X 是紧的, 则称集合 E 关于 d_X 相对紧. 由于度量空间中紧与列紧等价, 因此集合 $E \subset X$ 关于 d_X 相对紧当且仅当 E 中的每个点列包含收敛子列, 其极限在 X 中.

X 上的两个距离函数 d_X 和 d'_X 称为拓扑等价的, 如果 (X, d_X) 到 (X, d'_X) 的恒等映射是一个同胚; 或者说 d_X 和 d'_X 在 X 上确定了相同的拓扑. X 上的两个距离函数 d_X 和 d'_X 是双 Lipschitz 等价的, 如果存在正常数 L 使得对任何 $u, v \in X$ 有

$$\frac{1}{L} d_X(u,v) \leqslant d'_X(u,v) \leqslant L d_X(u,v).$$

双 Lipschitz 等价的距离函数是拓扑等价的, 但反之一般不成立.

10.1.2 共形半度量与度量

现在设 Δ 是扩充复平面 $\overline{\mathbb{C}}$ 的一区域, 则 Δ 上的一个共形半度量是一个连续非负形式 $\tau(z)|dz|$, 其除了可能的孤立零点外为正. 如果没有零点, 则称 $\tau(z)|dz|$ 是共形度量. 本章中我们总是假设所涉半度量或度量是共形的而常省略"共形"两字, 并且常将 $\tau(z)|dz|$ 简写成 τ. 由半度量 τ 导出的距离函数为

$$d_\tau(z,w) = \inf \int_\gamma \tau(\zeta)|d\zeta|.$$

这里, 下确界是对所有在 Δ 内连接点 z, w 的路径 γ 来取的. 距离函数 d_τ 与 Δ 作为 $\overline{\mathbb{C}}$ 的子集时所具有的拓扑是相容的. 当 $z \neq \infty$ 时, 我们有

$$\lim_{w \to z} \frac{d_\tau(z,w)}{|z-w|} = \tau(z).$$

当度量空间 (Δ, d_τ) 完备时, 我们也称导出距离函数 d_τ 的半度量 τ 是完备的. 三个基本的常曲率完备度量为

(a) 复平面 $\mathbb{C}$ 上的欧几里得度量 $l_{\mathbb{C}}(z)|dz| = 1|dz|$, 曲率为 0 并且欧几里得距离函数为 $e(z,w) = |z-w|$;

(b) 单位圆 $\mathbb{D} = D(0,1)$ 上的双曲度量 $\lambda_{\mathbb{D}}(z)|dz| = \dfrac{|dz|}{1-|z|^2}$, 曲率为 -4 并且双曲距离函数为 $h_{\mathbb{D}}(z,w) = \operatorname{artanh}\left(\dfrac{|z-w|}{|1-\overline{w}z|}\right)$;

(c) 扩充复平面 $\overline{\mathbb{C}}$ 上的球面度量 $\sigma(z)|dz| = \dfrac{|dz|}{1+|z|^2}$, 曲率为 $+4$ 并且球面距离函数为 $s(z,w) = \arctan\left(\dfrac{|z-w|}{|1+\overline{w}z|}\right)$.

在扩充复平面 $\overline{\mathbb{C}}$ 上, 也经常用 (球面) 弦距离

$$\chi(z,w) = \sin(s(z,w)) = |z,w|.$$

注意有

$$\lim_{w\to z}\frac{\chi(z,w)}{|z-w|}=\frac{1}{1+|z|^2}=\sigma(z).$$

球面距离和弦距离在扩充复平面 $\overline{\mathbb{C}}$ 上是双 Lipschitz 等价的: 对 $z,w\in\overline{\mathbb{C}}$ 有

$$\frac{2}{\pi}s(z,w)\leqslant\chi(z,w)\leqslant s(z,w).$$

给定区域 $\Delta,\Omega\subset\overline{\mathbb{C}}$. 本章中, 若非特别指明, 均作此假设. 全体连续函数 $f:\Delta\to\Omega$ 形成的空间记为 $\mathcal{C}[\Delta,\ \Omega]$. 这里, 连续是按弦距离连续. 当然, 弦距离可用与之拓扑等价的距离来代替, 得到同样的连续函数族. 全体解析函数 $f:\Delta\to\Omega$ 构成的函数族记为 $\mathcal{A}[\Delta,\Omega]$. 这里 "解析" 一词表示函数是全纯或亚纯的: 当 $\Omega\subset\mathbb{C}$ 时全纯; 当 $\infty\in\Omega$ 时亚纯. 注意, 这里允许常值函数 $f\equiv\infty$ 并且认为是亚纯的. 自然, 解析函数族是连续函数族的子族:

$$\mathcal{A}[\Delta,\Omega]\subset\mathcal{C}[\Delta,\Omega].$$

设 $f:\Delta\to\Omega$ 是解析的并且 ρ 是 Ω 上的半度量, 则当 f 非常值时, $f^*(\rho)=(\rho\circ f)|f'|:\ z\to\rho(f(z))|f'(z)|$ 是 ρ 被 f 拉回到 Δ 上的半度量. 定义函数 f 在点 z 处的 (τ,ρ) 导数为

$$D_{\tau,\rho}f(z)=\lim_{w\to z}\frac{d_\rho(f(z),f(w))}{d_\tau(z,w)}=\frac{\rho(f(z))|f'(z)|}{\tau(z)}=\frac{f^*(\rho)(z)}{\tau(z)}.$$

该导数衡量了解析映照 f 将 (Δ,d_τ) 映到 $(\Omega,\ d_\rho)$ 时在点 z 处所产生的局部偏差.

如果区域 $\Delta\subset\mathbb{C}$, $\Omega\subset\overline{\mathbb{C}}$, 则亚纯函数 f 的球面导数为

$$f^{\#}(z)=D_{e,s}f=\lim_{w\to z}\frac{s(f(z),f(w))}{|z-w|}=\lim_{w\to z}\frac{\chi(f(z),f(w))}{|z-w|}=\frac{|f'(z)|}{1+|f(z)|^2}.$$

如果区域 $\Delta,\Omega\subset\overline{\mathbb{C}}$, 则亚纯函数 f 的 (s,s) 导数记为

$$\begin{aligned}\mathcal{D}f(z)=D_{s,s}f(z)&=\lim_{w\to z}\frac{s(f(z),f(w))}{s(z,w)}\\&=\lim_{w\to z}\frac{\chi(f(z),f(w))}{\chi(z,w)}\\&=(1+|z|^2)f^{\#}(z)=\frac{f^{\#}(z)}{\sigma(z)}.\end{aligned}$$

如果区域 $\Delta\subset\overline{\mathbb{C}}$ 的余集 $\overline{\mathbb{C}}\setminus\Delta$ 包含至少三个点, 则称该区域 Δ 是双曲的. 根据单值化定理, 一个区域 $\Delta\subset\overline{\mathbb{C}}$ 是双曲的, 当且仅当存在解析覆盖 $f:\mathbb{D}\to\Delta$. 此

时, 在 Δ 上存在唯一的曲率为 -4 的完备度量 λ_Δ 使得对任何解析覆盖 $f:\mathbb{D}\to\Delta$ 有 $f^*(\lambda_\Delta)=\lambda_\mathbb{D}$. 相应的 Δ 上的双曲距离函数记为 h_Δ. 后面, 在不特别说明的情况下, 当 Δ 是双曲区域时, 用 λ_Δ (或省略为 λ) 表示双曲区域 Δ 上的双曲度量, 相应的双曲距离则为 h_Δ.

由一般 Schwarz-Pick 引理知, 如果双曲区域间的映照 $f:\Delta\to\Omega$ 是解析的, 则对任何 $z,w\in\Delta$ 有 $f^*(\lambda_\Omega(z))\leqslant\lambda_\Delta(z)$ 和 $h_\Omega(f(z),f(w))\leqslant h_\Delta(z,w)$. 简单地说, 双曲区域间的解析映照关于双曲度量是非扩张的.

在扩充复平面上, 一个重要事实是每个区域 $\Delta\subset\overline{\mathbb{C}}$ 都有一个完备度量. 事实上, 如果 Δ 是双曲区域, 则其有完备的双曲度量. 对整个扩充复平面 $\overline{\mathbb{C}}$, 球面度量是完备的. 在复平面 $\mathbb{C}$ 上, 欧氏度量是完备的. 也因此区域 $\Delta=\overline{\mathbb{C}}\setminus\{a\}$, $a\neq\infty$, 有完备度量: 欧几里得度量被映射 $f(z)=\dfrac{1}{z-a}$ 拉回所得度量 $f^*(l_\mathbb{C})$. 最后, 对 $\mathbb{C}^*=\mathbb{C}\setminus\{0\}$, 其上有完备的拟双曲度量 $\dfrac{|dz|}{|z|}$, 具有 0 曲率. 这个拟双曲度量被指数函数 exp 拉回所得度量就是欧几里得度量. 由此可知, 对一般双孔球面 $\Delta=\overline{\mathbb{C}}\setminus\{a,b\}$, $\mathbb{C}^*$ 上的拟双曲度量被 $g(z)=\dfrac{z-a}{z-b}$ 拉回所得度量是完备的.

下述引理使我们能够在讨论紧集上的 Lipschitz 条件时, 各种距离之间可互相替换.

引理 10.1.1 设区域 Δ_j 上有共形度量 τ_j 和相应的距离函数 d_j, $j=1,2$. 如果 $\Delta_1\subset\Delta_2$, 则 d_1 和 d_2 在 Δ_1 的任何紧子集上双 Lipschitz 等价.

证明 由

$$\psi(z,w)=\frac{d_2(z,w)}{d_1(z,w)},\ z\neq w;\quad \psi(z,w)=\frac{\tau_1(z)}{\tau_2(z)},\quad z=w$$

定义的函数 $\psi:\Delta_1\times\Delta_1\to\mathbb{R}$ 连续并且恒正. 对给定的紧集 $E\subset\Delta_1$, 函数 ψ 在紧集 $E\times E$ 上有正的最小值 m 和最大值 $M<+\infty$. 于是对任何 $z,w\in E$ 有 $md_1(z,w)\leqslant d_2(z,w)\leqslant Md_1(z,w)$. □

10.2 连续函数空间 $\mathcal{C}[\Delta,\Omega]$

本节中, 在区域 Δ 和 Ω 上分别取定和弦距离拓扑等价的距离函数 d_Δ 和 d_Ω.

10.2.1 $\mathcal{C}[\Delta,\Omega]$ 上的度量

连续函数空间 $\mathcal{C}[\Delta,\Omega]$ 上可用一种标准的方式来构造度量. 参考 [3, p.220-221]. 任意取定 Δ 的一列紧子集 $\{K_n\}$, 满足对任何 n 有 $K_n\subset K_{n+1}^\circ$ 并且 $\bigcup_{n=1}^\infty K_n=\Delta$. 这种紧子集列称为 Δ 的一个紧竭尽 (compact exhaustion). 对

$f,g\in\mathcal{C}[\Delta,\Omega]$, 定义

$$d_{\Delta,\Omega}(f,g)=\sum_{n=1}^{\infty}\frac{1}{2^n}\left(\frac{d_n(f,g)}{1+d_n(f,g)}\right), \tag{10.2.1}$$

其中

$$d_n(f,g)=\sup\{d_\Omega(f(z),g(z)):\ z\in K_n\},\quad n=1,2,\cdots, \tag{10.2.2}$$

则可证明 $d_{\Delta,\Omega}$ 是连续函数空间 $\mathcal{C}[\Delta,\ \Omega]$ 上的距离函数, 并且还可证明 $\lim_{n\to\infty} d_{\Delta,\Omega}(f_n,f)=0$ 当且仅当函数列 $\{f_n\}$ 于 Δ 的任意紧子集上一致收敛于 f. 空间 $\mathcal{C}[\Delta,\Omega]$ 上的度量 $d_{\Delta,\Omega}$ 基于 Δ 的一个特殊的紧竭尽. 但是, 由于度量拓扑是由它的收敛列来定义的, 因此基于其他的紧竭尽, 用同样方式构造的 $\mathcal{C}[\Delta,\Omega]$ 的度量, 与 $d_{\Delta,\Omega}$ 具有相同的拓扑. 我们称这种 (可度量的) 拓扑为**紧一致收敛拓扑**或**局部一致收敛拓扑**, 并且记为 $\mathcal{J}^{luc}$. 由于在距离空间内, 列紧性与紧性相同, 因此讨论 $\mathcal{C}[\Delta,\Omega]$ 内的紧集时, 对这两种收敛没有必要作区分. 现在开始, 我们用“在 $\mathcal{C}[\Delta,\Omega]$ 内 $f_n\to f$”表示函数列 $\{f_n\}\subset\mathcal{C}[\Delta,\Omega]$ 按度量 d_Δ 和 d_Ω 局部一致收敛, 或者等价地, 按度量 $d_{\Delta,\Omega}$ 收敛于 $f\in\mathcal{C}[\Delta,\Omega]$.

需要注意的是, 当距离 d_Δ 和 d_Ω 换成拓扑等价距离时, $\mathcal{C}[\Delta,\Omega]$ 上的拓扑 $\mathcal{J}^{luc}$ 是不变的. 这是由于 $\mathcal{J}^{luc}$ 是 $\mathcal{C}[\Delta,\Omega]$ 上的紧开 (compact-open) 拓扑 $\mathcal{J}^{co}$, 即由集合族 $\{[K,V]\}$ 产生的拓扑, 这里 $K\subset\Delta$ 是紧集, $V\in\Omega$ 是开集, 以及 $[K,V]=\{f\in\mathcal{C}[\Delta,\Omega]:f(K)\subset V\}$.

一般情况下, 距离空间 $(\mathcal{C}[\Delta,\Omega],d_{\Delta,\Omega})$ 不一定是完备的, 这是由于函数列可以收敛到边界 $\partial\Omega$ 上一点. 然而, 如果 (Ω,d_Ω) 是完备的, 则 $(\mathcal{C}[\Delta,\Omega],d_{\Delta,\Omega})$ 也完备. 证明参见 [72, p.145].

定理 10.2.1 (Weierstrass) 设 (Ω,d_Ω) 是完备的, 则解析函数族 $\mathcal{A}[\Delta,\Omega]$ 关于 $d_{\Delta,\Omega}$ 完备, 即 $(\mathcal{A}[\Delta,\Omega],d_{\Delta,\Omega})$ 是连续函数空间 $(\mathcal{C}[\Delta,\Omega],d_{\Delta,\Omega})$ 的完备子空间.

上述 Weierstrass 定理的全纯函数列情形: $\mathcal{A}[\Delta,\mathbb{C}]$ 关于欧氏度量完备, 实际上就是定理 1.1.7, 而亚纯函数列情形: $\mathcal{A}[\Delta,\overline{\mathbb{C}}]$ 关于球面 (弦) 度量完备, 就是定理 1.2.9.

在一般情形, 如果解析函数列 $\{f_n:\Delta\to\Omega\}$ 在 $\mathcal{C}[\Delta,\Omega]$ 内 $f_n\to f$, 则由经典的 Weierstrass 定理和 Hurwitz 定理一起可知, 或者 $f:\ \Delta\to\Omega$ 解析, 或者 $f:\Delta\to\partial\Omega$ 常值. 由于极限函数 f 属于完备空间 $\mathcal{C}[\Delta,\Omega]$, 并且 $\mathcal{A}[\Delta,\Omega]\subset\mathcal{C}[\Delta,\Omega]$, 因此后一情形不会发生.

引理 10.2.1 设区域 Δ 有度量 τ, $K\subset\Delta$ 为紧集, 则 $\mathcal{A}[\Delta,\Omega]$ 上泛函

$$f\mapsto|f|_K=\max_{z\in K}D_{\tau,\rho}f(z)$$

连续.

证明 设函数列 $\{f_n\} \subset \mathcal{A}[\Delta, \Omega]$ 满足 $f_n \to f$. 不妨设 $\Delta, \Omega \subset \mathbb{C}$. 于是由 Weierstrass 定理知局部一致地 $f_n' \to f'$, 进而有 $f_n^*(\rho) \to f^*(\rho)$. 由于 τ 是正连续函数, 因此在 K 上一致地有

$$D_{\tau,\rho} f_n(z) = \frac{f_n^*(\rho)(z)}{\tau(z)} \to D_{\tau,\rho} f(z) = \frac{f_n^*(\rho)(z)}{\tau(z)}.$$

由此即知有 $|f_n|_K \to |f|_K$. □

10.2.2 相对紧性和 Arzelà-Ascoli 定理

如果一族函数 $\mathcal{F} \subset \mathcal{C}[\Delta, \Omega]$ 的闭包 $\overline{\mathcal{F}} \subset \mathcal{C}[\Delta, \Omega]$ 是紧的, 则称该族函数 $\mathcal{F} \subset \mathcal{C}[\Delta, \Omega]$ 是**相对紧**的. 由于距离空间内紧性与列紧性等价, 因此函数族 $\mathcal{F} \subset \mathcal{C}[\Delta, \Omega]$ 是相对紧的当且仅当任何函数列 $\{f_n\} \subset \mathcal{F}$ 含有子列, 该子列于 Δ 的任意紧子集上一致收敛于某 $f \in \mathcal{C}[\Delta, \Omega]$.

注意, 按照 Montel 的正规族定义, 函数族 $\mathcal{F} \subset \mathcal{C}[\Delta, \overline{\mathbb{C}}]$ 于 Δ 正规等价于在 $\mathcal{C}[\Delta, \overline{\mathbb{C}}]$ 内相对紧.

定义 10.2.1 设函数族 $\mathcal{F} \subset \mathcal{C}[\Delta, \Omega]$.

(a) 设 $z_0 \in \Delta$. 如果对任何 $\varepsilon > 0$, 存在 $\delta > 0$ 使得对任何 $z \in D_\Delta(z_0, \delta)$ 和任何 $f \in \mathcal{F}$, 都有 $d_\Omega(f(z), f(z_0)) < \varepsilon$, 则称 $\mathcal{F}$ 在点 z_0 处等度连续.

(b) 如果 $\mathcal{F}$ 在每个点 $z_0 \in \Delta$ 处等度连续, 则称 $\mathcal{F}$ 在 Δ 内等度连续.

根据三角不等式, 可以将条件 (a) 写成更方便的形式: $\mathcal{F}$ 在点 z_0 处等度连续, 当且仅当对任何 $\varepsilon > 0$, 存在 $\delta > 0$ 使得对任何 z, $w \in D_\Delta(z_0, \delta)$ 和任何 $f \in \mathcal{F}$, 都有 $d_\Omega(f(z), f(w)) < \varepsilon$.

下述 Arzelà-Ascoli 定理对连续函数空间 $\mathcal{C}[\Delta, \Omega]$ 中函数族的相对紧性给出了刻画.

定理 10.2.2 (Arzelà-Ascoli) 函数族 $\mathcal{F} \subset \mathcal{C}[\Delta, \Omega]$ 在 $\mathcal{C}[\Delta, \Omega]$ 内相对紧当且仅当

(a) $\mathcal{F}$ 于 Δ 等度连续;

(b) 对每个 $z \in \Delta$, 集合 $\mathcal{F}(z) = \{f(z) : f \in \mathcal{F}\}$ 在 Ω 内相对紧.

第 1 章的定理 1.3.2 是 Arzelà-Ascoli 定理 10.2.2 的特殊情形. 定理 10.2.2 的证明与定理 1.3.2 是类似的, 可参考 [3]. 现在记 $\mathcal{F}$ 在 $\mathcal{C}[\Delta, \Omega]$ 内的闭包为 $\overline{\mathcal{F}}$, 则可以直接验证 $\mathcal{F}$ 在点 z_0 处等度连续当且仅当 $\overline{\mathcal{F}}$ 在点 z_0 处等度连续. 另外, $\overline{\mathcal{F}}(z)$ 就是 $\mathcal{F}(z)$ 的闭包 $\overline{\mathcal{F}(z)}$. Arzelà-Ascoli 定理可以看作是 $\mathcal{C}[\Delta, \Omega]$ 的紧子集的一种特征. 条件 (b) 保证了 $\overline{\mathcal{F}}$ 是完备的, 并且和 (a) 一起给出了全有界性, 从而得出 $\overline{\mathcal{F}}$ 是紧的.

推论 10.2.1 设 Δ, Ω 为双曲区域, 则解析函数族 $\mathcal{F} \subset \mathcal{A}[\Delta, \Omega]$ 在 $\mathcal{C}[\Delta, \Omega]$ 内相对紧, 当且仅当存在 $z_0 \in \Delta$ 使得集合 $\mathcal{F}(z_0)$ 在 Ω 内相对紧.

证明 由 Schwarz-Pick 引理知, 对任何 $f\in\mathcal{A}[\Delta,\Omega]$ 和 $z,w\in\Delta$ 有

$$h_\Omega(f(z),f(w))\leqslant h_\Delta(z,w).$$

因此, Arzelà-Ascoli 定理的条件 (a) 成立. 再证明 (b) 也成立. 由于 $\mathcal{F}(z_0)$ 是相对紧的, 因此存在 $w_0\in\Omega$ 和 $R>0$ 使得 $\mathcal{F}(z_0)\subset\overline{D}_\Omega(w_0,R)$. 对任何一点 $z\in\Delta$, 记 $r=h_\Delta(z_0,z)$, 则对任何 $f\in\mathcal{F}$, 根据 Schwarz-Pick 引理有 $h_\Omega(f(z_0),f(z))\leqslant h_\Delta(z_0,z)=r$. 从而得到

$$h_\Omega(w_0,f(z))\leqslant h_\Omega(w_0,f(z_0))+h_\Omega(f(z_0),f(z))\leqslant R+r,$$

即 $\mathcal{F}(z)\subset\overline{D}_\Omega(w_0,R+r)$. 由于双曲距离 h_Ω 是完备的, 闭双曲圆盘是紧的, 因此 $\mathcal{F}(z)$ 在 Ω 内相对紧. □

推论 10.2.2 设 Δ,Ω 和 Σ 都是双曲区域并且 $\overline{\Omega}\subset\Sigma$, 则 $\mathcal{A}[\Delta,\Omega]$ 在 $\mathcal{C}[\Delta,\Sigma]$ 内相对紧.

证明 由于 $\mathcal{A}[\Delta,\Omega]\subset\mathcal{A}[\Delta,\Sigma]$, 因此由 Schwarz-Pick 引理知, 对任何 $f\in\mathcal{A}[\Delta,\Omega]$ 和 $z,w\in\Delta$ 有

$$h_\Sigma(f(z),f(w))\leqslant h_\Delta(z,w).$$

即 $\mathcal{A}[\Delta,\Omega]$ 满足一个一致 h_Δ 到 h_Σ 的 Lipschitz 条件. 因此 $\mathcal{A}[\Delta,\Omega]$ 于 Δ 等度连续. 再由于 $\overline{\Omega}\subset\Sigma$, 对每个 $z_0\in\Delta$, 集合 $\mathcal{A}[\Delta,\Omega](z_0)$ 在 Σ 内相对紧. 于是, $\mathcal{A}[\Delta,\Omega]$ 在 $\mathcal{C}[\Delta,\Sigma]$ 内相对紧. □

例如, 函数族 $\mathcal{A}[\mathbb{D},\mathbb{D}]$ 在 $\mathcal{C}[\mathbb{D},\mathbb{D}]$ 内不是相对紧的. 这是由于函数列 $f_n(z)=\dfrac{n-1}{n}$ 在 $\mathcal{C}[\mathbb{D},\ \mathbb{D}]$ 内没有局部一致收敛的子列. 若记 $\Sigma=\{z:|z|<2\}$, 则 $\overline{\mathbb{D}}\subset\Sigma$, 从而由推论 10.2.2 知 $\mathcal{A}[\mathbb{D},\mathbb{D}]$ 在 $\mathcal{C}[\mathbb{D},\Sigma]$ 内相对紧.

10.2.3 相对紧的 Möbius 映照族

Möbius 映照具有形式

$$g:z\to\frac{az+b}{cz+d},\quad ad-bc=1,\tag{10.2.3}$$

是 $\overline{\mathbb{C}}$ 的亚纯同胚. Möbius 映照族 $\mathcal{M}$ 是 $\mathcal{C}[\overline{\mathbb{C}},\ \overline{\mathbb{C}}]$ 的一个闭 (完备) 子集. 我们将给出 $\mathcal{M}$ 的相对紧子集 $\mathcal{F}$ 的刻画. 由于 $\overline{\mathbb{C}}$ 是紧的, 根据 Arzelà-Ascoli 定理, $\mathcal{F}$ 在 $\mathcal{M}$ 内相对紧当且仅当在 $\overline{\mathbb{C}}$ 上等度连续. 我们将进一步地用 Lipschitz 条件来刻画 $\mathcal{F}$ 在 $\mathcal{M}$ 内的相对紧性.

Möbius 映照 g 关于弦距离不是等距的, 但是是 $(\overline{\mathbb{C}},\chi)$ 到自身上的一个双 Lipschitz 映照. 首先, 由于 g 确定了一个向量 (a,b,c,d), 至多相差一个因子 -1,

我们可定义范数 $\|g\|$ 如下:

$$\|g\|^2 = |a|^2 + |b|^2 + |c|^2 + |d|^2.$$

由于 $ad - bc = 1$, 因此可直接验证有 $\|g\| = \|g^{-1}\|$. 另外由

$$\|g\|^2 = |a|^2 + |d|^2 + |b|^2 + |c|^2 \geqslant 2(|ad| + |bc|) \geqslant 2|ad - bc| = 2$$

知 $\|g\|^2 \geqslant 2$.

定理 10.2.3　设 g 是 Möbius 映照, 则对任何 $z, w \in \overline{\mathbb{C}}$ 有

$$\frac{\chi(z,w)}{\|g\|^2} \leqslant \chi(g(z), g(w)) \leqslant \|g\|^2 \chi(z,w), \tag{10.2.4}$$

证明　由于

$$|g(z) - g(w)| = \sqrt{|g'(z)||g'(w)|}|z - w|,$$

因此直接计算就有

$$\chi(g(z), g(w)) = \sqrt{\mathcal{D}g(z)\mathcal{D}g(w)}\chi(z,w), \quad z, w \in \overline{\mathbb{C}}, \tag{10.2.5}$$

这里 $\mathcal{D}g$ 是 g 的 (s,s) 导数 $D_{s,s}$, 或 Marty 导数. 若 g 如 (10.2.3) 所示, 则由 (10.2.5) 知

$$\chi(g(z), g(w)) = \frac{|z-w|}{\sqrt{|az+b|^2 + |cz+d|^2}\sqrt{|aw+b|^2 + |cw+d|^2}}.$$

根据 Cauchy-Schwarz 不等式知

$$|az+b|^2 + |cz+d|^2 \leqslant (|a|^2 + |b|^2)(1+|z|^2) + (|c|^2 + |d|^2)(1+|z|^2) = (1+|z|^2)\|g\|^2,$$

因此得到 $\chi(g(z), g(w)) \geqslant \|g\|^2 \chi(z,w)$.

考虑 $h = g^{-1}$, $u = g(z), v = g(w)$, 并且注意到 $\|g\| = \|h\|$, 就可得到 (10.2.4) 中另外一个不等式. □

注记 10.2.1　不等式 (10.2.4) 的最好形式[12] 是

$$\frac{\chi(z,w)}{L(g)} \leqslant \chi(g(z), g(w)) \leqslant L(g)\chi(z,w), \tag{10.2.6}$$

其中

$$L(g) = \frac{1}{2}\left(\|g\|^2 + \sqrt{\|g\|^4 - 4}\right). \tag{10.2.7}$$

定理 10.2.4 设 g 是 Möbius 映照, 使得

$$\chi(g(0),g(1))\geqslant m,\quad \chi(g(1),g(\infty))\geqslant m,\quad \chi(g(\infty),g(0))\geqslant m,\tag{10.2.8}$$

这里 $m>0$, 则 $\|g\|^2\leqslant\dfrac{2}{m^3}$.

证明 设 g 由 (10.2.3) 给出, 则

$$\chi(g(0),g(1))=\frac{1}{\sqrt{(|b|^2+|d|^2)(|a+b|^2+|c+d|^2)}},$$

$$\chi(g(1),g(\infty))=\frac{1}{\sqrt{(|a|^2+|c|^2)(|a+b|^2+|c+d|^2)}},$$

$$\chi(g(\infty),g(0))=\frac{1}{\sqrt{(|a|^2+|c|^2)(|b|^2+|d|^2)}}.$$

因此由条件可知

$$\begin{aligned}&(|a|^2+|c|^2)(|b|^2+|d|^2)(|a+b|^2+|c+d|^2)\\=&\frac{1}{\chi(g(0),g(1))\chi(g(1),g(\infty))\chi(g(\infty),g(0))}\\\leqslant&\frac{1}{m^3}.\end{aligned}$$

由于 $ad-bc=1$, 因此 $1=d(a+b)-b(c+d)$, 从而

$$1\leqslant(|d(a+b)|+|b(c+d)|)^2\leqslant(|d|^2+|b|^2)(|a+b|^2+|c+d|^2).$$

于是

$$|a|^2\leqslant|a|^2(|d|^2+|b|^2)(|a+b|^2+|c+d|^2),$$

$$|c|^2\leqslant|c|^2(|d|^2+|b|^2)(|a+b|^2+|c+d|^2).$$

同理可得

$$|b|^2\leqslant|b|^2(|c|^2+|a|^2)(|a+b|^2+|c+d|^2),$$

$$|d|^2\leqslant|d|^2(|c|^2+|a|^2)(|a+b|^2+|c+d|^2).$$

于是

$$\|g\|^2=|a|^2+|b|^2+|c|^2+|d|^2$$

$$\leqslant 2(|a|^2+|c|^2)(|b|^2+|d|^2)(|a+b|^2+|c+d|^2)$$
$$\leqslant \frac{2}{m^3}. \qquad \square$$

下述定理给出了满足一致弦度量到弦度量的 Lipschitz 条件的 Möbius 映照族的几何特征.

定理 10.2.5 对任何 Möbius 映照族 $\mathcal{G}$, 以下陈述等价:

(a) $\mathcal{G}$ 在 $\mathcal{M}$ 内相对紧;

(b) 存在常数 $L>0$ 使得对任何 $z,w\in\overline{\mathbb{C}}$ 有 $\chi(g(z),g(w))\leqslant L\chi(z,w)$;

(c) $\sup_{g\in\mathcal{G}}\|g\|<+\infty$;

(d) 存在正数 m 使得对任何 $g\in\mathcal{G}$ 有 (10.2.8).

证明 由定理 10.2.4 知 $(d)\Longrightarrow(c)$; 由定理 10.2.3 知 $(c)\Longrightarrow(b)$; 由 Arzelà-Ascoli 定理知 $(b)\Longrightarrow(a)$. 因此只要证明: $(a)\Longrightarrow(d)$. 现在设 (a) 成立, 则 $\mathcal{G}$ 的闭包 $\overline{\mathcal{G}}\subset\mathcal{M}$ 是紧的. 对不同的 $u,v\in\overline{\mathbb{C}}$, 可直接验证 $g\mapsto\chi(g(u),g(v))$ 是 $\mathcal{M}$ 上的正连续泛函. 由于 $\overline{\mathcal{G}}$ 是紧的, 此泛函在 $\overline{\mathcal{G}}$ 达到正的最小值 $m(u,v)$. 于是, 若取 $m=\min\{m(0,1),m(1,\infty),m(\infty,0)\}$, 则 (d) 成立. $\square$

10.3 一致 Lipschitz 函数族

在这一节中, 设区域 Δ 和 Ω 具有共形半度量 τ 和 ρ, 各自导出距离函数 h_τ 和 h_ρ.

10.3.1 一致 Lipschitz 条件

推论 10.2.1 和定理 10.2.5 说明一致 Lipschitz 条件能够用于刻画出一些相对紧的解析函数族. 为了进一步的应用, 我们需要对一致 Lipschitz 条件做一些工作.

定义 10.3.1 设连续函数族 $\mathcal{F}\subset\mathcal{C}[\Delta,\Omega]$.

(a) 若对任何 $z_0\in\Delta$, 存在正数 r 和 L 使得对任何 $z,w\in D_\tau(z_0,r)$ 和 $f\in\mathcal{F}$ 有 $d_\rho(f(z),f(w))\leqslant Ld_\tau(z,w)$, 则称 $\mathcal{F}$ 于 Δ 满足局部一致 d_τ 到 d_ρ 的 Lipschitz 条件, 并且记为 $\mathcal{F}\subset\mathcal{L}^{loc}_{\tau,\rho}[\Delta,\Omega]$.

(b) 如果对任何紧集 $K\subset\Delta$, 存在正数 L 使得对任何 $z,w\in K$ 和 $f\in\mathcal{F}$ 有 $d_\rho(f(z),f(w))\leqslant Ld_\tau(z,w)$, 则称 $\mathcal{F}$ 于 Δ 满足紧一致 d_τ 到 d_ρ 的 Lipschitz 条件, 并且记为 $\mathcal{F}\subset\mathcal{L}^{com}_{\tau,\rho}[\Delta,\Omega]$.

(c) 如果存在正数 L 使得对任何 $z,w\in\Delta$ 和 $f\in\mathcal{F}$ 有 $d_\rho(f(z),f(w))\leqslant Ld_\tau(z,w)$, 则称 $\mathcal{F}$ 于 Δ 满足 (整体) 一致 d_τ 到 d_ρ 的 Lipschitz 条件, 并且记为 $\mathcal{F}\subset\mathcal{L}_{\tau,\rho}[\Delta,\Omega]$.

注意, 如果 $\mathcal{F} \subset \mathcal{C}[\Delta, \Omega]$ 满足一种一致 Lipschitz 条件, 则其闭包 $\overline{\mathcal{F}}$ 满足同类型的一致 Lipschitz 条件. 例如, 如果 Δ 和 Ω 是双曲区域, 分别具有双曲度量 τ 和 ρ, 则由 Schwarz-Pick 引理知, 函数族 $\mathcal{A}[\Delta, \Omega]$ 就满足一致 d_τ 到 d_ρ 的 Lipschitz 条件: $\mathcal{A}[\Delta, \Omega] \subset \mathcal{L}_{\tau,\rho}[\Delta, \Omega]$.

定理 10.3.1 函数族 $\mathcal{F} \subset \mathcal{L}_{\tau,\rho}^{loc}[\Delta, \Omega]$ 当且仅当 $\mathcal{F} \subset \mathcal{L}_{\tau,\rho}^{com}[\Delta, \Omega]$.

证明 由于 Δ 中的每个点都有一个紧邻域, 因此 $\mathcal{F} \subset \mathcal{L}_{\tau,\rho}^{com}[\Delta, \Omega] \Longrightarrow \mathcal{F} \subset \mathcal{L}_{\tau,\rho}^{loc}[\Delta, \Omega]$.

下证反过来也对: $\mathcal{F} \subset \mathcal{L}_{\tau,\rho}^{loc}[\Delta, \Omega] \Longrightarrow \mathcal{F} \subset \mathcal{L}_{\tau,\rho}^{com}[\Delta, \Omega]$.

为此, 设 $\mathcal{F} \subset \mathcal{L}_{\tau,\rho}^{loc}$, 及 $K \subset \Delta$ 为任一紧集. 我们需要证明 $\mathcal{F}$ 限制在 K 上满足整体一致 d_τ 到 d_ρ 的 Lipschitz 条件: $\mathcal{F} \subset \mathcal{L}_{\tau,\rho}[K, \Omega]$.

先考虑 τ 为完备的情形. 此时, 可设 $K = \overline{D}_\tau(z_0, R) \subset \Delta$, 这里 $z_0 \in \Delta$ 及 $R > 0$. 令 $K^* = \overline{D}_\tau(z_0, 3R+1)$. 根据假设, 对任何一点 $z \in K^*$, 存在一个开邻域 $N(z)$ 和一个正数 $L(z)$ 使得对任何 $u, v \in N(z)$ 和 $f \in \mathcal{F}$ 有 $d_\rho(f(u), f(v)) \leqslant L(z) d_\tau(u, v)$. 由于 K^* 是紧的, 因此只要有限个邻域 $N(z_1), N(z_2), \cdots, N(z_J)$ 就可覆盖 K^*. 记 $L = \max\{L(z_1), L(z_2), \cdots, L(z_J)\}$. 由 Lebesgue 覆盖定理知, 存在一个正数 η 使得只要 K^* 的子集 Q 的 d_τ- 直径至多 η 就有某个 $N(z_j)$ 满足 $Q \subset N(z_j)$.

现在我们来证明: 当 $u, v \in K$ 和 $f \in \mathcal{F}$ 时有 $d_\rho(f(u), f(v)) \leqslant L d_\tau(u, v)$. 为此, 任意取定两点 $u, v \in K$, 则 $d_\tau(u, v) \leqslant 2R$. 对任意正数 $\varepsilon \leqslant 1$, 取定 Δ 中从 u 到 v 的一条路径 γ 使得

$$
d_\tau(u, v) \leqslant \int_\gamma \tau(\zeta)|d\zeta| < d_\tau(u, v) + \varepsilon.
$$

由于对任何 $z \in \gamma$ 有

$$
d_\tau(z_0, z) \leqslant d_\tau(z_0, u) + d_\tau(u, z) \leqslant R + \int_\gamma \tau(\zeta)|d\zeta| < 3R + 1.
$$

因此 $\gamma \subset K^* = \overline{D}_\tau(z_0, 3R+1)$. 假设 $\gamma: \ z = \gamma(t), \ t \in [0, 1]$. 由于 $\gamma(t)$ 于 $[0, 1]$ 一致连续, 因此可分割闭区间 $[0, 1]$ 为 $[t_1, t_2], [t_2, t_3], \cdots, [t_q, t_{q+1}]$, 这里 $t_1 = 0, t_{q+1} = 1$, 使得每一小段 $\gamma_j = \gamma([t_j, t_{j+1}])$ 的 d_τ-直径至多 η. 于是对任何 $f \in \mathcal{F}$ 有

$$
\begin{aligned}
d_\rho(f(u), f(v)) &\leqslant \sum_{j=1}^{q} d_\rho\left(f(\gamma(t_j)), f(\gamma(t_{j+1}))\right) \\
&\leqslant L \sum_{j=1}^{q} d_\tau\left(\gamma(t_j), \gamma(t_{j+1})\right)
\end{aligned}
$$

$$\leqslant L\sum_{j=1}^{q}\int_{\gamma_j}\tau(\zeta)|d\zeta|$$
$$= L\int_{\gamma}\tau(\zeta)|d\zeta|$$
$$\leqslant L(d_\tau(u,v)+\varepsilon).$$

再由 ε 的任意性即得 $d_\rho(f(u),f(v))\leqslant Ld_\tau(u,v)$. 这就证明了 $\mathcal{F}\subset\mathcal{L}_{\tau,\rho}[K,\Omega]$.

再考虑 τ 不完备的情形. 此时设 $\widetilde{\tau}$ 是 Δ 上的一个完备的度量, 则由引理 10.1.1 和上述所证, 就有

$$\mathcal{F}\subset\mathcal{L}_{\tau,\rho}^{loc}[\Delta,\Omega]\Longrightarrow\mathcal{F}\subset\mathcal{L}_{\widetilde{\tau},\rho}^{loc}[\Delta,\Omega]$$
$$\Longrightarrow\mathcal{F}\subset\mathcal{L}_{\widetilde{\tau},\rho}^{com}[\Delta,\Omega]\Longrightarrow\mathcal{F}\subset\mathcal{L}_{\tau,\rho}^{com}[\Delta,\Omega].$$ □

定理 10.3.2 设函数族 $\mathcal{F}\subset\mathcal{A}[\Delta,\Omega]$, 则

(a) $\mathcal{F}\subset\mathcal{L}_{\tau,\rho}^{com}[\Delta,\Omega]$ 当且仅当 $D_{\tau,\rho}\mathcal{F}=\{D_{\tau,\rho}f:\ f\in\mathcal{F}\}$ 于 Δ 紧一致有界: 对每个紧集 $K\subset\Delta$, 存在 $M>0$ 使得对任何 $z\in K$ 和 $f\in\mathcal{F}$ 有 $D_{\tau,\rho}f(z)\leqslant M$;

(b) $\mathcal{F}\subset\mathcal{L}_{\tau,\rho}[\Delta,\Omega]$ 当且仅当 $D_{\tau,\rho}\mathcal{F}=\{D_{\tau,\rho}f:\ f\in\mathcal{F}\}$ 于 Δ 一致有界: 存在 $M>0$ 使得对任何 $z\in\Delta$ 和 $f\in\mathcal{F}$ 有 $D_{\tau,\rho}f(z)\leqslant M$.

证明 (a) 不妨设 τ 是完备的. 先设 $\mathcal{F}\subset\mathcal{L}_{\tau,\rho}^{com}[\Delta,\Omega]$. 取定一个紧集 $K\subset\Delta$. 因 τ 完备而可不妨设 $K=\overline{D}_\tau(z_0,R)$, 这里 $z_0\in\Delta$ 及 $R>0$. 此时, 存在常数 $L>0$ 使得对任何 $z,w\in\overline{D}_\tau(z_0,2R)$ 和 $f\in\mathcal{F}$ 有 $d_\rho(f(z),f(w))\leqslant Ld_\tau(z,w)$. 于是对 $z\in K$ 和 $w\in\overline{D}_\tau(z_0,2R)$ 有

$$\frac{d_\rho(f(z),f(w))}{|f(z)-f(w)|}\cdot\frac{|f(z)-f(w)|}{|z-w|}\leqslant L\frac{d_\tau(z,w)}{|z-w|}.$$

令 $w\to z$, 就得到 $\rho(f(z))|f'(z)|\leqslant L\tau(z)$, 即得 $D_{\tau,\rho}f(z)\leqslant L$.

反过来, 设对每个紧集 $K\subset\Delta$, 存在正数 M 使得对任何 $z\in K$ 和 $f\in\mathcal{F}$ 有 $D_{\tau,\rho}f(z)\leqslant M$. 在 Δ 内取定一个紧集, 设为 $\overline{D}_\tau(z_0,R)$. 对紧集 $\overline{D}_\tau(z_0,3R+2)$, 按条件确定了常数 M 使得对任何 $z\in\overline{D}_\tau(z_0,3R+2)$ 和 $f\in\mathcal{F}$ 有 $\rho(f(z))|f'(z)|\leqslant M\tau(z)$. 取定两点 $z,w\in\overline{D}_\tau(z_0,R)$. 取在 Δ 内从 z_0 到 z 的一条路径 γ 使得

$$d_\tau(z_0,z)\leqslant\int_\gamma\tau(\zeta)|d\zeta|<R+1.$$

由于 $d_\tau(z,w)\leqslant 2R$, 因此在 Δ 内存在从 z 到 w 的一条路径 δ 使得

$$d_\tau(z,w)\leqslant\int_\delta\tau(\zeta)|d\zeta|<2R+1. \tag{10.3.1}$$

由此, $\gamma \cup \delta$ 是 Δ 内从 z_0 到 w 的一条路径, 其 d_τ-长度至多 $3R+2$. 也因此这条路径 $\gamma \cup \delta \subset \overline{D}_\tau(z_0, 3R+2)$. 特别地, $\delta \subset \overline{D}_\tau(z_0, 3R+2)$. 于是对任何 $f \in \mathcal{F}$ 有

$$
\begin{aligned}
d_\rho(f(z), f(w)) &\leqslant \int_{f\circ\delta} \rho(\omega)|d\omega| \\
&= \int_\delta \rho(f(\zeta))|f'(\zeta)||d\zeta| \\
&= \int_\delta D_{\tau,\rho} f(\zeta)\tau(\zeta)|d\zeta| \\
&\leqslant M \int_\delta \tau(\zeta)|d\zeta|.
\end{aligned}
$$

在上式中, 对 Δ 内从 z 到 w 的并且满足 (10.3.1) 路径 δ 取下确界, 就得到 $d_\rho(f(z), f(w)) \leqslant M d_\tau(z, w)$.

(b) 的证明是类似的, 比 (a) 要简单. 详略. □

例 10.3.1 单位圆 $\mathbb{D}$ 上全纯函数当 $\dfrac{|f'(z)|}{\lambda_{\mathbb{D}}(z)}$ 一致有界时称为 Bloch 函数. 因此, Bloch 函数在单位圆 $\mathbb{D}$ 上满足整体 $h_{\mathbb{D}}$ 到 e (欧几里得度量) 的 Lipschitz 条件. 类似地, 单位圆 $\mathbb{D}$ 上亚纯函数当 $\dfrac{f^{\#}(z)}{\lambda_{\mathbb{D}}(z)}$ 一致有界时称为正规函数, 因此正规函数在单位圆 $\mathbb{D}$ 上满足整体 $h_{\mathbb{D}}$ 到 s (球面度量) 的 Lipschitz 条件. 又, 全平面 $\mathbb{C}$ 上亚纯函数当 $f^{\#}(z)$ 于 $\mathbb{C}$ 一致有界时称为 Yosida 函数, 因此 Yosida 函数在 $\mathbb{C}$ 上满足整体 e 到 s 的 Lipschitz 条件.

10.3.2 Lipschitz 函数族的相对紧性

首先, 对局部一致 Lipschitz 函数族, 可将 Arzelà-Ascoli 定理写成如下形式.

定理 10.3.3 设 Ω 的半度量 ρ 完备, 并且函数族 $\mathcal{F} \subset \mathcal{L}^{loc}_{\tau,\rho}[\Delta, \Omega]$, 则 $\mathcal{F}$ 在 $\mathcal{C}[\Delta, \Omega]$ 内相对紧当且仅当存在点 $z_0 \in \Delta$ 使得 $\mathcal{F}(z_0)$ 于 Ω 内相对紧.

证明 必要性由 Arzelà-Ascoli 定理即得. 下证充分性. 首先, 由函数族 $\mathcal{F} \subset \mathcal{L}^{loc}_{\tau,\rho}[\Delta, \Omega]$ 知 $\mathcal{F}$ 于 Δ 等度连续, 并且由定理 10.3.1 知 $\mathcal{F} \subset \mathcal{L}^{com}_{\tau,\rho}[\Delta, \Omega]$. 现任意取定 $z \in \Delta$, 则 $\{z_0, z\} \subset \Delta$ 是紧集. 因此由 $\mathcal{F} \subset \mathcal{L}^{com}_{\tau,\rho}[\Delta, \Omega]$ 知存在 $L > 0$ 使得对任何 $f \in \mathcal{F}$ 有 $d_\rho(f(z), f(z_0)) \leqslant L d_\tau(z, z_0)$. 再由于 $\mathcal{F}(z_0) = \{f(z_0) : f \in \mathcal{F}\}$ 于 Ω 内相对紧以及半度量 ρ 完备, 就可知 $\mathcal{F}(z)$ 也于 Ω 内相对紧. 于是, Arzelà-Ascoli 定理的条件 (b) 成立. □

对解析函数族 $\mathcal{F} \subset \mathcal{A}[\Delta, \Omega]$, 则有更强的结论.

定理 10.3.4 设 Ω 的半度量 ρ 完备, 则解析函数族 $\mathcal{F} \subset \mathcal{A}[\Delta, \Omega]$ 在 $\mathcal{C}[\Delta, \Omega]$ 内相对紧当且仅当 $\mathcal{F} \subset \mathcal{L}^{loc}_{\tau,\rho}[\Delta, \Omega]$ 并且存在点 $z_0 \in \Delta$ 使得 $\mathcal{F}(z_0)$ 于 Ω 内相对紧.

证明 充分性由定理 10.3.3 立得. 对必要性, 只要证明如果 $\overline{\mathcal{F}}$ 是紧的, 则 $\overline{\mathcal{F}} \subset \mathcal{L}_{\tau,\rho}^{loc}[\Delta, \Omega]$. 为此设 $\overline{\mathcal{F}}$ 是紧的, 并且任意取定一个紧集 $K \subset \Delta$. 由引理 10.2.1 知连续泛函 $f \mapsto |f|_K$ 在 $\overline{\mathcal{F}}$ 上达到最大值 M. 于是, 由定理 10.3.2 知, $\overline{\mathcal{F}} \subset \mathcal{L}_{\tau,\rho}^{com}[\Delta, \Omega]$. 再由定理 10.3.1 知 $\overline{\mathcal{F}} \subset \mathcal{L}_{\tau,\rho}^{loc}[\Delta, \Omega]$. □

作为定理 10.3.4 的特例, 我们可以获得一些推论, 包含了一些已知的重要正规定则.

推论 10.3.1 设 Δ 是双曲区域, 则解析函数族 $\mathcal{F} \subset \mathcal{A}[\Delta, \mathbb{C}]$ 在 $\mathcal{C}[\Delta, \mathbb{C}]$ 内相对紧当且仅当 $\mathcal{F} \subset \mathcal{L}_{\lambda,l}^{loc}[\Delta, \mathbb{C}]$ 及在某点 $z_0 \in \Delta$ 处 $\mathcal{F}(z_0)$ 于 $\mathbb{C}$ 相对紧.

注意, 这里 λ 表示 Δ 上双曲度量, l 表示欧氏度量. Montel 给出了另外一种特征: 函数族 $\mathcal{F} \subset \mathcal{A}[\Delta, \mathbb{C}]$ 在 $\mathcal{C}[\Delta, \mathbb{C}]$ 内相对紧当且仅当 $\mathcal{F}$ 于 Δ 局部一致有界. 根据推论 10.3.1, 单位圆 $\mathbb{D}$ 上满足 $f(0) = 0$ 的 Bloch 函数族 $\mathcal{B} = \{f\}$ 于 $\mathcal{C}[\mathbb{D}, \mathbb{C}]$ 相对紧.

推论 10.3.2 (Royden) 设 Δ 是双曲区域, 则对 $\overline{\mathbb{C}}$ 上的任一半度量 ρ, 函数族 $\mathcal{F} \subset \mathcal{A}[\Delta, \overline{\mathbb{C}}]$ 于 $\mathcal{C}[\Delta, \overline{\mathbb{C}}]$ 相对紧当且仅当 $\mathcal{F} \subset \mathcal{L}_{\lambda,\rho}^{loc}[\Delta, \overline{\mathbb{C}}]$.

H. L. Royden[143] 对半度量 ρ 有单个零点 ∞ 这种特殊情形证明了上述结论, 并利用 $\overline{\mathbb{C}}$ 上的半度量 $\rho(z) = e^{-|z|}$, $\rho(\infty) = 0$, 证明了函数族

$$\mathcal{F} = \left\{f \in \mathcal{A}[\Delta, \overline{\mathbb{C}}] : |f'| \leqslant e^{|f|}\right\}$$

是正规族.

在 Royden 定理, 即推论 10.3.2 中, 取半度量 ρ 是球面度量 σ, 即得如下 Marty 定理.

推论 10.3.3 (Marty) 设 Δ 是双曲区域, 则函数族 $\mathcal{F} \subset \mathcal{A}[\Delta, \overline{\mathbb{C}}]$ 于 $\mathcal{C}[\Delta, \overline{\mathbb{C}}]$ 相对紧当且仅当 $\mathcal{F} \subset \mathcal{L}_{\lambda,\sigma}^{loc}[\Delta, \overline{\mathbb{C}}]$.

推论 10.3.3 中条件 $\mathcal{F} \subset \mathcal{L}_{\lambda,\sigma}^{loc}[\Delta, \overline{\mathbb{C}}]$ 可等价地说成: 对每个紧集 $K \subset \Delta$, 存在常数 $M > 0$ 使得对所有 $z \in K$ 和 $f \in \mathcal{F}$ 有 $\dfrac{f^{\#}(z)}{\lambda_{\Delta}(z)} \leqslant M$. 当 $\Delta \subset \mathbb{C}$ 时, 这等价于 $f^{\#}(z) \leqslant M$. 这是由于双曲度量和欧几里得度量在 $\Delta \subset \mathbb{C}$ 的紧子集上是双 Lipschitz 等价的. 当 $\Delta \subset \overline{\mathbb{C}}$ 时, 则等价于 $\mathcal{D}f(z) \leqslant M$. 这种形式的推论 10.3.3 就是第 1 章中的 Marty 定理.

10.4 正规族定义的推广

除非特别指明, 本节中 Δ, Ω 和 Σ 是扩充复平面上区域, $\Sigma \supseteq \Omega$, 分别有共形半度量 τ, ρ 和 μ, 各自导出距离函数 d_τ, d_ρ 和 d_μ. 我们把 Ω 和 Σ 都叫做 Δ 的配域.

10.4.1 相对于大配域的 Lipschitz 条件

这一小节源于如下问题: 满足 $\mathcal{F} \subset \mathcal{L}^{loc}_{\tau,\rho}[\Delta,\Omega]$ 的函数族 $\mathcal{F} \subset \mathcal{A}[\Delta,\Omega]$ 在 $\mathcal{C}[\Delta,\Omega]$ 内不一定相对紧. 根据定理 10.3.4, 当 ρ 完备时, $\mathcal{F}$ 不相对紧当且仅当对每个 $z_0 \in \Delta$, 点集 $\mathcal{F}(z_0)$ 在边界 $\partial\Omega$ 上有聚点. 然而, 当 $\Sigma \supseteq \Omega$ 时, $\mathcal{F}$ 可能在 $\mathcal{C}[\Delta,\Sigma]$ 相对紧.

例 10.4.1 显然函数族 $\mathcal{F} = \{f_n:\ f_n(z) = z+n, n \in \mathbb{N}\} \subset \mathcal{L}_{l,l}[\mathbb{C},\mathbb{C}]$, 即满足整体一致 e 到 e 的 Lipschitz 条件. 它在 $\mathcal{C}[\mathbb{C},\mathbb{C}]$ 内不是相对紧的, 这是因为对任何 $z_0 \in \mathbb{C}$, 集合 $\mathcal{F}(z_0)$ 于 $\mathbb{C}$ 都不是相对紧的. 但在 $\mathcal{C}[\mathbb{C},\overline{\mathbb{C}}]$ 内考虑时, 情况发生了变化: 此时, 对任何 $z_0 \in \mathbb{C}$, $\mathcal{F}(z_0)$ 于 $\overline{\mathbb{C}}$ 都是相对紧的. 注意, $\overline{\mathbb{C}}$ 上的度量是球面度量 σ, 而不是 $\mathbb{C}$ 上的欧氏度量 l. 因此由定理 10.3.3 知 $\mathcal{F}$ 在 $\mathcal{C}[\mathbb{C},\overline{\mathbb{C}}]$ 内相对紧.

事实上, 由于对任何 $z,w \in \mathbb{C}$ 有 $s(z,w) \leqslant 2|z-w|$, 因此, 若 $\mathcal{F} \subset \mathcal{C}[\mathbb{C},\mathbb{C}]$ 满足 $\mathcal{F} \subset \mathcal{L}^{loc}_{l,l}[\mathbb{C},\mathbb{C}]$, 则其作为 $\mathcal{C}[\mathbb{C},\overline{\mathbb{C}}]$ 的子族, 也满足 $\mathcal{F} \subset \mathcal{L}^{loc}_{l,\sigma}[\mathbb{C},\mathbb{C}]$, 从而 $\mathcal{F}$ 在 $\mathcal{C}[\mathbb{C},\overline{\mathbb{C}}]$ 内相对紧.

定义 10.4.1 设区域 Ω 和 Σ 分别具有共形半度量 ρ 和 μ, 并且 $\Omega \subseteq \Sigma$. 如果存在正数 L 使得对任何 $z \in \Omega$ 有 $\mu(z) \leqslant L\rho(z)$, 则称半度量 μ 满足一个相对于 ρ 的 Lipschitz 条件, 记为 $\mu|_\Omega \prec \rho$.

易见, $\mu|_\Omega \prec \rho$ 等价于存在 $L>0$ 使得 $d_\mu(z,w) \leqslant L d_\rho(z,w)$ 对任何 $z,w \in \Omega$ 都成立. 例如, 球面度量 σ 满足一个相对于欧氏度量 l 的 Lipschitz 条件: $\sigma|_{\mathbb{C}} \prec l$.

定理 10.4.1 设 $\overline{\Omega}$ 是 Σ 的紧子集, Σ 的半度量 μ 完备并且 $\mu|_\Omega \prec \rho$, 则当函数族 $\mathcal{F} \subset \mathcal{L}^{loc}_{\tau,\rho}[\Delta,\Omega]$ 时, $\mathcal{F} \subset \mathcal{L}^{loc}_{\tau,\mu}[\Delta,\Omega]$ 并且在 $\mathcal{C}[\Delta,\Sigma]$ 内相对紧.

证明 设 $\mathcal{F} \subset \mathcal{L}^{loc}_{\tau,\rho}[\Delta,\Omega]$. 由于存在 $L>0$ 使得对任何 $u,v \in \Omega$ 有 $d_\mu(u,v) \leqslant L d_\rho(u,v)$, 因此易知 $\mathcal{F} \subset \mathcal{L}^{loc}_{\tau,\mu}[\Delta,\Omega]$. 再由于 $\overline{\Omega}$ 是 Σ 的紧子集, 对每个 $z_0 \in \Delta$, 集合 $\mathcal{F}(z_0)$ 在 Σ 内相对紧. 于是由定理 10.3.3 知 $\mathcal{F}$ 在 $\mathcal{C}[\Delta,\Sigma]$ 内相对紧. □

推论 10.4.1 设 Δ 是双曲区域, 则当函数族 $\mathcal{F} \subset \mathcal{L}^{loc}_{\lambda,l}[\Delta,\mathbb{C}]$ 时有 $\mathcal{F} \subset \mathcal{L}^{loc}_{\lambda,\sigma}[\Delta,\mathbb{C}]$, 并且在 $\mathcal{C}[\Delta,\overline{\mathbb{C}}]$ 内相对紧.

下述引理, 对度量之间 Lipschitz 条件的存在性, 给出了一个简单的充分条件.

引理 10.4.1 设 $\overline{\Omega}$ 是 Σ 的紧子集, 及 ρ 为 Ω 上度量. 若对任何 $\zeta \in \partial\Omega$,

$$\lim_{z\to\zeta} \frac{\mu(z)}{\rho(z)} = 0,$$

则 $\mu|_\Omega \prec \rho$.

证明 如果令函数 $\dfrac{\mu}{\rho}$ 在 $\partial\Omega$ 上的值为 0, 则函数 $\dfrac{\mu}{\rho}$ 在紧集 $\overline{\Omega}$ 上连续、非负, 因而在 $\overline{\Omega}$ 上有最大值 L. 于是对任何 $z \in \Omega$ 就有 $\mu(z) \leqslant L\rho(z)$. □

定理 10.4.2　设 $\Omega \subset \overline{\mathbb{C}}$ 是双曲区域.

(a) 如果 $\Omega \subset \mathbb{C}$, 则对每一点 $\zeta \in \partial\Omega \cap \mathbb{C}$ 有

$$\lim_{z \to \zeta} \lambda_\Omega(z) = +\infty.$$

(b) 一般情形, 对每一点 $\zeta \in \partial\Omega$ 有

$$\lim_{z \to \zeta} \frac{\lambda_\Omega(z)}{\sigma(z)} = +\infty.$$

证明　熟知 $\mathbb{C}_{0,1} = \mathbb{C} \setminus \{0, 1\}$ 上双曲度量 $\lambda_{0,1}$ 满足

$$\lambda_{0,1}(z) \to +\infty \quad (z \to 0,\ 1).$$

由此易知当 $a, b \in \mathbb{C}$ 时, $\mathbb{C}_{a,b} = \mathbb{C} \setminus \{a, b\}$ 上双曲度量 $\lambda_{a,b}$ 满足

$$\lambda_{a,b}(z) \to +\infty \quad (z \to a,\ b).$$

(a) 由于 $\Omega \subset \mathbb{C}$, 因此由其是双曲区域知 $\mathbb{C} \setminus \Omega$ 至少有两个有穷边界点. 取定 $a, b \in \partial\Omega \cap \mathbb{C}$, 则 $\Omega \subset \mathbb{C}_{a,b}$, 并且由双曲度量的单调性知 $\lambda_{a,b} \leqslant \lambda_\Omega$. 于是, 当 $z \to \zeta$ 时有 $\lambda_\Omega(z) \to +\infty$.

(b) 如果 $\zeta \in \partial\Omega \cap \mathbb{C}$, 则由 (a) 即得. 下证 $\zeta = \infty \in \partial\Omega$ 的情形. Möbius 变换 $j(z) = \dfrac{1}{z}$ ($\overline{\mathbb{C}}$ 的旋转) 将 Ω 变换为区域 Ω', 并且 $0 \in \partial\Omega'$. 由于双曲度量是共形不变的并且 $j(\Omega') = \Omega$, 因此 $j^*(\lambda_\Omega) = \lambda_{\Omega'}$. 由于球面度量在 $\overline{\mathbb{C}}$ 的旋转变换下也不变而有 $j^*(\sigma) = \sigma$. 于是

$$\frac{\lambda_{\Omega'}(z)}{\sigma(z)} = \frac{\lambda_\Omega(j(z))}{\sigma(j(z))}.$$

由于 $0 \in \partial\Omega'$, 因此

$$\lim_{z \to \infty} \frac{\lambda_\Omega(z)}{\sigma(z)} = \lim_{z \to 0} \frac{\lambda_\Omega(j(z))}{\sigma(j(z))} = \lim_{z \to 0} \frac{\lambda_{\Omega'}(z)}{\sigma(z)} = +\infty.$$

□

推论 10.4.2　设 $\Omega \subset \overline{\mathbb{C}}$ 为双曲区域.

(a) 如果 $\overline{\Omega} \subset \mathbb{C}$, 则 $l|_\Omega \prec \lambda_\Omega$: 在 Ω 内, 欧氏度量 l 满足一个相对于双曲度量 λ_Ω 的 Lipschitz 条件.

(b) $\sigma|_\Omega \prec \lambda_\Omega$: 在 Ω 内, 球面度量 σ 满足一个相对于双曲度量 λ_Ω 的 Lipschitz 条件.

类似地, 如果 $\overline{\Omega}\subset\Sigma$, 其中 Σ 也是双曲区域, 则 $\lambda_\Sigma|_\Omega\prec\lambda_\Omega$. 当配域 Σ 适当地换成 $\mathbb{C}$ 或 $\overline{\mathbb{C}}$ 时, 双曲区域间的全体解析函数族就变成相对紧的.

定理 10.4.3 设 Δ 和 Ω 是 $\overline{\mathbb{C}}$ 上双曲区域.

(a) 如果 $\overline{\Omega}\subset\mathbb{C}$, 则函数族 $\mathcal{A}[\Delta,\Omega]\subset\mathcal{L}_{\lambda,l}[\Delta,\Omega]$ 且在 $\mathcal{C}[\Delta,\mathbb{C}]$ 内相对紧.

(b) 函数族 $\mathcal{A}[\Delta,\Omega]\subset\mathcal{L}_{\lambda,\sigma}[\Delta,\Omega]$ 且在 $\mathcal{C}[\Delta,\overline{\mathbb{C}}]$ 内相对紧.

证明 (a) 由推论 10.4.2(a) 知, $l|_\Omega\prec\lambda_\Omega$. 于是存在 $L>0$ 使得对任何 $u,v\in\Omega$ 有 $|u-v|\leqslant Lh_\Omega(u,v)$. 因此, 对任何 $f\in\mathcal{A}[\Delta,\Omega]$ 和任何 $z,w\in\Delta$, 由 Schwarz-Pick 引理的一般形式知有

$$|f(z)-f(w)|\leqslant Lh_\Omega(f(z),f(w))\leqslant Lh_\Delta(z,w),$$

即有 $|f(z)-f(w)|\leqslant Lh_\Delta(z,w)$. 这就证明了 $\mathcal{A}[\Delta,\Omega]\subset\mathcal{L}_{\lambda,l}[\Delta,\Omega]$.

(b) 的证明是类似的. 此时只需要应用推论 10.4.2(b), 并用球面度量代替欧氏度量. □

推论 10.4.3 (Montel) 设 Δ 为双曲区域, 则 $\mathcal{A}[\Delta,\mathbb{C}_{0,1}]\subset\mathcal{L}_{\lambda,\sigma}[\Delta,\mathbb{C}_{0,1}]$ 并且在 $\mathcal{C}[\Delta,\overline{\mathbb{C}}]$ 内相对紧.

由推论 10.4.3 和定理 10.2.5, 我们可以得到如下 Montel 定理的加强.

定理 10.4.4 设 Δ 是双曲区域. 设 $\mathcal{F}$ 是 Δ 上的亚纯函数族. 如果对每个函数 $f\in\mathcal{F}$, 存在三个不同点 a_f, b_f, $c_f\in\overline{\mathbb{C}}$ 不在值域 $f(\Omega)$ 内, 并且

$$\inf_{f\in\mathcal{F}}\chi(a_f,b_f)\chi(b_f,c_f)\chi(c_f,a_f)>0,\tag{10.4.1}$$

则 $\mathcal{F}\subset\mathcal{L}_{\lambda,\sigma}[\Delta,\overline{\mathbb{C}}]$, 并且在 $\mathcal{C}[\Delta,\overline{\mathbb{C}}]$ 内相对紧.

证明 首先易见条件 (10.4.1) 等价于存在 $m>0$ 使得对任何 $f\in\mathcal{F}$ 有

$$\chi(a_f,b_f)\geqslant m,\quad \chi(b_f,c_f)\geqslant m,\quad \chi(c_f,a_f)\geqslant m.\tag{10.4.2}$$

对每个 $f\in\mathcal{F}$, 设 g_f 是 Möbius 映射, 其将 a_f,b_f,c_f 分别变为 $0,1,\infty$. 于是, $l_f=g_f\circ f\in\mathcal{A}[\Delta,\mathbb{C}_{0,1}]$ 全纯. 由于

$$f=h_f\circ l_f,\qquad h_f=g_f^{-1},$$

因此由不等式 (10.4.2) 和定理 10.2.5(d) 知函数族 $\mathcal{H}=\{h_f:f\in\mathcal{F}\}\subset\mathcal{M}$ 并且 $\mathcal{H}\subset\mathcal{L}_{\chi,\chi}[\overline{\mathbb{C}},\overline{\mathbb{C}}]$, 从而存在常数 $M>0$ 使得对所有 $h_f\in\mathcal{H}$ 和 $u,v\in\overline{\mathbb{C}}$ 有 $\chi(h_f(u),h_f(v))\leqslant M\chi(u,v)$. 由于 $\chi\leqslant s$, 因此由推论 10.4.3 知存在常数 $L>0$ 使得对所有 $z,w\in\Delta$ 和 $f\in\mathcal{F}$ 有 $\chi(l_f(z),l_f(w))\leqslant Lh_\Delta(z,w)$, 进而

$$\chi(f(z),f(w))=\chi(h_f\circ l_f(z),h_f\circ l_f(w))$$

$$\leqslant \chi(l_f(z), l_f(w)) \leqslant MLh_\Delta(z,w).$$

于是, $\mathcal{F}$ 是一致 h_Δ 到 s 的 Lipschitz 函数族. □

10.4.2 正规族定义的推广

有些人称区域 Δ 上的全纯函数族 $\mathcal{F}$ 是 "正规族", 如果 $\mathcal{F}$ 的每个序列包含一个子列, 该子列局部一致收敛于一个全纯函数. 对这种函数族, L. V. Ahlfors[3] 称其为 "关于 $\mathbb{C}$ 正规 (normal with respect to $\mathbb{C}$)". 这等价于 $\mathcal{F}$ 在 $\mathcal{C}[\Delta,\mathbb{C}]$ 内相对紧. 这类正规族的特征可用 Lipschitz 条件来刻画, 此即推论 10.3.1.

Montel 意义下的全纯函数族 $\mathcal{F}$ 是正规族, 同样是用局部一致收敛子列的存在性来定义的, 但极限函数允许是常数 ∞. 由于一列按弦距离或者等价的球面距离局部一致收敛的全纯函数的极限函数或者全纯或者是常数 ∞, 因此, Montel 的正规族定义等价于函数族 $\mathcal{F}$ 在 $\mathcal{C}[\Delta,\overline{\mathbb{C}}]$ 内相对紧. 推论 10.3.2 (Royden 定理) 和推论 10.3.3 (Marty 定理) 用 Lipschitz 条件来刻画了这类函数族.

下述更广泛的定义, 不仅包含了 Montel 的定义, 还可用于满足 Lipschitz 条件的 (非解析) 连续函数族.

定义 10.4.2 设 Δ, Ω 和 Σ 是区域并且 $\Omega \subseteq \Sigma$, 和函数族 $\mathcal{F} \subset \mathcal{C}[\Delta,\Omega]$, 则称函数族 $\mathcal{F}$ 在 Δ 内是一个相对于区域 Σ 的正规族, 如果 $\mathcal{F}$ 在 $C[\Delta,\Sigma]$ 内相对紧, 并且 $\mathcal{F}$ 在 $C[\Delta,\Sigma]$ 内的闭包等于 $\mathcal{F}$ 在 $C[\Delta,\Omega]$ 内的闭包并上映入 $\partial\Omega \subset \Sigma$ 的常值映照.

当 $\Omega = \mathbb{C}$ 和 $\Sigma = \overline{\mathbb{C}}$ 时, 这就是 Montel 的全纯函数正规族的定义. 如果 Δ 和 Ω 是双曲区域以及 $\Sigma = \overline{\mathbb{C}}$, 则由定理 10.4.3(b) 知 $\mathcal{A}[\Delta,\Omega] \subset \mathcal{L}_{\lambda,\sigma}[\Delta,\Omega]$ 并且在 $\mathcal{C}[\Delta,\overline{\mathbb{C}}]$ 内相对紧. 根据 Hurwitz 定理, $\mathcal{A}[\Delta,\Omega]$ 中任何序列在 $\mathcal{C}[\Delta,\overline{\mathbb{C}}]$ 内的极限或者属于 $\mathcal{A}[\Delta,\Omega]$, 或者是一个映入 $\partial\Omega$ 的常值映照. 于是, 按照上述定义 10.4.2, $\mathcal{A}[\Delta,\Omega]$ 相对于 $\overline{\mathbb{C}}$ 正规.

现在设区域 Δ 和 Ω 双曲, 并且函数族 $\mathcal{F} \subset \mathcal{C}[\Delta,\Omega]$ 满足 $\mathcal{F} \subset \mathcal{L}^{loc}_{\lambda,\lambda}[\Delta,\Omega]$. 由于球面度量满足 $\sigma|_\Omega \prec \lambda_\Omega$, 因此就有 $\mathcal{F} \subset \mathcal{L}^{loc}_{\lambda,\sigma}[\Delta,\Omega]$, 也因此 $\mathcal{F}$ 在 $\mathcal{C}[\Delta,\overline{\mathbb{C}}]$ 内相对紧. 现在设函数列 $\{f_n\} \subset \mathcal{F}$ 收敛于 $f:\Delta \to \overline{\mathbb{C}}$, 则可以证明或者 $f(\Delta) \subset \Omega$, 此时在 $\mathcal{C}[\Delta,\Omega]$ 内 $f_n \to f$, 或者对每个 $z \in \Delta$, $\{f_n(z)\}$ 在 Ω 内没有极限点. 这意味着极限函数 f 将 Δ 映入 $\partial\Omega$. 在后一情形, 若 f 解析, 则根据开映照定理, f 一定是将 Δ 映入 $\partial\Omega$ 的常值映照.

例 10.4.2 Lipschitz 映照不一定是开的或者保向的. 一个简单的例子是折叠映照 $F:\mathbb{D} \to \mathbb{D}$:

$$F(z) = z, \quad \mathrm{Im}(z) \geqslant 0; \quad F(z) = \overline{z}, \quad \mathrm{Im}(z) < 0.$$

映照 F 是单位圆盘 $\mathbb{D}$ 的自映照, 相对于 $h_\mathbb{D}$ 非扩张. 显然, F 既不是保向的, 也不是开映照. 因此, 在这两种情况下, Lipschitz 映照和解析映照是不同的. 然而, 我们能够证明局部一致 Lipschitz 函数族在定义 10.4.2 意义下是正规的. 参定理 10.4.6 及其推论.

10.4.3 Escher 条件

定义 10.4.3 设区域 Ω, Σ 满足 $\Omega \subseteq \Sigma$. 如果对任何 $R>0$ 和 $\varepsilon>0$, 存在一个紧集 $K \subset \Omega$ 使得当 $z \in \Omega \setminus K$ 并且 $d_\rho(z,w)<R$ 时有 $d_\mu(z,w) \leqslant \varepsilon d_\rho(z,w)$, 则称 ρ 在 Ω 内满足关于 μ 的 Escher 条件.

注意上述定义中并不要求点 $w \in \Omega \setminus K$. Escher 条件相当于 d_ρ 和 d_μ 之间在边界 $\partial\Omega$ 附近的有限制的 Lipschitz 条件, 这种限制就是点 z 和 w 之间的 d_ρ 距离不能太远.

例 10.4.3 设 ρ 在 Ω 内满足关于 μ 的 Escher 条件, 则按定义 (用 ε/R 代替 ε), 当 $a \in \Omega \setminus K$ 时有

$$d_\rho(a,z)<R \implies d_\mu(a,z)<\varepsilon,$$

也即当 $a \in \Omega \setminus K$ 时有 $D_\rho(a,R) \subset D_\mu(a,\varepsilon)$. 这说明, 当 ρ-圆盘的圆心充分接近边界 $\partial\Omega$, 具有指定半径 R 的 ρ-圆盘可以包含在相同圆心的小 μ-圆盘内. 我们知道, 单位圆盘 $\mathbb{D}$ 上的双曲度量满足这种关于欧氏度量的收缩圆盘条件. 这在 M. C. Escher 的著名系列 "极限圆" 版画中得到了充分体现. 同样, 欧氏度量也满足关于球面度量的 Escher 条件.

定理 10.4.5 如果度量 ρ 在 Ω 内满足一个关于 μ 的 Escher 条件, 则对任何 $\zeta \in \partial\Omega$ 有

$$\lim_{z\to\zeta}\frac{\mu(z)}{\rho(z)}=0. \tag{10.4.3}$$

当度量 ρ 完备时, 条件 (10.4.3) 也是 ρ 在 Ω 内满足关于 μ 的 Escher 条件的充分条件.

证明 先证条件的必要性. 取定 $z \in \Omega \setminus K$, 则由 Escher 条件知, 当 w 充分接近 z 时有

$$\frac{d_\mu(z,w)}{|z-w|} \leqslant \varepsilon\frac{d_\rho(z,w)}{|z-w|}.$$

令 $w \to z$, 则得 $\mu(z) \leqslant \varepsilon\rho(z)$. 于是, 对任何 $z \in \Omega \setminus K$ 有

$$\frac{\mu(z)}{\rho(z)} \leqslant \varepsilon.$$

由此即知, 对任何 $\zeta \in \partial\Omega$ 有 (10.4.3).

再证条件的充分性. 按假设, 函数 $\dfrac{\mu(z)}{\rho(z)}$ 可连续延拓到边界 $\partial\Omega$ 上, 即函数 $\dfrac{\mu(z)}{\rho(z)}$ 于紧集 $\overline{\Omega}$ 上连续, 在边界 $\partial\Omega$ 上函数值为 0. 于是, 对任何 $\varepsilon > 0$, 存在紧子集 $K^* \subset \Omega$ 使得当 $z \in \Omega \setminus K^*$ 时有 $\dfrac{\mu(z)}{\rho(z)} < \varepsilon$. 由于 ρ 完备, 由此可设 $K^* = \overline{D}_\rho(z_0, S)$, 这里 $z_0 \in \Omega$, $S > 0$. 现在记 $K = \overline{D}_\rho(z_0, R+S)$.

以下证明: 若 $w \in \Omega \setminus K$ 并且 $d_\rho(z,w) < R$, 则 $d_\mu(z,w) \leqslant \varepsilon d_\rho(z,w)$.

取定点 z 和 w. 对任何正数 $\eta < R - d_\rho(z,w)$, 在 Ω 内存在从 z 到 w 的路径 γ 使得

$$d_\rho(z,w) \leqslant \int_\gamma \rho(\zeta)|d\zeta| < d_\rho(z,w) + \eta < R.$$

注意路径 $\gamma:\ [0,1] \to \Omega$ 必定落在 $\Omega \setminus K^*$ 内. 事实上, 若不然, 则存在 $t \in [0,1]$ 使得 $d_\rho(z_0, \gamma(t)) \leqslant S$, 因此得到

$$d_\rho(w, \gamma(t)) \geqslant d_\rho(w, z_0) - d_\rho(z_0, \gamma(t)) > (R+S) - S = R.$$

这与 $d_\rho(w, \gamma(t)) < R$ 矛盾.

于是, $\gamma \subset \Omega \setminus K^*$, 从而得

$$d_\mu(z,w) \leqslant \int_\gamma \mu(\zeta)|d\zeta| < \varepsilon \int_\gamma \rho(\zeta)|d\zeta| < \varepsilon(d_\rho(z,w) + \eta).$$

由 η 的任意性, 即得 $d_\mu(z,w) \leqslant \varepsilon d_\rho(z,w)$. □

根据定理 10.4.2 和定理 10.4.5 可知, 双曲区域上双曲度量满足关于欧氏度量或球面度量的 Escher 条件.

推论 10.4.4 设 $\Omega \subset \overline{\mathbb{C}}$ 为双曲区域, 则双曲度量 λ_Ω 在 Ω 内满足关于球面度量的 Escher 条件. 如果 $\Omega \subset \mathbb{C}$ 为有界双曲区域, 则 λ_Ω 在 Ω 内满足关于欧氏度量的 Escher 条件.

注意, 推论 10.4.4 中后一结论对无界区域 $\Omega \subset \mathbb{C}$ 不成立. 例如, 在上半平面 $\mathbb{H}$ 上, 具有给定双曲半径 R, 圆心为 it 的双曲圆盘当 $t \to +\infty$ 时, 在欧氏平面上变得越来越大.

10.4.4 Lipschitz 映照正规族

对满足局部一致 Lipschitz 条件的函数族, 相对紧性和配域上的 Escher 条件合在一起就与正规性等价.

定理 10.4.6 设区域 Δ, Ω 和 Σ 使得 $\Omega \subseteq \Sigma$ 在 Σ 内相对紧, 并且 ρ 在 Ω 内满足关于 μ 的 Escher 条件. 设函数族 $\mathcal{F} \subset \mathcal{C}[\Delta, \Omega]$ 满足 $\mathcal{F} \subset \mathcal{L}_{\tau,\rho}^{loc}[\Delta, \Omega]$, 则 $\mathcal{F}$ 在 $\mathcal{C}[\Delta, \Sigma]$ 内相对紧当且仅当 $\mathcal{F}$ 在 Δ 内是一个相对于 Σ 的正规族.

证明 当 $\mathcal{F}$ 相对于 Σ 正规时, 按照正规族定义 10.4.2, $\mathcal{F}$ 在 $\mathcal{C}[\Delta, \Sigma]$ 内相对紧. 下证相反的情况而设 $\mathcal{F}$ 在 $\mathcal{C}[\Delta, \Sigma]$ 内相对紧.

任取一列函数 $\{f_n\} \subset \mathcal{F}$. 由 $\mathcal{F}$ 在 $\mathcal{C}[\Delta, \Sigma]$ 内相对紧, 我们可不妨设 $\{f_n\}$ 局部一致收敛于函数 $f \in \mathcal{C}[\Delta, \Sigma]$. 我们需要证明或者 $f(\Delta) \subset \Omega$, 或者 $f : \Delta \to \partial\Omega$ 是常值.

由于 $f_n(\Delta) \subset \Omega$, 因此必有 $f(\Delta) \subset \overline{\Omega}$. 现在假设 $f(\Delta) \subset \Omega$ 不成立, 则存在一点 $z_0 \in \Delta$,

$$\zeta = f(z_0) = \lim_{n\to\infty} f_n(z_0) \in \partial\Omega.$$

任意取定一点 $z \in \Omega \setminus \{z_0\}$. 由于 $\mathcal{F} \subset \mathcal{L}_{\tau,\rho}^{loc}[\Delta, \Omega]$, 因此由定理 10.3.1 知 $\mathcal{F} \subset \mathcal{L}_{\tau,\rho}^{com}[\Delta, \Omega]$. 于是由于 $\{z_0, z\}$ 是紧集而知存在 $L > 0$ 使得对任何 n 有

$$d_\rho(f_n(z), f_n(z_0)) \leqslant L d_\tau(z, z_0).$$

对任何正数 ε, 由于 ρ 满足关于 μ 的 Escher 条件, 因此存在紧集 $E \subset \Omega$ 使得当 $v \in \Omega \setminus E$ 并且 $d_\rho(u, v) < L d_\tau(z, z_0)$ 时有 $d_\mu(u, v) \leqslant \dfrac{\varepsilon}{L d_\tau(z, z_0)} d_\rho(u, v)$. 由于 $E \subset \Omega$ 是紧集并且 $\zeta \in \partial\Omega$, 因此存在正整数 N, 使得当 $n > N$ 时有

$$f_n(z_0) \in \Omega \setminus E \quad \text{并且} \quad d_\mu(f_n(z_0), \zeta) < \varepsilon.$$

于是, 当 $n > N$ 时有

$$d_\mu(f_n(z), f_n(z_0)) \leqslant \frac{\varepsilon}{L d_\tau(z, z_0)} d_\rho(f_n(z), f_n(z_0)) \leqslant \varepsilon,$$

进而有

$$d_\mu(f_n(z), \zeta) \leqslant d_\mu(f_n(z), f_n(z_0)) + d_\mu(f_n(z_0), \zeta) \leqslant 2\varepsilon.$$

这就证明了 $f(z) = \zeta$, 从而 $f:\ \Delta \to \partial\Omega$ 是常值映照. □

注记 10.4.1 定理 10.4.6 减弱了 [14, Theorem 11.1] 的条件: 去除了度量 ρ 和 μ 完备的要求.

推论 10.4.5 设 Δ 和 $\Omega \subset \overline{\mathbb{C}}$ 都是双曲区域. 如果函数族 $\mathcal{F} \subset \mathcal{C}[\Delta, \Omega]$ 满足 $\mathcal{F} \subset \mathcal{L}_{\lambda,\lambda}^{loc}[\Delta, \Omega]$, 则 $\mathcal{F}$ 于 Δ 是相对于 $\overline{\mathbb{C}}$ 的正规族.

证明 因为双曲度量 λ_Ω 满足关于球面度量 σ 的 Escher 条件. □

推论 10.4.5 是定理 10.4.3(a) 的加强. 另外, 根据推论 10.4.5, 我们还可得到如下结论, 其将 Montel 的基本正规定则推广到了 Lipschitz 函数族 (未必解析).

推论 10.4.6　设 $\Delta \subset \mathbb{C}$ 为双曲区域, 如果 $\mathcal{F} = \{f : \Delta \to \mathbb{C}_{0,1}\}$ 满足局部一致 λ_Δ 到 $\lambda_{0,1}$ 的 Lipschitz 条件, 则 $\mathcal{F}$ 于 Δ 是相对于 $\overline{\mathbb{C}}$ 的正规族.

如下推论则改进了推论 10.4.1.

推论 10.4.7　设 Δ 是双曲区域, $\mathcal{F} \subset \mathcal{C}[\Delta, \mathbb{C}]$ 满足局部一致双曲度量到欧氏度量的 Lipschitz 条件, 则 $\mathcal{F}$ 于 $\mathcal{C}[\Delta, \overline{\mathbb{C}}]$ 相对紧, 并且于 Δ 是相对于 $\overline{\mathbb{C}}$ 的正规族.

证明　因为欧氏度量满足一个关于球面度量的 Escher 条件. □

10.4.5　注记

尽管上述诸结论考虑的只是扩充复平面 $\overline{\mathbb{C}}$ 上区域间的连续映照, 实际上这些结论可以推广到 Riemann 曲面之间的映照上. 例如, 如果用 $\mathcal{C}[\Delta, \Omega]$ 表示 Riemann 曲面 Δ 到 Ω 的连续映照族; 用 $\mathcal{A}[\Delta, \Omega]$ 表示 Riemann 曲面 Δ 到 Ω 的解析映照族, 则定理 10.3.4 仍然成立. 当 Σ 也是 Riemann 曲面并且 $\Sigma \supseteq \Omega$ 时, 定理 10.4.1 也成立.

设 Σ 是紧 Riemann 曲面并且 $\Omega \subsetneq \Sigma$, 则当 Σ 的亏格 $g \geqslant 2$ 时, Ω 和 Σ 都是双曲的, 并且 λ_Ω 满足关于 λ_Σ 的 Escher 条件, 进而 $\mathcal{A}[\Delta, \Omega]$ 在 $\mathcal{C}[\Delta, \Sigma]$ 内就相对紧. 事实上, 此时定理 10.4.6 成立. 当 Σ 的亏格 $g = 1$ 时, Σ 不是双曲的, 但有一个完备的 0　曲率共形度量 μ. 这种度量是唯一的, 至多相差一个正因数. 由于 $\Omega \subsetneq \Sigma$, Ω 双曲并且 λ_Ω 满足关于 μ 的 Escher 条件. 于是, 定理 10.4.6 对这种情形也成立.

事实上, 这里的许多结果还可推广到某些度量空间之间的 Lipschitz 映照族上. 最近的一篇文章 [81] 将本章结论推广到了高维的拟正则映照族上.

第 11 章　正规族理论的应用

正规族理论在复分析的许多分支中都有着重要的作用. 例如在 Riemann 映照定理的证明中利用正规族来构造满足条件的极限函数, 在复解析动力系统中直接用正规族来定义 Fatou 集. 由于本书主要介绍与 Zalcman 方法相关的正规族理论, 因此, 我们也将着重讨论 Zalcman 方法的应用. 主要涉及如下方面: 复解析动力系统、复微分方程、亚纯函数模分布、亚纯函数唯一性.

11.1　在复解析动力系统中的应用

复解析动力系统的研究始于 P. Fatou 和 G. Julia 于 20 世纪 20 年代根据 P. Montel 的正规族理论各自独立所做的工作. 给定一个复平面上的整函数或亚纯函数 f, 则通过由 f 自身的迭代可产生一函数列 $\{f^n\}$. 这个迭代函数列的正规点和不正规点就分别形成了所谓的 Fatou 集和 Julia 集: 集合

$$\mathcal{F}=\left\{\zeta\in\overline{\mathbb{C}}:\ \{f^n\}\ \text{在}\ \zeta\ \text{的某邻域内正规}\right\}$$

称为函数 f 的 Fatou 集, 其余集 $\mathcal{J}=\overline{\mathbb{C}}\setminus\mathcal{F}$ 称为 f 的 Julia 集. 由于对一次多项式或者一次有理函数, 其迭代形成的函数列比较简单, 因此, 通常只考虑至少 2 次的多项式或有理函数以及超越整函数或超越亚纯函数的复动力系统.

Fatou 集和 Julia 集是复解析动力系统的主要研究对象. 从定义容易看出, Fatou 集是开集而 Julia 集是闭集. 事实上 Julia 集还是完备集. 在复解析动力系统的研究中, 不动点和更一般的周期点扮演着非常重要的角色. 参考 [17, 37].

定理 11.1.1　[25] 对任何正整数 $k\geqslant 2$, 超越整函数有无穷多个周期为 k 的排斥周期点.

证明　假设超越整函数 f 只有有限多个周期为 k 的排斥周期点. 首先, 由于 f 是超越的, 因此由 Picard 定理, f 可取任何有穷复数无穷多次, 至多一个例外. 不妨设 f 的 1-值点列为 $\{c_n\}$. 注意, 我们必有 $c_n\to\infty$. 现在定义函数列 $f_n:\ \mathbb{C}\to\mathbb{C}$ 为 $f_n(z)=f(c_nz)/c_n$.

由于当 f_n 有周期为 k 的周期点 ζ 时, f 就有周期为 k 的周期点 $c_n\zeta$, 并且 $(f_n^k)'(\zeta)=(f^k)'(\zeta)$, 因此由于 f 只有 $m<+\infty$ 个周期为 k 的排斥周期点, f_n 也只有 m 个周期为 k 的排斥周期点, 并且这些周期点的乘子一致有界 ($=f$ 的 m 个

周期为 k 的排斥周期点的乘子模的最大值). 从而由定理 9.1.6 知全纯函数列 $\{f_n\}$ 于 $\mathbb{C}$ 是阶至多为 1 的拟正规族. 但是 $f_n(0) = f(0)/c_n \to 0$, $f_n(1) = 1/c_n \to 0$, 因此由定理 8.1.4 知全纯函数列 $\{f_n\}$ 于 $\mathbb{C}$ 是正规族.

然而, 容易看出全纯函数列 $\{f_n\}$ 于原点处不正规. 事实上, 因为 f 超越, 对充分大的 r, 最大模 $M(r,f) \geqslant r^2$, 从而

$$M\left(\frac{1}{\sqrt{|c_n|}}, f_n\right) = \frac{M(\sqrt{|c_n|}, f)}{|c_n|} \geqslant 1.$$

再注意到 $f_n(0) = f(0)/c_n \to 0$, $\{f_n\}$ 的任何子列在原点的任何邻域内都不能等度连续, 即 $\{f_n\}$ 于原点处不正规.

这个矛盾就表明超越整函数有无穷多个周期为 k 的排斥周期点. □

下面的结果由 I. N. Baker[4] 用 Ahlfors 五岛定理证明.

定理 11.1.2 超越整函数的 Julia 集是它的所有排斥周期点集合的闭包.

证明 [148] 设 f 为超越整函数. 首先, 根据 Nevanlinna 定理, 使得方程 $f(z) = a$ 只有有穷个单根的复数 a 至多 2 个, 我们记这样的复数 a 形成的集合为 A. 由于 Julia 集 $\mathcal{J}$ 是完备的, 因此我们只要证明 f 的排斥周期点在 $\mathcal{J} \setminus A$ 稠密.

设 $z_0 \in \mathcal{J} \setminus A$, 则由定义, 函数族 $\{f^n : n \in \mathbb{N}\}$ 在 z_0 处不正规, 因此由 Zalcman 引理, 存在子列 $\{f^{n_k}\}$, 点列 $z_k \to z_0$ 和正数列 $\rho_k \to 0$ 使得函数列 $g_k(\zeta) = f^{n_k}(z_k + \rho_k\zeta)$ 于复平面 $\mathbb{C}$ 内闭一致收敛于非常数的整函数 $g(\zeta)$, 进而函数列 $f^{n_k+1}(z_k + \rho_k\zeta) - (z_k + \rho_k\zeta) = f \circ g_k(\zeta) - (z_k + \rho_k\zeta)$ 于复平面 $\mathbb{C}$ 内闭一致收敛于非常数的整函数 $f \circ g(\zeta) - z_0$.

由于 $z_0 \notin A$, 因此函数 $f(z) - z_0$ 的单零点集是无限集, 记为 B. 由于 g 是非常数整函数, 同样根据 Nevanlinna 定理, 存在 $c \in B$ 使得函数 $g(\zeta) - c$ 有单零点 ζ_0, 即满足 $g(\zeta_0) = c$ 并且 $g'(\zeta_0) \neq 0$. 于是

$$f \circ g(\zeta_0) = f(c) = z_0, \quad (f \circ g)'(\zeta_0) = f' \circ g(\zeta_0) \cdot g'(\zeta_0) = f'(c) \cdot g'(\zeta_0) \neq 0.$$

由于函数列 $f^{n_k+1}(z_k + \rho_k\zeta) - (z_k + \rho_k\zeta)$ 于复平面 $\mathbb{C}$ 内闭一致收敛于非常数的整函数 $f \circ g(\zeta) - z_0$, 根据 Hurwitz 定理, 存在点列 $\zeta_k \to \zeta_0$ 使得 $f^{n_k+1}(z_k + \rho_k\zeta_k) - (z_k + \rho_k\zeta_k) = 0$. 这说明点列 $w_k = z_k + \rho_k\zeta_k$ 是 f 的周期点, 并且 $w_k \to z_0$. 由于

$$\begin{aligned}\rho_k(f^{n_k+1})'(w_k) &= \left[f^{n_k+1}(z_k + \rho_k\zeta)\right]'\Big|_{\zeta=\zeta_k} = [f \circ g_k(\zeta)]'\Big|_{\zeta=\zeta_k} \\ &= f' \circ g_k(\zeta_k) \cdot g_k'(\zeta_k) \to f' \circ g(\zeta_0) \cdot g'(\zeta_0) = (f \circ g)'(\zeta_0) \neq 0,\end{aligned}$$

因此 $(f^{n_k+1})'(z_k + \rho_k\zeta_k) \to \infty$. 这说明当 k 充分大时, w_k 是 f 的排斥周期点. 于是 f 的排斥周期点在 $\mathcal{J} \setminus A$ 稠密. □

注记 11.1.1 将上述证明稍加修改, 就可证明对非线性有理函数和超越亚纯函数, 定理 11.1.2 的结论依然成立.

11.2 在复微分方程中的应用

许多在复分析中起重要作用的函数是作为复微分方程的解来定义的. 例如 Weierstrass 双周期椭圆函数 $\wp(z)$, 其在复平面 $\mathbb{C}$ 上亚纯而且满足方程

$$(\wp')^2 = 4(\wp - e_1)(\wp - e_2)(\wp - e_3),$$

其中 e_1, e_2, e_3 为常数. 因此, 研究这类由微分方程所定义的复平面上亚纯函数的性质很有意义. 本节我们用 Zalcman 引理来研究全平面上满足一阶代数微分方程和某些类型的高阶代数微分方程的亚纯函数的增长性.

一阶代数微分方程的一般形式为

$$(w')^n + A_1(z,w)(w')^{n-1} + \cdots + A_{n-1}(z,w)w' + A_n(z,w) = 0,$$

其中 n 为正整数, $A_j(z,w)$ 是 z 和 w 的二元有理函数. A. Gol'dberg[84] 首先证明满足一阶代数微分方程的全平面上亚纯函数必是有穷级的. 这一结果随后由 Bank-Kaufman[6] 和 G. A. Barsegian[10] 给出了不同的证明, 后者还将 A. Gol'dberg 的结果推广到某些类型的高阶代数微分方程. 这些结果都包含在由 W. Bergweiler[20] 利用 Zalcman 引理所证明的如下结果中.

定理 11.2.1 设 f 为复平面上亚纯函数, n 为正整数满足

$$n > \max_{(i_1,i_2,\cdots,i_m)\in I}(i_1 + 2i_2 + \cdots + mi_m),$$

其中 $I = \{(i_1,i_2,\cdots,i_m)\}$ 为有限指标集. 如果 f 满足方程

$$(f')^n = \sum_{i=(i_1,i_2,\cdots,i_m)\in I} A_i(z,f)\,(f')^{i_1}\,(f'')^{i_2}\cdots\left(f^{(m)}\right)^{i_m}, \tag{11.2.1}$$

其中 $A_i(z,f) = A_{i_1,i_2,\cdots,i_m}(z,f)$ 是 z 和 f 的二元有理函数, 那么 f 是有穷级的.

证明 假设 f 是无穷级的. 先证明

$$\limsup_{z\to\infty}\frac{\log^+ f^{\#}(z)}{\log|z|} = \infty.$$

若不然, 则存在正数 $R>1$ 和 M 使得当 $|z|>R$ 时有 $\log^+ f^{\#}(z) < M\log|z|$, 即有 $f^{\#}(z) < |z|^M$. 于是

$$A(r,f) = \frac{1}{\pi}\iint_{|z|<r}\left[f^{\#}(z)\right]^2 d\sigma \leqslant K_1\left(r^{2M+2}+1\right),$$

其中 $K_1 > 0$ 为常数. 进而就有

$$T_0(r,f) = \int_0^r \frac{A(t,f)}{t}dt \leqslant K_2\left(r^{2M+2}+1\right).$$

于是

$$\rho_f = \limsup_{r\to\infty} \frac{\log^+ T_0(r,f)}{\log r} \leqslant 2M+2.$$

与假设 f 是无穷级矛盾.

于是由上述断言知存在点列 $z_k \to \infty$ 使得

$$\lim_{k\to\infty} \frac{\log^+ f^{\#}(z_k)}{\log|z_k|} = \infty.$$

特别地, 也有 $f^{\#}(z_k) \to \infty$. 根据 Marty 定则, 这说明函数列 $\mathcal{F} = \{f_k(z) = f(z_k+z):\ k\in\mathbb{N}\}$ 在原点处不正规. 于是由 Zalcman 引理可知存在子列, 仍然设为 $\{f_k\}$, 点列 $w_k \to 0$, 正数列 $\rho_k \to 0$ 使得函数列

$$g_k(\zeta) = f_k(w_k+\rho_k\zeta) = f(z_k+w_k+\rho_k\zeta)$$

于复平面按球距内闭一致收敛于一个非常数亚纯函数 $g(\zeta)$. 根据 Zalcman 引理的证明还可知有 $\rho_k = \dfrac{1}{f_k^{\#}(w_k)}$, $f_k^{\#}(w_k) \geqslant f_k^{\#}(0) = f^{\#}(z_k)$.

由于 f 满足方程 (11.2.1), 故有

$$\rho_k^{-n}(g_k')^n = \sum_{(i_1,i_2,\cdots,i_m)\in I} A_{i,k}(\zeta)\rho_k^{-(i_1+2i_2+\cdots+mi_m)}\left(g_k'\right)^{i_1}\left(g_k''\right)^{i_2}\cdots\left(g_k^{(m)}\right)^{i_m},$$

其中 $A_{i,k}(\zeta) = A_i(z_k+w_k+\rho_k\zeta, g_k)$. 由此即得

$$(g_k')^n = \sum_{(i_1,i_2,\cdots,i_m)\in I} \rho_k^{n-(i_1+2i_2+\cdots+mi_m)}A_{i,k}(\zeta)\left(g_k'\right)^{i_1}\left(g_k''\right)^{i_2}\cdots\left(g_k^{(m)}\right)^{i_m}.$$

上式左端在 $\mathbb{C}\setminus g^{-1}(\infty)$ 上内闭一致收敛于 $(g')^n$. 我们现在证明右端在相同的区域上内闭一致收敛于 0. 由于每个 $A_{i_1,i_2,\cdots,i_m}(z,f)$ 是 z 和 f 的二元有理函数, 因此只要证明对给定的 $(i_1,i_2,\cdots,i_m)\in I$ 和正整数 l 都有

$$\lim_{k\to\infty} \rho_k^{n-(i_1+2i_2+\cdots+mi_m)}(z_k+w_k)^l = 0.$$

由于 $n-(i_1+2i_2+\cdots+mi_m)\geqslant 1$, 我们只要证明 $\rho_k(z_k+w_k)^l\to 0$ 即可. 这可由 $\log^+ f^{\#}(z_k)/\log|z_k|\to\infty$, $f^{\#}(z_k)\to\infty$ 以及 $w_k\to 0$ 看出:

$$\left|\rho_k(z_k+w_k)^l\right|\leqslant\frac{(|z_k|+|w_k|)^l}{f_k^{\#}(w_k)}\leqslant\frac{(|z_k|+|w_k|)^l}{f^{\#}(z_k)}\to 0.$$

于是, 我们得到 $(g')^n\equiv 0$, 从而 g 为常数. 与 g 非常数矛盾.

这就证明了 f 为有穷级函数. □

11.3 在亚纯函数模分布中的应用

根据 Milloux 不等式, 对超越亚纯函数 f 有

$$T(r,f)\leqslant\overline{N}(r,f)+N\left(r,\frac{1}{f}\right)+N\left(r,\frac{1}{f'-1}\right)$$
$$-N\left(r,\frac{1}{f''}\right)+S(r,f).\tag{11.3.1}$$

由此不难看出, 如果 f 的极点重级均至少为 p, 零点重级均至少为 q, 并且 $\dfrac{1}{p}+\dfrac{2}{q}<1$, 那么 f' 取任何有穷非零复数无穷多次. 显然, $p\geqslant 2$ 以及 $q\geqslant 3$. 于是, 能否降低零极点重级的要求而使结论依然成立就非常有意义.

首先, 可以利用正规族理论得到定理 4.5.3, 即对只有有限个单零点和单极点的超越亚纯函数 f, 其导数 f' 取任何有穷非零复数无穷多次. S. Nevo、庞学诚和 L. Zalcman[130] 应用正规族理论进一步证明关于极点的要求是多余的. 这就是下述定理.

定理 11.3.1 设 f 为超越亚纯函数, 至多只有有限个单零点, 则 f' 取任何有穷非零复数无穷多次.

W. Bergweiler[21] 更猜想定理 11.3.1 关于零点的条件可以减弱为在函数的单零点处, 函数的导数值一致有界. 这个猜想在 [45] 中得到了证实.

定理 11.3.2 设 f 为超越亚纯函数并且存在正数 M 使得 $f'(f^{-1}(0))\subset\Delta(0,M)$, 则 f' 取任何有穷非零复数无穷多次.

证明 假设 f' 取某非零复数 a 有穷多次. 不妨设 $a=1$.

先考虑 f 有穷级的情形. 记 $g(z)=z-f(z)$, 则 $g'(z)=1-f'(z)$ 只有有限个零点, 也因而 g 只有有限多个临界值. 于是由 Bergweiler-Eremenko 定理知 g 只有有限多个渐近值. 另一方面, 由于 f' 取 1 有穷多次, 根据 Hayman 定理, f 有无穷多个零点 $z_n\to\infty$. 这些零点都是 g 的不动点: $g(z_n)=z_n$, 并且根据条件有 $|g'(z_n)|\leqslant 1+|f'(z_n)|\leqslant 1+M$. 于是由定理 4.3.1 知

$$|g'(z_n)| \geqslant (\log|z_n|)/(16\pi) \to \infty,$$

与 $|g'(z_n)| \leqslant 1+M$ 矛盾.

现在来考虑 f 无穷级的情形. 根据引理 8.3.7 知存在点列 $z_n \to \infty$ 和正数列 $\varepsilon_n \to 0$ 使得

$$A(\overline{\Delta}(z_n,\varepsilon_n),f) = \frac{1}{\pi}\iint_{\overline{\Delta}(z_n,\varepsilon_n)} (f^{\#}(z))^2 d\sigma \to \infty.$$

由此知存在 $w_n \in \overline{\Delta}(z_n,\varepsilon_n)$ 使得 $f^{\#}(w_n) \to \infty$. 记 $f_n(z) = f(w_n+z)$, 则由 Marty 定则, 函数列 $\{f_n\}$ 的任何子列在原点处都不正规. 由于 $f'(f^{-1}(0)) \subset \Delta(0,M)$ 并且 f' 取 1 有穷多次, 故在单位圆 $\Delta(0,1)$ 内当 n 充分大时 $f_n'(f_n^{-1}(0)) \subset \Delta(0,M)$ 并且 $f_n' \neq 1$. 我们不妨设 $M \geqslant 2$. 于是根据定理 8.3.2 知函数列 $\{f_n\}$ 于 $\Delta(0,1)$ 一阶拟正规, 并且存在子列, 不妨仍然设为 $\{f_n\}$ 使得在原点的某个邻域 $\Delta(0,\delta_0)$ 内每个 f_n 取任何复数 $w \in \overline{\mathbb{C}}$ 至多 M 次, 从而

$$A(\overline{\Delta}(z_n,\varepsilon_n),f) \leqslant A(\overline{\Delta}(0,\delta_0),f_n) \leqslant M.$$

这就与 $A(\overline{\Delta}(z_n,\varepsilon_n),f) \to \infty$ 矛盾. □

上述定理 11.3.2 有一个如下等价表述.

定理 11.3.3 设 f 为超越亚纯函数, 如果其导数 f' 只有有限个零点, 那么 f 有无穷多个不动点 z_n 使得 $f'(z_n) \to \infty$.

定理 11.3.1 等还可有进一步的推广, 例如, [133] 中仍然利用拟正规定则证明了如下结果.

定理 11.3.4 设 f 为超越亚纯函数, 只有有限多个单零点, 则对任何不恒为 0 的有理函数 R, $f'-R$ 有无穷多个零点.

更进一步, 我们可以提出如下问题: 设 f 为超越亚纯函数, 只有有限多个单零点, 则对任何不恒为 0 的小亚纯函数 a, 即满足 $T(r,a)=S(r,f)$, $f'-a$ 是否有无穷多个零点? 根据上面的结果, 我们相信这个问题的答案是肯定的.

11.4 在整函数与亚纯函数唯一性中的应用

11.4.1 在整函数唯一性中的应用

1986 年, Jank-Muse-Volkmann[102] 证明了如下的整函数唯一性定理.

定理 11.4.1 如果有非零常数 a 使得非常数整函数 f 满足

$$f(z)=a \Longleftrightarrow f'(z)=a \text{ 和 } f'(z)=a \Longrightarrow f''(z)=a,$$

那么 $f'=f$, 即 $f(z)=Ce^z$, 其中 C 为非零常数.

定理 8.3.1 已经有了很多的推广和改进工作[52, 89]. 我们在 [54] 中应用正规族理论证明了如下结果.

定理 11.4.2 设 f 为非常数整函数, a 为非零常数, $k>1$ 为正整数. 如果 $f(z)=a\Longrightarrow f'(z)=a$ 并且 $f'(z)=a\Longrightarrow f^{(k)}(z)=a$, 那么或者

$$f(z)=Ce^{\lambda z}+a,\quad \text{或者}\quad f(z)=Ce^{\lambda z}+\frac{\lambda-1}{\lambda}a,$$

其中 C, λ 为非零常数并且 $\lambda^{k-1}=1$.

为证明定理 11.4.2, 我们还需要两个简单的事实.

引理 11.4.1 设 a, b 是两实数, $k>1$ 为正整数, 则方程 $x^k+ax+b=0$ 至多有三个不同的实根. 进一步地, 若该方程恰有三个不同的实根 $x_1<x_2<x_3$, 则必有 $x_1<0$, $x_3>0$.

证明 如果方程 $f(x):=x^k+ax+b=0$ 有四个不同的实根, 那么由 Rolle 中值定理导数 $f'(x)=kx^{k-1}+a$ 就有三个不同的实根, 进而 $f''(x)=k(k-1)x^{k-2}$ 就有两个不同的实根. 这显然不可能.

如果方程 $f(x):=x^k+ax+b=0$ 恰有三个不同的实根 $x_1<x_2<x_3$, 则依然由 Rolle 中值定理导数 $f'(x)=kx^{k-1}+a$ 就有两个不同的实根 ξ_1,ξ_2 满足 $x_1<\xi_1<x_2<\xi_2<x_3$, 进而 $f''(x)=k(k-1)x^{k-2}$ 就有一个实根 ζ 满足 $\xi_1<\zeta<\xi_2$. 显然只能有 $\zeta=0$, 因此 $x_1<\xi_1<0$, $x_3>\xi_2>0$. □

引理 11.4.2 设 A, B, α, β 是非零常数. 如果

$$e^{\alpha z}=A\Longrightarrow e^{\beta z}=B,$$

那么存在非零整数 k 使得 $\beta=k\alpha$.

证明 取复数 z_0 使得 $e^{\alpha z_0}=A$, 则由条件也有 $e^{\beta z_0}=B$. 于是可将条件改写为

$$e^{\alpha(z-z_0)}=1\Longrightarrow e^{\beta(z-z_0)}=1.$$

由于方程 $e^{\alpha(z-z_0)}=1$ 有一个解为 $z=z_0+\dfrac{2\pi i}{\alpha}$, 因此我们有 $e^{\frac{\beta}{\alpha}2\pi i}=1$. 于是存在整数 k 使得 $\dfrac{\beta}{\alpha}2\pi i=2k\pi i$, 即得 $\beta=k\alpha$ 并且 $k\neq 0$. □

定理 11.4.2 的证明 先证明 f 的增长级至多为 1. 首先由于 f 为整函数, 记 $g(z)=f(z)-a$, 因此函数族

$$\mathcal{F}=\{F_w(z)=g(z+w):\ w\in\mathbb{C}\}$$

于单位圆 $\Delta(0,1)$ 全纯, 并且根据条件有 $F_w=0\Longrightarrow F'_w=a$ 并且 $F'_w=a\Longrightarrow F_w^{(k)}(z)=a$. 于是由定理 7.2.6 知函数族 $\mathcal{F}$ 于单位圆正规, 从而根据 Marty 定则,

存在常数 M 使得对任何 $w \in \mathbb{C}$ 有 $g^{\#}(w) = F_w^{\#}(0) \leqslant M$. 根据定理 2.3.3 就知 g 从而 f 的级至多为 1.

于是由对数导数引理 (定理 2.5.4), 函数

$$\phi = \frac{f^{(k)} - f'}{f - a}$$

满足 $m(r, \phi) = o(\log r)$. 由条件知 ϕ 为整函数, 于是 $T(r, \phi) = m(r, \phi) = o(\log r)$. 这意味着 ϕ 为一常数. 于是 f 满足常系数微分方程

$$f^{(k)} - f' - \phi(f - a) = 0. \tag{11.4.1}$$

解此方程知

$$f(z) - a = \sum_{j=1}^{s} P_j(z) e^{\lambda_j z}, \tag{11.4.2}$$

这里 $1 \leqslant s \leqslant k$, $\lambda_1, \cdots, \lambda_s$ 是特征方程 $\lambda^k - \lambda - \phi = 0$ 的相异根, $P_1(z), \cdots, P_s(z)$ 是不恒为零的多项式. 由 (11.4.2) 得

$$f'(z) = \sum_{j=1}^{s} [P_j'(z) + \lambda_j P_j(z)] e^{\lambda_j z}. \tag{11.4.3}$$

现在, 我们分三种情形来讨论之.

情形 1 首先设 $s \geqslant 3$. 此时必有 $k \geqslant 3$. 再分两种子情形.

情形 1.1 所有特征根 $\lambda_1, \cdots, \lambda_s$ 不都在一条通过原点的直线上. 我们记 Ω 是最小的闭凸包使得 $\overline{\lambda}_j \in \Omega$, $j = 1, \cdots, s$. 这里, $\overline{\lambda}$ 表示复数 λ 的共轭复数. 于是我们可找到 $\partial\Omega$ 的一条边 ∂_1, 其所在直线不通过原点. 不妨设 ∂_1 的两个断点为 $\overline{\lambda}_1, \overline{\lambda}_l$ 使得 $\overline{\lambda}_j (2 \leqslant j \leqslant l-1)$ 落在 ∂_1 上. 通过旋转, 我们可设 ∂_1 平行于实轴并且整个 Ω 位于 ∂_1 的下方, 于是

$$\Im\lambda_1 = \cdots = \Im\lambda_l = y_0 \neq 0,$$

并且 $\Im\lambda_j > y_0$, $j = l+1, \cdots, s$. 注意 ∂_1 的外法线为 $\arg z = \dfrac{\pi}{2}$. 我们还可设复数 $\lambda_j (1 \leqslant j \leqslant l)$ 的实部 $x_j = \Re\lambda_j$ 满足 $x_1 < x_2 < \cdots < x_l$. 这样, 根据引理 7.2.3, 对充分小正数 ε 就有

$$n\left(Y, \frac{\pi}{2}, \varepsilon; f - a\right) = \frac{x_l - x_1}{2\pi} Y + O(1) \quad (Y \to +\infty). \tag{11.4.4}$$

现在我们令

$$F(z) = e^{-iy_0 z} \left\{ P_l(z)[f'(z) - a] - [P_l'(z) + \lambda_l P_l(z)][f(z) - a] \right\}. \tag{11.4.5}$$

则由 (11.4.2) 和 (11.4.3) 知

$$F(z)=e^{-iy_0z}\left\{\sum_{j=1}^{l-1}Q_j(z)e^{\lambda_jz}+\sum_{j=l+1}^{s}Q_j(z)e^{\lambda_jz}-aP_l(z)\right\}$$

$$=\sum_{j=1}^{l-1}Q_j(z)e^{x_jz}+\sum_{j=l+1}^{s}Q_j(z)e^{(\lambda_j-iy_0)z}-aP_l(z)e^{-iy_0z}, \tag{11.4.6}$$

这里 $Q_j(z)=P_l(z)[P_j'(z)+\lambda_jP_j(z)]-P_j(z)[P_l'(z)+\lambda_lP_l(z)]$ $(j\neq l)$ 是多项式. 显然, 这些多项式不恒为 0.

于是由引理 7.2.3 知, 当 $y_0<0$ 有

$$n\left(Y,\frac{\pi}{2},\varepsilon;F\right)=\frac{x_{l-1}-x_1}{2\pi}Y+O(1)\qquad(Y\to+\infty), \tag{11.4.7}$$

而当 $y_0>0$ 时有

$$n\left(Y,\frac{\pi}{2},\varepsilon;F\right)=O(1)\quad(Y\to+\infty). \tag{11.4.8}$$

但由 (11.4.5) 和条件 $f(z)=a\Longrightarrow f'(z)=a$ 知 $f(z)-a$ 的每个零点都是单的, 并且 $f(z)=a\Longrightarrow F(z)=0$, 从而有

$$n\left(Y,\frac{\pi}{2},\varepsilon;f-a\right)\leqslant n\left(Y,\frac{\pi}{2},\varepsilon;F\right). \tag{11.4.9}$$

于是由 (11.4.4) 和 (11.4.7)–(11.4.9), 不难看出矛盾.

情形 1.2 所有特征根 $\lambda_1,\cdots,\lambda_s$ 都在一条通过原点的直线上. 于是我们可设 $\lambda_j=r_je^{i\theta}$, $1\leqslant j\leqslant s$, 其中 r_j,θ 都是实数. 由于 λ_j 是特征方程 $z^k-z-\phi=0$ 的根, 因此 r_j 也是方程 $x^k\cos(k\theta)-x\cos\theta-c_1=0$ 和 $x^k\sin(k\theta)-x\sin\theta-c_2=0$ 的根, 这里的 c_1 和 c_2 分别是常数 ϕ 的实部和虚部. 根据引理 11.4.1 可知必有 $s\leqslant 3$, 从而 $s=3$. 再由引理 11.4.1, 我们可设 $r_1<r_2<r_3$ 并且 $r_1<0<r_3$. 接下来, 用类似于情形 1.1 的方法可得 $r_3-r_1\leqslant r_3-\min\{0,r_2\}$. 这与 $r_1<\min\{0,r_2\}$ 相矛盾.

情形 2 现在考虑 $s=2$ 的情形. 我们先证明常数 $\phi=0$. 如果不然, 则由条件 $f(z)=a\Longrightarrow f'(z)=a$ 并且 $f'(z)=a\Longrightarrow f^{(k)}(z)=a$ 和方程 (11.4.1) 可知有

$$f(z)=a\Longleftrightarrow f'(z)=a. \tag{11.4.10}$$

我们断言 $f'(z)-a$ 只有有限多个重零点.

为证明此断言, 反设 $f'(z)-a$ 有无穷多个重零点 $z_1,\cdots,z_n,\cdots$, 则由 (11.4.10) 有 $f(z_n)=a$, $f'(z_n)=a$ 并且 $f''(z_n)=0$.

由于 $s=2$, 我们有

$$f(z)=a+P_1(z)e^{\lambda_1 z}+P_2(z)e^{\lambda_2 z}, \tag{11.4.11}$$

$$f'(z)=[P_1'(z)+\lambda_1 P_1(z)]e^{\lambda_1 z}+[P_2'(z)+\lambda_2 P_2(z)]e^{\lambda_2 z}, \tag{11.4.12}$$

$$f''(z)=[2\lambda_1 P_1'(z)+\lambda_1^2 P_1(z)]e^{\lambda_1 z}+[2\lambda_2 P_2'(z)+\lambda_2^2 P_2(z)]e^{\lambda_2 z}, \tag{11.4.13}$$

其中 λ_1,λ_2 是方程 $\lambda^k-\lambda-\phi=0$ 的两个相异根. 因 $\phi\neq 0$ 而知 λ_1,λ_2 都不为零. 于是由 $f(z_n)=a$ 和 $f''(z_n)=0$, 我们得

$$\begin{aligned}&P_1(z_n)e^{\lambda_1 z_n}+P_2(z_n)e^{\lambda_2 z_n}=0,\\&[2\lambda_1 P_1'(z_n)+\lambda_1^2 P_1(z_n)]e^{\lambda_1 z_n}+[2\lambda_2 P_2'(z_n)+\lambda_2^2 P_2(z_n)]e^{\lambda_2 z_n}=0.\end{aligned}$$

进而就有

$$P_1(z_n)[2\lambda_2 P_2'(z_n)+\lambda_2^2 P_2(z_n)]=P_2(z_n)[2\lambda_1 P_1'(z_n)+\lambda_1^2 P_1(z_n)].$$

由于 P_1, P_2 都是多项式, 根据多项式恒等定理就知有

$$P_1(z)[2\lambda_2 P_2'(z)+\lambda_2^2 P_2(z)]=P_2(z)[2\lambda_1 P_1'(z)+\lambda_1^2 P_1(z)]. \tag{11.4.14}$$

比较 (11.4.14) 两边的首系数立得 $\lambda_1^2=\lambda_2^2$, 从而 $\lambda_2=-\lambda_1$. 进而再由 (11.4.14) 可得 $[P_1(z)P_2(z)]'=P_1'(z)P_2(z)+P_1(z)P_2'(z)=0$. 这说明 $P_1(z)$, $P_2(z)$ 均为非零常数. 记 $\lambda_1=\lambda(\neq 0)$, $P_1(z)=C_1\neq 0$, $P_2(z)=C_2\neq 0$, 则由 (11.4.11) 有

$$f(z)-a=C_1e^{\lambda z}+C_2e^{-\lambda z}=C_1e^{-\lambda z}\left(e^{\lambda z}+K\right)\left(e^{\lambda z}-K\right), \tag{11.4.15}$$

这里 K 为常数, 满足 $K^2=-C_2/C_1$. 由于 $f'(z)=C_1\lambda e^{\lambda z}-C_2\lambda e^{-\lambda z}$, 并且 $f(z)-a=0\Longrightarrow f'(z)=a$, 因此

$$e^{\lambda z}=\pm K\Longrightarrow C_1\lambda e^{\lambda z}-C_2\lambda e^{-\lambda z}=a.$$

由此可知

$$C_1\lambda K-C_2\lambda/K=a=-C_1\lambda K+C_2\lambda/K.$$

这说明 $a=0$, 与 $a\neq 0$ 矛盾.

至此, 我们证明了 $f'(z)-a$ 只有有限多个重零点. 由于 $f(z)=a\Longleftrightarrow f'(z)=a$, 并且 f 的级至多为 1, 因此存在多项式 P 和常数 α 使得

$$\frac{f'(z)-a}{f(z)-a}=P(z)e^{\alpha z}. \tag{11.4.16}$$

由此及 (11.4.11) 和 (11.4.12), 我们就得到

$$
\begin{aligned}
&[P_1'(z)+\lambda_1 P_1(z)]e^{\lambda_1 z}+[P_2'(z)+\lambda_2 P_2(z)]e^{\lambda_2 z}-a\\
=&P_1(z)P(z)e^{(\lambda_1+\alpha)z}+P_2(z)P(z)e^{(\lambda_2+\alpha)z}.
\end{aligned} \tag{11.4.17}
$$

不难验证, 这是不可能的.

因此常数 $\phi=0$, 从而 λ_1,λ_2 是特征方程 $z^k-z=0$ 的两个相异根. 显然均是单根, 因而多项式 $P_1(z)$, $P_2(z)$ 是非零常数, 我们分别记为 C_1, C_2. 于是

$$
f(z)-a=C_1e^{\lambda_1 z}+C_2e^{\lambda_2 z},\quad f'(z)=C_1\lambda_1e^{\lambda_1 z}+C_2\lambda_2e^{\lambda_2 z}. \tag{11.4.18}
$$

如果 $\lambda_1,\lambda_2\neq 0$, 则由于 $f(z)=a\Longrightarrow f'(z)=a$, 我们得到

$$
e^{(\lambda_1-\lambda_2)z}=-\frac{C_2}{C_1}\Longrightarrow e^{\lambda_1 z}=\frac{a}{(\lambda_1-\lambda_2)C_1}.
$$

从而由引理 11.4.2 知存在非零整数 n 使得 $\lambda_1=n(\lambda_1-\lambda_2)$, 于是有 $n\lambda_2=(n-1)\lambda_1$. 由于 $\lambda_1,\lambda_2\neq 0$ 并且 λ_1,λ_2 是特征方程 $z^k-z=0$ 的两个相异非零单根, 故有 $\lambda_1^{k-1}=\lambda_2^{k-1}(=1)$, 从而得到 $n^{k-1}=(n-1)^{k-1}$. 这显然不可能.

于是 λ_1,λ_2 中有一个等于 0. 设 $\lambda_1=0$ 并记 $\lambda_2=\lambda$, 则 $f(z)=a+C_1+C_2e^{\lambda z}$, $f'(z)=C_2\lambda_2e^{\lambda z}$. 利用 $f(z)=a\Longrightarrow f'(z)=a$ 可知 $C_1=-a/\lambda$, 从而

$$
f(z)=\frac{\lambda-1}{\lambda}a+Ce^{\lambda z},
$$

其中 C,λ 都是非零常数, 并且 $\lambda^{k-1}=1$.

情形 3 最后考虑 $s=1$ 的情形. 此时有

$$
f(z)-a=P(z)e^{\lambda z},\quad f'(z)=[P'(z)+\lambda P(z)]e^{\lambda z}, \tag{11.4.19}
$$

其中 $P(z)$ 为非零多项式, 而常数 λ 是特征方程 $z^k-z-\phi=0$ 的一个根.

如果 $\phi\neq 0$, 则 $\lambda\neq 0$, 并且由定理条件和 (11.4.1) 有 $f(z)=a\Longleftrightarrow f'(z)=a$. 但显然, 此时 $f(z)=a$ 只有有限个解, 而 $f'(z)=a$ 有无限个解. 矛盾.

于是 $\phi=0$. 如果 $\lambda=0$, 则由 $f(z)=a\Longrightarrow f'(z)=a$ 知 $P(z)=0\Longrightarrow P'(z)=a$. 注意到 $a\neq 0$, 就有 $P'(z)\equiv a$, 从而 $f(z)=az+A$, 这里 A 为常数. 这明显与 $f'(z)=a\Longrightarrow f^{(k)}(z)=a$ 矛盾. 于是一定有 $\lambda\neq 0$, 这样 λ 是方程 $z^k-z=0$ 的非零单根, 即满足 $\lambda^{k-1}=1$, 并且 $P(z)$ 也为常数. 于是得到 $f(z)=a+Ce^{\lambda z}$. □

11.4.2 在亚纯函数唯一性中的应用

方明亮和 L. Zalcman[80] 于 2003 年借助正规族理论证明, 存在一个 3 元有穷复数集 S, 使得对整函数而言, 只有指数函数才能与其导数 CM 分担这个集合. 在 [62] 中, 他们的这个结论被推广到只有有限个单极点的亚纯函数.

定理 11.4.3 存在一个 3 元有穷复数集 S, 使得如果只有有限个单极点的亚纯函数 f 和它的导数 f' CM 分担这个集合 S, 那么 $f' \equiv f$, 即 f 必为指数函数.

证明 取 $S = \{0,\ a,\ b\}$, 其中 $a,\ b$ 为相异非零有穷复数满足 $a \neq 2b$, $b \neq 2a$ 以及 $a^3 \neq b^3$. 设只有有限个单极点的亚纯函数 f 与其导数 f' CM 分担集合 S.

断言 1 f 的级至多为 2. 特别地, 当 f 为整函数或只有有限个极点的亚纯函数时, 其级至多为 1.

记 $\mathcal{F} = \{f_w(z) = f(z+w):\ w \in \mathbb{C}\}$, 则由条件知, 对任何 $f_w \in \mathcal{F}$, f_w 和 f'_w 分担集合 S, 因此根据定理 7.1.5 知函数族 $\mathcal{F}$ 于单位圆正规, 从而根据 Marty 定则, 存在常数 M 使得对任何 $w \in \mathbb{C}$ 都有 $f^{\#}(w) = f^{\#}_w(0) \leqslant M$. 由定理 2.3.2 知 f 的级至多为 2. 特别地, 由定理 2.3.3 知当 f 为整函数或只有有限个极点的亚纯函数时, 其级至多为 1.

断言 2 $1/f'$ 是整函数, 并且

$$h = \frac{f^3 + Af^2 + Bf}{(f')^3 + A(f')^2 + Bf'} \tag{11.4.20}$$

为整函数, 其零点恰好都 3 重, 而且都来自 f 的极点, 其中 $A = -(a+b)$, $B = ab \neq 0$ 都是常数.

由于 $x^3 + Ax^2 + Bx = x(x-a)(x-b)$, 因此由 f 与 f' CM 分担集合 S 知 (11.4.20) 定义的函数为整函数, 并且其零点均来自 f 的极点. 简单计算可知, h 的零点重数均恰好为 3. 由 (11.4.20), 我们得到

$$f^3 + Af^2 + Bf = h\left[(f')^3 + A(f')^2 + Bf'\right].$$

两边求导得

$$(3f^2 + 2Af + B)f' = h'\left[(f')^3 + A(f')^2 + Bf'\right] + h\left[3(f')^2 + 2Af' + B\right]f''.$$

从而有

$$3f^2 + 2Af + B \quad = \quad h'\left[(f')^2 + Af' + B\right] + h\left[3f'f'' + 2Af'' + B\frac{f''}{f'}\right]. \tag{11.4.21}$$

由于 h 为整函数并且零点均来自 f 的极点, 因此上式说明 $f' \neq 0$, 即 $1/f'$ 为整函数.

断言 3 我们有

$$m\left(r, \frac{1}{h}\right) = O(\log r). \tag{11.4.22}$$

事实上, 由于

$$\begin{aligned}\frac{1}{f^3+Af^2+B} &= \frac{1}{f(f-a)(f-b)} = \frac{1}{a-b}\left(\frac{1}{f(f-a)} - \frac{1}{f(f-b)}\right)\\ &= \frac{1}{a(a-b)}\frac{1}{f-a} - \frac{1}{b(a-b)}\frac{1}{f-b} + \frac{1}{ab}\frac{1}{f},\end{aligned}$$

因此

$$\begin{aligned}\frac{1}{h} &= \frac{(f')^3+A(f')^2+Bf'}{f^3+Af^2+Bf}\\ &= \frac{(f')^3}{f(f-a)(f-b)} + \frac{A}{a-b}\left(\frac{(f')^2}{f(f-a)} - \frac{(f')^2}{f(f-b)}\right)\\ &\quad + \frac{B}{a(a-b)}\frac{f'}{f-a} - \frac{B}{b(a-b)}\frac{f'}{f-b} + \frac{B}{ab}\frac{f'}{f}.\end{aligned}$$

于是, 根据对数导数引理以及 f 是有穷级就知有 (11.4.22).

断言 4 我们有

$$P + \frac{AQ}{f'} + \frac{BR}{(f')^2} = 0, \tag{11.4.23}$$

其中

$$P = h''' + 6\gamma h'' + (8\gamma' + 11\gamma^2)h' + (3\gamma'' + 15\gamma\gamma' + 6\gamma^3)h - 6, \tag{11.4.24}$$

$$Q = h''' + 3\gamma h'' + (5\gamma' + 2\gamma^2)h' + (2\gamma'' + 4\gamma\gamma')h, \tag{11.4.25}$$

$$R = h''' + (2\gamma' - \gamma^2)h' + (\gamma'' - \gamma\gamma')h, \tag{11.4.26}$$

$$\gamma = \frac{f''}{f'}. \tag{11.4.27}$$

事实上, 将 $f'' = \gamma f'$ 代入 (11.4.21) 可得

$$3f^2 + 2Af + B = h'\left[(f')^2 + Af' + B\right] + h\gamma\left[3(f')^2 + 2Af' + B\right]$$

$$= (h' + 3\gamma h)(f')^2 + (Ah' + 2A\gamma h)f' + Bh' + B\gamma h. \quad (11.4.28)$$

再两边求导并且两边除以 f' 就得

$$\begin{aligned}6f + 2A &= (h'' + 3\gamma h' + 3\gamma' h)f' + 2(h' + 3\gamma h)f'' + Ah'' + 2A\gamma h' + 2A\gamma' h \\ &\quad + (Ah' + 2A\gamma h)\frac{f''}{f'} + (Bh'' + B\gamma h' + B\gamma' h)\frac{1}{f'} \\ &= \left[h'' + 5\gamma h' + (3\gamma' + 6\gamma^2)h\right] f' \\ &\quad + A\left[h'' + 3\gamma h' + 2(\gamma' + \gamma^2)h\right] + B(h'' + \gamma h' + \gamma' h)\frac{1}{f'}. \quad (11.4.29)\end{aligned}$$

继续对上式再两边求导并且除以 f' 就可得到 (11.4.23).

断言 5 由 (11.4.24)—(11.4.26) 确定的函数 P, Q, R 为整函数, 并且在 f 的 n 重极点 z_0 处有

$$P = O(z - z_0), \quad (11.4.30)$$

$$Q = -\frac{(n-1)(2n-1)}{n^3} + O(z - z_0), \quad (11.4.31)$$

$$R = \frac{2(n-2)(n+2)}{n^3} + O(z - z_0). \quad (11.4.32)$$

事实上, 由于 h 为整函数, 因此 P, Q, R 可能有的极点只能来自 γ 的极点. 但 $f' \neq 0$, 故 γ 的极点只能来自 f 的极点, 因此我们只需要证明 P, Q, R 在 f 的极点处全纯就可. 在 f 的 n 重极点 z_0 处有通过计算可知有 (11.4.30)—(11.4.32). 因此 P, Q, R 为整函数.

现在, 分情况来完成定理 11.4.3 的证明.

情形 1 假设 $R \neq 0$, 则根据 (11.4.23) 有

$$\left(\frac{1}{f'}\right)^2 = -\frac{h}{BR}\left(\frac{AQ}{h}\frac{1}{f'} + \frac{P}{h}\right). \quad (11.4.33)$$

于是

$$\begin{aligned}2m\left(r, \frac{1}{f'}\right) &= m\left(r, \left(\frac{1}{f'}\right)^2\right) \\ &\leqslant m\left(r, \frac{h}{BR}\right) + m\left(r, \frac{AQ}{h}\right) + m\left(r, \frac{1}{f'}\right) + m\left(r, \frac{P}{h}\right) + O(1),\end{aligned}$$

从而有

$$\begin{aligned}
&N(r,f')\\
&\leqslant T(r,f')=T\left(r,\frac{1}{f'}\right)+O(1)\\
&=m\left(r,\frac{1}{f'}\right)+O(1)\leqslant m\left(r,\frac{h}{R}\right)+m\left(r,\frac{Q}{h}\right)+m\left(r,\frac{P}{h}\right)+O(1).
\end{aligned}\tag{11.4.34}$$

根据 (11.4.22) 和对数导数引理, 我们可知

$$m\left(r,\frac{P}{h}\right)=O(\log r),\quad m\left(r,\frac{Q}{h}\right)=O(\log r),$$

$$m\left(r,\frac{h}{R}\right)\leqslant T\left(r,\frac{h}{R}\right)=T\left(r,\frac{R}{h}\right)+O(1)\leqslant N\left(r,\frac{R}{h}\right)+O(\log r).$$

又由 h 的零点都是 3 重并且都来自 f 的极点, 以及 f 的 2 重极点是 R 的零点知

$$N\left(r,\frac{R}{h}\right)\leqslant 3N_1(r,f)+2N_2(r,f)+3\sum_{p\geqslant 3}N_p(r,f),$$

这里 $N_p(r,f)$ 表示 f 的重级恰好为 p 的极点的计数函数, 每个极点只计一次. 注意到

$$N(r,f')=\sum_{p\geqslant 1}(p+1)N_p(r,f),$$

将上述诸式代入 (11.4.34) 就可得到

$$N_2(r,f)+\sum_{p\geqslant 3}(p-2)N_p(r,f)\leqslant N_1(r,f)+O(\log r).\tag{11.4.35}$$

由于 $N_1(r,f)=O(\log r)$, 因此上式表明 f 只有有限多个极点. 于是 f 的级至多为 1, 进而其导数 f' 的级也至多为 1. 于是由 $f'\neq 0$ 知存在常数 c 和非零多项式 M 使得

$$f'(z)=\frac{e^{cz}}{M(z)}.\tag{11.4.36}$$

于是 $\gamma=f''/f'$ 是一有理函数. 同时, 由于 h 的零点均来自 f 的极点, h 只有有限个零点, 再注意到 (11.4.22) 就知 h 为多项式. 这样, 根据 (11.4.24)—(11.4.26) 知整函数 P, Q, R 均为多项式. 于是由 (11.4.23) 得

$$P+AQMe^{-cz}+BRM^2e^{-2cz}=0,\tag{11.4.37}$$

由于 $RM \not\equiv 0$, 因此上式表明常数 $c = 0$. 于是由 (11.4.36) 知 f' 从而 f 为有理函数. 由于 $f' \not\equiv 0$, 根据定理 4.2.2 知或者 f 是线性多项式或者 $f(z) = \dfrac{c_1}{(z-z_0)^n} + c_2$. 容易验证它们都不能和导数分担集合 $S = \{0,\ a,\ b\}$.

情形 2 我们有 $R \equiv 0$. 于是根据 (11.4.26), f 的极点都是二重的, 从而 $f'h$ 既没有零点, 也没有极点, 故存在次数至多为 2 的多项式 α 使得

$$f'(z)h(z) = e^{\alpha(z)}. \tag{11.4.38}$$

记 $\beta = h'/h$, 则 $\gamma = f''/f' = \alpha' - \beta$, 并且

$$h' = \beta h,\ h'' = (\beta' + \beta^2)h, \quad h''' = (\beta'' + 3\beta\beta' + \beta^3)h.$$

将这些式子代入 $R \equiv 0$ 即得

$$(2\beta^2 + \beta')\alpha' + [3\alpha'' - (\alpha')^2]\beta + \alpha''' - \alpha\alpha'' = 0. \tag{11.4.39}$$

情形 2.1 $\alpha' \not\equiv 0$.

直接计算可知 f 的极点是 β 的单极点, 是 $2\beta^2 + \beta'$ 的二重极点, 因此由式 (11.4.39) 知 f 的极点一定是 α' 的零点. 由于 α 是多项式, 故 f 只有有限个极点. 但这样一来, f 的级, 从而 h 的级均至多为 1. 但是, 这导致 α 是一次多项式, 即 α' 为非零常数. 于是 f 没有极点, h 没有零点. 于是由 (11.4.22) 知

$$T\left(r, \frac{1}{h}\right) = m\left(r, \frac{1}{h}\right) = O(\log r).$$

故 h 为有理函数. 因为 h 是整函数并且没有零点, h 只能为常数. 这样, 由 (11.4.38) 知

$$f'(z) = Ce^{\lambda z}, \tag{11.4.40}$$

其中 λ, C 都是非零常数. 于是 $\gamma = f''/f' = \lambda$ 为常数, 从而由 (11.4.29) 知

$$f = \lambda^2 hCe^{\lambda z} + \frac{1}{3}A\lambda^2 h - \frac{1}{3}A. \tag{11.4.41}$$

比较 (11.4.40) 和 (11.4.41) 知 $\lambda^3 h = 1$, 于是 $h = 1/\lambda^3$, 从而

$$f = \frac{1}{\lambda}Ce^{\lambda z} + \frac{A}{3\lambda} - \frac{1}{3}A = \frac{1}{\lambda}\left(Ce^{\lambda z} + \frac{A}{3} - \frac{\lambda}{3}A\right). \tag{11.4.42}$$

现在将 (11.4.40) 和 (11.4.42) 代入 (11.4.20) 就得到

$$Ce^{\lambda z}(Ce^{\lambda z} - a)(Ce^{\lambda z} - b)$$

$$= \left(Ce^{\lambda z} + \frac{A}{3} - \frac{\lambda}{3}A\right)\left(Ce^{\lambda z} + \frac{A}{3} - \frac{\lambda}{3}A - \lambda a\right)\left(Ce^{\lambda z} + \frac{A}{3} - \frac{\lambda}{3}A - \lambda b\right). \tag{11.4.43}$$

于是

$$\begin{aligned}\{0, a, b\} &= \left\{-\frac{A}{3} + \frac{\lambda}{3}A, -\frac{A}{3} + \frac{\lambda}{3}A + \lambda a, -\frac{A}{3} + \frac{\lambda}{3}A + \lambda b\right\} \\ &= \left\{\frac{1-\lambda}{3}(a+b), \frac{1+2\lambda}{3}a + \frac{1-\lambda}{3}b, \frac{1-\lambda}{3}a + \frac{1+2\lambda}{3}b\right\}.\end{aligned} \tag{11.4.44}$$

由此可知或者 $\lambda = 1$; 或者 $\lambda = -1$ 并且 $a = 2b$ 和 $b = 2a$ 之一成立; 或者 $\lambda = \dfrac{-1 \pm \sqrt{-3}}{2}$ 并且 $a = \lambda b$ 和 $b = \lambda a$ 之一成立. 根据集合 S 的选取, 后两种情形都不可能, 因此只有 $\lambda = 1$, 从而 $f(z) = Ce^z$, 即 $f' \equiv f$.

情形 2.2 $\alpha' \equiv 0$, 即 α 为常数. 记 $e^\alpha = c \neq 0$, 则由 (11.4.38) 知 $f'(z) = \dfrac{c}{h(z)}$. 于是 $\gamma = -\beta$, 并且 (11.4.23) 变为

$$A(\beta\beta' + \beta'')h^2 - 2c(2\beta\beta' - \beta'')h + 6c = 0. \tag{11.4.45}$$

再两边求导, 并注意到 $h' = \beta h$ 就得到

$$\begin{aligned}&A\left[(\beta')^2 + 3\beta\beta'' + 2\beta^2\beta' + \beta'''\right]h \\ &- 2c\left[2(\beta')^2 + \beta\beta'' + 2\beta^2\beta' - \beta'''\right] = 0.\end{aligned} \tag{11.4.46}$$

如果 h 有零点 z_0, 则根据前述结论知其零点是三重的, 因此可计算得知

$$(\beta')^2 + 3\beta\beta'' + 2\beta^2\beta' + \beta''' = \frac{27}{(z-z_0)^4}\left[1 + O(z-z_0)\right],$$

$$2(\beta')^2 + \beta\beta'' + 2\beta^2\beta' - \beta''' = -\frac{9}{(z-z_0)^4}\left[1 + O(z-z_0)\right].$$

将这两式代入 (11.4.46) 可看出必有 $c = 0$. 这与 $c \neq 0$ 矛盾.

因此 h 没有零点, 也因而 f 没有极点. 于是 f 从而 h 的级都至多为 1, 这样就可设 $h(z) = Ce^{\lambda z}$, 其中 $C \neq 0$, λ 为常数. 但由于有 (11.4.22), λ 必等于 0, 即 h 为常数, 从而 $f' = \dfrac{c}{h(z)}$ 为常数. 于是 f 为一次多项式. 容易验证此时 f 和 f' 不能分担集合 S. □

第 12 章 球面密度与 Marty 型常数

根据 Marty 定则, 对任何一个单位圆 $D(0,1)$ 内的亚纯函数正规族 $\mathcal{F}$ 有

$$M = \sup_{f\in\mathcal{F}} f^{\#}(0) = \sup_{f\in\mathcal{F}} \frac{|f'(0)|}{1+|f(0)|^2} < +\infty. \tag{12.0.1}$$

我们把 (12.0.1) 式确定的常数 M 称为 Marty 型常数. 本章内容主要讨论球面密度和 Montel 定则所对应的 Marty 型常数的估计, 并介绍 M. Bonk 和 W. Cherry[34] 等人的工作.

12.1 Montel 定则对应的 Marty 型常数

Montel 定则, 即定理 3.1.3 说单位圆内亚纯函数族

$$\mathcal{F}_0(\Omega_0) = \{f:\ D(0,1) \to\ \Omega_0 = \overline{\mathbb{C}} \setminus \{a,b,c\}\} \tag{12.1.1}$$

是一个正规族. 于是根据 Marty 定则 (定理 1.3.5) 就有

$$M_0(\Omega_0) = \sup_{f\in\mathcal{F}_0(\Omega_0)} f^{\#}(0) < +\infty. \tag{12.1.2}$$

$M_0(\Omega_0)$ 是一个只和区域 Ω_0 有关的常数. 由此可知对一般的双曲区域 $\Omega\subset\overline{\mathbb{C}}$, 即 $\overline{\mathbb{C}}\setminus\Omega$ 至少包含三个点, 我们依然有

$$M_0(\Omega) = \sup_{f\in\mathcal{F}_0(\Omega)} f^{\#}(0) < +\infty. \tag{12.1.3}$$

$M_0(\Omega)$ 是一个只和区域 Ω 有关的常数.

我们将给出常数 $M_0(\Omega)$ 性质, 并就一些特殊的双曲区域计算出这个常数的值.

12.1.1 球面密度

我们知道单位圆 D 的双曲密度为

$$\Lambda_D(w) = \frac{1}{1-|w|^2},$$

相应的双曲距离元素为 $\Lambda_D(w)|dw|$.

对一般的双曲区域 $\Omega \subset S \cong \overline{\mathbb{C}}$, 这里 S 表示 Riemann 球面, Ω 上的双曲距离是单位圆上双曲距离被万有覆盖 $F: D = D(0,1) \to \Omega$ 的拉回. 现在定义 Ω 的**球面密度** Σ_Ω 为双曲距离元素和由将 Ω 嵌入 S 所导出的球面距离元素的商, 即如果 $z = F(w)$, 则

$$\begin{aligned}\Sigma_\Omega(z) &= \frac{|dw|}{1-|w|^2}\Big/\frac{|dz|}{1+|z|^2}\\ &= \frac{1+|F(w)|^2}{|F'(w)|(1-|w|^2)} = \frac{1}{F^{\#}(w)(1-|w|^2)}.\end{aligned} \tag{12.1.4}$$

由于万有覆盖是唯一确定的, 至多前置相差一个单位圆的自同构, 因此上述定义与万有覆盖 F 的选取无关. 进一步地, 如果 G 是 F^{-1} 在 z 处的任何一个分支, 则有

$$\Sigma_\Omega(z) = \frac{|G'(z)|(1+|z|^2)}{1-|G(z)|^2},$$

从而 Σ_Ω 是实解析函数. 由此可知, Σ_Ω 有任意阶的连续偏导数.

另外, 注意球面密度关于 S 的等距同构是不变的. 若 $T: S \to S$ 是等距同构, 则当 $z \in \Omega$ 时有 $\Sigma_{T(\Omega)}(T(z)) = \Sigma_\Omega(z)$.

由于

$$\Lambda_\Omega(z) = \frac{|G'(z)|}{1-|G(z)|^2},$$

因此

$$\Sigma_\Omega(z) = (1+|z|^2)\Lambda_\Omega(z).$$

容易看出当 z 趋于 Ω 的任何有限边界点时, $\Lambda_\Omega(z)$ 趋于 $+\infty$, 因此当 z 趋于 Ω 的任何边界点时, $\Sigma_\Omega(z)$ 趋于 $+\infty$. 特别地, 由此可知, $\Sigma_\Omega(z)$ 有最小值, 并且在 Ω 的内部达到. 由于 $\Sigma_\Omega(z) > 0$, 因而该最小值是正的.

定理 12.1.1 设 Ω 是 Riemann 球面上的双曲区域, 则

$$M_0(\Omega) = \frac{1}{\min\{\Sigma_\Omega(z):\ z \in \Omega\}}. \tag{12.1.5}$$

并且当且仅当 f 是一个万有覆盖使得 $f(0)$ 是 $\Sigma_\Omega(z)$ 最小值点时有 $M_0(\Omega) = f^{\#}(0)$.

证明 这个定理本质上就是 Landau 定理. 首先我们有

$$M_0(\Omega) = \sup_{z_0\in\Omega} \sup\{f^{\#}(0):\ f \in \mathcal{F}_0(\Omega),\ f(0) = z_0\}.$$

设 $f \in \mathcal{F}_0(\Omega)$ 使得 $f(0) = z_0$ 及 $F: D(0,1) \to \Omega$ 是一个万有覆盖使得 $F(0) = z_0$, 则可提升 f 为 $\widetilde{f}: D(0,1) \to D(0,1)$ 使得 $f = F \circ \widetilde{f}$. 由于 $\widetilde{f}(0) = 0$, 因此根据 Schwarz 引理知 $|\widetilde{f}'(0)| \leqslant 1$, 从而

$$f^{\#}(0) = \frac{|f'(0)|}{1+|f(0)|^2} = \frac{|F'(0)||\widetilde{f}'(0)|}{1+|z_0|^2} \leqslant \frac{|F'(0)|}{1+|z_0|^2} = F^{\#}(0) = \frac{1}{\Sigma_\Omega(z_0)}.$$

当等号成立时, 有 $|\widetilde{f}'(0)| = 1$, 即 $\widetilde{f}: D(0,1) \to D(0,1)$ 是自同构, 从而 f 也是一个万有覆盖. □

根据定理 12.1.1, 计算 M_0 就转化为计算 Σ_Ω 的最小值了. 我们需要如下的最大模原理, 证明可在 [141] 找到.

引理 12.1.1 设 U 是一个平面区域, $P(z)$ 是 U 上非负连续函数. 设 $\chi(z)$ 是微分方程

$$\Delta\chi = P\chi, \quad \Delta = 4\frac{\partial^2}{\partial z\partial\bar{z}}.$$

的 C^2-解使得对任何 U 的边界点 ζ (包括可能的 ∞) 都有

$$\liminf_{z\to\zeta} \chi(z) \geqslant 0,$$

则于 U 或者 $\chi(z) \equiv 0$ 或者恒有 $\chi(z) > 0$.

以下为方便, 记 $\Lambda = \Lambda_\Omega$ 和 $\Sigma = \Sigma_\Omega$.

引理 12.1.2 设 Ω 为双曲区域, $U \subset \Omega$ 是一个子区域使得 $0, \infty \notin U$. 如果对任何 U 的边界点 ζ (包括可能的 ∞) 都有

$$\limsup_{z\to\zeta} \frac{\partial \log \Sigma}{\partial \theta} \leqslant 0 \quad (z = re^{i\theta}),$$

则于 U 或者 $\dfrac{\partial \log \Sigma}{\partial \theta} \equiv 0$ 或者恒有 $\dfrac{\partial \log \Sigma}{\partial \theta} < 0$.

证明 由于 $\dfrac{\partial \log \Sigma}{\partial \theta} = \dfrac{\partial \log \Lambda}{\partial \theta}$ 并且 $\dfrac{\partial}{\partial \theta}$ 与 Δ 可交换, 因此根据直接计算有

$$\Delta\frac{\partial \log \Sigma}{\partial \theta} = \Delta\frac{\partial \log \Lambda}{\partial \theta} = \frac{\partial}{\partial \theta}\Delta \log \Lambda = 2\Lambda^2\frac{\partial \log \Sigma}{\partial \theta}.$$

现在应用上述最大模原理于

$$\chi(z) = -\frac{\partial \log \Sigma}{\partial \theta}, \quad P(z) = 2\Lambda^2$$

就得到本引理. □

12.1.2 球面反射原理

我们需要球面曲率的概念. 设 $\Gamma: t \to z(t)$ 是 S 上的一条光滑曲线, 则曲线 Γ 在 $z(t)$ 处沿着法向 $iz'(t)/|z(t)|$ 的曲率[114] 为

$$\kappa = \frac{1+|z(t)|^2}{|z'(t)|}\mathrm{Im}\left[\frac{z''(t)}{z'(t)} - \frac{2z'(t)\overline{z(t)}}{1+|z(t)|^2}\right]. \tag{12.1.6}$$

注意, 球面曲率关于旋转是不变的, 并且在 $z=0$ 处, 球面曲率与欧氏曲率相同. 进一步地, 圆心为 0 半径为 r 并且沿着逆时针方向参数化的圆具有常曲率

$$\kappa_0 = \frac{1-r^2}{r}.$$

特别地, 球面 S 上的大圆, 即半径为 1 的圆的曲率为 0.

定理 12.1.2 (反射原理) 设 C 是 S 上的一个圆, H 是 S 上边界为 C 的两个开圆盘之一. 设 $j: S \to S$ 是球面关于 C 的一个反射, 其 Jacobian 的范数记为 $|dj|$, 这里球面 S 上的距离是 $\mathbb{R}^3$ 上标准距离使得 S 成为单位球. 如果 S 上的双曲区域 Ω 满足 $j(\Omega \setminus H) \subset \Omega$, 则对 $z \in \Omega \setminus (H \cup C)$ 有

$$\Sigma_\Omega(z) \geqslant |dj(z)|\Sigma_\Omega(j(z)) = \Sigma_{j(\Omega)}(z),$$

而对 $z \in \Omega \cap C$ 有

$$\frac{\partial}{\partial n}\log \Sigma_\Omega(z) \leqslant \frac{1}{2}\kappa\frac{\sqrt{4+\kappa^2}+\kappa}{\sqrt{4+\kappa^2}}.$$

这里 $\partial/\partial n$ 是沿着从 C 指向 H 的法线方向的方向导数, 而 κ 是 C 关于这个方向的球面曲率. 进一步地, 这两个不等式都是严格的, 除非 Ω 关于 C 对称.

如果 C 是一个大圆, 那么对 $z \in \Omega \setminus (H \cup C)$ 有

$$\Sigma_\Omega(z) \geqslant \Sigma_\Omega(j(z)).$$

并且对 $z \in \Omega \cap C$ 时有

$$\frac{\partial}{\partial n}\Sigma_\Omega(z) \leqslant 0.$$

证明 由于

$$\Sigma_\Omega(z) = (1+|z|^2)\Lambda_\Omega(z), \quad \Sigma_\Omega(j(z)) = \left(1+|j(z)|^2\right)\Lambda_\Omega(j(z)),$$

$$|dj(z)| = \frac{1+|z|^2}{1+|j(z)|^2}\left|\frac{\partial j}{\partial \bar{z}}(z)\right|,$$

因此, 第一个不等式等价于

$$\Lambda_\Omega(z) \geqslant \left|\frac{\partial j}{\partial \bar{z}}(z)\right| \Lambda_\Omega(j(z)).$$

上式证明可见 [113, p.137]. 对第二个不等式, 通过旋转, 我们可设 H 是平面上圆心在原点、半径为 R 的圆, 则第二个不等式变成

$$\frac{\partial}{\partial n}\Sigma_\Omega(z) = -\frac{\partial}{\partial r}\Sigma_\Omega(z) \leqslant \frac{1-R^2}{R(1+R^2)}\Sigma_\Omega(z),$$

从而等价于

$$\frac{\partial}{\partial n}\Lambda_\Omega(z) \leqslant \frac{1}{R}\Lambda_\Omega(z).$$

此不等式的证明见 [113, Theorem 4(iii)]. 所有这些不等式都是严格的, 除非区域 Ω 关于 C 对称. □

12.1.3 球面密度的整体最小值

我们先给出两个需要的引理.

引理 12.1.3 设 U 是平面开子集, 设 $\{f_n\}$ 和 f 都是 U 上的 C^2-函数使得 $\{f_n\}$ 和 $\{\Delta f_n\}$ 于 U 分别内闭一致收敛于 f 和 Δf, 则偏导函数列 $\{\partial f_n/\partial x\}$ 和 $\{\partial f_n/\partial y\}$ 于 U 分别内闭一致收敛于 $\partial f/\partial x$ 和 $\partial f/\partial y$.

证明 这是 Green 公式的直接应用. 可将 f_n 表示为包含 $f_n, \Delta f_n$ 和 Green 函数的积分, 再在积分号下求导即得. □

引理 12.1.4 设 Ω 是 S 上的双曲区域, 其包含平面 $\mathbb{C}$ 上的开单位圆 $D(0,1)$. 对正数 ε, 记

$$\Omega_\varepsilon = \left\{z \in \mathbb{C} : \frac{1}{1+\varepsilon}z \in \Omega\right\} \cup \{\infty\}, \quad \text{如果} \quad \infty \in \Omega,$$

$$\Omega_\varepsilon = \left\{z \in \mathbb{C} : \frac{1}{1+\varepsilon}z \in \Omega\right\}, \quad \text{如果} \quad \infty \notin \Omega.$$

则当 $\varepsilon \to 0$ 时, $\sigma_{\Omega_\varepsilon}$ 于 $D(0,1)$ 内闭一致收敛于 σ_Ω.

证明 设 G 是将 $D(0,1)$ 映到 Ω 内的覆盖映射的多值反映射的一个分支, 则有

$$\Sigma_\Omega(z) = (1+|z|^2)\frac{|G'(z)|}{1-|G(z)|^2}, \quad \Sigma_{\Omega_\varepsilon}(z) = \frac{1+|z|^2}{1+\varepsilon}\cdot\frac{\left|G'\left(\dfrac{z}{1+\varepsilon}\right)\right|}{1-\left|G\left(\dfrac{z}{1+\varepsilon}\right)\right|^2}.$$

于是就有

$$|\sigma_{\Omega_\varepsilon}(z)-\sigma_\Omega(z)|\leqslant \log(1+\varepsilon)+\left|\log\left|G'\left(\frac{z}{1+\varepsilon}\right)\right|-\log|G'(z)|\right| \\ +\left|\log\left(1-\left|G\left(\frac{z}{1+\varepsilon}\right)\right|^2\right)-\log(1-|G(z)|^2)\right|.$$

由于当 $z\in D(0,1)$ 时 $|z-z/(1+\varepsilon)|\leqslant \varepsilon/(1+\varepsilon)\to 0$ (与 z 无关), 因此由 G 和 G' 在 $D(0,1)$ 的内闭一致连续性知引理成立. □

定理 12.1.3 设 C_1, C_2, E 都是 Riemann 球面 S 上的大圆使得 C_1, C_2 都和 E 正交. 设 H_1 和 H_2 都是半球面, 以 E 作为公共边界. 如果 T 是 S 的一个闭子集使得 $\Omega=S\setminus T$ 是双曲的, $T\subset\overline{H}_1=H_1\cup E$ 但 $E\not\subset T$, 并且 T 关于 C_1 和 C_2 的反射都是不变的, 则半球面 H_2 的中心是对数球面密度 $\sigma_\Omega=\log\Sigma_\Omega$ 的整体最小值点. 进一步地, 如果 $T\cap H_1\neq\varnothing$, 则这是唯一的最小值点. 如果 $T\subset E$, 则根据对称性, H_1 的中心也是 σ_Ω 的最小值点. 除此之外, σ_Ω 没有其他最小值点.

证明 由于 σ 关于球面的旋转是不变的, 因此我们可设 E 是实轴, C_1 是虚轴, 而 H_1 是下半平面, H_2 是上半平面. 设 j 是关于实轴 E 的反射.

先考虑 $T\subset H_1$ 的情形. 此时, Ω 和 j 满足定理 12.1.2 的条件, 并且 Ω 关于 j 是不对称的. 于是对 $z\in H_2$ 有 $\sigma_\Omega(z)<\sigma_\Omega(\overline{z})$; 而对实轴 E 上的 z 有 $\dfrac{\partial\sigma}{\partial y}(z)<0$. 这意味着任何 σ_Ω 的整体最大值点位于上半平面 H_2 内.

设 U 是第一开象限. 为了对 U 引用引理 12.1.2, 我们需要验证边界条件. 根据定理 12.1.2, 对实数 $z\in E$ 有 $\dfrac{\partial\sigma}{\partial\theta}(z)<0$; 同时, 由于 Ω 关于虚轴 C_1 的反射是对称的, 因此对非零纯虚数 z 有 $\dfrac{\partial\sigma}{\partial\theta}(z)=0$. 由于 $0,\infty\in\Omega$ 并且 σ 在这两个点的邻域内是实解析的, 因此就有

$$\lim_{z\to 0}\frac{\partial\sigma}{\partial\theta}(z)=\lim_{z\to\infty}\frac{\partial\sigma}{\partial\theta}(z)=0.$$

这样, 根据引理 12.1.2, 我们就有当 $z\in U$ 即 z 位于第一开象限时有 $\dfrac{\partial\sigma}{\partial\theta}(z)<0$. 根据对称性, 当 z 位于第二开象限时有 $\dfrac{\partial\sigma}{\partial\theta}(z)>0$. 由此可知, σ_Ω 的整体最大值点都落在正虚轴 $C_1\cap H_2$ 上.

类似地, 交换 C_1 和 C_2, 我们可知 σ_Ω 的整体最大值点都落在 $C_2\cap H_2$ 上. 于是, σ_Ω 的整体最大值点落在 $C_1\cap C_2\cap H_2$ 上. 由于 C_1 和 C_2 正交于 E, 从而交集 $C_1\cap C_2\cap H_2$ 是 H_2 的中心, 也即 H_2 的中心是 σ_Ω 的唯一整体最大值点.

再考虑 $T \not\subset H_1$ 但 $T \cap H_1 \neq \varnothing$, 即 T 的部分落在 H_1 内的情形. 此时, 通过旋转, 我们可设 E 是单位圆周 $|z|=1$, H_1 为 $|z|>1$, H_2 为 $|z|<1$. 现在, 我们需要证明 H_2 的中心 0 是 σ_Ω 的一个整体最大值点.

设 ε 为一正数, 即 $\Omega_\varepsilon = (1+\varepsilon)\Omega$. 不难看出对这个区域 Ω_ε 和相同的 E, C_1, C_2, 仍然满足定理 12.1.3 的条件. 这样像上面一样, 可以通过旋转, 设 E 为实轴, 从而从上讨论可知

$$\frac{\partial \sigma_{\Omega_\varepsilon}}{\partial \theta}(z) < 0, \quad z \in U.$$

这里 U 是第一开象限. 由引理 12.1.4, 当 $\varepsilon \to 0$ 时, $\sigma_{\Omega_\varepsilon}(z)$ 于 U 内闭一致收敛于 $\sigma_\Omega(z)$, 从而 $\Delta\sigma_{\Omega_\varepsilon}(z)$ 于 U 也内闭一致收敛于 $\Delta\sigma_\Omega(z)$. 于是可引用引理 12.1.3 得知

$$\frac{\partial \sigma_\Omega}{\partial \theta}(z) \leqslant 0, \quad z \in U.$$

根据引理 12.1.2 就知或者

$$\frac{\partial \sigma_\Omega}{\partial \theta}(z) < 0, \quad z \in U,$$

或者 $\dfrac{\partial \sigma_\Omega}{\partial \theta}(z) \equiv 0$ 于 U. 然而, 后者是不可能的.

如果 T 不全部落入 E 内, 则根据反射原理, 即定理 12.1.2, 可知对实轴上包含在 Ω 内的点 z, 从而对 U 内的点 z 有

$$\frac{\partial \sigma_\Omega}{\partial \theta}(z) < 0.$$

如果 T 全部落入 E 内, 则 T 至少有一个点在实轴上. 由于当 z 趋于 T 中的点时有 $\sigma_\Omega \to \infty$, 因此 σ_Ω 在中心在原点并且通过 T 中点的圆周上不可能为常数. 由此, 我们同样得到

$$\frac{\partial \sigma_\Omega}{\partial \theta}(z) \leqslant 0, \quad z \in U.$$

交换 C_1 和 C_2, 就可知 H_2 的中心是 H_2 中的唯一整体最小值点.

当 T 全部落入 E 内时, H_1 的中心, 根据对称性, 是仅有的另外的最小值点. □

推论 12.1.1　设 $\Omega = S \setminus \{z : z^n = 1\}$, 其中 $n \geqslant 3$ 为正整数, 则 0 和 ∞ 是球面密度仅有的两个最小值点.

证明　取 E 为单位圆周, C_1 为实轴, C_2 为通过原点和单位根 $e^{2\pi i/n}$ 的直线. □

推论 12.1.2　设 $\Omega = S \setminus \{k, 1, 1/k\}$, 其中 $k \geqslant 0$ 为实数 $(1/0 = \infty)$, 则 -1 是球面密度唯一的最小值点.

证明　取 E 为虚轴, C_1 为单位圆, C_2 为实轴. □

12.1.4 Marty 常数 M_0 的值

为了计算出 M_0 的数值, 我们需要下述定理, 参见 [36, §392].

定理 12.1.4 设 T_1 和 T_2 是两个单位圆弧三角形, 都含有闭区间 $[0,1]$, 另外的一条边是从原点 0 出发的线段. 设三角形 T_i 在顶点 0 处的内角为 $\pi\alpha_i \neq 0$, 在顶点 1 处的内角为 $\pi\beta_i$, 在第三个顶点处的内角为 $\pi\gamma_i$. 设映照 $F: T_1 \to T_2$ 于内部共形, 将顶点映射到对应顶点. 记

$$a_i = \frac{1}{2}(1-\alpha_i-\beta_i+\gamma_i), \quad b_i = \frac{1}{2}(1-\alpha_i-\beta_i-\gamma_i), \quad c_i = 1-\gamma_i.$$

如果 $\alpha_1 = \alpha_2$, 则 F 在原点处有局部展开 $F(z) = zG(z)$, 其中 G 于 T_1 内部全纯并且

$$\lim_{z\to 0} G(z) = C = \frac{\Gamma(c_2)\Gamma(1-a_2)\Gamma(1-b_2)\Gamma(2-c_1)\Gamma(c_1-a_1)\Gamma(c_1-b_1)}{\Gamma(c_1)\Gamma(1-a_1)\Gamma(1-b_1)\Gamma(2-c_2)\Gamma(c_2-a_2)\Gamma(c_2-b_2)}.$$

注记 12.1.1 如果 F 在 0 处全纯 (一般未必), 则 $F^{\#}(0) = F'(0) = C$.

定理 12.1.5 设 $\Omega = S \setminus \{z : z^n = 1\}$, 其中 $n \geqslant 3$ 为正整数. 设 $F: D(0,1) \to \Omega$ 是覆盖映照, 将 0 映为 0, 将 n 次单位根映为将 n 次单位根, 则

$$F'(0) = \frac{\Gamma(1+1/n)\,\Gamma(1/2-1/n)}{\Gamma(1-1/n)\,\Gamma(1/2+1/n)}.$$

于是, 对单位圆 $D(0,1)$ 内任何不取 n 次单位根的亚纯函数 f 有

$$f^{\#}(0) \leqslant \frac{\Gamma(1+1/n)\,\Gamma(1/2-1/n)}{\Gamma(1-1/n)\,\Gamma(1/2+1/n)}.$$

证明 根据 Ω 的对称性, 当 F 限制在顶点为 $0, 1, e^{2\pi i/n}$ 的三角形时, F 是一个 Schwarz 三角函数, F 的像是一个顶点为 $0, 1, e^{2\pi i/n}$ 的圆弧三角形. 利用定理 12.1.4 的记号, 有

$$\alpha_1 = 2/n,\ \beta_1 = 0,\ \gamma_1 = 0;\ \alpha_2 = 2/n,\ \beta_2 = 1/2,\ \gamma_2 = 1/2;$$

$$a_1 = 1/2 - 1/n,\ b_1 = 1/2 - 1/n,\ c_1 = 1 - 2/n;$$

$$a_2 = 1/2 - 1/n,\ b_2 = -1/n,\ c_2 = 1 - 2/n.$$

于是经过计算可得

$$F'(0) = \frac{\Gamma(1+1/n)\,\Gamma(1/2-1/n)}{\Gamma(1-1/n)\,\Gamma(1/2+1/n)}.$$

再根据推论 12.1.1 有

$$f^{\#}(0) \leqslant F^{\#}(0) = |F'(0)| = \frac{\Gamma(1+1/n)\Gamma(1/2-1/n)}{\Gamma(1-1/n)\Gamma(1/2+1/n)}. \qquad \square$$

定理 12.1.6　设 $\Omega = S \setminus \{-1, 1, \infty\}$. 设 $F: D(0,1) \to \Omega$ 是覆盖映照, 分别将 $1, i, -1$ 映为 $1, \infty, -1$, 则

$$F'(0) = \frac{\Gamma^4(1/4)}{4\pi^2} \approx 4.37688.$$

于是, 对单位圆 $D(0,1)$ 内任何不取 $0, 1, \infty$ 的亚纯函数 f, 即不取 $0, 1$ 的全纯函数 f 有

$$f^{\#}(0) \leqslant \frac{\Gamma^4(1/4)}{4\pi^2}.$$

证明　注意 F 将顶点为 $0, 1, i$ 内角为 $\pi/2, 0, 0$ 的三角形映照为顶点为 $0, 1, \infty$ 内角为 $\pi/2, \pi, \pi/2$ 的三角形. 于是利用定理 12.1.5 的记号, 有

$$\alpha_1 = 1/2,\ \beta_1 = 0,\ \gamma_1 = 0;\ \alpha_2 = 1/2,\ \beta_2 = 1,\ \gamma_2 = 1/2;$$
$$a_1 = 1/4,\ b_1 = 1/4,\ c_1 = 1/2;\ a_2 = 0,\ b_2 = -1/2,\ c_2 = 1/2.$$

于是经过计算可得

$$F'(0) = \frac{\Gamma(1/2)\Gamma(1)\Gamma(3/2)\Gamma(3/2)\Gamma(1/4)\Gamma(1/4)}{\Gamma(1/2)\Gamma(3/4)\Gamma(3/4)\Gamma(3/2)\Gamma(1/2)\Gamma(1)} = \frac{\Gamma^4(1/4)}{4\pi^2}.$$

现在设 $f: D(0,1) \to S \setminus \{0, 1, \infty\}$, 则经过旋转

$$T(z) = \frac{1+z}{1-z},$$

可知有 $g = T \circ f: D(0,1) \to S \setminus \{-1, 1, \infty\}$, 而且经过计算有 $f^{\#}(z) = g^{\#}(z)$ (球面导数关于旋转不变性). 于是由推论 12.1.2 知

$$f^{\#}(0) = g^{\#}(0) \leqslant |F'(0)| = \frac{\Gamma^4(1/4)}{4\pi^2}. \qquad \square$$

由定理 12.1.6 可知, 对单位圆 $D(0,1)$ 内任何不取 0, 1 的全纯函数 f 有

$$|f'(0)| \leqslant \frac{\Gamma^4(1/4)}{4\pi^2}(1 + |f(0)|^2).$$

注记 12.1.2 J. A. Hempel[97] 证明了对单位圆 $D(0,1)$ 内任何不取 0, 1 的全纯函数 f 有

$$|f'(0)| \leqslant 2|f(0)| \left(|\log|f(0)|| + \frac{\Gamma^4(1/4)}{4\pi^2} \right).$$

推论 12.1.3 对单位圆 $D(0,1)$ 内任何不取 0, 1 的全纯函数 f 有

$$(1-|z|^2)f^{\#}(z) \leqslant \frac{\Gamma^4(1/4)}{2\pi^2}.$$

证明 对每个 $z \in D(0,1)$, 函数

$$g(w) = f\left(z + \frac{1-|z|^2}{2}w\right)$$

也是单位圆 $D(0,1)$ 内不取 0, 1 的全纯函数, 因此就有 $g^{\#}(0) \leqslant \dfrac{\Gamma^4(1/4)}{4\pi^2}$, 从而有

$$(1-|z|^2)f^{\#}(z) = 2g^{\#}(0) \leqslant \frac{\Gamma^4(1/4)}{2\pi^2}.$$

□

12.2 顾永兴定则对应的 Marty 型常数

现在我们考虑如下的亚纯函数族

$$\mathcal{F}_k = \left\{ f : D(0,1) \to \overline{\mathbb{C}} \setminus \{0\} \text{ 使得 } f^{(k)} : D(0,1) \to \overline{\mathbb{C}} \setminus \{1\} \right\}.$$

根据顾永兴定则[85], 即定理 3.1.5, 该亚纯函数族是正规的, 因此由 Marty 定则知

$$M_k = \sup_{f \in \mathcal{F}_k} f^{\#}(0) < +\infty$$

是一个仅与 k 有关的常数. 于是就有问题: 常数 M_1, M_2 等的具体数值是多少? 利用 Nevanlinna 理论可对全纯的函数族 $\mathcal{F}_k$ 给出估计: $M_1 \leqslant 583$[47] 以及当 $k \to \infty$ 时, $M_k = O(k\log k)$.

由于此时缺乏几何性, 似乎很难用上面 M. Bonk 和 W. Cherry 的方法来确定常数 M_1, M_2 等的具体数值, 因此这是一个非常有意义的问题.

参考文献

[1] Ahlfors L V. Beiträge zur theorie der meromorphen funktionen. C.R.7^e Congr. Math. Scand. Oslo., 1929, 19: 84–88.

[2] Ahlfors L V. Conformal Invariants. New York: McGraw Hill, 1973.

[3] Ahlfors L V. Complex Analysis. 3rd ed. New York: McGraw Hill, 1979.

[4] Baker I N. Repulsive fixpoints of entire functions. Math. Z., 1968, 104: 252-256.

[5] Baker I N, Kotus J, Lu Y. Iterates of meromorphic functions (I). Ergodic Theory Dynam. Systems, 1991, 11(2): 241-248.

[6] Bank S B, Kaufman R P. On meromorphic solutions of first-order differential equations. Comment. Math. Helv., 1976, 51(1): 289-299.

[7] Bargmann D. Simple proofs of some fundamental properties of the Julia set. Ergodic Theory Dyn. Syst., 1999, 19(3): 553-558.

[8] Bargmann D. Normal families of covering maps. J. Anal. Math., 2001, 85: 291-306.

[9] Bargmann D, Bergweiler W. Periodic points and normal families. Proc. Amer. Math. Soc., 2001, 129: 2881-2888.

[10] Barsegian G A. Estimates of derivatives of meromorphic functions on sets of a-points. J. London Math. Soc., 1986, 34(2): 534-540.

[11] Barth K F, Rippon P L. Asymptotic values of strongly normal functions. Ark. Mat., 2005, 43(1): 69-84.

[12] Beardon A F. The Geometry of Discrete Groups. Graduate Texts in Mathematics, 91. New York: Springer, 1983.

[13] Beardon A F. Iteration of Rational Functions. New York: Springer, 1991.

[14] Beardon A F, Minda D. Normal families: a geometric perspective. Comut. Method. Func. Theory, 2014, 14: 331-355.

[15] Bergweiler W. Periodic points of entire functions: proof of a conjecture of Baker. Complex Vari., 1991, 17: 57-72.

[16] Bergweiler W. On the existence of fixpoints of composite meromorphic functions. Proc. Amer. Math. Soc., 1992, 114: 879-880.

[17] Bergweiler W. Iteration of meromorphic functions. Bull. Amer. Math. Soc. (N. S.), 1993, 29: 151-188.

[18] Bergweiler W. On the composition of transcendental entire and meromorphic functions. Proc. Amer. Math. Soc., 1995, 123: 2151-2153.

[19] Bergweiler W. A new proof of the Ahlfors five islands theorem. J. Anal. Math., 1998, 76: 337-347.

[20] Bergweiler W. On a theorem of Gol'dberg concerning meromorphic solutions of algebraic differential equations. Complex Vari., 1998, 34: 93-96.

[21] Bergweiler W. Normality and exceptional values of derivatives. Proc. Amer. Math. Soc., 2001, 129(1): 121-129.

[22] Bergweiler W. Ahlfors theory and complex dynamics: periodic points of entire functions. RIMS Kokyuroku, 2002, 1269: 1-11.

[23] Bergweiler W. Quasinormal familes and periodic points. Nahariya 2003, Contemp. Math, 2003.

[24] Bergweiler W. Fixed points of composite meromorphic functions and normal families. Proc. Roy. Soc. Edinburgh Sect. A, 2004, 134: 653-660.

[25] Bergweiler W. Periodic Fatou components and singularities of the inverse function// Barsegian G A, Begehr H G W. Topics in Analysis and its Applications, NATO Science Series II: Mathematics, Physics and Chemistry, Vol. 147, Kluwer Acad. Publ., Dordrecht, 2004, 47-59.

[26] Bergweiler W. Bloch's principle. Comut. Method. Func. Theory, 2006, 6(1): 77-108.

[27] Bergweiler W, Eremenko A. On the singularities of the inverse to a meromorphic function of finite order. Rev. Mat. Iberoamericana, 1995, 11: 355-373.

[28] Bergweiler W, Langley J K. Nonvanishing derivatives and normal families. J. Anal. Math., 2003, 91: 353-367.

[29] Bergweiler W, Langley J K. Mulitiplicities in Hayman's alternatives. J. Austral Math. Soc., 2005, 78: 37-57.

[30] Bergweiler W, Pang X C. On the derivatives of meromorphic functions with multiple zeros. J. Math. Anal. Appl., 2003, 278(2): 285-292.

[31] Bloch A. Les théorèmes de M. Valiron sur les fonctions entières et la theorie de l'uniformisation. Ann. Fac. Sci. Univ. Toulouse, 1925: 1-22.

[32] Bloch A. Les fonctions holomorphes et méromorphes dans le cercle unité. Paris: Gauthier-Villars, 1926.

[33] Bolsch A. Repulsive periodic points of meromorphic functions. Comp. Vari., 1996, 31: 75-79.

[34] Bonk M, Cherry W. Bounds on spherical derivatives for maps into regions with symmetries. J. Anal. Math., 1996, 69(1): 249-274.

[35] Bureau F. Mémoire sur les fonctions uniformes à point singuliar essentiel isolé. Mém. Soc. Roy. Sci. Liége, 1932, 17(3).

[36] Carathéodory C. Theory of Functions of a Complex Variable. Volume Two, New York: Chelsea, 1960.

[37] Carleson L, Gamelin T W. Complex Dynamics. New York, Berlin, Heidelberg: Springer, 1993.

[38] 常建明. 亚纯函数正规族的若干结果. 南京: 南京师范大学, 2006.

[39] Chang J M. A note on normality of meromorphic functions. Proc. Japan Acad. Ser. A, 2007, 83(4): 60-62.

[40] Chang J M. Normality concerning shared values. Sci. China A: Math., 2009, 52(8): 1717-1722.

[41] Chang J M. Normality, quasinormality and periodic points. Nagoya Math. J, 2009, 195: 77-95.

[42] Chang J M. Normality of meromorphic functions whose derivatives have 1-points. Arch. Math., 2010, 94(6): 555-564.

[43] Chang J M. Normality and quasinormality of zero-free meromorphic functions. Acta Math. Sinica, 2012, 28(4): 707-716.

[44] Chang J M. On the family of meromorphic functions whose derivatives omit a holomorphic function. Sci. China Math., 2012, 55(8): 1669-1676.

[45] Chang J M. On meromorphic functions whose first derivatives have finitely many zeros. Bull. London Math. Soc., 2012, 44(4): 703-715.

[46] Chang J M. Normality of meromorphic functions and uniformly discrete exceptional sets. Comput. Methods Funct. Theory, 2013, 13: 47-63.

[47] Chang J M. On the spherical derivatives of Miranda functions. Comput. Methods Funct. Theory, 2019, 19: 253-284.

[48] Chang J M. Normality concerning shared values between two families. Comput. Methods Funct. Theory, 2021, 21: 465-472.

[49] Chang J M. Quasi-normal family of meromorphic functions whose certain type of differential polynomials have no zeros. Acta. Math. Sinica (English S.), 2021, 37(8): 1267-1277.

[50] Chang J M, Fang M L. Normal families and fixed points. J. Anal. Math., 2005, 95: 389-395.

[51] Chang J M, Fang M L. Normality and shared functions of holomorphic functions and their derivatives. Michigan Math. J., 2005, 53(3): 625-645.

[52] Chang J M, Fang M L. On entire functions that share a value with their derivatives. Ann. Acad. Fenn. Math., 2006, 31(2): 265-286.

[53] Chang J M, Fang M L. Repelling periodic points of given periods of rational functions. Sci. China Ser. A: Math., 2006, 49(9): 1165-1174.

[54] Chang J M, Fang M L. Normal families and uniqueness of entire functions and their derivatives. Acta. Math. Sinica (English S.), 2007, 23(6): 973-982.

[55] Chang J M, Fang M L, Zalcman L. Normal families of holomorphic functions. Illinois Math. J., 2004, 48(1): 319-337.

[56] Chang J M, Fang M L, Zalcman L. Normality and fixed-points of meromorphic functions. Ark. Mat., 2005, 43(2): 307-321.

[57] Chang J M, Fang M L, Zalcman L. Normality and attracting fixed points. Bull. London Math. Soc., 2008, 40: 777-788.

[58] Chang J M, Fang M L, Zalcman L. Composite meromorphic functions and normal families. Proc. Royal Soc. Edinburgh Sec. A, 2009, 139(1): 57-72.

[59] Chang J M, Wang Y F. Shared values, Picard values and normality. Tohoku Math. J., 2011, 63: 149-162.

[60] Chang J M, Wang Y F. On Bank-Laine type functions. Ann. Acad. Fenn. Math., 2013, 38(2): 455-471.

[61] Chang J M, Zalcman L. Normality and repelling periodic points. Tran. Amer Math. Soc., 2011, 363(11): 5721-5744.

[62] Chang J M, Zalcman L. Meromorphic functions that share a set with their derivatives. J. Math. Anal. Appl., 2008, 338(2): 1020-1028.

[63] 陈怀惠. 一个正规定则. 南京师大学报, 1984, 4: 1-9.

[64] Chen H H. Yosida functions and Picard values of integral functions and their derivatives. Bull. Austral. Math. Soc., 1996, 54: 373-381.

[65] Chen H H, Fang M L. On the value distribution of $f^n f'$. Sci. China, Ser. A, 1995, 38: 789-798.

[66] Chen H H, Fang M L. Shared values and normal families of meromorphic functions. J. Math. Anal. Appl., 2001, 260(1): 124-132.

[67] Chen H H, Gu Y X. An improvement of Marty's criterion and its applications. Sci. China, Ser. A, 1993, 36: 674-681.

[68] Chen H H, Hua X H. Normal families of holomorphic functions. J. Austral. Math. Soc. Ser. A, 1995, 59(1): 112-117.

[69] Chen H H, Hua X H. Normal families concerning shared values. Israel J. Math., 2000, 115:355-362.

[70] Clunie J. On integral and meromorphic functions. J. London. Math. Soc., 1962, 37: 17-27.

[71] Clunie J, Hayman W K. The spherical derivative of integral and meromorphic functions. Comment math. Helv., 1996, 40: 117-148.

[72] Conway J B. Functions of One Complex Variable, 2nd ed. Berlin: Springer, 1978.

[73] Douady A, Hubbard J H. On the dynamics of polynomial-like mappings. Annales scientifiques de l'Ecole normale supérieure. Elsevier, 1985, 18(2): 287-343.

[74] Drasin D. Normal families and the Nevanlinna theory. Acta Math., 1969, 122: 231-263.

[75] Essén M, Wu S J. Fix-points and a normal family of analytic functions. Comp. Vari., 1998, 37: 171-178.

[76] Essén M, Wu S J. Repulsive fixpoints of analytic functions with applications to complex dynamics. J. London Math. Soc., 2000, 62(2): 139-148.

[77] Fang M L, Xu Y. Normal families of holomorphic functions and shared values. Israel J. Math., 2002, 129: 125-141.

[78] Fang M L, Zalcman L. Normal families and shared values of meromorphic functions II. Comp. Meth. Func. Theo., 2001, 1(1): 289-299.

[79] Fang M L, Zalcman L. Normal families and shared values of meromorphic functions III. Comp. Meth. Func. Theo., 2002, 2(2): 385-395.

[80] Fang M L, Zalcman L. Normal families and uniqueness theorems for entire functions. J. Math. Anal. Appl., 2003, 280: 273-283.

[81] Fletcher A N, Nicks D A. Normal families and quasiregular mappings. arXiv:2201.08921v1 [math.CV], 21 Jan 2022.

[82] Frank G. Eine Vermutung von Hayman über Nullstellen meromorpher Funktionen. Math. Z., 1976, 149: 29-36.

[83] Frank G. Eine Vermutung von Hayman über Nullstellen meromorpher Funktionen. Math. Z., 1976, 149(1): 29-36.

[84] Gol'dberg A. On one-valued integrals of differential equations of the first order (in Russian). Ukrain Mat. Zh., 1956, 8: 254-261.

[85] Gu Y X. On normal families of meromorphic functions. Sci. Sinica, 1978, A(4): 373-384.

[86] Gu Y X. A normal criterion of meromorphic families. Sci. Sinica, Math. Issue(I), 1979: 267-274.

[87] Gu Y X. Normal Families of Meromorphic Functions (in Chinese). Chengdu: Sichuan Education Press, 1991.

[88] 顾永兴, 庞学诚, 方明亮. 正规族理论及其应用. 北京: 科学出版社, 2007.

[89] Gundersen G G, Yang L Z. Entire functions that share one value with one or two of their derivatives. J. Math. Anal. Appl., 1998, 223: 88-95.

[90] Hayman W K. Picard values of meromorphic functions and their derivatives. Ann. Math., 1959, 70: 9-42.

[91] Hayman W K. Multivalent Functions. Cambridge: Cambridge University Press, 1958.

[92] Hayman W K. Slowly growing integral and subharmonic functions. Comment. Math. Helv., 1960, 34: 75-84.

[93] Hayman W K. Meromorphic Functions. Oxford: Clarendon Press, 1964.

[94] Hayman W K. Research Problems in Function Theory. London: The Athlone Press, 1967.

[95] Hayman W K. Subhamonic Functions. Vol 2, London: Academic Press, 1989.

[96] He Y Z, Xiao X Z. Algebroid Functions and Ordinary Differential Euqations. Beijing: Science Press, 1998.

[97] Hempel J A. The Poincaré metric on the twice punctured plane and the theorems of Landau and Schottky. J. London Math. Soc., 1979, 2(3): 435-445.

[98] Hinkkanen A. Normal families and Ahlfors five islands theorem. New Zealand J. Math., 1993, 22(2): 39-41.

[99] Hiong K L. Sur les fonctions holomorphes dont les dérivées admettant une valeur exceptionnelle. Ann. École Norm. Sup., 1955, 72(3): 165-197.

[100] 华罗庚. 数论导引. 北京: 科学出版社, 1957.

[101] Iversen F. Récherches sur les fonctions inverse des fonctions méromorphes. Helsingfors: Thése, 1914.

[102] Jank G, Mues E, Volkmann L. Meromorphe Funktionen, die mit ihrer ersten und zweiten Ableitung einen endlichen Wert teilen. Complex Vari., 1986, 6: 51-71.

[103] Langley J K. On normal families and a result of Drasin. Proc. Roy. Soc. Edin., 1984, 98A: 385-393.

[104] Langley J K. Proof of a conjecture of Hayman concerning f and f''. J. London Math. Soc., 1993, 48(2): 500-514.

[105] Lehto O, Virtanen K I. On the behaviour of meromorphic functions in the neighbourhood of an isolated singularity. Ann. Acad. Fenn. Math., 1957, 240: 1-9.

[106] Li X J. The proof of Hayman's conjecture on normal families. Sci. Sinica (Ser. A.), 1985, 28: 596-603.

[107] Liao L W, Su W Y, Yang C C. A Malmquist-Yosida type of theorem for the second-order algebraic differential equations. J. Differ. Equa., 2003, 187(1): 63-71.

[108] Liu X J, Li S H, Pang X C. A normal criterion about two families of meromorphic functions concerning shared values[J]. Acta Mathematica Sinica, English Series, 2013, 29(1): 151-158.

[109] Liu X Y, Chang J M. A generalization of Gu's normality criterion. Proc. Japan Acad. Ser. A Math. Sci., 2012, 88(5): 67-69.

[110] 刘晓毅, 程春暖. 正规族与分担函数. 数学学报, 2013, 56(6): 941-950.

[111] Marty F. Recherches sur la répartition des valeurs d'une fonction méromorphe. Ann. Fac. Sci. Univ. Toulouse, 1931, 23(3): 183-261.

[112] Milloux H. Extension d'un théorème de M. R. Nevanlinna et applications. Act. Scient. et Ind. 1940, no. 888.

[113] Minda D. A reflection principle for the hyperbolic metric and applications to geometric function theory. Complex Variables, 1987, 8: 129-144.

[114] Minda D. Applications of hyperbolic convexity to Euclidean and spherical convexity. J. Anal. Math., 1987, 49: 90-105.

[115] Miranda C. Sur un nouveau critére de normalité pour les familles de fonctions holomorphes. Bull. Soc. Math. France, 1935, 63: 185-196.

[116] Montel P. Lecons sur les familles normales de fonctions analytiques et leurs applications. Coll. Borel.. 1927.

[117] Mues E. Über eine Vermutung von Hayman. Math. Z., 1972, 119: 11-20.

[118] Nevanlinna R. Eindeutige Analytische Funktionen. Berlin, Göttingen, Heidelberg: Springer, 1953.

[119] Nevo S. Applications of Zalcman's lemma to Q_m-normal families. Analysis (Munich), 2001, 21(3): 289-325.

[120] Nevo S. On theorems of Yang and Schwick. Comp. Var. Theor. Appl., 2001, 46(4): 315-321.

[121] Nevo S, Pang X C. Quasinormality of order 1 for families of meromorphic functions. Kodai Math. J., 2004, 27(2): 152-163.

[122] Ngoan V W, Ostrovskii I V. The logarithmic derivative of a meromorphic function. Akad. Nauk Armjan. SSR Doklady, 1965, 41: 272-277.

[123] Ostrovskii I B. A normal criterion of families of holomorphic functions (in Russian). Usp. Mat. Nauk., 1982, 37(2): 221-222.

[124] Pang X C. Normality conditions for differential polynomials (in Chinese). Kexue Tongbao, 1988, 33(22): 1690-1693.

[125] Pang X C. Bloch's principle and normal criterion. Sci. China Ser. A, 1989, 32: 782-791.

[126] Pang X C. On normal criterion of meromorphic functions. Sci. China Ser. A, 1990, 33: 521-527.

[127] Pang X C. A normal criterion and singular directions (in Chinese). Chin. Ann. Math. Ser. A, 1991, 12: suppl., 115-119.

[128] Pang X C. Normal families and normal functions of meromorphic functions. Chin. Ann. Math., Ser. A, 2000, 21(5): 601-604.

[129] Pang X C. Shared value and normal families. Analysis, 2002, 22: 175-182.

[130] Pang X C, Chen Q Y. Normal family and the sequence of omitted functions. Sci. China Math., 2013, 56(9): 1821-1830.

[131] Pang X C, Nevo S, Zalcman L. Quasinormal families of meromorphic functions. Rev. Mat. Ibero., 2005, 21(1): 249-262.

[132] Pang X C, Nevo S, Zalcman L. Quasinormal families of meromorphic functions II. Selected topics in complex analysis, 177-189, Oper. Theory Adv. Appl., 158, Basel, 2005.

[133] Pang X C, Nevo S, Zalcman L. Derivatives of meromorphic functions with multiple zeros and rational functions. Comput. Methods Func. Theory, 2008, 8(2): 483-491.

[134] Pang X C, Yang D G, Zalcman L. Normal families of meromorphic functions whose derivatives omit a function. Comput. Meth. Func. Theory, 2002, 2: 257-265.

[135] Pang X C, Yang D G, Zalcman L. Normal families and omitted functions. Indiana Univ. Math. J., 2005, 54(1): 223-236.

[136] Pang X C, Zalcman L. On theorems of Hayman and Clunie. N. Z. J. Math., 1999, 28(1): 71-75.

[137] Pang X C, Zalcman L. Normal families and shared values. Bull. London Math. Soc., 2000, 32: 325-331.

[138] Pang X C, Zalcman L. Normality and shared values. Ark. Mat., 2000, 38: 171-182.

[139] Pang X C, Zalcman L. Normal families of meromorphic functions with multiple zeros and poles. Israel J. Math., 2003, 136: 1-9.

[140] Polya G, Szego G. Problems and Theorems in Analysis. Berlin: Springer-Verlag, 1972.

[141] Protter M H, Weinberger H F. Maximum principles in differential equations. Englewood Cliffs: Prentice-Hall, 1967.

[142] Rippon P, Stallard G. Iteration of a class of hyperbolic meromorphic functions. Proc. Amer. Math. Soc., 1999, 127(11): 3251-3258.

[143] Royden H L. A criterion for the normality of a family of meromorphic functions. Ann. Acad. Sci. Fenn. A. I, 1985, 10: 499-500.

[144] Rubel L. Four counterexamples to Bloch's principle. Proc. Amer. Math. Soc., 1986, 98: 257-260.

[145] Schiff J. Normal Families. Berlin: Springer-Verlag, 1993.

[146] Schwick W. Normality criteria for families of meromorphic functions. J. Anal. Math., 1989, 52: 241-289.

[147] Schwick W. Sharing values and normality. Arch Math., 1992, 59: 50-54.

[148] Schwick W. Repelling periodic points in the Julia set. Bull. London Math. Soc., 1997, 29: 314-316.

[149] Schwick W. Exceptional functions and normality. Bull. London Math. Soc., 1997, 29: 425-432.

[150] Schwick W. On Hayman's alternative for families of meromorphic functions. Comp. Vari., 1997, 32: 51-57.

[151] Shimizu T. On the theory of meromorphic functions. Jpn. J. Math., 1929, 6: 119-171.

[152] Steinmetz N. Rational Iteration: Complex Analytic Dynamical Systems. Berlin: Walter de Gruyter, 1993.

[153] Tsuji M. Potential Theory in Modern Function Theory. Tokyo: Maruzen Co. Ltd., 1959.

[154] Valiron G. Familles Normales et Quasi-normales de Fonctions Meromorphes. Paris: Gauthier-Villars, 1929.

[155] Wang Y F, Fang M L. Picard values and normal families of meromorphic functions with multiple zeros. Acta Math. Sinica (N. S.), 1998, 14(1): 17-26.

[156] Xu Y. Normality and exceptional functions of derivatives. J. Aust. Soc., 2004, 76: 403-414.

[157] Xu Y. Picard values and derivatives of meromorphic functions. Kodai Math. J., 2005, 28(1): 99-105.

[158] Xu Y. Another inprovement of Montel's criterion. Kodai Math. J., 2013, 28(1): 69-76.

[159] Xue G F, Pang X C. A criterion for normality of a family of meromorphic functions. J. East China Norm. Univ. Natur. Sci. Ed., 1998, 2: 15-22.

[160] 杨乐. 正规族与微分多项式. 中国科学 (A), 1983, 1: 21-32.

[161] Yang L. Normal families and fix-points of meromorphic functions. Indiana Univ. Math. J., 1986, 35(1): 179-191.

[162] Yang L. Normality of families of meromorphic functions. Sci. Sinica A, 1986, 9: 898-908.

[163] Yang L. Value Distribution Theory. Berlin: Springer-Verlang, 1993.

[164] Yang L. Several results and problems in the theory of value distribution. Proceedings of the International Conference on Functional Analysis and Global Analysis (Quezon City, 1992). Southeast Asian Bull. Math., 1993, Special Issue, 175-183.

[165] Yang L, Zhang G H. Recherches sur la normalité des familles de fonctions analytiques à des valeurs multiples, I. Un nouveau critère et quelques applications. Sci. Sinica, 1965, 14: 1258-1271; II. Géneralisations, Ibid. 1966, 15: 433-453.

[166] Ye Y S, Pang X C. On the zeros of a differential polynomial and normal families. J. Math. Anal. Appl., 1997, 205(1): 32-42.

[167] Ye Y S, Pang X C. On Shared Values of Meromorphic Functions. Preprint.

[168] Zalcman L. A heuristic principle in complex function theory. Amer. Math. Monthly, 1975, 82: 813-817.

[169] Zalcman L. On some Questions of Hayman. Unpublished Manuscript, 1994.

[170] Zalcman L. Normal families: New perspectives. Bull. Amer. Math. Soc., 1998, 35: 215-230.

[171] Zhang G M, Sun W, Pang X C. On the normality of certain kind of holomorphic functions (in Chinese). Chin. Ann. Math. Ser. A, 2005, 26(6): 765-770.

[172] Zhang G M, Pang X C, Zalcman L. Normal families and omitted functions II. Bull. London Math. Soc., 2009, 41(1): 63-71.

人名索引

名词索引

L

M

N

O

P

Q

R

S

T

W

X

Y

Z